"十四五"时期
国家重点出版物出版专项规划项目

航天先进技术
研究与应用系列

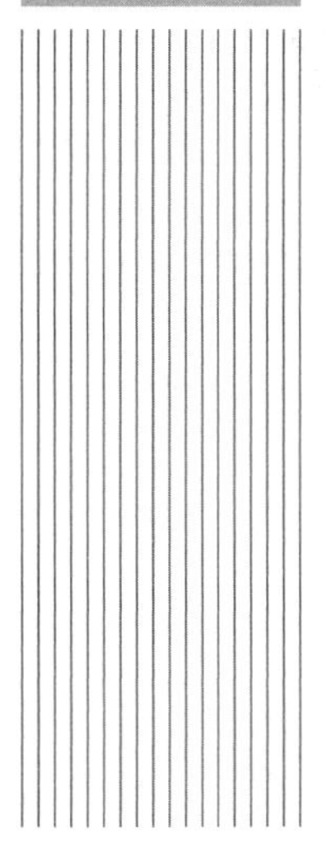

U0223346

STM32 Cortex-M4 微控制器原理及应用教程

Principle and Application Course of STM32 Cortex-M4 Microcontroller

主　编　但永平　杨学昭
副主编　耿世勇　喻　俊　赵启凤
主　审　王东云

哈爾濱工業大學出版社
HARBIN INSTITUTE OF TECHNOLOGY PRESS

内容简介

本书主要以STM32F407微控制器为核心,介绍了嵌入式系统的原理、设计方法、应用实例。全书共15章,主要对ARM Cortex-M4体系的STM32F407微控制器内部结构及常用片内外设的结构、应用实例、程序开发进行了介绍。书中以正点原子的探索者开发板为对象,基于库函数方法,对STM32F407微控制器片内外设都给出了设计思路、设计步骤、常用库函数的使用方法及程序代码,介绍了寄存器的访问方法,并且对程序代码都做了调试。初学者学习以后,可以快速上手,加快开发及学习进度。本书提供了紧贴章节内容的思考与练习,起到巩固与理解核心知识的作用。

本书可作为高等院校电子、通信、自动化、电气、测控、计算机、物联网等本科专业的教材,也可作为嵌入式系统设计研发人员及爱好者的参考资料。

图书在版编目(CIP)数据

STM32 Cortex-M4微控制器原理及应用教程/但永平,杨学昭主编.—哈尔滨:哈尔滨工业大学出版社,2022.8(2024.10重印)

ISBN 978-7-5767-0031-2

Ⅰ.①S… Ⅱ.①但… ②杨… Ⅲ.①微控制器-教材 Ⅳ.①TP368.1

中国版本图书馆CIP数据核字(2022)第109822号

策划编辑 许雅莹
责任编辑 王会丽 惠 晗
封面设计 刘长友
出版发行 哈尔滨工业大学出版社
社 址 哈尔滨市南岗区复华四道街10号 邮编150006
传 真 0451-86414749
网 址 http://hitpress.hit.edu.cn
印 刷 哈尔滨市工大节能印刷厂
开 本 787mm×1092mm 1/16 印张23.5 字数602千字
版 次 2022年8月第1版 2024年10月第2次印刷
书 号 ISBN 978-7-5767-0031-2
定 价 48.00元

(如因印装质量问题影响阅读,我社负责调换)

前　言

在当今的信息社会中，嵌入式系统的应用无处不在、使用广泛，其设计离不开微控制器。无论是从芯片性能、设计资源还是从性价比上来讲，ARM 架构的微控制器都优于其他微控制器，它已经占据了当前嵌入式微控制器应用领域的绝大多数市场。Cortex-M 系列内核是 ARM 公司针对微控制器应用设计的内核，与其相关的微控制器芯片迅速替代了大部分其他型号的 8 位、16 位及 32 位微控制器。意法半导体公司具有优秀的配套程序库和丰富的参考设计资源，其研制的 STM32F 系列微控制器的入门学习更容易，被嵌入式系统设计者广泛使用和推广。在 Cortex-M 系列微控制器中，Cortex-M4 微控制器综合了控制和 DSP 信号处理功能，并具有很高的性价比，在各种复杂的嵌入式控制领域得到广泛应用。意法半导体公司的 STM32F4 系列微控制器内部集成了几乎所有的常用嵌入式片上外设，采用固件库函数，使初学者能够轻松入门。各种开发论坛提供的和开发者积累的丰富资源，给设计者的实际系统设计提供了很好的参考。

本书主要以 STM32F407 微控制器为对象介绍嵌入式系统设计方法、实例。主要对实际应用中常见的内容进行了介绍，包括基于 ARM Cortex-M 体系架构的 STM32F407 微控制器内部结构及常用的片内外设结构、应用实例、程序开发方法等。基于库函数开发方法，以正点原子的探索者开发板为对象，参阅了正点原子的部分网络资源，提供的每个应用的程序源代码都在实验板上进行了调试，使初学者能够很快掌握库函数的使用方法，并迅速学会使用 STM32F407 微控制器开发实际的应用系统。

本书由但永平、杨学昭任主编，耿世勇、喻俊、赵启凤任副主编。但永平编写第 1 章、第 2 章、第 4 章、第 10 章及第 15 章的 15.1 节，杨学昭编写第 6 章、第 7 章、第 12 章，耿世勇编写第 8 章、第 9 章及第 15 章的 15.2 节，喻俊编写第 5 章、第 11 章，赵启凤编写第 3 章、第 13 章、第 14 章及附录，李恒毅和岳学彬参与部分程序的调试工作。

本书由王东云教授主审，王东云教授在百忙中对本书进行了认真审阅，并提出了宝贵意见，在此深表感谢。

本书的编写参考了一些网络资源，在此不能一一列出，对这些资源的作者深表感谢！

由于编者水平和经验有限，书中疏漏之处在所难免，希望使用本书的广大读者提出批评和建议。

编　者

2022 年 3 月

目　录

第1章

STM32微控制器简介及STM32学习方法

1.1 新型微控制器技术的发展

微控制单元(Microcontroller Unit, MCU)又称为单片微型计算机(Single Chip Microcomputer,SCM)或单片机(Microcontroller)。单片机诞生于1971年,早期的SCM单片机都是8位或4位的,其中最成功的是Intel的8051,此后在8051上发展出了MCS-51系列MCU系统,基于这一系统的单片机系统直到现在还在广泛使用。

在2004年,ARM(Advanced RISC Machine)公司推出新一代Cortex内核后,意法半导体(STMicroeletronics,ST)公司抓住机遇,在很短的时间内就向市场推出了一系列的32位微控制器,同时提供基于库的开发模式,加快用户研发周期。

STM32就是ST公司基于ARM Cortex-M3/M4内核设计的微控制器,专为高性能、低功耗、低成本的场景设计。STM32系列微处理器内部带有丰富的外设资源,逐渐成为学习和开发的主流产品。

如今,STM32产品系列非常丰富,主要为ARM Cortex-M内核系列MCU,也开始涉及ARM Cortex-A内核系列MPU。STM32系列产品如图1.1所示。STM32系列产品按应用特性分类,可分为无线WB/WL系列、超低功耗L0/L1/L3/L5系列、主流G0/G4/F0/F1/F3系列、高性能F2/F4/F7/H7系列及全新的MP1系列。

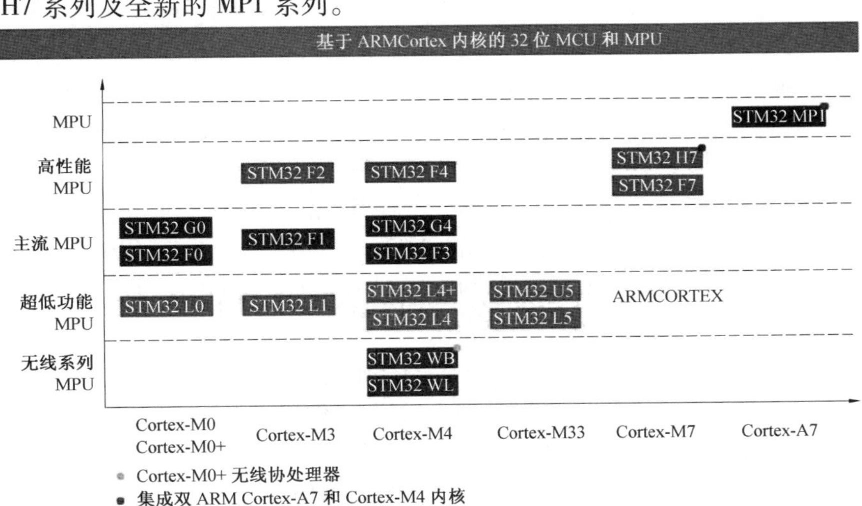

图1.1 STM32系列产品

STM32 的处理器种类众多,通过了解 STM32 的命令规范,可以了解整个 STM32 家族产品,也方便以后芯片选型。STM32 芯片命名规则(仅适用于 MCU)如图 1.2 所示。

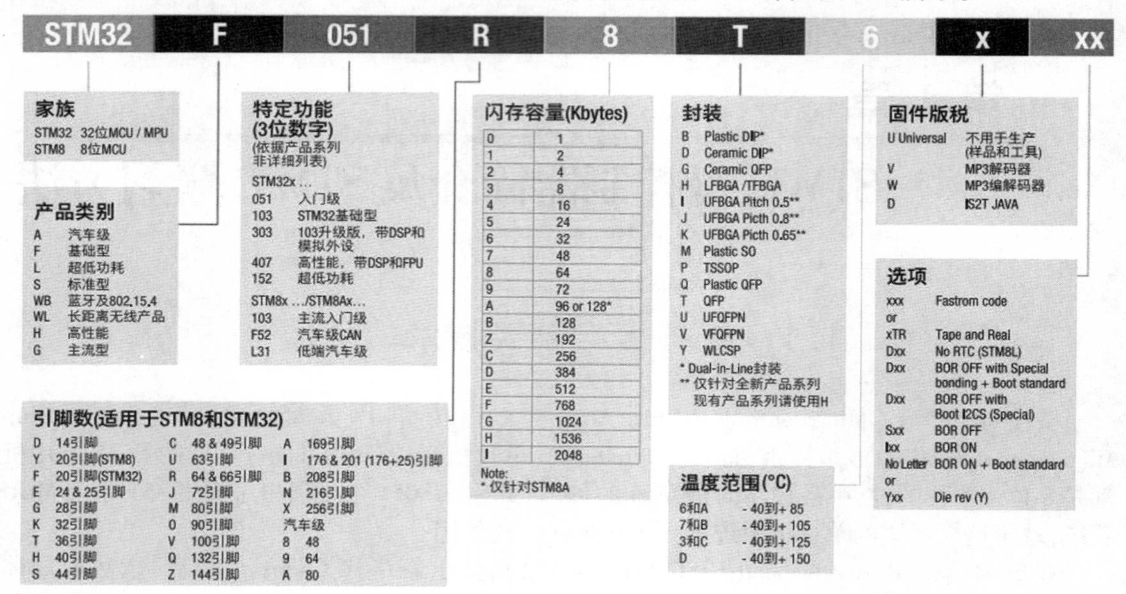

图 1.2　STM32 芯片命名规则(仅适用于 MCU)

ARM 公司通过 Cortex-M 系列的授权,意法半导体(ST)获得该授权,生产了一系列 STM32 产品,这些使用 ARM 技术的处理器,都习惯称为 ARM 处理器。

1.2　ARM 简介

ARM 是微处理器行业的一家知名企业,设计了大量高性能、成本低和低耗能的精简指令集计算机(Reduced Instruction Set Computer, RISC)处理器、相关技术及软件。ARM 技术具有高性能、成本低和能耗低的特点,适用于多个领域,例如嵌入控制、消费/教育类多媒体、数字信号处理(Digtal Signal Processing, DSP)和移动式应用等。ARM 的最新处理器有 Cortex-A、Cortex-R、Cortex-M 三大系列。A 表示 Aplication,即应用处理器(如 A8、A9 处理器),适用于手机、平板等高端产品;R 表示 Real Time,即实时处理器,一般适用于对实时处理要求高的,例如军工产品;M 表示 Microcontroller,即微控制器,适用于低端控制领域,即单片机的应用场合。

ARM 将其技术授权给世界上许多著名的半导体、软件和 OEM 厂商,每个厂商得到的都是一套独一无二的 ARM 相关技术及服务。利用这种合作关系,ARM 很快成为许多全球性 RISC 标准的缔造者。

目前,总共有 30 家半导体公司与 ARM 签订了技术使用许可协议,其中包括 Intel、IBM、LG 半导体、NEC、SONY、菲利浦和国民半导体。至于软件系统的合作伙伴,则包括微软、升阳和 MRI 等一系列知名公司。

ARM 架构是面向低成本市场设计的第一款 RISC 微处理器。

1.3　STM32简介

STM32的含义:ST是意法半导体公司的简称,M是Microelectronics的缩写,32表示32位,合起来理解,STM32就是指ST公司开发的32位微控制器。ARM公司推出了其全新的基于ARMv7架构的32位Cortex-M3微控制器内核,紧随其后,ST(意法半导体)公司就推出了基于Cortex-M3内核的MCU-STM32。STM32凭借其产品线的多样化、极高的性价比、简单易用的库开发方式,迅速在众多Cortex-M3 MCU中脱颖而出,成为最闪亮的一颗新星。

STM32是ST意法半导体公司推出的32位MCU微控制器,基于ARM公司授权的Cortex-M3/M4内核。STM是意法半导体的MCU的系列代号,如STM32F101系列通用型,STM32F103系列增强型。STM32系列单片机现在很流行,关键在于ST公司提供了一整套固件库函数,封装了对寄存器的操作,使工程师不再像MCS-51单片机那样去设置各种寄存器,而是通过调用现成的固件库函数即可。

STM32因为功能强大(资源较多)、价格低,有取代MCS-51(含兼容机)、AVR、PIC等传统单片机的趋势。

1.4　STM32F407芯片简介

1. STM32F407芯片的实物及封装

STM32系列芯片封装结构众多,例如,双列直插封装(Dual Inline-pin Package,DIP)、塑料方形平面封装(Plastic Quad Flat Package,PQFP)、方形扁平无引脚封装(Quad Flat No-leads Package,QFN)等。方形平面封装的STM32F407ZGT6芯片实物图如图1.3所示。STM32F407ZGT6芯片的方形平面封装图如图1.4所示。

图1.3　STM32F407ZGT6芯片实物图

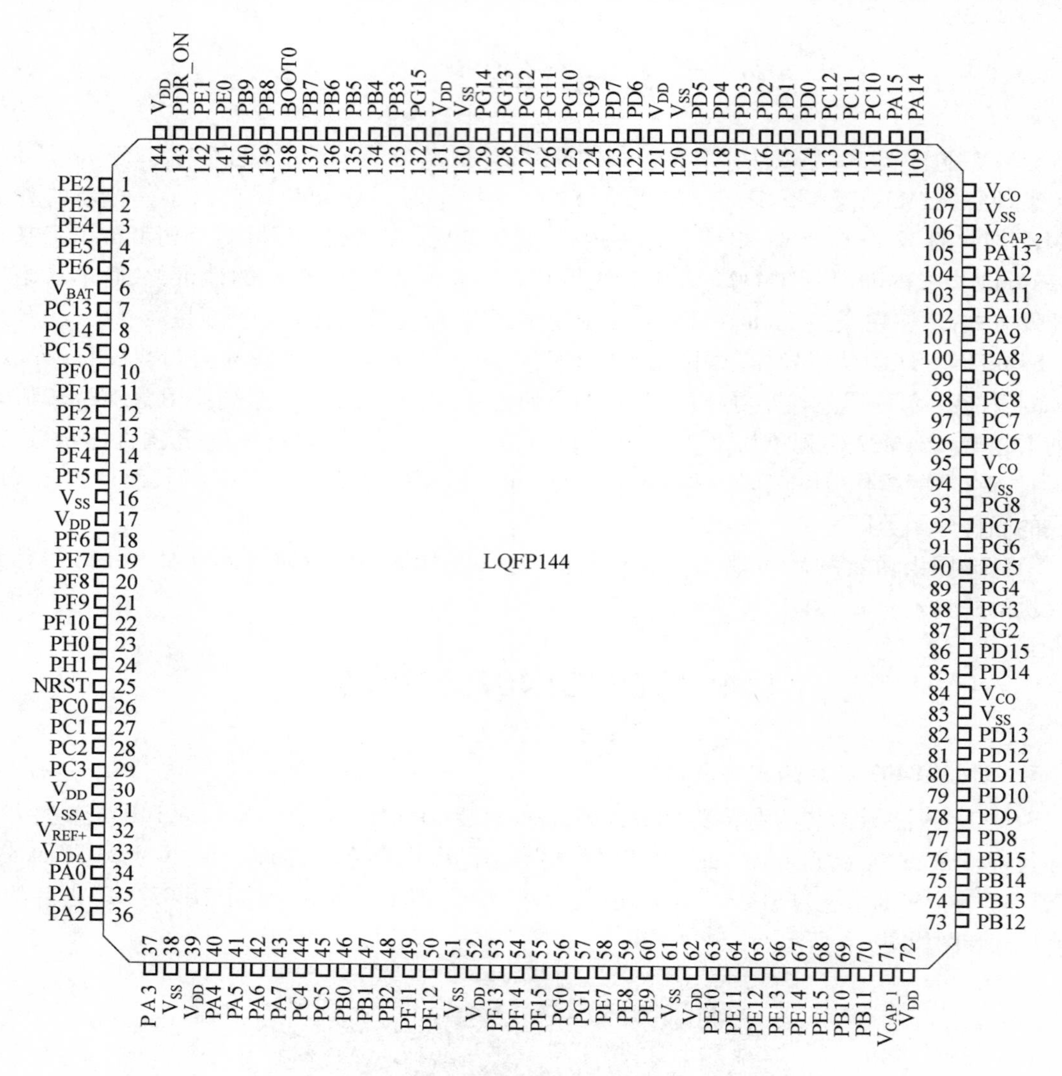

图 1.4　STM32F407ZGT6 芯片的方形平面封装图

2. STM32F407 内部资源

STM32F407 内部资源众多,其主要资源如下。

(1)内核。

①32 位高性能 ARM Cortex-M4 处理器。

②时钟:高达 168 MHz,实际还可以超频一点点。

③支持 FPU(浮点运算)和 DSP 指令。

(2)I/O 口。

①STM32F407ZGT6:144 个引脚, 114 个 I/O 口。

②大部分 I/O 口都耐 5 V(模拟通道除外)。

③支持调试:SWD 和 JTAG,SWD 只要 2 根数据线。

(3)存储器。

①SRAM 存储器容量:1 024 KB。

②Flash ROM 存储器容量:192 KB。

(4)时钟、复位和电源管理。

①1.8 ~3.6 V 电源和 I/O 电压。

②上电复位、掉电复位和可编程的电压监控。

③强大的时钟系统。

a. 4 ~26 MHz 的外部高速晶振。

b. 内部 16 MHz 的高速 RC 振荡器。

c. 内部锁相环(Phase Locked Loop,PLL),一般系统时钟都是外部或者是内部高速时钟经过 PLL 倍频后得到。

d. 外部低速 32.768 kHz 的晶振,主要作为 RTC 时钟源。

(5)低功耗。

①睡眠、停止和待机三种低功耗模式。

②可用电池为 RTC 和备份寄存器供电。

(6)AD。

①3 个 12 位 AD(多达 24 个外部测试通道)。

②内部通道可以用于内部温度测量。

③内置参考电压。

(7)DA。

2 个 12 位 DA。

(8)DMA。

①16 个 DMA 通道,带 FIFO 和突发支持。

②支持外设:定时器、ADC、DAC、SDIO、I^2S、SPI、I^2C 和 USART。

(9)定时器多达 17 个。

①10 个通用定时器(TIM2 和 TIM5 是 32 位)。

②2 个基本定时器。

③2 个高级定时器。

④1 个系统滴答时钟定时器。

⑤2 个看门狗定时器。

(10)通信接口多达 17 个。

①3 个 I^2C 接口。

②6 个串口。

③3 个 SPI 接口。

④2 个 CAN2.0。

⑤2 个 USB OTG。

⑥1 个 SDIO。

STM32F407 内部资源的详细介绍,请参考本书第 3 章。

1.5 如何学习与开发 STM32 微控制器

1. STM32F407 微控制器的学习与开发方法

学习 STM32 需要的基础知识主要有:数字电子技术、模拟电子技术、微机原理与接口技术、MCS-51 系列单片机及 C 语言。学习 MCS-51 系列单片机和 C 语言后,就可以开始 STM32 的学习,STM32 也是个 MCU,是相对于 MCS-51 单片机更复杂一些的单片机。但一个实际的项目不仅仅只有 MCU,还有复杂的外围电路,例如,LCD 显示、各种传感器电路、控制电路、电源电路等,所以还要熟练掌握数字电子技术和模拟电子技术的相关知识。

学习 STM32 的目的是为了应用和开发,所以实践和学习是最好的方法,初学者最好准备一块 STM32F407 学习开发板,推荐使用正点原子的开发板,该开发板有很多实例和教程,网上资源也很多,可以很好地学习 STM32 内部各种资源的使用,同时很多代码可以直接使用,便于以后的项目开发。

先把 STM32F407 内部基本的外设学会,多练习,掌握了基本功能后,再一项一项地进行学习,例如,先把 GPIO 学习清楚,怎么初始化、怎么输入输出、如何使用等;然后再学习定时器、串口、ADC、DAC、DMA、SPI 等。从简单到复杂,硬件操控起来也就对 STM32F407 入门了。掌握了基础之后,可以通过简单的项目来加深理解和应用,项目应用是学习最好的手段。

在学习过程中,推荐三本参考资料,即《STM32F4xx 中文参考手册》《STM32F3 与 F4 系列 Cortex-M4 内核编程手册》和《Cortex-M3 与 M4 权威指南》。

2. 库开发介绍

STM32 的开发方法较多,主要有基于寄存器的开发、基于库函数的开发及基于图形界面的开发等,基于寄存器开发由于寄存器众多,使用不便;基于图形界面的开发方法初始化参数设置较为烦琐;而基于库函数的开发方法,学习及使用相对简单,因此本书采用基于库函数的开发方法来介绍 STM32 的开发与使用。

STM32 标准外设库是一个固件函数包,它由程序、数据结构和宏组成,包括了微控制器所有外设的性能特征。该函数库还包括每一个外设的驱动描述和应用实例,为开发者访问底层硬件提供了一个中间 API,通过使用固件函数库,无须深入掌握底层硬件细节,开发者就可以轻松应用每一个外设。

因此,使用固件库函数可以大大减少开发者开发使用片内外设的时间,进而降低开发成本。每个外设驱动都由一组函数组成,这组函数覆盖了该外设所有功能。同时,STM32 官网还给出了大量的示例代码以供学习。

STM32 标准外设库可以到 ST 官网下载,也可以直接使用已下载的 STM32 标准外设库。

思考与练习

1. 什么是 ARM?
2. 什么是 STM32?
3. 意法半导体公司的微处理器有哪些系列产品?
4. 怎样学习与开发 STM32F407 微控制器?

第 2 章

STM32F4xx 第一个工程实例——点亮 LED 灯

本章将详细介绍 STM32F4 系列的开发环境 MDK5 的安装，如何在 MDK5 下新建一个点亮 LED 的 STM32F4 工程，通过第一个工程了解 STM32F407 的软件开发流程，并最终实现代码的编译、下载。

2.1 STM32F407 的开发环境 MDK 软件搭建

MDK 源自德国的 KEIL 公司，是 RealView MDK 的简称。在全球，MDK 被超过 10 万的嵌入式开发工程师使用。MDK 目前最新版本为 MDK5，该版本使用 uVision5 IDE 集成开发环境，是针对 ARM 处理器，尤其是 Cortex-M 内核处理器的最佳开发工具。

1. 下载 MDK5

推荐直接在官方网站下载，地址：https://www.keil.com/download/product/，点击进入下载界面，如图 2.1 所示（当前时间的官方版本还是 MDK5.26）。

MDK
MDK-Arm
Version 5.26 (September 2018)
Development environment for Cortex and Arm devices.

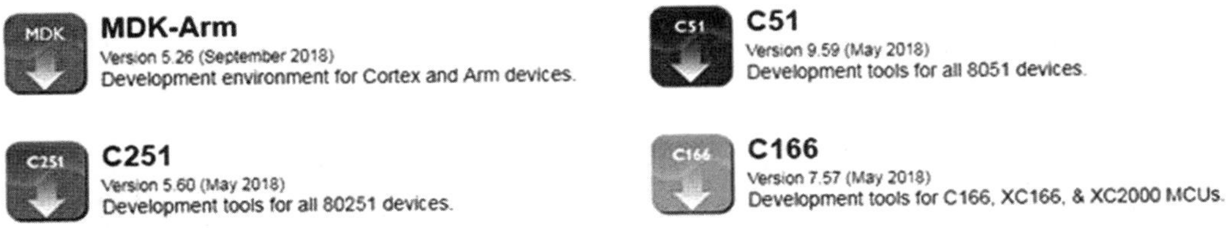

C51
C51
Version 9.59 (May 2018)
Development tools for all 8051 devices.

C251
C251
Version 5.60 (May 2018)
Development tools for all 80251 devices.

C166
C166
Version 7.57 (May 2018)
Development tools for C166, XC166, & XC2000 MCUs.

图 2.1　MDK5 官方下载界面

点击 MDK-Arm，显示注册界面，如图 2.2 所示，简单填写注册信息后即可下载。

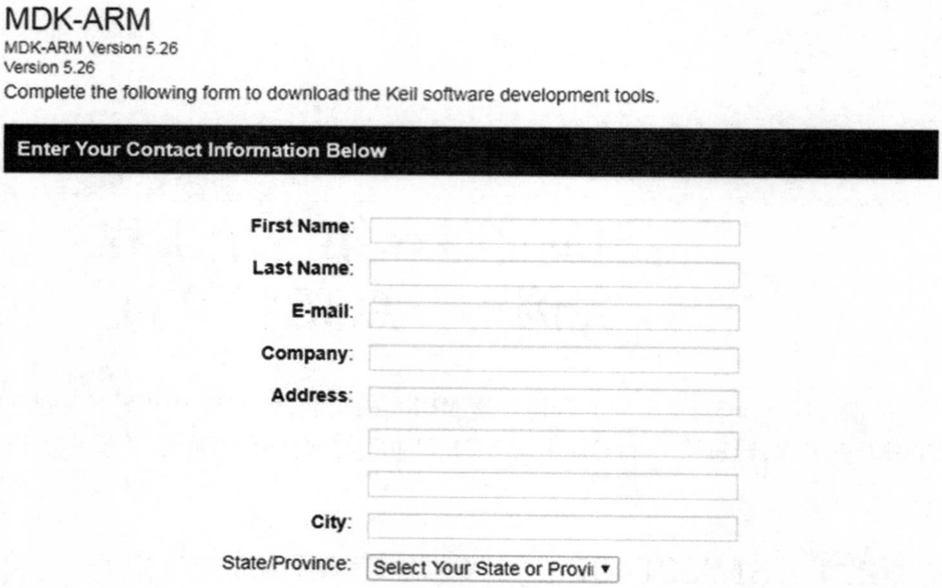

MDK-ARM
MDK-ARM Version 5.26
Version 5.26
Complete the following form to download the Keil software development tools.

Enter Your Contact Information Below

First Name:
Last Name:
E-mail:
Company:
Address:
City:
State/Province: Select Your State or Provi

图 2.2　注册信息

也可以直接在论坛下载：http://www.armbbs.cn/forum.php? mod=viewthread&tid=89403，直接提供了 MDK 的原始下载地址。

2. 安装 MDK5

安装 MDK5 时注意不要有中文路径，路径越短越好。安装过程比较简单，一直点击“Next（下一步）”即可。安装过程如图 2.3～2.15 所示。

下载完毕后，点击安装。

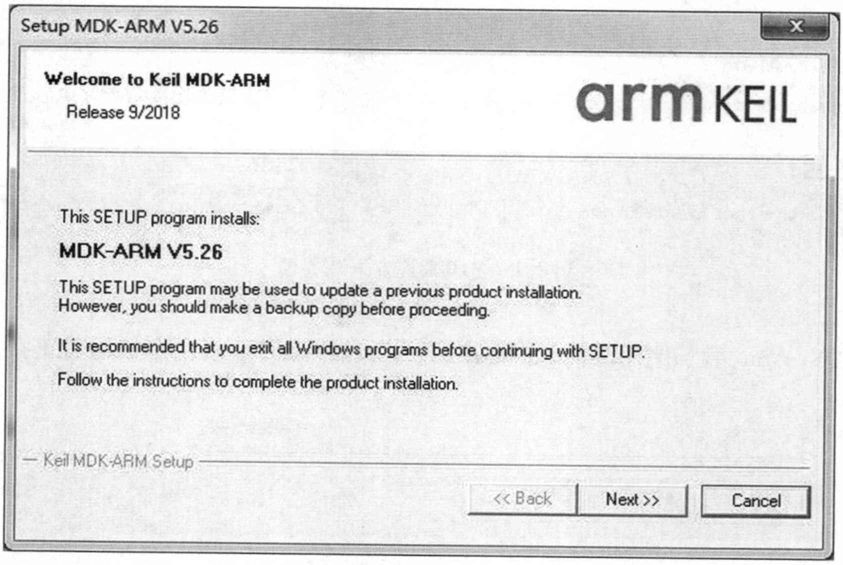

Setup MDK-ARM V5.26
Welcome to Keil MDK-ARM
Release 9/2018
arm KEIL
This SETUP program installs:
MDK-ARM V5.26
This SETUP program may be used to update a previous product installation.
However, you should make a backup copy before proceeding.
It is recommended that you exit all Windows programs before continuing with SETUP.
Follow the instructions to complete the product installation.
— Keil MDK-ARM Setup
<< Back　Next >>　Cancel

图 2.3　MDK5 开始安装界面

勾上同意，点击“Next”。

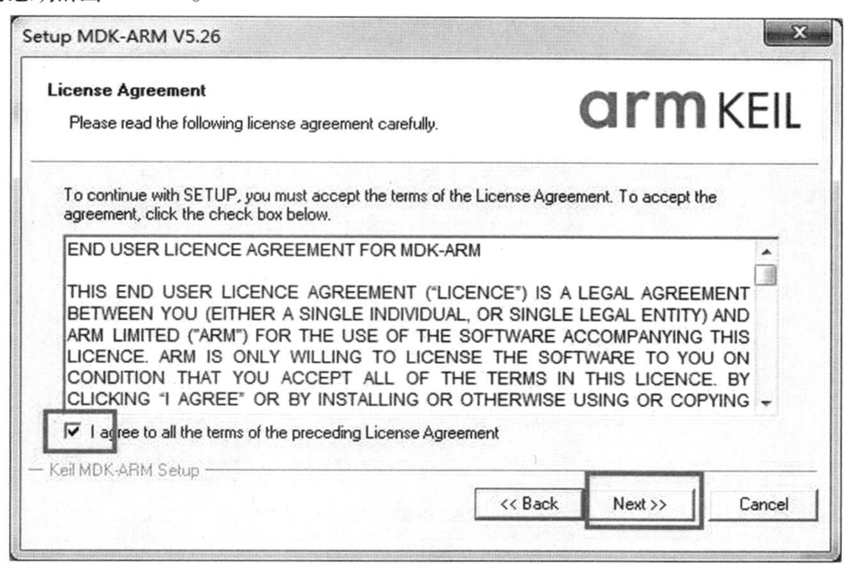

图 2.4　安装协议界面

注意安装路径。

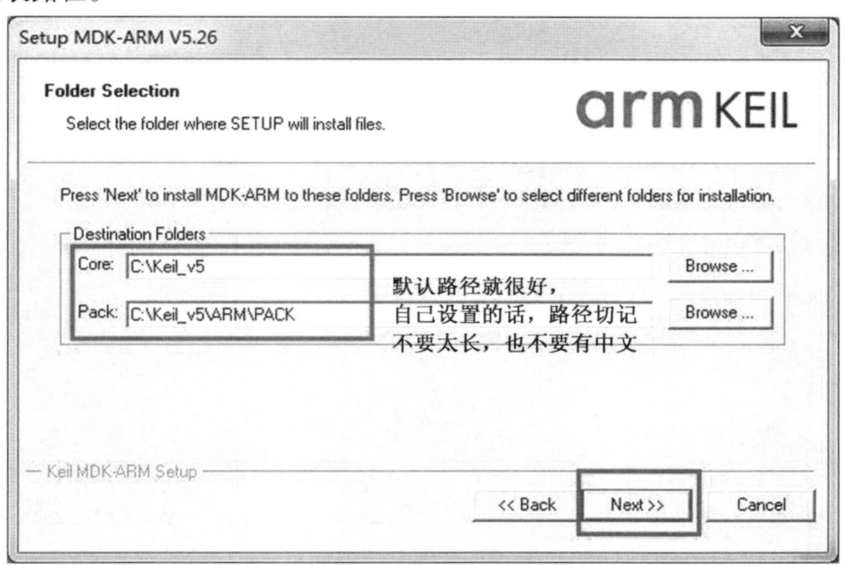

图 2.5　安装路径界面

方框的两项随意填写，点击“Next”。

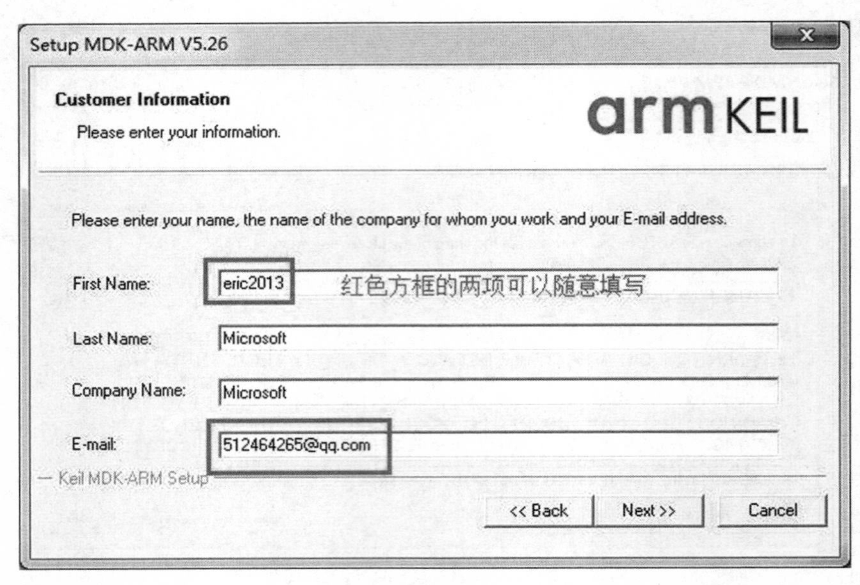

图 2.6　填写用户信息

接下来就是时间略长的安装过程。

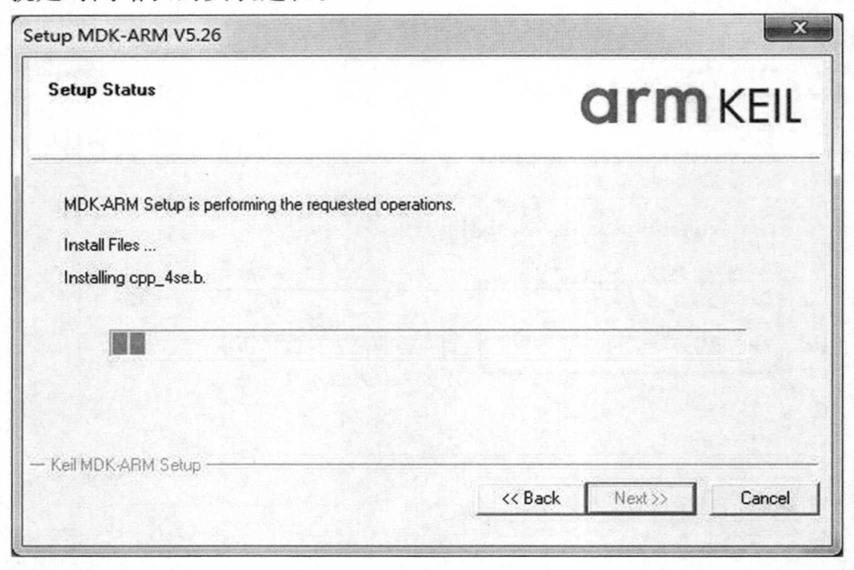

图 2.7　安装进度界面

安装结束前会提示是否安装 ULINK 驱动，点击“安装”即可。

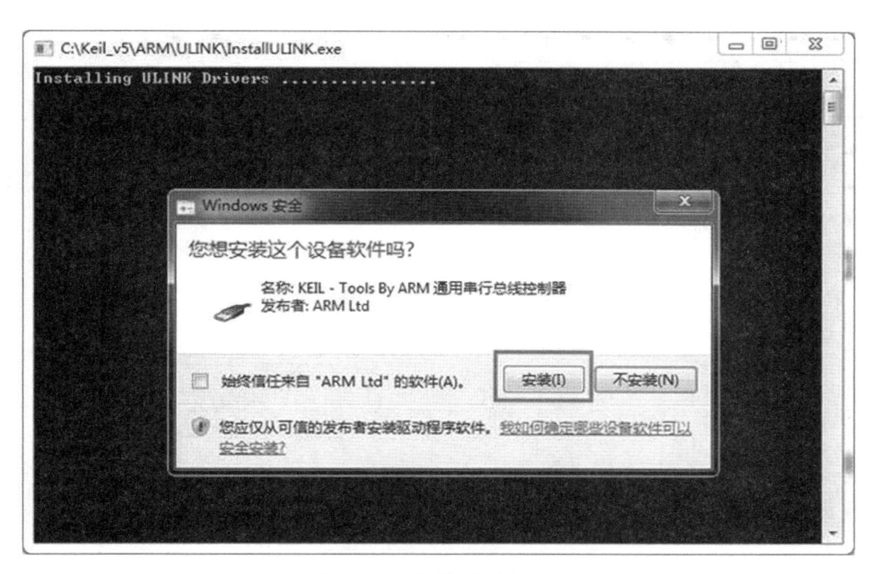

图 2.8　安装提示界面

至此,MDK 安装完毕。

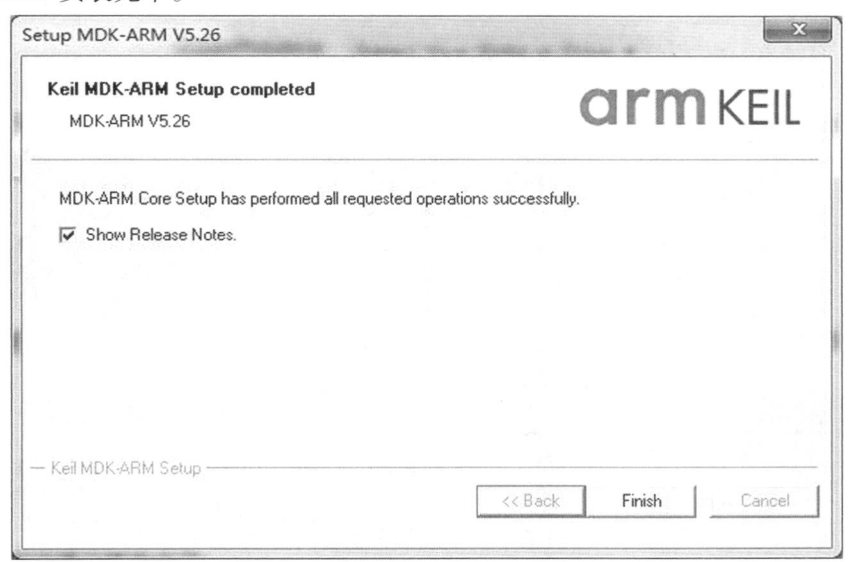

图 2.9　安装完成界面

安装完毕后,如果弹出图 2.10 所示界面,是因为要更新安装包列表,需要连接 MDK 服务器。

图 2.10　提示连接服务器界面

首次打开 MDK 会弹出图 2.11 所示的界面，点击左上角的刷新图标，如果是图 2.11 所示的效果，表示的确无法连接到 MDK 服务器，此时可以重启电脑试试。

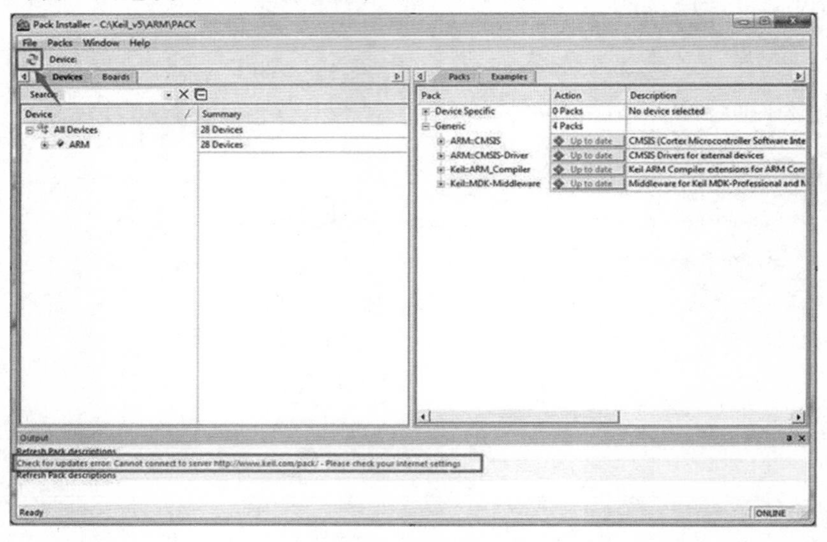

图 2.11　连接服务器界面

再次打开 MDK 后，点击图 2.12 所示的界面弹出软件包安装界面，查看是否可以刷新成功(图 2.13)。

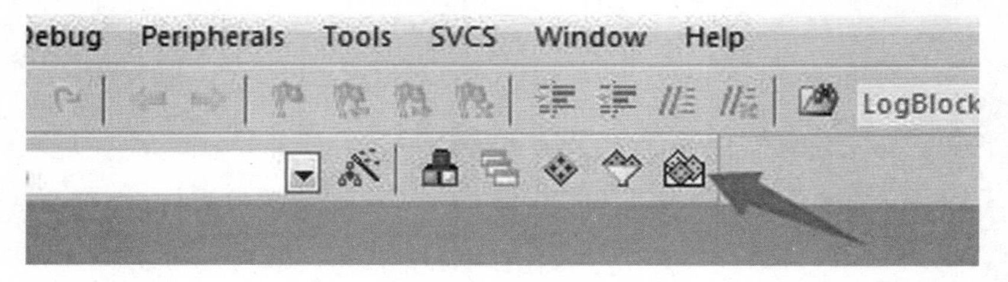

图 2.12　更新软件包界面

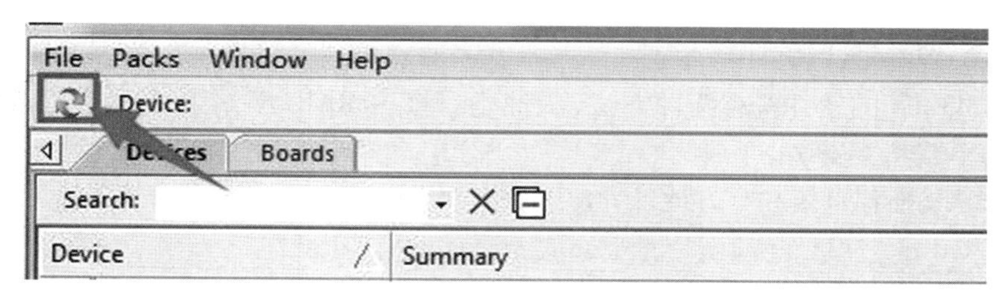

图 2.13　刷新界面

如果还是有问题，则需要去官网下载相应的软件包，然后更新相应的软件包。正常更新时，右下角有个更新进度，如图 2.14 所示。

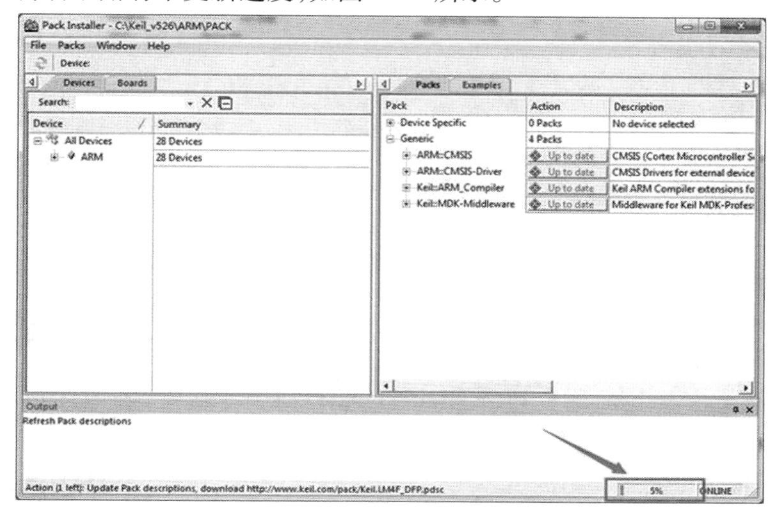

图 2.14　软件包更新进度界面

更新完毕后的效果如图 2.15 所示。

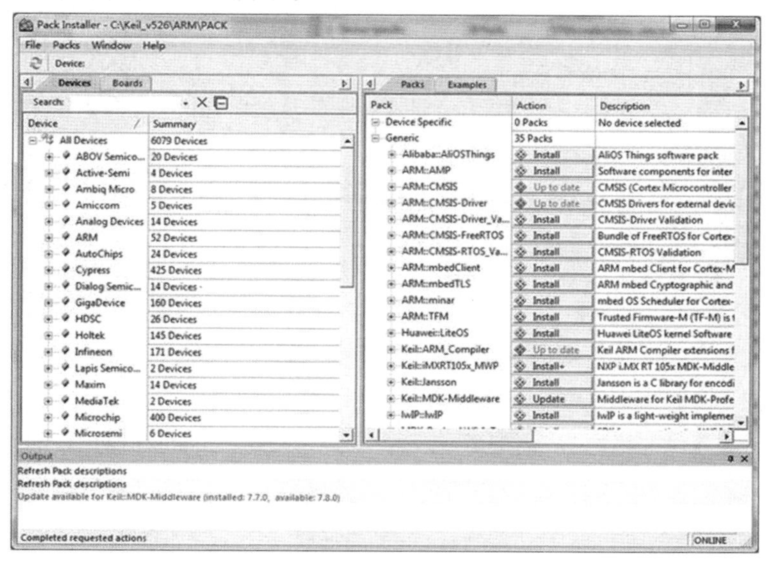

图 2.15　软件包更新完毕界面

3. 安装 STM32F4 的软件包

安装 STM32F4 的软件包有两种方法，一种是直接去 KEIL 网站下载后安装，另一种是用 MDK 自带的下载功能安装。

(1)方式一，推荐直接在官方地址 http://www.keil.com/dd2/Pack/下载，如图 2.16 所示。

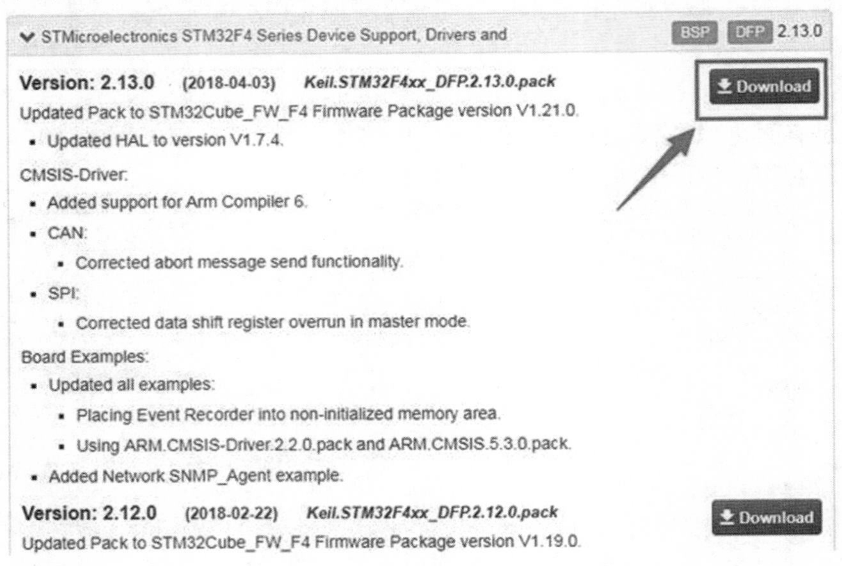

图 2.16　STM32F4 的软件包下载界面

下载完毕后，导入即可。导入界面的操作界面如图 2.17、图 2.18 所示。

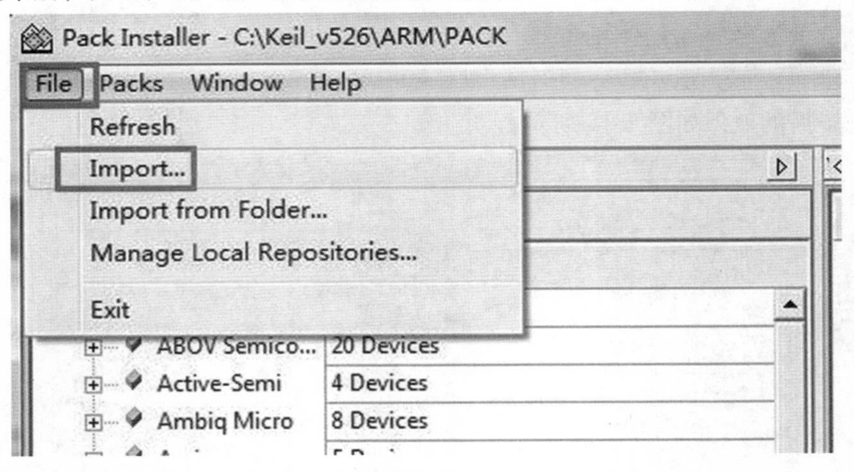

图 2.17　STM32F4 的软件包导入界面

图 2.18　STM32F4 的软件包导入操作界面

导入时右下角会有一个进度,如图 2.19 所示。

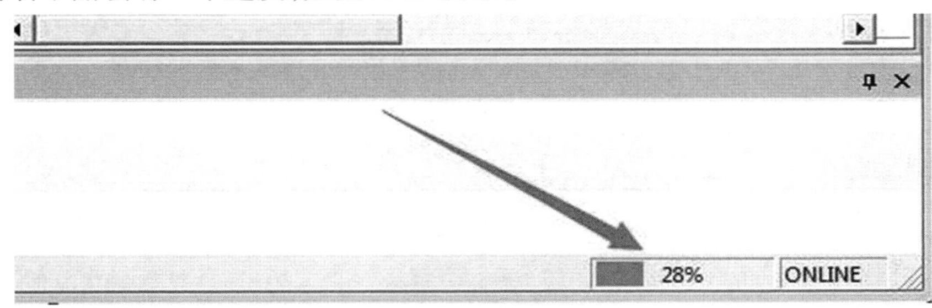

图 2.19　STM32F4 的软件包导入进度界面

导入成功后,可以看到软件包已经安装完毕,如图 2.20 所示。

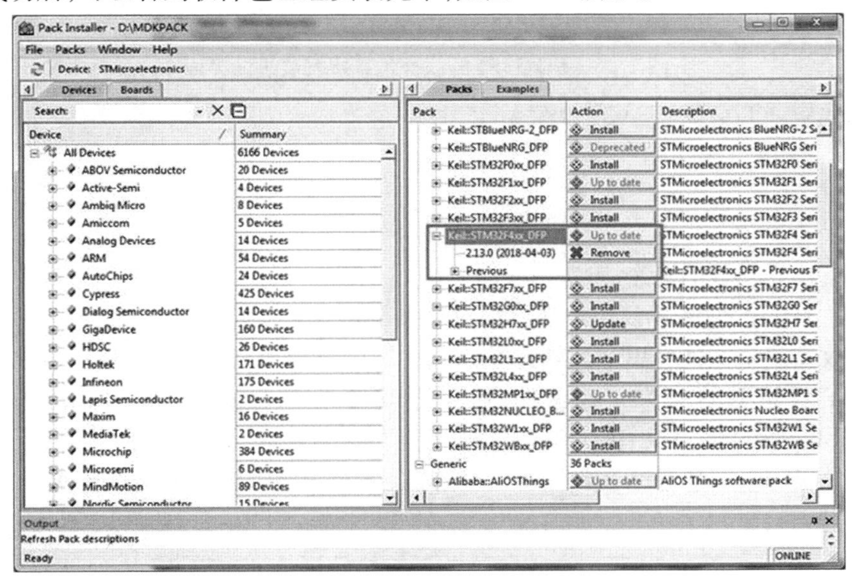

图 2.20　STM32F4 的软件包导入完成界面

(2)方式二,直接使用 PackInstaller 安装,这个必须要联网才能使用,其安装操作过程如图 2.21 所示。

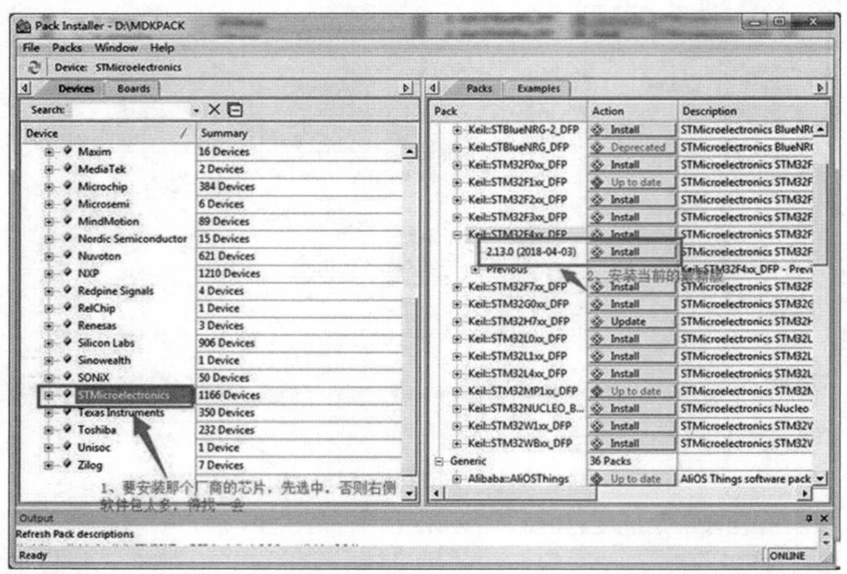

图 2.21　STM32F4 的软件包直接安装操作界面

下载和安装时右下角都有进度,如图 2.22 所示。

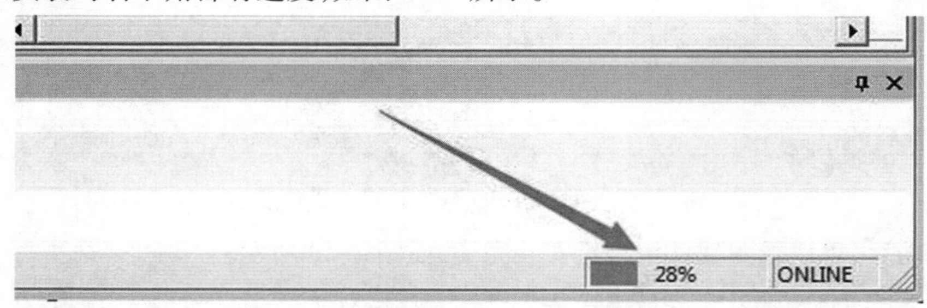

图 2.22　STM32F4 的软件包直接安装进度界面

安装完成后,和方式一的效果一样。

2.2　建立第一个工程

下面介绍建立工程的各个步骤。

(1)在建立工程之前,建议用户在计算机的某个目录下面建立一个文件夹,后面所建立的工程都可以放在这个文件夹里。此处建立一个文件夹为 LED, 这是工程的根目录文件夹。为了方便存放工程需要的一些其他文件,这里还新建了 5 个子文件夹:CORE、FWLIB、OBJ、SYSTEM、USER。至于这些文件夹名字,实际上是可以任取的,这样取名只是为了方便识别。对于这些文件夹用来存放什么文件,后面的步骤会一一介绍。新建好的文件夹(目录)结构如图 2.23 所示。

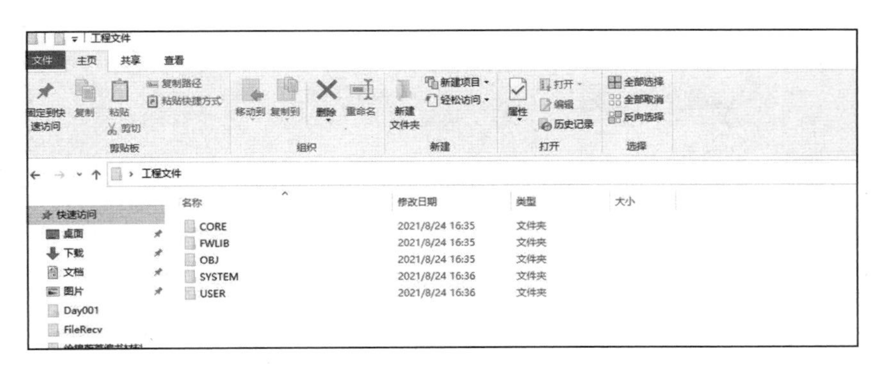

图 2.23　新建文件夹

(2)打开 Keil,点击 Keil 的菜单。在 Project 菜单下,选择"New Uvision Project",然后将目录定位到刚才建立的文件夹 LED 之下的 USER 子目录,同时,工程取名为 LED 之后点击"保存",这样工程文件就都保存到 USER 文件夹下面,操作过程如图 2.24 所示。

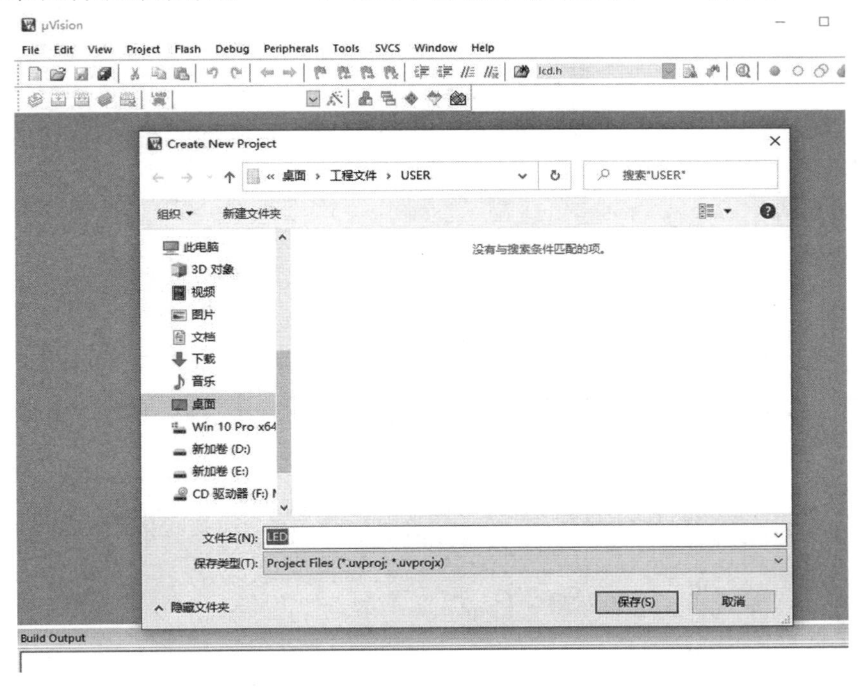

图 2.24　定义工程名称

(3)会出现一个选择 Device 的界面,即选择芯片型号,这里定位到 STMicroelectronics 下面的 STM32F407ZG。选择 STMicroelectronics,展开选择 STM32F4Series,选择 STM32F407,再选择 STM32F407ZG(如果使用的是其他系列的芯片,选择相应的型号即可),如图 2.25 所示。

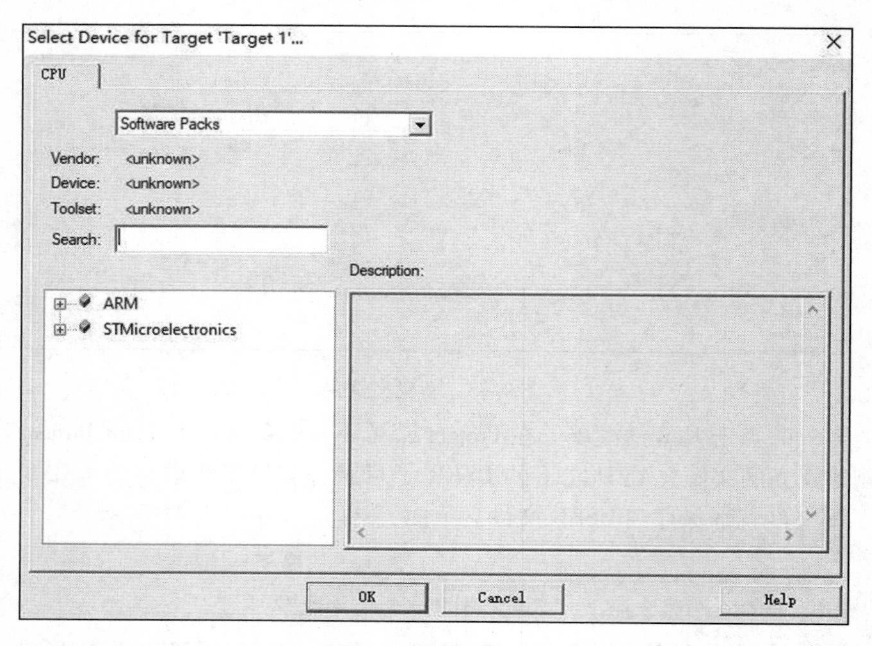

图 2.25　Device 界面

然后进行芯片型号的选型,如图 2.26 所示。

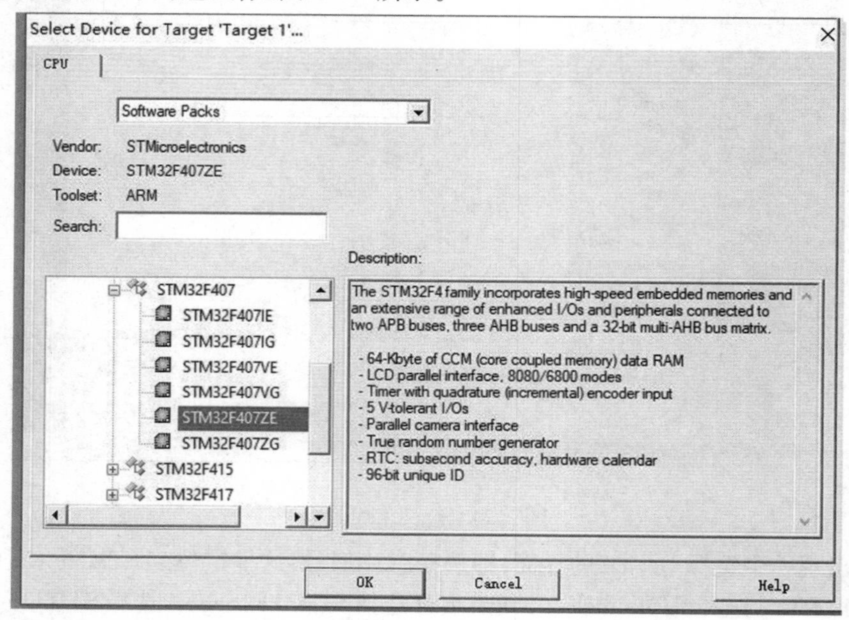

图 2.26　选择芯片型号

点击“OK”,MDK 会弹出 Manage Run-Time Environment 对话框,如图 2.27 所示。

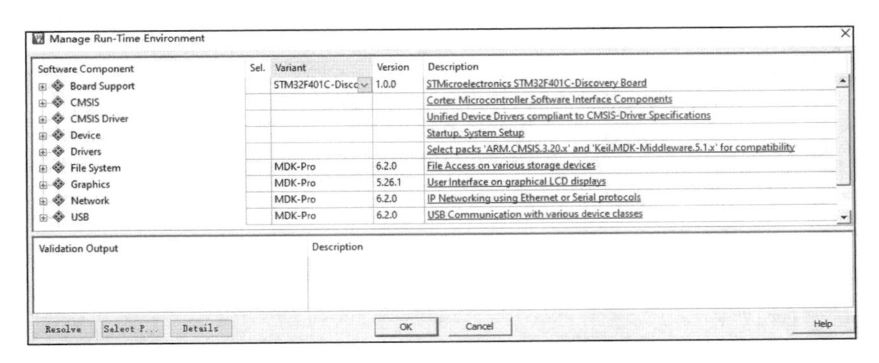

图 2.27　Manage Run-Time Environment 界面

这是 MDK5 新增的一个功能，在这个界面，可以添加自己需要的组件，从而方便构建开发环境，这里不做介绍。

直接点击“Cancel”即可，得到如图 2.28 所示的界面。

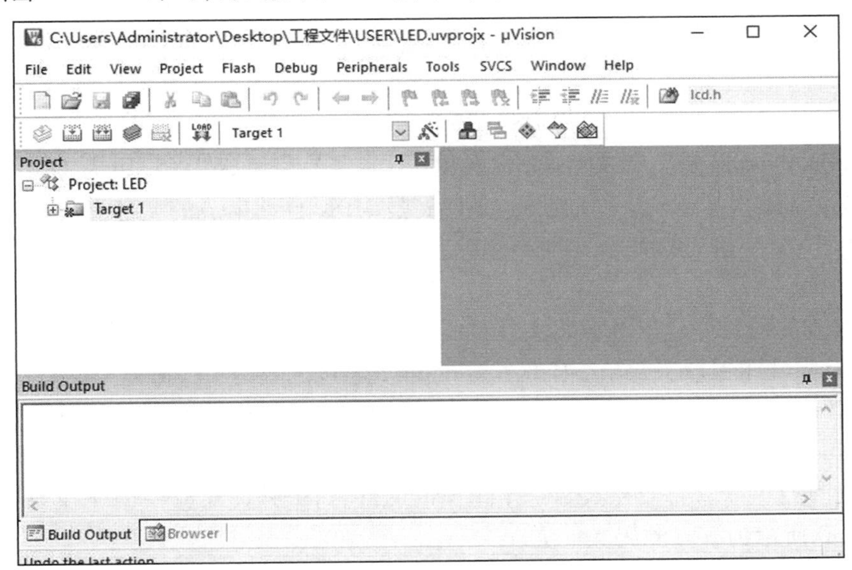

图 2.28　LED 工程初步建立

（4）可以看到 USER 目录下面包含 2 个文件，如图 2.29 所示的工程目录文件。

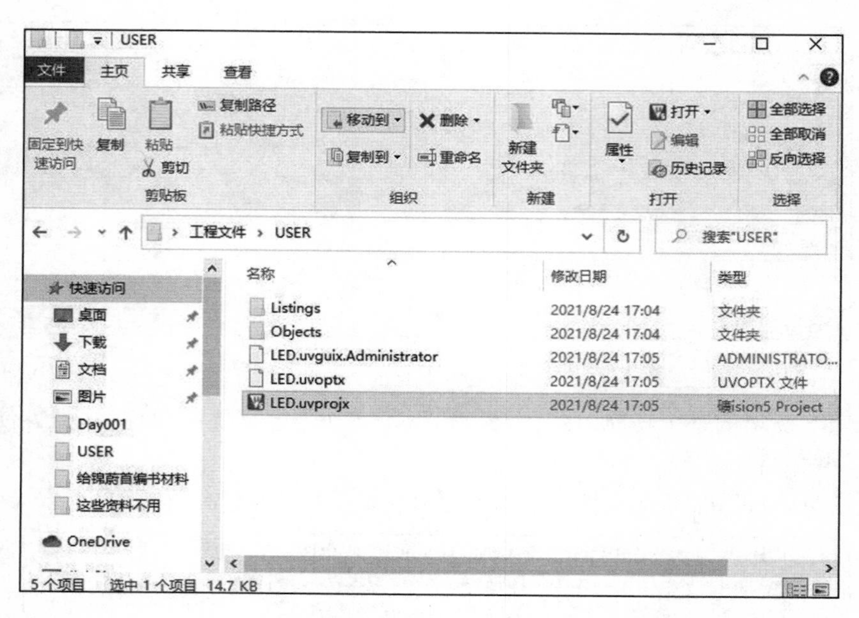

图 2.29 LED 工程目录文件

说明：LED. uvprojx 是工程文件，非常关键，不能轻易删除，MDK5. 14 生成的工程文件是以. uvprojx 为后缀的。Listings 和 Objects 文件夹是 MDK 自动生成的文件夹，用于存放编译过程产生的中间文件。这里把两个文件夹删除，后面会在下一步骤中新建一个 OBJ 文件夹，用来存放编译中间文件。

(5)将官方的固件库包里的源码文件复制到 LED 工程目录文件夹里。

打开官方固件库包，定位到之前准备好的固件库包的目录\STM32F4xx_DSP_StdPeriph_Lib_V1. 4. 0\Libraries\STM32F4xx_StdPeriph_Driver，将目录下面的 src、inc 文件夹拷贝到刚才建立的 FWLib 文件夹下面。src 文件夹存放的是固件库的. c 文件，inc 文件夹存放的是对应的. h 文件，打开这两个文件目录过目一下里面的文件，每个外设对应一个. c 文件和一个. h 头文件。图 2.30 所示为官方源码文件夹。

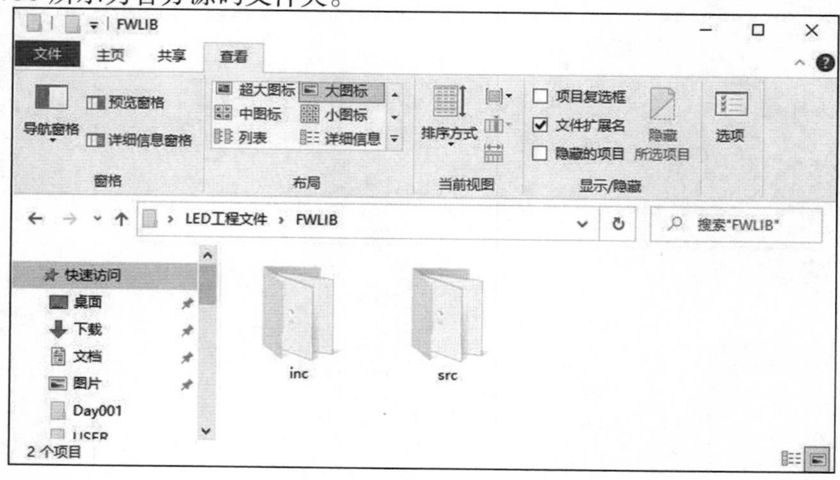

图 2.30 官方源码文件夹

(6)将固件库包里面相关的启动文件复制到建立的 LED 工程目录 CORE 之下。

打开官方固件库包,定位到目录\STM32F4xx_DSP_StdPeriph_Lib_V1.4.0\Libraries\CMSIS\Device\ST\STM32F4xx\Source\Templates\arm,将文件 startup_stm32f40_41xxx.s 复制到 CORE 目录下面。然后定位到目录\STM32F4xx_DSP_StdPeriph_Lib_V1.4.0\Libraries\CMSIS\Includ,将里面的 4 个头文件:core_cm4.h、core_cm4_simd.h、core_cmFunc.h 以及 core_cmInstr.h复制到 CORE 目录下面。现在可以看到 CORE 文件夹下面的文件,如图2.31 所示为 CORE 文件夹文件。

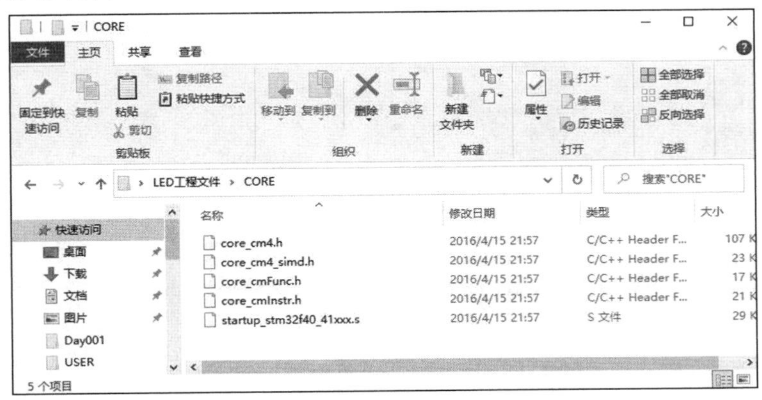

图 2.31 CORE 文件夹文件

(7)需要复制一些其他头文件和源文件到新建的工程。首先定位到目录\STM32F4xx_DSP_StdPeriph_Lib_V1.4.0\Libraries\CMSIS\Device\ST\STM32F4xx\Include,将里面的 2 个头文件 stm32f4xx.h 和 system_stm32f4xx.h 复制到 USER 目录。这两个头文件是 STM32F4 工程非常关键的两个头文件,后面章节会详细介绍。然后进入目录\STM32F4xx_DSP_StdPeriph_Lib_V1.4.0\Project\STM32F4xx_StdPeriph_Templates,将目录下面的 5 个文件 main.c, stm32f4xx_conf.h,stm32f4xx_it.c,stm32f4xx_it.h,system_stm32f4xx.c 复制到 USER 目录下面,如图 2.32 所示为拷贝的文件。

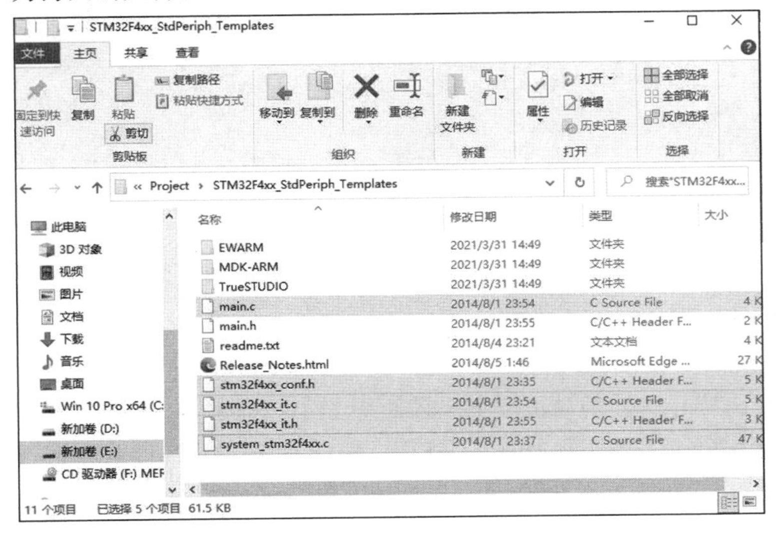

图 2.32 拷贝的文件

相关文件复制到 USER 目录之后，USER 目录文件浏览如图 2.33 所示。

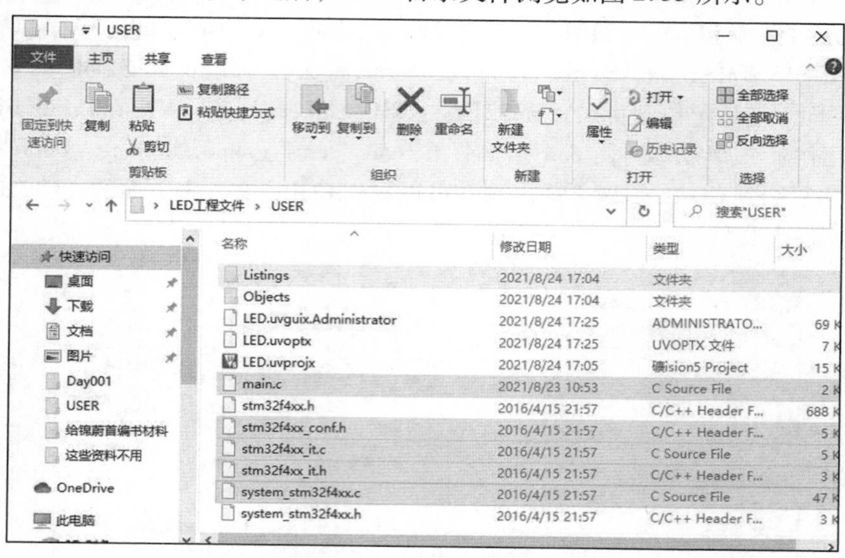

图 2.33　USER 目录文件浏览

（8）前面 7 个步骤将需要的固件库相关文件复制到了新建的工程目录下面，接下来将这些文件加入到工程中。右键点击"Target1"，选择"Manage Project Items"，如图 2.34 所示。

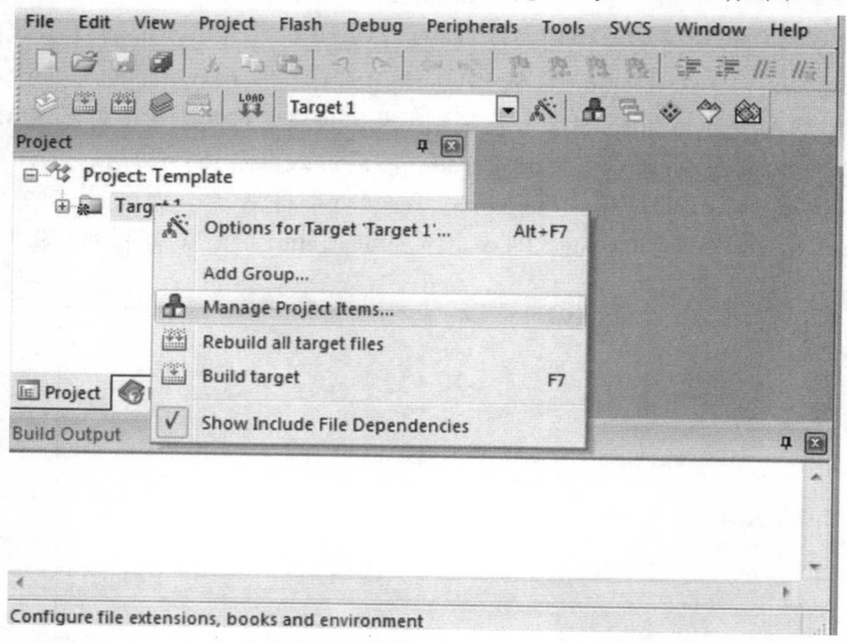

图 2.34　点击 Management Project Itmes

（9）在 Project LED 一栏，将 Target 名字修改为 LED，然后在 Groups 一栏删掉一个 SourceGroup1，建立 3 个 Groups：USER、CORE、FWLIB。然后点击"OK"，可以看到 Target 名字以及 Groups 情况如图 2.35 所示。图 2.36 所示为查看工程 Group 情况。

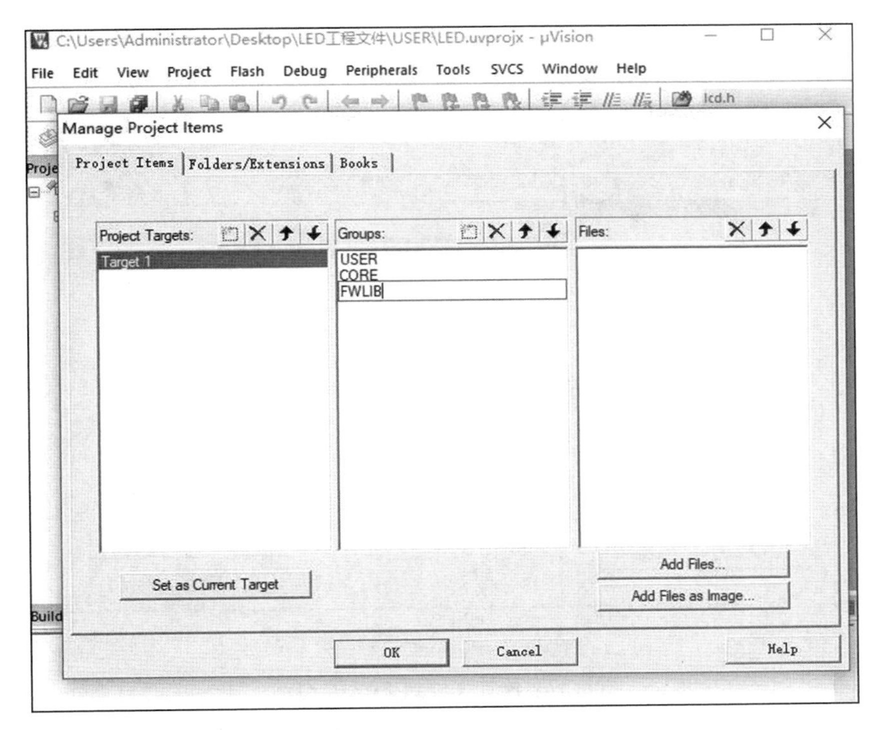

图 2.35　新建 GROUP

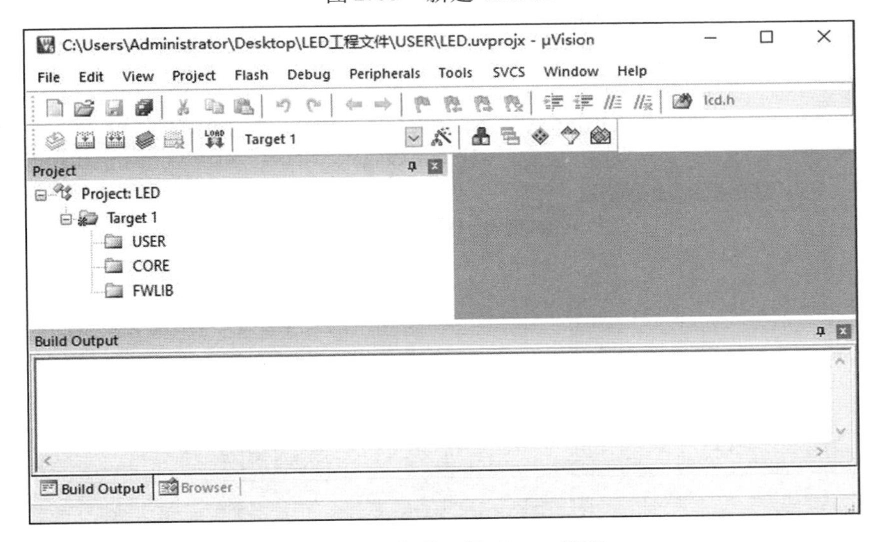

图 2.36　查看工程 Group 情况

(10)需要向 Group 里面添加需要的文件。按照步骤 9 的方法,右键点击“Target1”,选择选择 Manage Project Items,然后选择需要添加文件的 Group,第一步选择“FWLIB”,然后点击右边的“Add Files”,定位到刚才建立的目录\FWLIB\src 下面,将里面所有的文件选中(Ctrl+A),点击“Add”,然后关闭。可以看到 Files 列表下面包含了添加的文件,如图 2.37 所示。这里需要说明,如果只用到了其中的某个外设,就可以不用添加没有用到的外设的库文件。例如,只用 GPIO,可以只添加 stm32f4xx_gpio.c,其他的文件可以不用添加。为了后面方便也可以全部

添加进来,不用每次添加,当然这样的坏处是工程太大,编译起来速度慢,用户可以自行选择。

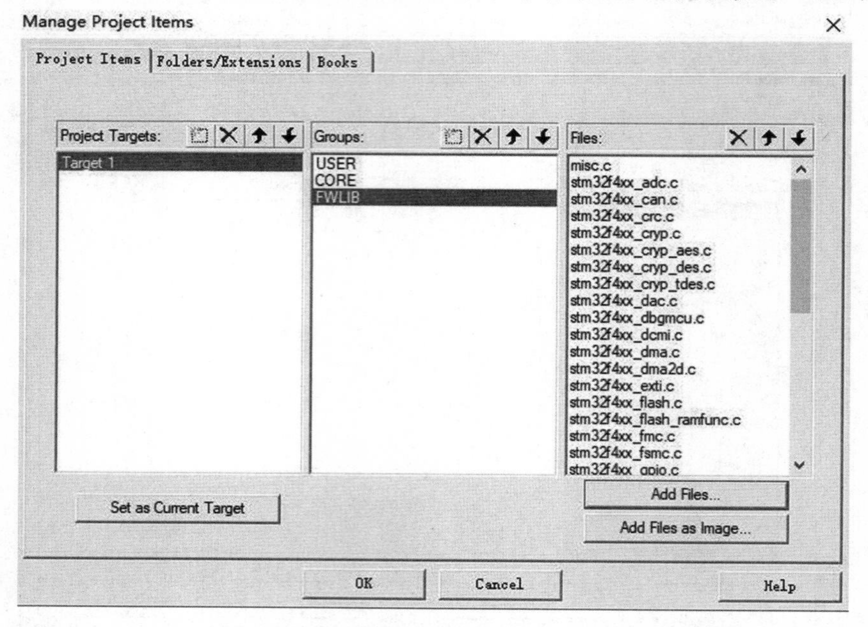

图 2.37　添加文件到 FWLIB 分组

文件 stm32f4xx_fmc. c 比较特殊,它是 STM32F42 和 STM32F43 系列才用到的,这里要把它删掉(注意要删掉的是 stm32f4xx_fmc. c,不要删掉 stm32f4xx_fsmc. c),如图 2.38 所示。

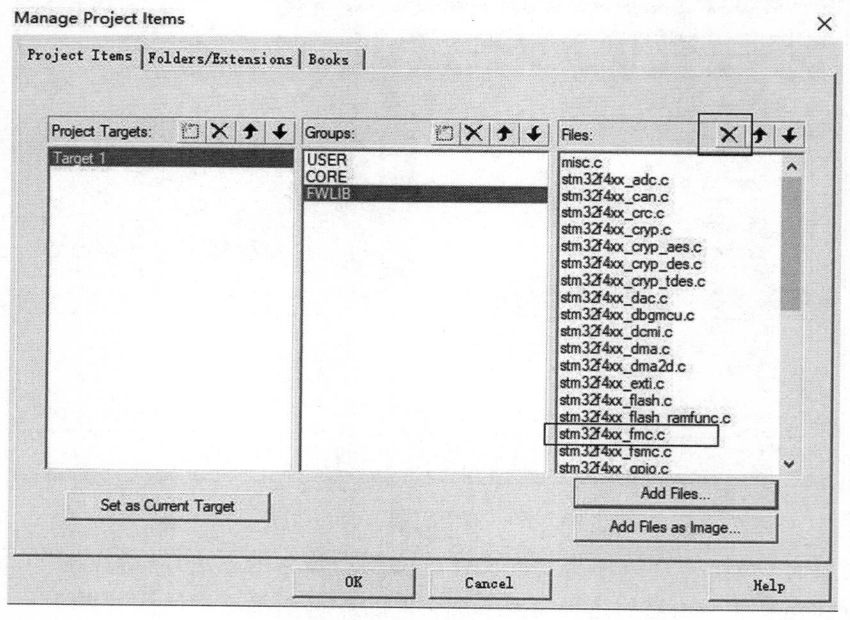

图 2.38　删掉 stm32f4xx_fmc. c

(11)用同样的方法,将 Groups 定位到 CORE 和 USER 下面,添加需要的文件。CORE 下面需要添加的文件为 startup_stm32f40_41xxx. s(注意,默认添加时文件类型为. c,也就是添加 startup_stm32f40_41xxx. s,启动文件时,需要选择文件类型为 All files 才能看得到这个文件),

USER 目录下面需要添加的文件为 main. cstm32f4xx_it. c，system_stm32f4xx. c。这样需要添加的文件已经添加到工程中了，最后点击“OK”，回到工程主界面。操作过程如图 2. 39 ~ 2. 42 所示。

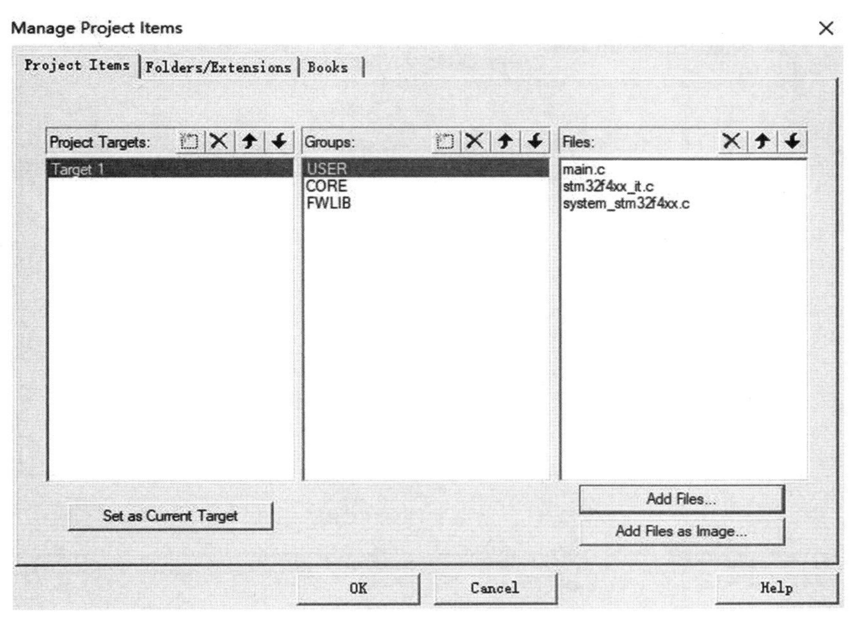

图 2. 39　添加文件到 USER 分组

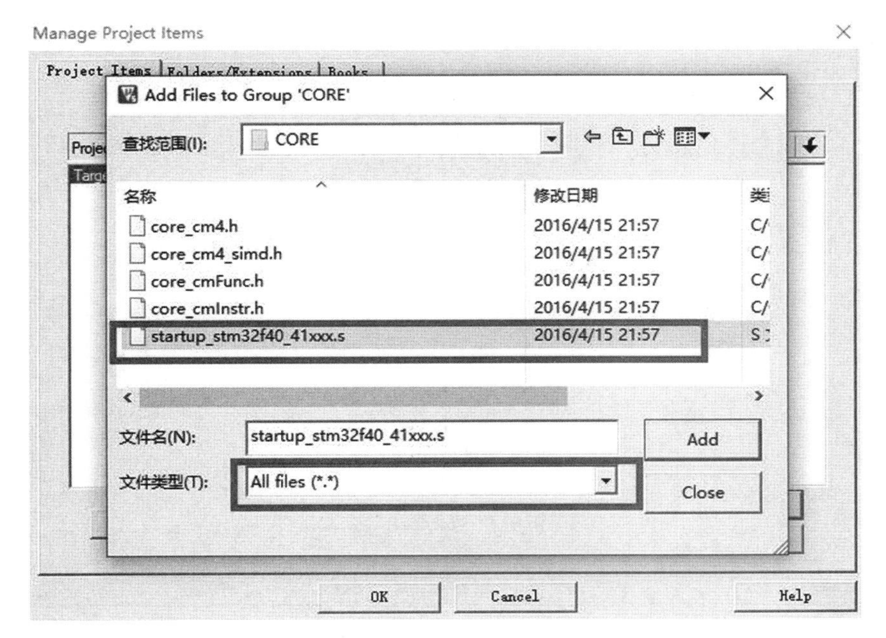

图 2. 40　添加文件 startup_st32f40_41xxx. s

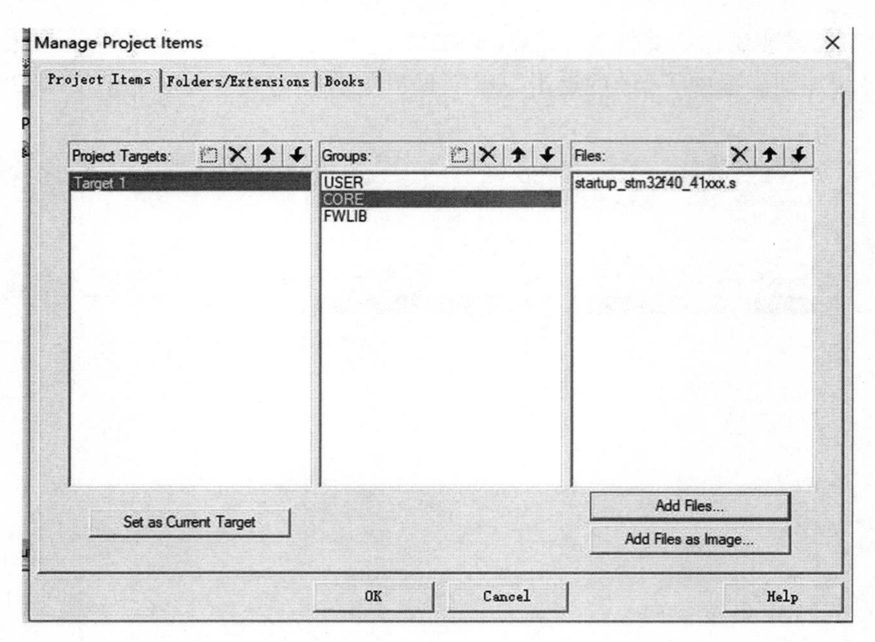

图 2.41　添加文件到 CORE 分组

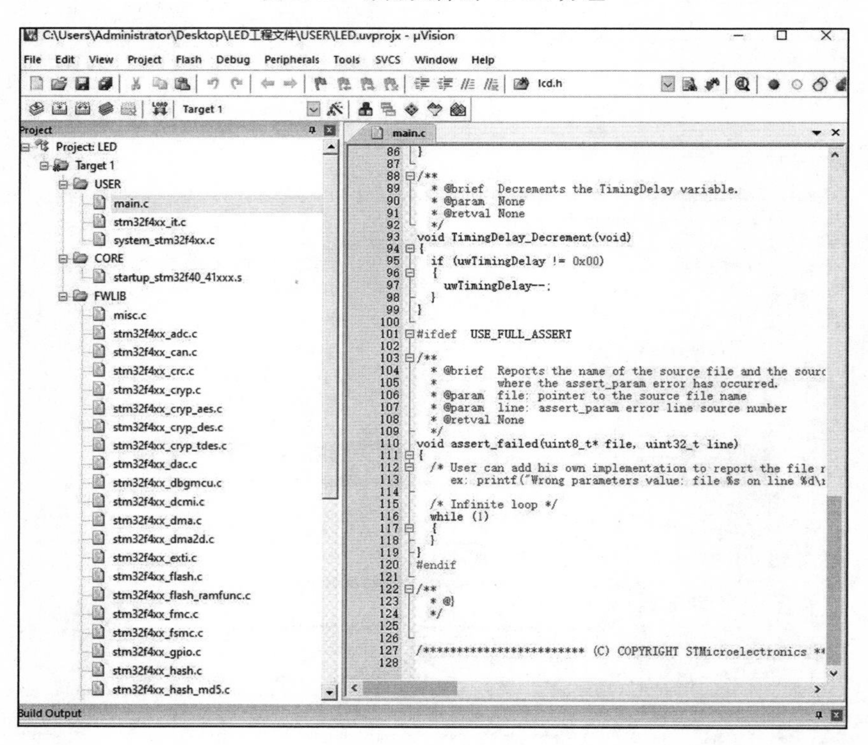

图 2.42　工程分组情况

(12)在 MDK 里面设置头文件存放路径,也就是告诉 MDK 到那些目录下面去寻找包含了的头文件。这一步骤非常重要,如果没有设置头文件路径,那么工程会出现报错,头文件路径找不到。具体操作如图 2.43、图 2.44 所示。

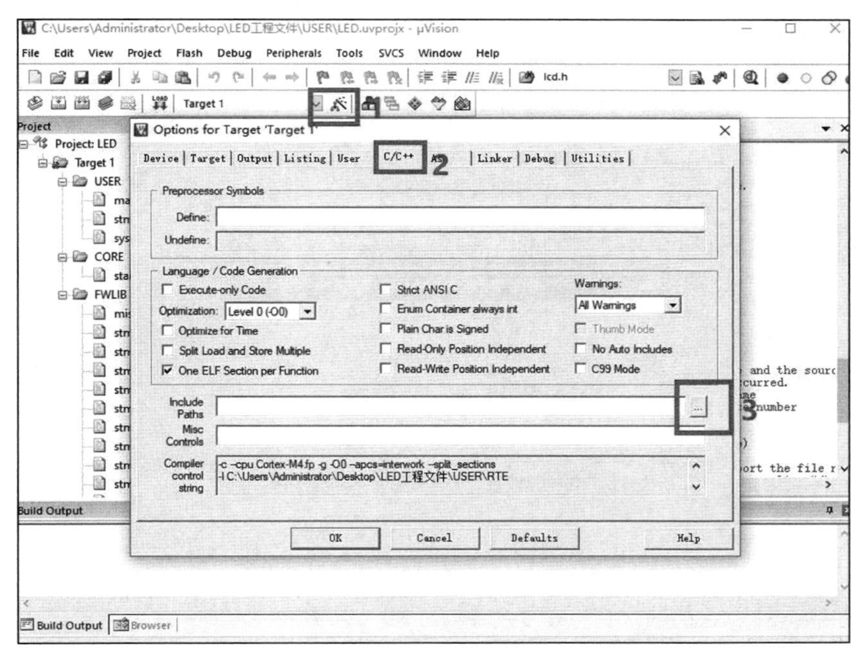

图 2.43　进入 PATH 配置界面

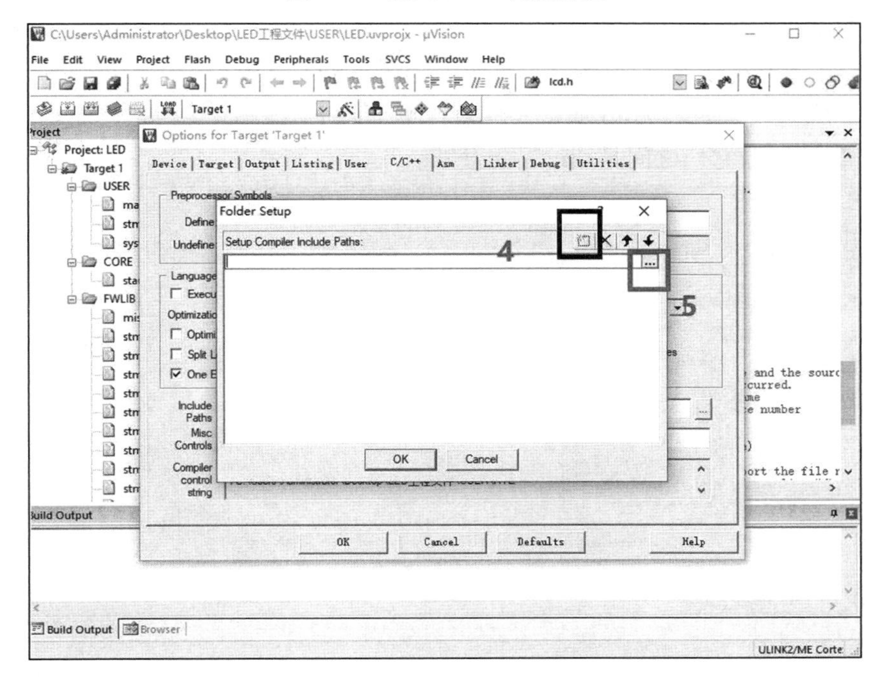

图 2.44　添加头文件路径到 PATH

这里需要添加的头文件路径包括\CORE、\USER\以及\FWLIB\inc。务必要仔细，固件库存放的头文件子目录是\FWLIB\inc，不是 FWLIB\src。很多人都是这里弄错导致报很多奇怪的错误。添加完成之后如图 2.45 所示。

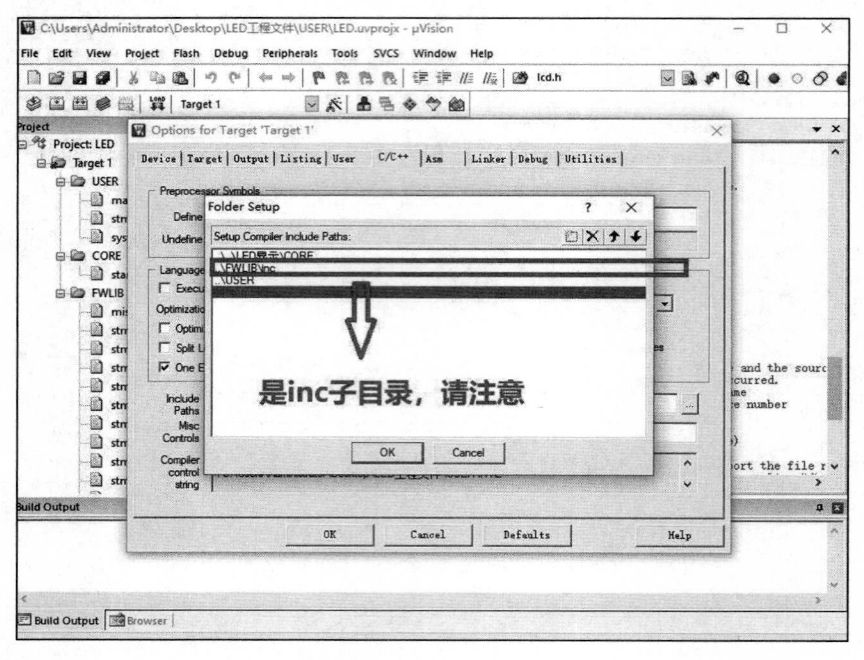

图 2.45　添加头文件路径

(13)对于 STM32F40 系列的工程,还需要添加一个全局宏定义标识符。添加方法是点击"魔术棒"之后,进入 C/C++选项卡,然后在 Define 输入框输入"STM32F40_41xxx,USE_STDPERIPH_DRIVER",如图 2.46 所示。注意这里是两个标识符:STM32F40_41xxx 和 USE_STDPERIPH_DRIVER,它们之间是用逗号隔开的。

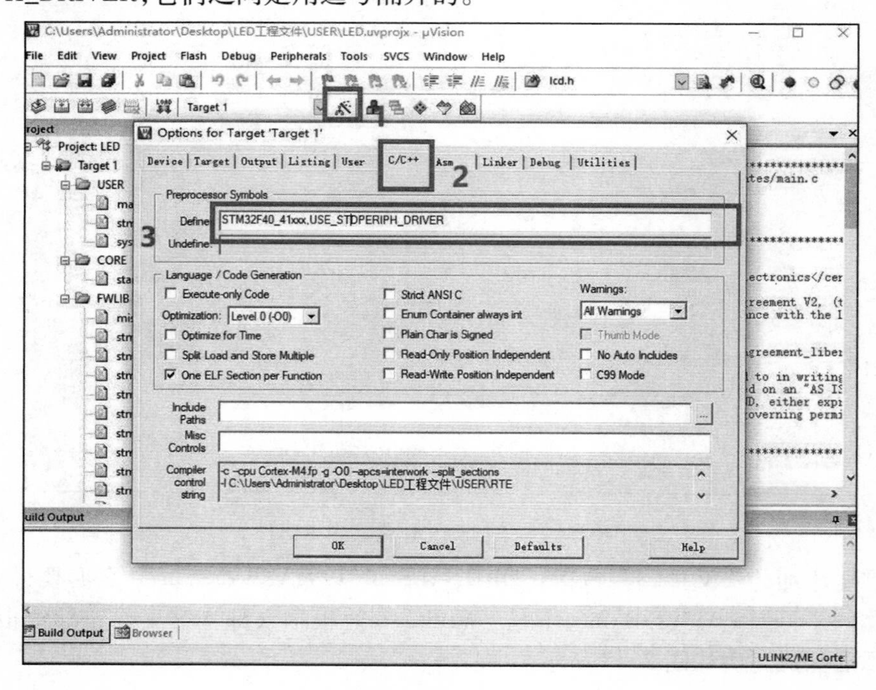

图 2.46　添加全局宏定义标识符

(14)接下来是编译工程,在编译之前首先要选择编译中间文件的存放目录。

方法是点击“魔术棒”,然后选择“Output”选项下面的“Select Folder for Objects...”,选择目录为上面新建的 OBJ 目录。同时将下方的三个选项框都勾上,操作过程如图 2.47 所示。

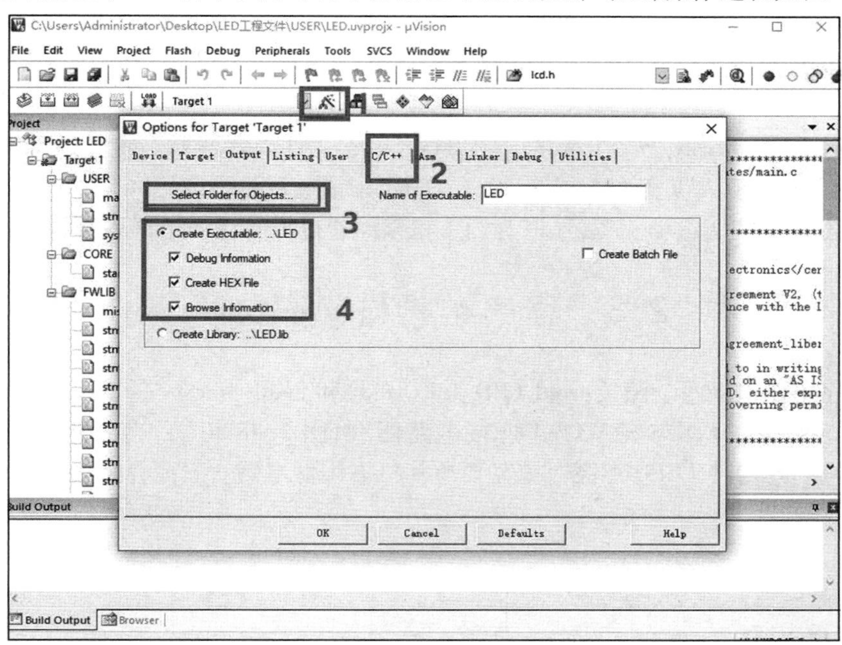

图 2.47　选择编译中间文件存放目录

这里说明一下步骤(14)的意义。勾选“Create HEX File”选项是要求编译之后生成 HEX 文件,勾选“Browse Information”选项是方便查看工程中的一些函数变量定义。

(15)在编译之前,先把 main.c 文件里面的内容替换为如下内容。

```
#include "stm32f4xx.h"
#include "led.h"
void LED_Init(void)
{
  GPIO_InitTypeDef   GPIO_InitStructure;
  RCC_AHB1PeriphClockCmd(RCC_AHB1Periph_GPIOF, ENABLE);//使能 GPIOF 时钟
  //GPIOF9,初始化设置
  GPIO_InitStructure.GPIO_Pin = GPIO_Pin_9;//LED0 和 LED1 对应 I/O 口
  GPIO_InitStructure.GPIO_Mode = GPIO_Mode_OUT;//普通输出模式
  GPIO_InitStructure.GPIO_OType = GPIO_OType_PP;//推挽输出
  GPIO_InitStructure.GPIO_Speed = GPIO_Speed_100 MHz;//100 MHz
  GPIO_InitStructure.GPIO_PuPd = GPIO_PuPd_UP;//上拉
  GPIO_Init(GPIOF, &GPIO_InitStructure);//初始化 GPIO
  GPIO_SetBits(GPIOF,GPIO_Pin_9);//GPIOF9 设置高,灯灭
}
```

```
int main(void)
{
    LED_Init();                      //初始化 LED 端口
    GPIO_ResetBits(GPIOF,GPIO_Pin_9);
    while(1);
}
```

与此同时,要将 USER 分组下面的 stm32f4xx_it.c 文件内容清空。或者删掉其中的 32 行对 main.h 头文件的引入以及 144 行 SysTick_Handler 函数内容。

(16)点击编译按钮编译工程,可以看到工程编译通过没有任何错误和警告。

2.3 程序结构与代码分析

本次程序主要包括两个函数:void LED_Init(void)和 main(void)。

图 2.48 所示为 LED 与 STM32F4 连接电路图,由图 2.48 可知,当 PF9 输出低电平时,LED0 灯被导通,想要使 LED0 点亮时就需要单片机输出低电平。下面介绍如何程序实现输出低电平。

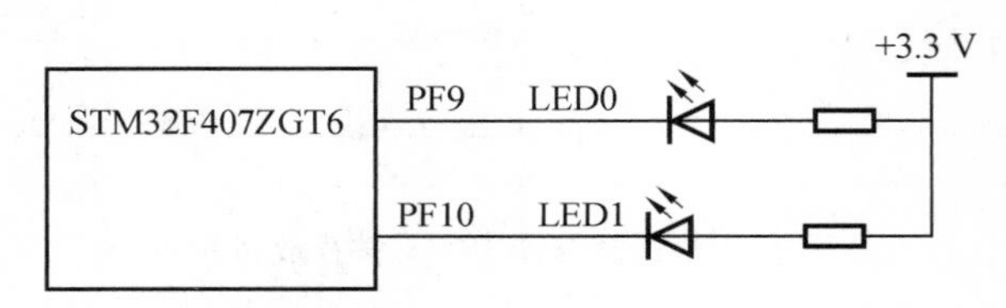

图 2.48 LED 与 STM32F4 连接电路图

1. LED_Init()

```
#include "stm32f4xx.h"
#include "led.h"
```

这里引入需要的 STM32F4 的"stm32f4xx.h"头文件。

该代码里面包含了一个函数 void LED_Init(void),该函数的功能就是用来实现配置 PF9 为推挽输出。需要注意的是:在配置 STM32 外设时,任何时候都要先使能该外设的时钟。GPIO 是挂载在 AHB1 总线上的外设,在固件库中对挂载在 AHB1 总线上的外设时钟使能是通过函数 RCC_AHB1PeriphClockCmd ()来实现的。

```
RCC_AHB1PeriphClockCmd(RCC_AHB1Periph_GPIOF, ENABLE);//使能 GPIOF 时钟
```

这行代码的作用是使能 AHB1 总线上的 GPIOF 时钟。

在设置完时钟之后,LED_Init 调用 GPIO_Init 函数完成对 PF9 初始化配置,然后调用函数 GPIO_SetBits 控制 LED0 输出 1(LED0 灭)。至此,LED 的初始化完毕。这样就完成了对这两个 I/O 口的初始化。

```
//GPIOF9,初始化设置
  GPIO_InitStructure.GPIO_Pin = GPIO_Pin_9;//LED0 对应 I/O 口
  GPIO_InitStructure.GPIO_Mode = GPIO_Mode_OUT;//普通输出模式
```

```
GPIO_InitStructure. GPIO_OType = GPIO_OType_PP;//推挽输出
GPIO_InitStructure. GPIO_Speed = GPIO_Speed_100 MHz;//100 MHz
GPIO_InitStructure. GPIO_PuPd = GPIO_PuPd_UP;//上拉
GPIO_Init(GPIOF, &GPIO_InitStructure);//初始化 GPIO
GPIO_SetBits(GPIOF,GPIO_Pin_9);//GPIOF9 设置高,灯灭
```

说明:GPIO_SetBits(GPIOF, GPIO_Pin_9); //设置 GPIOF.9 输出 1,等同 LED0=1。

此时已经设置好了 LED_Init(void),PF9 的 GPIO 口也配置好了,等待下一步的调用。

2. main 函数

```
LED_Init();//初始化 LED 端口
GPIO_ResetBits(GPIOF,GPIO_Pin_9);
while(1);// 等待状态
```

说明:GPIO_ResetBits (GPIOF, GPIO_Pin_9); //设置 GPIOF.9 输出 0,等同 LED0=0, LED0 被点亮。

2.4　程序的下载与运行

应用 ST-Link 下载程序,首先需要下载 ST-Link 资料包,下载地址为:http://openedv.com/posts/list/0/62552.htm。

解压资料包, 可以看到,在资料包里面提供了 ST-Link 驱动包: ST-LINK 官方驱动.zip, 如图 2.49 所示。

amd64	2014/1/21 17:16	文件夹	
x86	2014/1/21 17:16	文件夹	
dpinst_amd64.exe	2010/2/9 4:36	应用程序	665 KB
dpinst_x86.exe	2010/2/9 3:59	应用程序	540 KB
stlink_dbg_winusb.inf	2014/1/21 17:03	安装信息	4 KB
stlink_VCP.inf	2013/12/10 21:08	安装信息	3 KB
stlink_winusb_install.bat	2013/5/15 22:33	Windows 批处理...	1 KB
stlinkdbgwinusb_x64.cat	2014/1/21 17:14	安全目录	11 KB
stlinkdbgwinusb_x86.cat	2014/1/21 17:14	安全目录	11 KB
stlinkvcp_x64.cat	2013/12/10 21:08	安全目录	9 KB
stlinkvcp_x86.cat	2013/12/10 21:09	安全目录	9 KB
ST-LINK官方驱动.zip	2015/11/9 11:25	ZIP 文件	5,188 KB

图 2.49　ST-Link 官方驱动软件包

解压后,可以看到,驱动包里面包含两个可执行.exe 文件:dpinst_x86.exe 和 dpinst_amd64.exe。

首先安装 dpinst_amd64.exe 文件,如果安装之后没有提示报错,那就说明驱动安装成功。如果报错,可以卸载之后再安装 dpinst_x86.exe 文件(因为有些电脑并不是 AMD 的 CPU,只能安装 dpinst_amd64.exe 文件才能成功)。

安装完成后安装界面会提示, 如图 2.50 所示。

图 2.50　ST-Link 驱动安装完成

这里提醒以下两点。

(1) 各种 Windows 版本设备名称和所在设备管理器栏目可能不一样,例如,WIN10 插上 ST-Link 后显示的是 STM32 STLINK。

(2) 如果设备名称旁边显示的是黄色的叹号,请直接点击设备名称,然后在弹出的界面点击更新设备驱动。

至此,ST-Link 驱动已经安装完成。接下来只需要在 MDK 工程里面配置 ST-Link 即可。

在选择完调试器之后,如图 2.51 所示,点击右边的"Settings"按钮,出现如图 2.52 所示的界面。

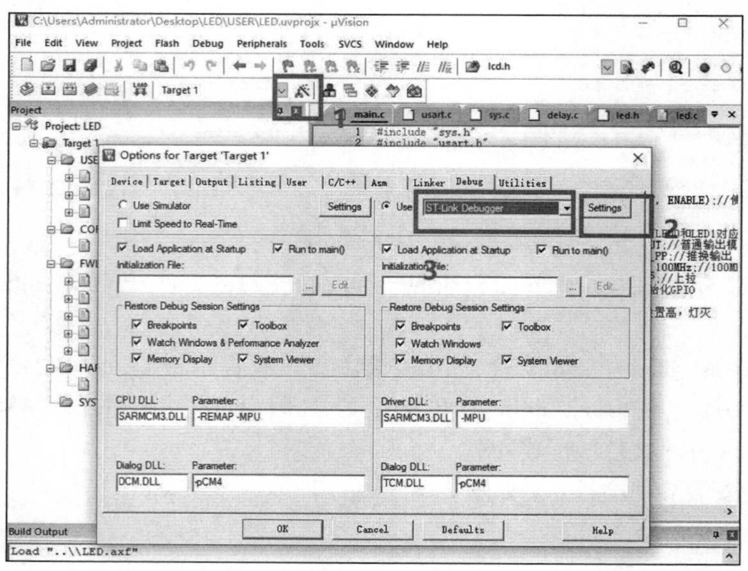

图 2.51　选择 ST-Link Debugger

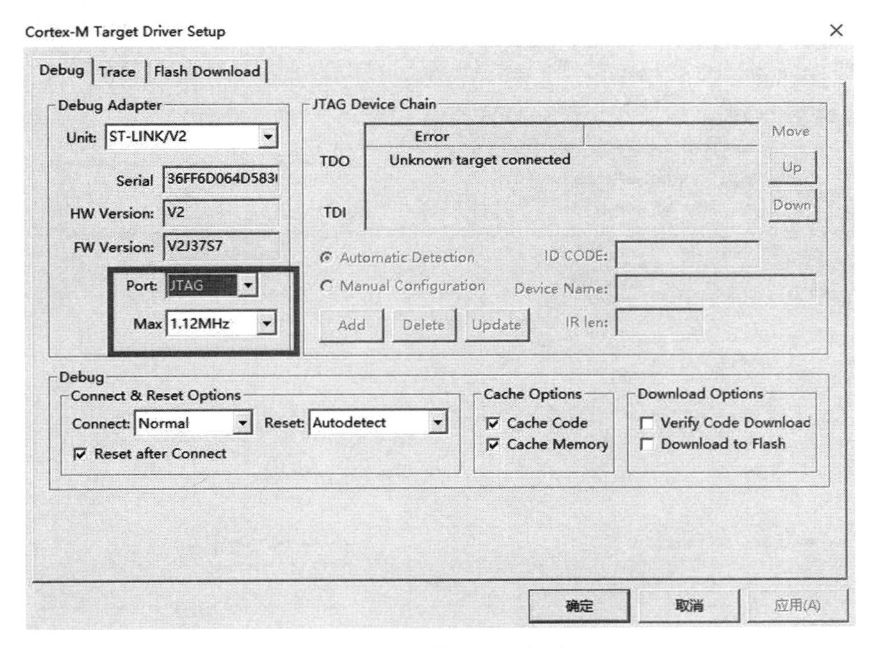

图 2.52　JTAG 模式调试方式配置

这里默认情况选择的是 JTAG 调试方式，速度是 1.12 MHz，与 ST-Link 固件版本有关，所以这里只需要选择一个合适的速度即可（一般为 1～5 MHz）。当然这里也可以修改为 SWD 方式，修改方法非常简单，配置如图 2.53 所示。

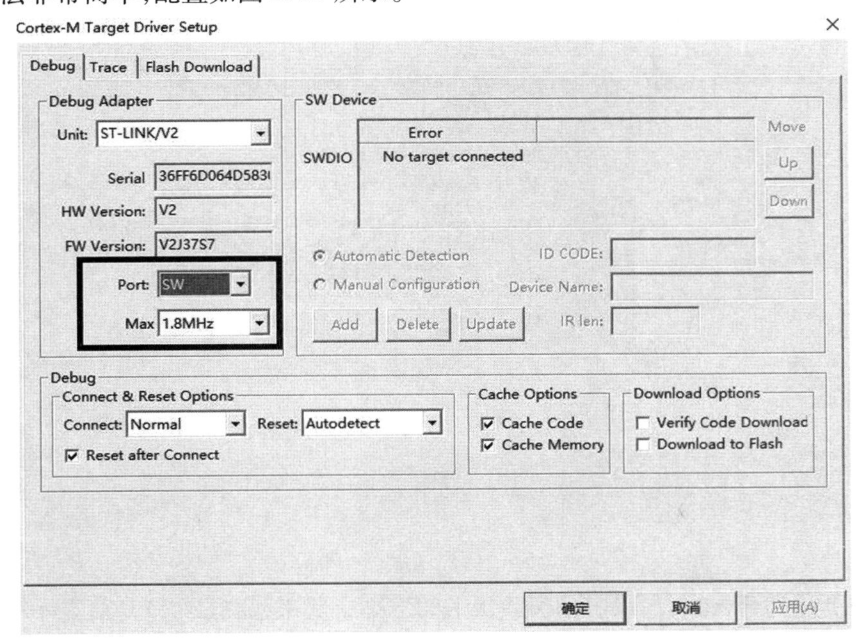

图 2.53　SWD 模式调试方法配置

JTAG 模式和 SWD 模式使用方法都是一样的，不同的是 SWD 接口调试更加节省端口。

最后，对于 Utilities 选项卡，和教程的配置方法一样即可，需要核对 Utilities 界面是否是如

图 2.54 所示选择的配置,如果不是,请修正过来。

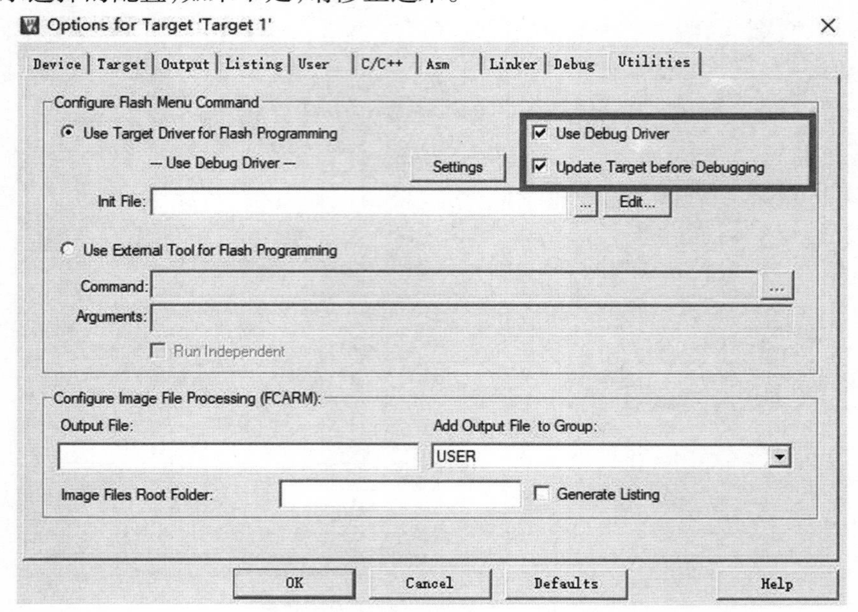

图 2.54　Utilities 选项卡配置

在安装完 ST-Link 驱动和配置后,就可以进行编译和进行下载,下载界面如图 2.55 所示。

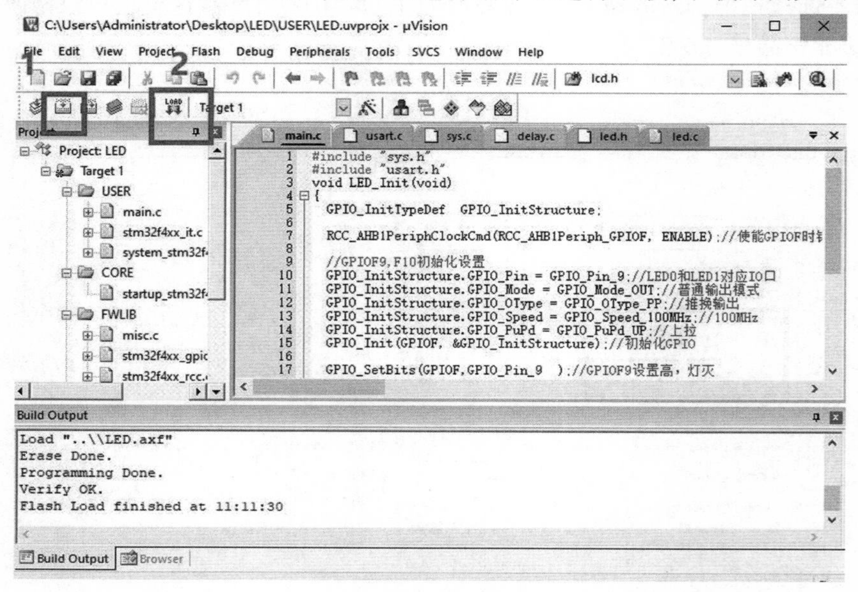

图 2.55　程序的编译和下载

把程序下载到开发板,可以看到实验板上的灯亮了起来,完成了 LED 灯显示的任务。

思考与练习

1. 如何进行 STM32F407 系列处理器的开发环境的建立?
2. 试修改代码,使得 LED1 进行亮灭交替运行。
3. 编译工程时,如果提示出错应该怎么办?

第 3 章

STM32F4 开发基础知识

3.1 MDK 下的 C 语言基础

随着嵌入式应用系统的日趋复杂,对于程序的可读性、升级与维护以及模块化要求越来越高,要求编程人员在短时间内编写出执行效率高、运行可靠的程序代码,同时也要方便多个编程人员进行协同开发。在项目开发中,如果所有的编程任务均由汇编语言来完成,则工作量大且代码可移植性差,因此基于 C 语言的编程是重点内容。本节主要简单介绍一些常用的 C 语言基础知识。

1. 位运算

C 语言中的位运算,就是对运算对象按二进制位进行操作的运算,简而言之,就是对基本类型变量可以在位级别进行运算。位运算符及说明见表 3.1。

表 3.1 位运算符及说明

运算符	含义	举例
&	按位与	0x19&0x4d=0x09
|	按位或	0x09|0x40=0x49
^	按位异或	0x43^0x54=0x17
~	取反	a=0xf0,则~a=0x0f
<<	左移(高位丢弃,低位补 0)	b=0x47,如果 b<<1,则 b=0x4d
>>	右移(高位补 0,低位丢弃)	w=0x0f,如果 w>>1,则 w=0x07

在单片机开发中,经常在不改变其他位的值的情况下对某几个位进行设值,方法就是先对需要设置的位用“&”操作符进行清零操作,然后用“|”操作符设值。例如,要改变 GPIOA->BSRRL 的状态,可以先对寄存器的值进行“&”清零操作。

GPIOA-> BSRRL &=0XFF0F; //将第 4 ~7 位清 0

然后再与需要设置的值进行“|”或运算。

GPIOA-> BSRRL |=0X0040; //设置第 6 位的值,不改变其他位的值

2. define 宏定义

C 语言源程序中用一个“标识符”来表示一个“字符串”,称为宏定义。其中“标识符”称为

“宏名”。宏定义是 C 语言中的预处理命令,使用宏可以使变量书写简化,增加程序的可读性、可维护性和可移植性。宏定义分为不带参数的宏定义和带参数的宏定义。

(1)不带参数的宏定义。

不带参数的宏定义的一般形式如下。

#define 标识符 字符串

其中,#define 为宏定义命令。“标识符”为所定义的宏名,标识符一般用大写字母表示。“字符串”可以是常数、表达式、格式串等。宏定义可以出现在程序的任何地方,例如:

```
#define uint unsigned int
#define NN 8
```

第一个是定义无符号字符型 unsigned int 为 uint,第二个是定义标识符 NN 的值为 8 。通过宏定义不仅可以方便无符号字符型的书写,而且当 NN 要变化时,只需要修改 8 的值即可,而不必在程序的每处修改,这增加了程序的可读性和可维护性。

(2)带参数的宏定义。

C 语言规定,定义、替换宏时,可以带有参数。宏定义可以带有形式参数,程序中使用宏时,可以带有实际参数。带参数的宏定义的一般形式如下。

#define 标识符(形式参数表) 字符串

其中,字符串中含有各个形式参数,例如:

```
#define  S(r)  3.14*r*r
```

对于带有参数的宏,替换宏时先用实际参数替换形式参数,然后再进行宏定义,从而使宏的功能更强大。

3. 条件编译

预处理程序提供了条件编译的功能。可以按照不同的条件去编译不同的程序部分,产生不同的目标代码文件。条件编译可以有效地提高程序的可移植性。此外,程序编译还可以方便程序的逐段调试,简化程序调试工作。条件编译器有以下 3 种形式。

(1)#ifdef

```
#ifdef 标识符
  程序段 1;
#else
  程序段 2;
  #endif
```

它的作用是:如果“标识符”已经被 #define 命令定义过,则对程序段 1 进行编译,否则编译程序段 2。其中,#else 部分也可以没有,即

```
#ifdef
  程序段 1;
#endif
```

它的作用是:如果“标识符”已经被 #define 命令定义过,则对程序段 1 进行编译,否则不编译程序段 1。

(2)#ifndef

```
#ifndef 标识符
   程序段 1;
#else
   程序段 2;
   #endif
```

其格式与“#ifdef”-“#endif”命令一样,功能正好与之相反。如果标识符未被 #define 命令定义过,则对程序段 1 进行编译,否则编译程序段 2,同时#endif 可以避免重定义。

(3)#if

```
#if 常量表达式
   程序段 1;
#else
   程序段 2;
   #endif
```

它的作用是:当表达式为非 0(“逻辑真”)时,则对程序段 1 进行编译,否则编译程序段 2。

4. extern 变量声明

C 语言中外部变量用关键字 extern 声明。为了使变量可以在除了定义它的源文件中使用外,还可以被其他文件使用,就要将全局变量通知到每一个程序模块文件,此时可用 extern 来说明。在代码中会看到这样的语句:

```
extern unsigned int i;
```

这个语句是声明“i”变量在其他文件中已经定义了,在这里要使用到。

5. 结构体

(1)结构体的定义、初始化。

C 语言提供结构体类型,MDK 中有很多地方使用结构体。结构体类型可以有多个数据项,每一个数据项的数据类型可以不同,这些数据项也被称为分量、成员或属性。结构体在使用过程中,必须首先定义结构体类型,然后再声明结构体变量。

结构体类型定义的一般格式如下。

声明结构体类型:

```
Struct 结构体名{
   成员 1;
   成员 2;
   ……
   成员 n;
}
```

其中,Struct 是结构体类型定义的关键字,它与其后用户指定的类型标符共同组成结构体类型。例如,

```
Struct U_TYPE {
```

```
  Int BaudRate;
  Int WordLength;
    };
```

定义结构体后,就可以利用已经定义好的结构体数据类型来定义结构体变量。C 语言允许按如下两种方式来定义结构体变量。

①先定义结构体,再定义结构体变量。

例如,下面语句定义一个具有 Struct U_TYPE 类型的结构体变量。

```
usart1,usart2;
Struct U_TYPE usart1,usart2;
```

②在定义结构体的同时定义结构变量。

```
Struct U_TYPE
{
  Int BaudRate;
  Int WordLength;
} usart1,usart2;
```

关于结构体的初始化,既可以在定义结构体变量的同时可以对其进行赋值,也可以在编译时进行赋值。它的一般格式如下。

结构体类型名　结构体变量={初始值表};

例如, Struct U_TYPE usart1={"9 600","8"};

(2)结构体成员变量的引用。

结构体成员变量的引用方法如下:

结构体变量名字.成员名

其中,"."是结构体成员运算符,它是所有运算符中优先级别最高的运算符,结合性是自左向右。用这种形式就可以按照该成员类型的变量一样,对结构体成员进行操作。例如,要引用 usart1 的成员 BaudRate,方法如下:

```
usart1.BaudRate;
```

(3) 结构体指针。

结构体类型与简单类型(int、float 和 char 等)一样,也可以定义指针变量,定义方式是一样的。但是必须先定义结构体类型,然后再定义指向结构体类型数据的指针变量。例如,利用前面定义的 Struct U_TYPE 定义一个指针。

```
Struct U_TYPE *usart3;//定义结构体指针变量 usart3
```

结构体指针成员变量引用方法是通过"->"符号实现,例如,要访问 usart3 结构体指针指向的结构体的成员变量 BaudRate,方法如下:

```
usart3->BaudRate;
```

6. typedef 语句

在 C 语言中,除了系统定义的标准类型(int、float、char 等),还允许用户自己定义类型说明符,即允许用户为数据类型取"别名"。具体格式如下:

typedef　已定义的类型名　新的类型名;

其中,“typedef”为类型定义语句的关键字;“已定义的类型名”可以是标准类型名,也可以是用户自定义的类型名;“新的类型名”为用户定义的与类型名等价的别名。例如,

```
typedef  unsigned char  uchar;
```

就是利用 uchar 代表 unsigned char 类型。

3.2 STM32F4 微处理器结构

ARM Cortex-M4 是新一代的嵌入式系统 ARM 处理器,它是一款 32 位 RISC 处理器,具有优异的代码效率,通常采用 8 位和 16 位器件的存储器空间即可发挥 ARM 内核的高性能。STM32F405xx 和 STM32F407xx 系列是 Cortex-M4F 32 位 RISC、核心频率高达 168 MHz 的数字信号控制器(Digital Signal Controller,DSC)。处理器支持一组 DSP 指令,能够实现有效的信号处理和复杂的算法执行。它的单精度浮点运算单元(Float Point Unit, FPU)通过使用元语言开发工具,可加速开发,同时避免饱和。

STM32F405xx 和 STM32F407xx 系列工作在-40 ~ +105 ℃之间,电源为 1.8 ~3.6 V。当设备工作在 0 ~70 ℃且 PDR_ON 连接到 V_{SS}时,电源电压可降至 1.7 V。它们具有一套全面的省电模式,允许低功耗应用设计。

STM32F405xx 和 STM32F407xx 系列设备提供的封装,范围为 64 ~176 引脚。上述特点使得 STM32F405xx 和 STM32F407xx 微控制器系列应用范围广,如马达驱动和应用控制、医疗设备、变频器,断路器、打印机和扫描仪、报警系统、可视对讲、空调、家用音响设备等。STM3240x 模块框图如图 3.1 所示。下面对一些模块进行简单介绍。

(1)ART 加速器是一种存储器加速器,它为 STM32 工业标准配有 FPU 处理器的 ARM Cortex-M4 做了优化。该加速器平衡了配有 FPU 的 ARM Cortex-M4 在 Flash 技术方面的固有性能优势,克服了通常条件下,高速处理器在运行中需要经常等待 Flash 的情况。为了发挥处理器在此频率时的 210 DMIPS 全部性能,该加速器将实施指令预取队列和分支缓存,从而提高 128 位 Flash 的程序执行速度。根据 Core-Mark 基准测试,凭借 ART 加速器所获得的性能相当于 Flash 在 CPU 频率高达 168 MHz 时以 0 等待周期执行程序。

(2)STM32F407 具有高达 1 MB 的 Flash 存储器(可存储数据和程序)和 196 KB 的系统 SRAM(以 CPU 时钟速度读/写,0 等待状态)。另外还带有存储保护单元(MPU),用于管理 CPU 对存储器的访问,防止一个任务意外损坏另一个激活任务所使用的存储器或资源。器件集成有循环冗余校验计算单元(Cyclic Redudancy Check,CRC), CRC 计算单元使用一个固定的多项式发生器从一个 32 位的数据字中产生 CRC 码。在众多的应用中,基于 CRC 的技术还常用来验证数据传输或存储的完整性。

(3)STM32F407 具有两个通用的双端口 DMA(DMA1 和 DMA2),每个 DMA 都有 8 个流。它们能够管理存储器到存储器、外设到存储器、存储器到外设的传输。它们具有用于 APB/AHB 外设的专用 FIFO,支持突发传输,其设计可提供最大外设带宽(AHB/APB)。32 位的 multi-AHB 总线矩阵将所有主设备(CPU、DMA)和从设备(Flash 存储器、RAM、AHB 和 APB 外设)互连,确保了即使多个高速外设同时工作时,也能实现无缝高效的操作。

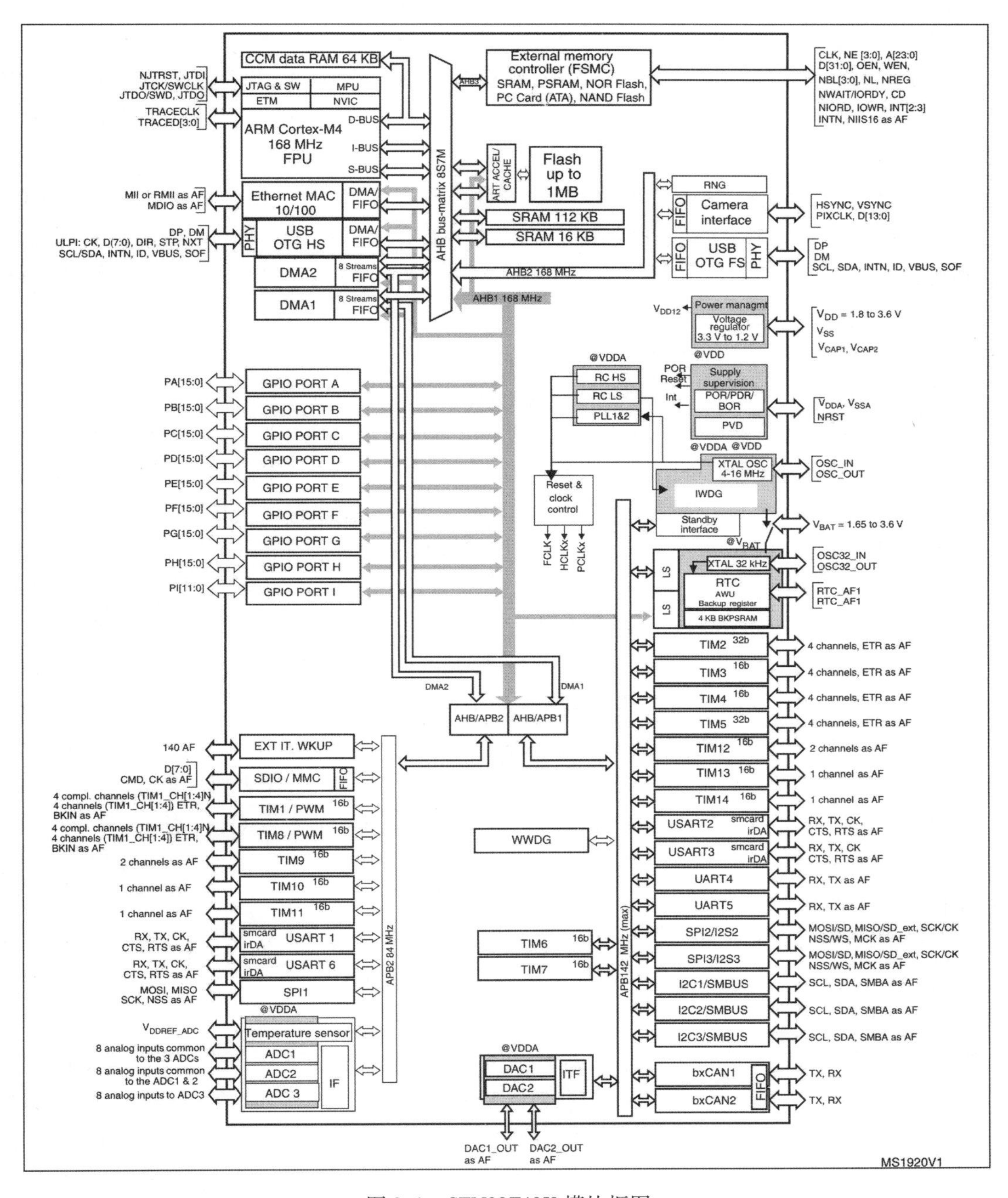

图 3.1　STM32F40X 模块框图

(4)STM32F407 内置有嵌套向量中断控制器(Nested Vectored Interrupt Controller,NVIC),能够管理 16 个优先等级并处理 ARM Cortex-M4 的高达 87 个可屏蔽中断通道和 16 个中断线。该硬件块以最短中断延迟提供灵活的中断管理功能。同时器件具有外部中断/事件控制器(External Interrupt/Event Controller,EXTI),包含 23 根用于产生中断/事件请求的边沿检测中断线,每根中断线都可以独立配置以选择触发事件(上升沿触发、下降沿触发或边沿触发),并且可以单独屏蔽。挂起寄存器用于保持中断请求的状态。EXTI 可检测到脉冲宽度小于内部

APB2 时钟周期的外部中断线。外部中断线最多有 16 根，可从最多 140 个 GPIO 中选择连接。

(5)STM32F407 复位时，16 MHz 内部 RC 振荡器被选作默认的 CPU 时钟。该 16 MHz 内部 RC 振荡器在工厂调校，可在约 25 ℃时提供 1% 的精度。应用可选择 RC 振荡器或外部 4 ~ 26 MHz时钟源作为系统时钟，此时钟的故障可被监测。若检测到故障，则系统自动切换回内部 RC 振荡器并生成软件中断(若启用)。此时钟源输入至 PLL，因此频率可增至 168 MHz。类似地，必要时(例如，当间接使用的外部振荡器发生故障时)可以对 PLL 时钟输入进行完全的中断管理。可通过多个预分频器配置两个 AHB 总线、高速 APB(APB2)域、低速 APB(APB1)域。两个 AHB 总线的最大频率为 168 MHz，高速 APB 域的最大频率为 84 MHz，低速 APB 域的最大允许频率为 42 MHz。该器件内置有一个专用 PLL(PLLI2S)，可达到音频级性能。在此情况下，I^2S 主时钟可生成 8 ~ 192 kHz 的所有标准采样频率。

(6)STM32F407 内置有 2 个高级控制定时器、10 个通用定时器、2 个基本定时器和 2 个看门狗定时器。在调试模式下，可以冻结所有定时器/计数器。高级控制定时器、通用定时器可用于输入捕获、输出比较；看门狗定时器可检测并解决由软件错误导致的故障。

(7)STM32F407 具有多达 3 个可以在多主模式或从模式下工作的 I^2C 总线接口和高达 4 个通信模式为主从模式、全双工和单工的 SPI。器件内置有 4 个通用同步/异步收发器(USART1、USART2、USART3 和 USART6)、两个通用异步收发器(UART4 和 UART5)。3 个 I^2C 总线接口可提供异步通信、IrDA SIR ENDEC 支持、多处理器通信模式和单线半双工通信模式，并具有 LIN 主/从功能。所有接口均可使用 DMA 控制器。

(8)STM32F407 可使用两个标准内部集成音频 I^2S，它们可工作于主或从模式、全双工和单工通信模式，可配置为 16/32 位分辨率的输入或输出通道工作。器件具有额外的专用音频 PLL(PLLI2S)，用于音频 I^2S 应用。它可达到无误差的 I^2S 采样时钟精度，在使用 USB 外设的同时不降低 CPU 性能。除了音频 PLL，可使用主时钟输入引脚将 IC/SAI 流与外部 PLL(或编解码器输出)同步。

(9)STM32F407 提供了 SD/MMC/SDIO(安全数字输入/输出)主机接口，它支持多媒体记忆卡系统(Multimedia Cord System)规范版本 4.2 中 3 种不同的数据总线模式：1 位(默认)、4 位和 8 位。

(10)STM32F407 内置有集成了收发器的 USB OTG 全速器件/主机/OTG 外设。USB OTG FS 外设与 USB 2.0 规范和 OTG 1.0 规范兼容。STM32F407 内置有集成了收发器的 USB OTG 高速(高达 480 MB/s)设备/主机/OTG 外围设备。USB OTG HS 支持全速和高速操作，它集成了用于全速操作(12 MB/s)的收发器，并具有用于高速操作(480 MB/s)的 UTMI 低引脚接口(ULPI)。它们都具有可由软件配置的端点设置，并支持挂起/恢复功能；都需要专用的48 MHz 时钟，由连至 HSE 振荡器的 PLL 产生。

(11)STM32F407 具有 3 个 12 位模数转换器，其共享多达 16 个外部通道，在单发或扫描模式下执行转换。在扫描模式下，将对一组选定的模拟输入执行自动转换。ADC 可以使用 DMA 控制器，利用模拟看门狗功能，可以非常精确地监视一路、多路或所有选定通道的转换电压，当转换电压超出编程的阈值时将产生中断。STM32F407 具有 2 个 12 位缓冲 DAC 通道，可用于将两个数字信号转换为两个模拟电压信号输出。DAC 通道通过同样连接到不同 DMA 流的定时器更新输出触发。

(12)STM32F407 内置有温度传感器产生随温度线性变化的电压,转换范围为 1.8 ~ 3.6 V。温度传感器内部连接到 ADC_IN16 的同一输入通道,该通道用于将传感器输出电压转换为数字值。由于工艺不同,温度传感器的偏移因芯片而异,因此内部温度传感器主要适合检测温度变化,而不是用于检测绝对温度。如果需要读取精确温度,则应使用外部温度传感器部分。

(13)STM32F407 的每个通用输入/输出(GPIO)引脚都可以由软件配置为输出(推挽或开漏、带或不带上拉/下拉)、输入(浮空、带或不带上拉/下拉)或外设复用功能。大多数 GPIO 引脚都具有数字或模拟复用功能。所有 GPIO 都有大电流的功能,具有速度选择以更好地管理内部噪声、功耗和电磁辐射。在特定序列后锁定 I/O 配置,可避免对 I/O 寄存器执行意外写操作。

3.3　STM32F4 总线架构

本节所讲的 STM32F4 系统架构主要针对 STM32F407 系列芯片,其主系统由 32 位多层 AHB 总线矩阵构成,总线矩阵用于主控总线之间的访问仲裁管理,仲裁采取循环调度算法。总线矩阵可实现以下部分互联。

1. 八条主控总线

(1)Cortex-M4F 内核 I 总线、D 总线和 S 总线。

(2)DMA1 存储器总线。

(3)DMA2 存储器总线。

(4)DMA2 外设总线。

(5)以太网 DMA 总线。

(6)USB OTG HS DMA 总线。

2. 七条被控总线

(1)内部 Flash ICode 总线。

(2)内部 Flash DCode 总线。

(3)主要内部 SRAM1 (112 KB)。

(4)辅助内部 SRAM2(16 KB)。

(5)AHB1 外设(包括 AHB-APB 总线桥和 APB 外设)。

(6)AHB2 外设。

(7)FSMC。

借助总线矩阵,可以实现主控总线到被控总线的访问,这样即使在多个高速外设同时运行期间,系统也可以实现并发访问和高效运行。STM32F407 总线架构图如图 3.2 所示。

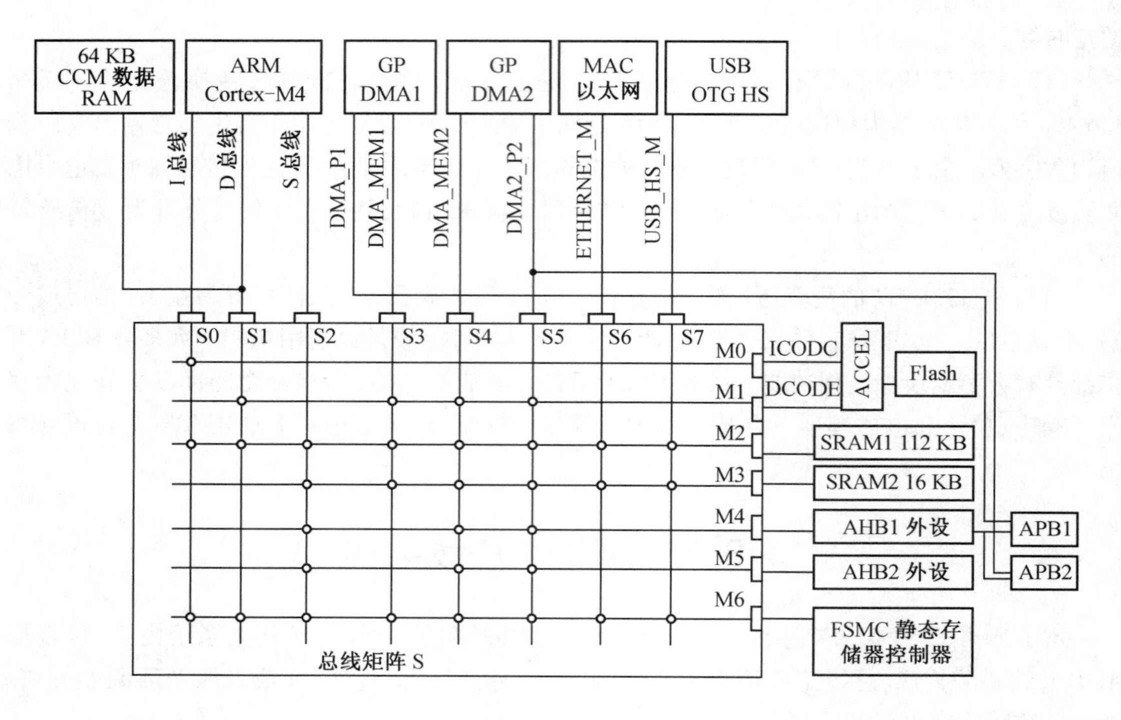

图 3.2　STM32F407 总线架构图

几个总线的具体介绍如下。

(1)I 总线(S0)。此总线用于将 Cortex-M4 内核的指令总线连接到总线矩阵,内核通过此总线获取指令,其访问的对象是包括代码的存储器。

(2)D 总线(S1)。此总线用于将 Cortex-M4 数据总线和 64 KB CCM 数据 RAM 连接到总线矩阵,内核通过此总线进行立即数加载和调试访问。

(3)S 总线(S2)。此总线用于将 Cortex-M4 内核的系统总线连接到总线矩阵,以及访问位于外设或 SRAM 中的数据。

(4)DMA 存储器总线(S3、S4)。此总线用于将 DMA 存储器总线主接口连接到总线矩阵。DMA 通过此总线来执行存储器数据的传入和传出。

(5)DMA 外设总线(S5)。此总线用于将 DMA 外设主总线接口连接到总线矩阵。DMA 通过此总线访问 AHB 外设或执行存储器之间的数据传输。

(6)以太网 DMA 总线(S6)。此总线用于将以太网 DMA 主接口连接到总线矩阵。以太网 DMA 通过此总线向存储器存取数据。

(7) USB OTG HS DMA 总线(S7)。此总线用于将 USB OTG HS DMA 主接口连接到总线矩阵。USB OTG HS DMA 通过此总线向存储器加载/存储数据。

(8)总线矩阵。总线矩阵用于主控总线之间的访问仲裁管理。仲裁采用循环调度算法。

(9)AHB/APB 总线桥(APB)。借助两个 AHB/APB 总线桥:APB1 和 APB2,可在 AHB 总线与两个 APB 总线之间实现完全同步的连接,从而灵活选择外设频率。

3.4　STM32F4 时钟系统

1. STM32F4 时钟树概述

众所周知,微控制器(处理器)的运行必须要依赖周期性的时钟脉冲来驱动,往往由一个外部晶体振荡器提供时钟输入为始,最终转换为多个外部设备的周期性运作为末,这种时钟“能量”扩散流动的路径,犹如大树的养分通过主干流向各个分支,因此常称之为“时钟树”。在一些传统的低端 8 位单片机,例如,8051、AVR、PIC 等单片机,其也具备自身的一个时钟树系统,但其中的绝大部分是不受用户控制的,亦即在单片机上电后,时钟树就固定在某种不可更改的状态(假设单片机处于正常工作的状态)。例如,8051 单片机使用典型的 12 MHz 晶振作为时钟源,则外设如 I/O 口、定时器、串口等设备的驱动时钟速率便已经是固定的,用户无法更改此时钟速率,除非更换晶振。

STM32F4 的时钟树如图 3.3 所示。STM32F4 的时钟系统比较复杂,时钟来源种类比较多,不像简单的单片机一个系统时钟就可以解决一切。因为 STM32 本身非常复杂,外设非常多,不同的模块需要不同频率的时钟驱动信号。而 STM32 微控制器的时钟则是可配置的,其时钟输入源与最终达到外设处的时钟速率不再有固定的关系。这些时钟可以根据需要由用户选择设置。

2. STM32F4 时钟种类

在 STM32F4 中,有 5 个时钟源,包括 HSI、HSE、LSI、LSE 和 PLL。其中,PLL 实际分为两个时钟源,分别为主 PLL 和专用 PLL。这 5 个时钟源从时钟频率来分可以分为高速时钟源和低速时钟源,HIS、HSE 以及 PLL 是高速时钟,LSI 和 LSE 是低速时钟;从来源可分为外部时钟源和内部时钟源,外部时钟源就是从外部接晶振的方式获取时钟源,其中,HSE 和 LSE 是外部时钟源,其他的是内部时钟源。下面介绍 STM32F4 的这 5 个时钟源。

(1)HSI 高速内部时钟。

HSI 高速内部时钟由内部 16 MHz RC 振荡器生成,可直接用作系统时钟,或者用作 PLL 输入。HSI RC 振荡器的优点是成本较低(无须使用外部组件)。此外,其启动速度也要比 HSE 晶振快,但即使校准后,其精度也不及外部晶振或陶瓷谐振器。

(2)HSE 高速外部时钟。

HSE 高速外部时钟可接石英/陶瓷谐振器,或者接外部时钟源,频率范围为 4 ~ 26 MHz。谐振器和负载电容必须尽可能地靠近振荡器的引脚,以尽量减小输出失真和起振稳定时间。负载电容值必须根据所选振荡器的不同做适当调整。HSE 最常使用的是 8 MHz 的晶振。HSE 也可以直接作为系统时钟或者 PLL 输入。

(3)LSI 低速内部时钟。

RC 振荡器频率为 32 kHz 左右。用于驱动独立看门狗,也可选择提供给 RTC 用于停机/待机模式下的自动唤醒。

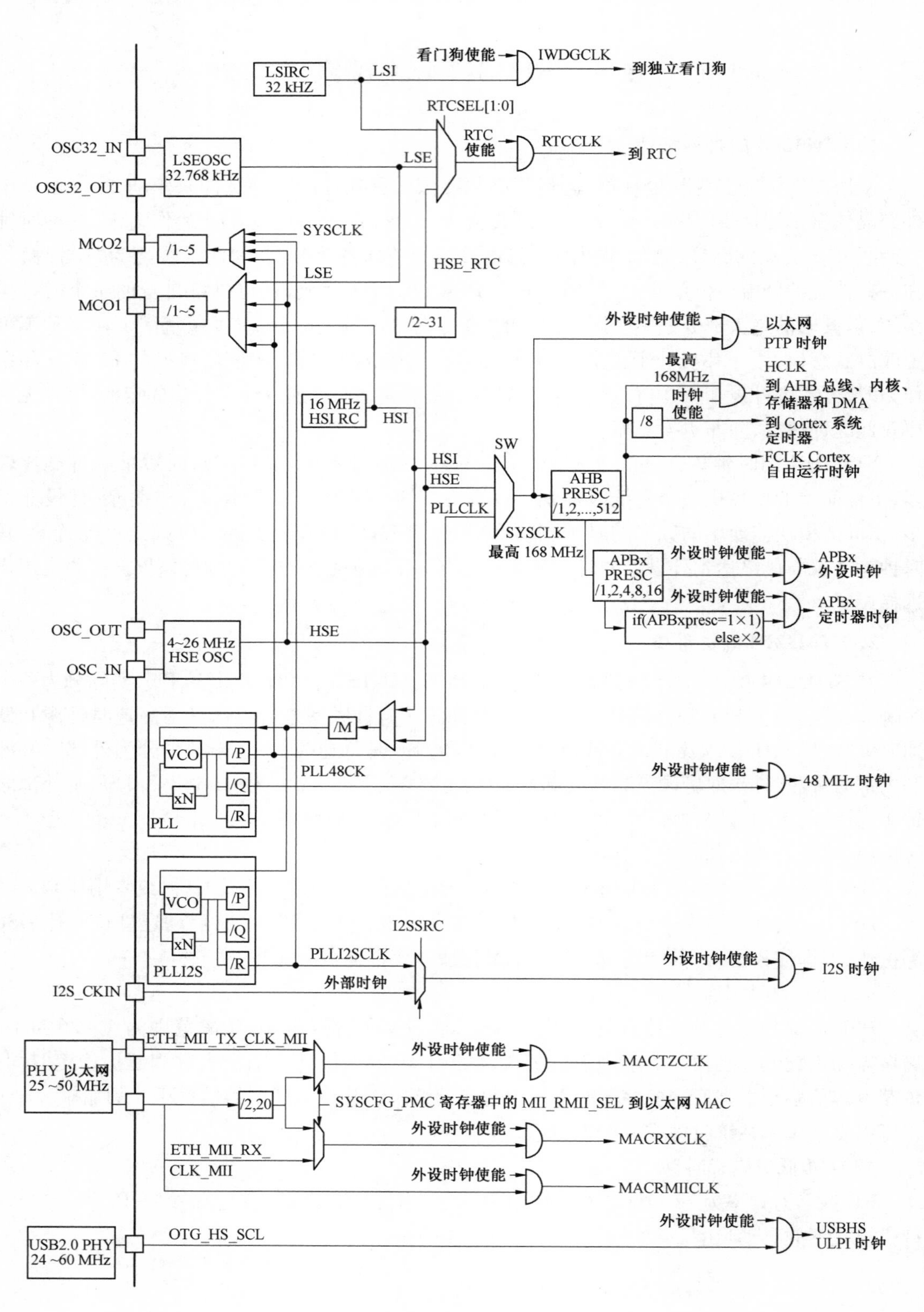

图 3.3　STM32F4 时钟系统图

(4)LSE 低速外部时钟。

低速外部时钟接频率为 32.768 kHz 的石英晶体。可作为实时时钟外设(Real-Time Clock,RTC)的时钟源来提供时钟/日历或其他定时功能,具有功耗低且精度高的优点。

(5)PLL 锁相环倍频输出。

STM32F4 有两个 PLL。

①主 PLL(PLL)由 HSE 或者 HSI 提供时钟信号,并具有两个不同的输出时钟:第一个输出 PLLP 用于生成高速的系统时钟(最高为 168 MHz);第二个输出 PLLQ 用于生成 USB OTG FS 的时钟(48 MHz)、随机数发生器的时钟(≤48 MHz)和 SDIO 时钟(≤48 MHz)。

②专用 PLL(PLLI2S)用于生成精确时钟,从而在 I^2S 接口实现高品质音频性能。由于在 PLL 使能后主 PLL 配置参数便不可更改,所以建议先对 PLL 进行配置,然后再使能。

3. STM32F4 时钟分配

系统时钟 SYSCLK 是供 STM32 中绝大部分部件工作的时钟源。系统时钟可选择为 PLL 输出、HSI 或者 HSE。系统时钟最大频率为 168 MHz,它通过 AHB 分频器分频后送给各模块使用,AHB 分频器可选择 1、2、4、8、16、64、128、256 和 512 分频。其中,AHB 分频器输出的时钟送给五大模块使用。

(1)送给 AHB 总线、内核、内存和 DMA 使用的 HCLK 时钟。

(2)通过 8 分频后送给 Cortex 的系统定时器时钟。

(3)直接送给 Cortex 的空闲运行时钟 FCLK。

(4)送给 APBl 分频器。APB1 分频器可选择 1、2、4、8、16 分频,其输出一路供 APB1 外设使用(PCLK1,最大频率 42 MHz),另一路供定时器 2、3、4 倍频器使用。该倍频器可选择 1 或者 2 倍频,时钟输出供定时器 2、3、4 使用。

(5)送给 APB2 分频器。APB2 分频器可选择 1、2、4、8、16 分频,其输出一路供 APB2 外设使用(PCLK2,最大频率 84 MHz),另一路供定时器 1 倍频器使用。该倍频器可选择 1 或者 2 倍频,时钟输出供定时器 1 使用。另外,APB2 分频器还有一路输出供 ADC 分频器使用,分频后供 ADC 模块使用。ADC 分频器可选择为 2、4、6、8 分频。

在以上的时钟输出中,有很多是带使能控制的,例如,AHB 总线时钟、内核时钟、各种 APB1 外设、APB2 外设等。当需要使用某模块时,一定要先使能对应的时钟。

连接在 APB1(低速外设)上的设备有:DAC、PWR、CAN2、CAN1、I2C3、I2C2、I2C1、UART5、UART4、USART3、USART2、I2S3ext、SPI3/I2S3、SPI2/I2S2、I2S2ext、IWDG、WWDG、RTC、BKPRegist、TIM14、TIM13、TIM12、TIM7、TIM6、TIM5、TIM4、TIM3、TIM2。

连接在 APB2(高速外设)上的设备有:TIM11、TIM10、TIM9、EXTI、SYSCFG、SPI1、SDIO、ADC1-ADC2-ADC3、USART6、USART1、TIM8、TIM1。

连接在 AHB1 上的设备有:USBOTG HS、ETHERNETMAC、DMA2、DMA1、BKPSRAM、Flashinterface、register、RCC、CRC、GPIOI、GPIOH、GPIOG、GPIOF、GPIOE、GPIOD、GPIOC、GPIOB、GPIOA。

连接在 AHB2 上的设备有:FSMC 控制寄存器、RNG、HASH、CRYP、DCMI、USB OTG FS。

不同总线下挂的不同设备可以参考图 3.1。

4. STM32F4 时钟使能和配置

在 STM32F4 标准固件库里,时钟源的选择以及时钟使能等函数都是在 RCC 相关固件库文件 stm32f4xx_rcc.h 和 stm32f4xx_rcc 中声明和定义的。打开 stm32f4xx_rcc.h 文件可以看到文件开头有很多宏定义标识符,然后是一系列时钟配置和时钟使能函数声明。这些函数大致可以归结为三类,一类是外设时钟使能函数,一类是时钟源和分频因子配置函数,还有一类是外设复位函数。当然还有几个获取时钟源配置的函数。下面以几种常见的操作来介绍这些库函数的使用。

(1)时钟使能函数。

时钟使能相关函数包括外设设置使能和时钟源使能两类。

①外设时钟使能相关的函数。

```
void RCC_AHB1PeriphClockCmd(uint32_t RCC_AHB1Periph, FunctionalState NewState);
void RCC_AHB2PeriphClockCmd(uint32_t RCC_AHB2Periph, FunctionalState NewState);
void RCC_AHB3PeriphClockCmd(uint32_t RCC_AHB3Periph, FunctionalState NewState);
void RCC_APB1PeriphClockCmd(uint32_t RCC_APB1Periph, FunctionalState NewState);
void RCC_APB2PeriphClockCmd(uint32_t RCC_APB2Periph, FunctionalState NewState);
```

主要有 5 个外设时钟使能函数,分别用来使能 5 个总线下面挂载的外设时钟,这些总线分别为:AHB1 总线、AHB2 总线、AHB3 总线、APB1 总线以及 APB2 总线。要使能某个外设,调用对应的总线外设时钟使能函数即可。

这里要特别说明,STM32F4 的外设在使用之前,必须对时钟进行使能,如果没有使能时钟,那么外设是无法正常工作的。对于哪个外设是挂载在哪个总线之下,可以参考图 3.1 或者查找相关资料。

②时钟源使能函数。前面已经介绍 STM32F4 有五大类时钟源,这里列出几种重要的时钟源使能函数。

```
void RCC_HSICmd(FunctionalState NewState);
void RCC_LSICmd(FunctionalState NewState);
void RCC_PLLCmd(FunctionalState NewState);
void RCC_PLLI2SCmd(FunctionalState NewState);
void RCC_PLLSAICmd(FunctionalState NewState);
void RCC_RTCCLKCmd(FunctionalState NewState);
```

这些函数是用来使能相应的时钟源。例如,要使能 PLL 时钟,那么调用的函数为

```
void RCC_PLLCmd(FunctionalState NewState);
```

具体调用方法如下。

```
RCC_PLLCmd(ENABLE);
```

要使能相应的时钟源,调用对应的函数即可。

(2)时钟功能函数。

时钟功能函数主要包括时钟源选择和分频因子配置函数。这些函数用来选择相应的时钟源以及配置相应的时钟分频系数。下面列举几种时钟源配置函数。

```
void RCC_LSEConfig(uint8_t RCC_LSE);
```

void RCC_SYSCLKConfig(uint32_t RCC_SYSCLKSource);

void RCC_HCLKConfig(uint32_t RCC_SYSCLK);

void RCC_PCLK1Config(uint32_t RCC_HCLK);

void RCC_PCLK2Config(uint32_t RCC_HCLK);

void RCC_RTCCLKConfig(uint32_t RCC_RTCCLKSource);

void RCC_PLLConfig(uint32_t RCC_PLLSource, uint32_t PLLM);

uint32_t PLLN, uint32_t PLLP, uint32_t PLLQ;

如果要设置系统时钟源为 HSI,那么可以调用系统时钟源配置函数。

void RCC_HCLKConfig(uint32_t RCC_SYSCLK);

具体配置方法如下。

RCC_HCLKConfig(RCC_SYSCLKSource_HSI); //配置时钟源为 HSI

又如要设置 APB1 总线时钟为 HCLK 的 2 分频,即设置分频因子为 2 分频,那么如果要使能 HSI,调用的函数为

void RCC_PCLK1Config(uint32_t RCC_HCLK);

具体配置方法如下。

RCC_PCLK1Config(RCC_HCLK_Div2);

(3)外设复位函数。

外设复位函数如下。

void RCC_AHB1PeriphResetCmd(uint32_t RCC_AHB1Periph, FunctionalState NewState);

void RCC_AHB2PeriphResetCmd(uint32_t RCC_AHB2Periph, FunctionalState NewState);

void RCC_AHB3PeriphResetCmd(uint32_t RCC_AHB3Periph, FunctionalState NewState);

void RCC_APB1PeriphResetCmd(uint32_t RCC_APB1Periph, FunctionalState NewState);

void RCC_APB2PeriphResetCmd(uint32_t RCC_APB2Periph, FunctionalState NewState);

这类函数跟前面的外设时钟函数使用方法基本一致,不同的是一个用来使能外设时钟,一个用来复位对应的外设。

3.5　内部存储器映射

Cortex-M4 处理器可以对 32 位存储器进行寻址,因此存储器空间能够达到 4 GB。存储器空间是统一的,这也意味着指令和数据共用相同的地址空间。程序存储器、数据存储器、寄存器和 I/O 端口排列在同一个顺序的地址空间内。各字节按小端格式在存储器中编码。字中编号最低的字节被视为该字的最低有效字节,而编号最高的字节被视为最高有效字节。可寻址的存储空间分为 8 个主要块,每个块为 512 MB。未分配给片上存储器和外设的所有存储区域均视为"保留区"。

存储器空间在架构上被划分为图 3.4 所示的多个存储器区域,这种处理使得处理器设计支持不同种类的存储器和设备,并可以使系统达到更优的性能。

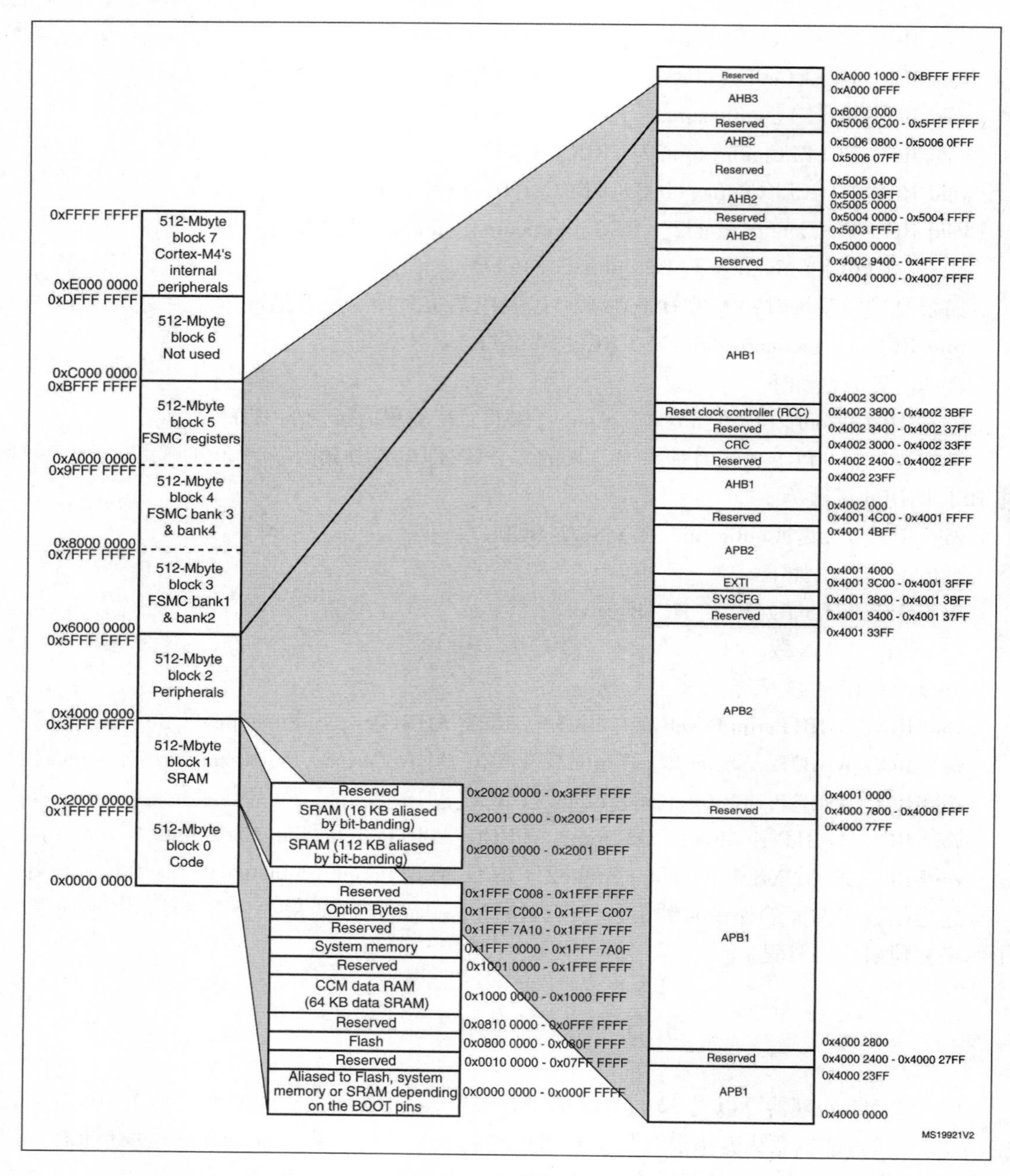

图 3.4　存储器映射

尽管预定义的存储器映射是固定的,架构仍然具有高度的灵活性,芯片设计者可以在产品中加入具有差异化的不同存储器和外设。首先来看存储器区域定义,它们位于图 3.4 的左侧。表 3.2 则对存储器区域定义进行了描述。

虽然可以将程序存放在 SRAM 和 RAM 区域并执行,但是处理器设计在进行这种操作时效果并非最优的,在取每个指令时还需要一个额外的周期。因此,在通过系统总线执行程序代码时性能会稍微低一些。

程序不允许在外设、设备和系统存储器区域中执行。

如图 3.4 所示,存储器映射中存在多个内置部件。表 3.3 对它们进行了描述。

NVIC、MPU、SCB 和各种系统外设所在的存储器空间被称作系统控制空间(System Control Space,SCS)。

表 3.2　存储器的区域

区域	地址范围	说明
代码	0x00000000 ~ 0x1FFFFFFF	512MB 的存储器空间,主要用于程序代码,包括作为程序存储器一部分的默认向量表,该区域也允许数据访问
SRAM	0x20000000 ~ 0x3FFFFFFF	SRAM 区域位于存储器空间中的下一个 512MB,主要用于连接 SRAM,其大都为片上 SRAM,但对存储器的类型没有什么限制。若支持可选的位段特性,则 SRAM 区域的第一个 1MB 可位寻址,还可以在这个区域中执行程序代码
外设	0x40000000 ~ 0x5FFFFFFF	外设存储器区域的大小同样为 512MB,而且多数用于片上外设。和 SRAM 区域类似,若支持可选的位段特性，则外设区域的第一个 1MB 是可位寻址的
RAM	0x60000000 ~ 0x9FFFFFFF	RAM 区域包括两个 512MB 存储器空间(总共 1 GB),用于片外存储器等其他 RAM,且可存放程序代码和数据
设备	0xA0000000 ~ 0xDFFFFFFF	设备区域包括两个 512MB 存储器空间(总共 1 GB),用于片外外设等其他存储器
系统	0xE0000000 ~ 0xFFFFFFFF	系统区域可分为几个部分: (1)内部私有外设总线(PPB),0xE0040000 ~ 0xE00FFFFF。 内部私有外设总线(PPB)用于访问 NVIC,SysTick,MPU 等系统部件，以及 Cortex-M3/M4 内的调试部件。多数情况下,该存储器空间只能由运行在特权状态的程序代码访问。 (2)外部私有外设总线(PPB),0xE0040000 ~ 0xE00FFFFF。 另外一个 PPB 区域可用于其他的可选调试部件，芯片供应商也可以增加自己的调试或其他特定部件。该存储器空间只能由运行在特权状态的程序代码访问。需要注意的是,该总线上调试部件的基地址可能会被芯片设计者修改。 (3)供应商定义区域,0xE0100000 ~ 0xFFFFFFFF。 剩下的存储器空间用于供应商定义的部件,但多数情况下用不上

表 3.3　Cortex-M3 和 Cortex-M4 存储器映射中的各种内置部件

部件	描述
NVIC	嵌套向量中断控制器:异常(包括中断)处理的内置中断控制器
MPU	存储器保护单元:可选的可编程单元,用于设置各存储器区域的存储器访问权限和存储器访问属性(特性或行为),有些 Cortex-M3 和 Cortex-M4 微控制器中可能会没有 MPU
SysTick	系统节拍定时器:24 位定时器,主要用于产生周期性的 OS 中断。若未使用 OS,还可被应用程序代码使用
SCB	系统控制块:用于控制处理器行为的一组寄存器,并可提供状态信息
FPU	浮点单元:这里存在多个寄存器, 用于控制浮点单元的行为,并可提供状态信息。FPU 仅在 Cortex-M4 中存在
FPB	Flash 补丁和断点单元:用于调试操作,其中包括最多 8 个比较器,每个比较器都可被配置为产生硬件断点事件。例如,在执行断点地址处的指令时,它还可以替换原先的指令,因此可为固定的程序实现补丁机制
DwT	数据监视点和跟踪单元:用于调试和跟踪操作,其中最多包括 4 个比较器,每个比较器都可被配置为产生数据监视点事件,如在特定的存储器地址区域被软件访问时。它还可以产生数据跟踪包,供调试器使用以观察监控的存储器位置
ITM	指令跟踪宏单元:用于调试和跟踪的部件。软件可以利用它产生可被跟踪接口捕获的数据跟踪。它还可以在跟踪系统中生成时间戳包
ETM	嵌入式跟踪宏单元:产生调试软件可用的指令跟踪的部件
TPIU	跟踪端口接口单元:该部件可以将跟踪包从跟踪源转换为跟踪接口协议, 这样可以用最少的引脚捕获跟踪数据
ROM 表	ROM 表:调试工具用的简单查找表,表示调试和跟踪部件的地址,以便调试工具识别出系统中可用的调试部件。它还提供了用于系统识别的 ID 寄存器

3.6　电源和复位电路

3.6.1　电源

电源框图如图 3.5 所示,器件的工作电压(V_{DD})要求介于 1.8 ~3.6 V 之间。嵌入式线性调压器用于提供内部 1.2 V 数字电源。器件供电方案主要有以下两种。

(1)V_{DD}为 1.7 ~3.6 V,不使用内部稳压器时,通过 V_{DD}引脚可为 I/O 提供外部电源。此时外部电源需要连接 V_{DD}和 PDR_ON 引脚。

(2)V_{DD}为 1.8 ~3.6 V,使用内部稳压器时,通过 V_{DD}引脚可为 I/O 和内部稳压器提供外部电源。

而当主电源 V_{DD}断电时,可通过 V_{BAT}电压为实时时钟(RTC)、RTC 备份寄存器供电和备份

SRAM(BKP SRAM)供电。

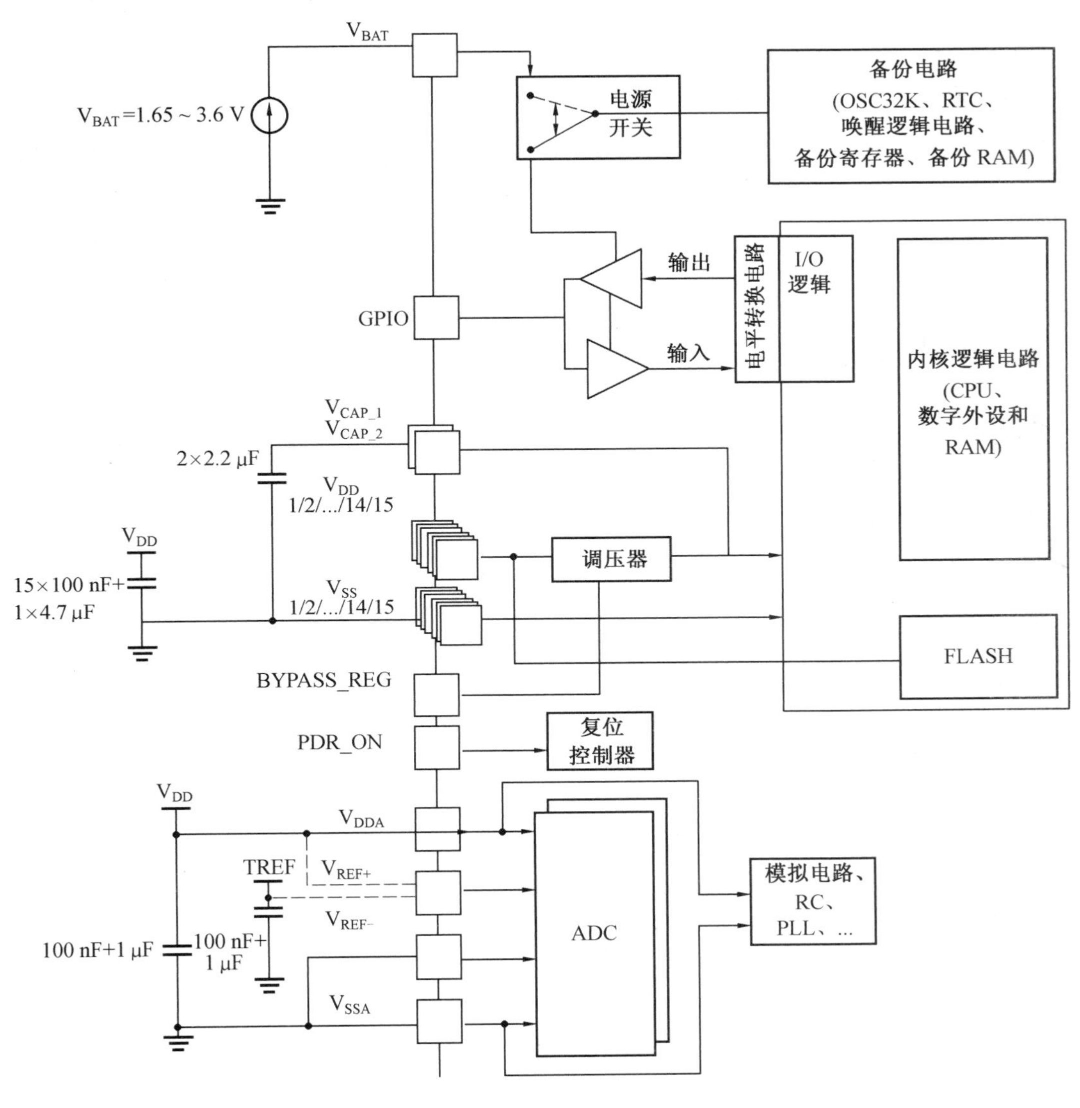

图 3.5　电源框图

1. 独立 A/D 转换器电源和参考电压

为了提高转换精度,ADC 配有独立电源,可以单独滤波并屏蔽 PCB 上的噪声。ADC 电源电压从单独的 V_{DD}引脚输入。V_{SSA}引脚提供了独立的电源接地连接。

为了确保测量低电压时具有更高的精度,用户可以在 V_{REF}上连接单独的 ADC 外部参考电压输入。V_{REF}电压在 1.7 V～V_{DDA}之间。

2. 电池备份域

要在 V_{DD}关闭后保留 RTC 备份寄存器和备份 SRAM 的内容并为 RTC 供电,可以将 V_{BAT}引脚连接到通过电池或其他电源供电的可选备份电压。要使 RTC 即使在主数字电源(V_{DD})关闭后仍然工作，V_{BAT}引脚需为 RTC、LSE 振荡器、备份 SRAM（使能低功耗备份调压器时）、PC13 到 PC15 I/O，以及 PI8 I/O（如果封装有该引脚）等模块供电。

V_{BAT}电源的开关由复位模块中内置的掉电复位电路进行控制。

3. 调压器

嵌入式线性调压器为备份域和待机电路以外的所有数字电路供电。调压器输出电压约为 1.2 V，此调压器需要将两个外部电容连接到专用引脚 V_{CAP_1}和 V_{CAP_2}，所有封装都配有这两个引脚。为激活或停用调压器，必须将特定引脚连接到 V_{SS}或 V_{DD}。具体引脚与封装有关。

通过软件激活时，调压器在复位后始终处于使能状态。根据应用模式的不同，可采用 3 种不同的模式工作。

①运行模式。调压器为 1.2 V 域（内核、存储器和数字外设）提供全功率。在此模式下，调压器的输出电压（约为 1.2 V）可通过软件调整为不同的电压值。

②停止模式。调压器为 1.2 V 域提供低功率，保留寄存器和内部 SRAM 中的内容。

③待机模式。调压器掉电，除待机电路和备份域外，寄存器和 SRAM 的内容都将丢失。

3.6.2 电源监控器

1. 上电复位（POR）/掉电复位（PDR）

器件内部集成有 POR/PDR 电路，可从 1.8 V 起正常工作。在工作电压低于 1.8 V 时，必须利用 PDR_ON 引脚关闭内部电源监控器。当 V_{DD}/V_{DDA}低于指定阈值 V_{POR}/V_{PDR}时，器件无须外部复位电路便会保持复位状态，上电复位/掉电复位波形如图 3.6 所示。

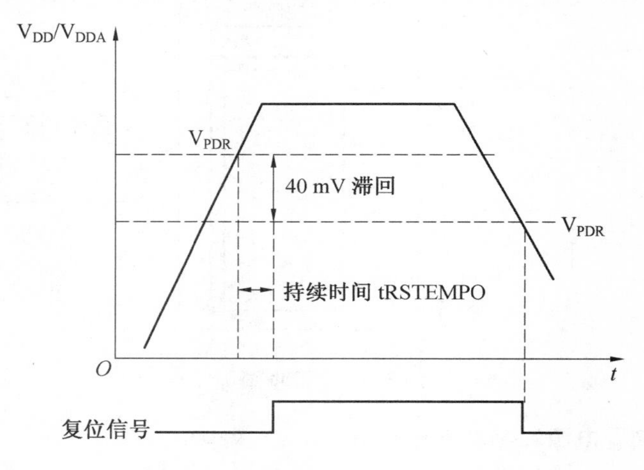

图 3.6 上电复位/掉电复位波形

2. 欠压复位（BOR）

上电期间，欠压复位（BOR）将使器件保持复位状态，直到电源电压达到指定的 V_{BOR}阈值，如图 3.7 所示。V_{BOR}通过器件选项字节进行配置，BOR 默认为关闭，可以选择 4 个 V_{BOR}阈值。

当 V_{DD}降至所选 V_{BOR}阈值以下时，将使器件复位。通过对器件选项字节进行编程可以禁止 BOR。如果 PDR 已通过 PDR_ ON 引脚关闭，此时电源的通断由 POR/PDR 或者外部电源监控器监控。BOR 滞回电压阈值约为 100 mV。

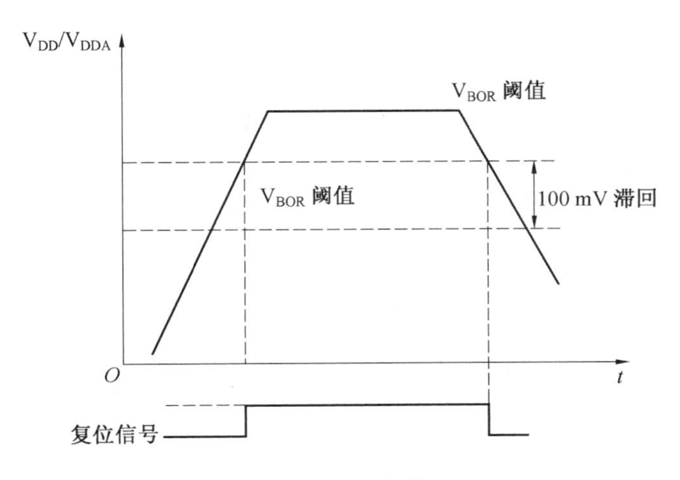

图 3.7　BOR 阈值

3. 可编程电压检测器(PVD)

可以使用 PVD 监视 V_{DD}电源,将其与 PWR 控制寄存器(PWR_CR)中 PLS[2∶0]位所选的阈值进行比较。通过设置 PVDE 位来使能 PVD。PWR 电源控制/状态寄存器(PWR_CSR)中提供了 PVDO 标志,用于指示 V_{DD}是大于还是小于 PVD 阈值,如图 3.8 所示。该事件内部连接到 EXTI 线 16,如果通过 EXTI 寄存器使能,则可以产生中断。当 V_{DD}降至 PVD 阈值以下或者当 V_{DD}升至 PVD 阈值以上时,可以产生 PVD 输出中断,具体取决于 EXTI 线 16 上升沿/下降沿的配置。该功能的用处之一就是可以在中断服务程序中执行紧急关闭系统的任务。

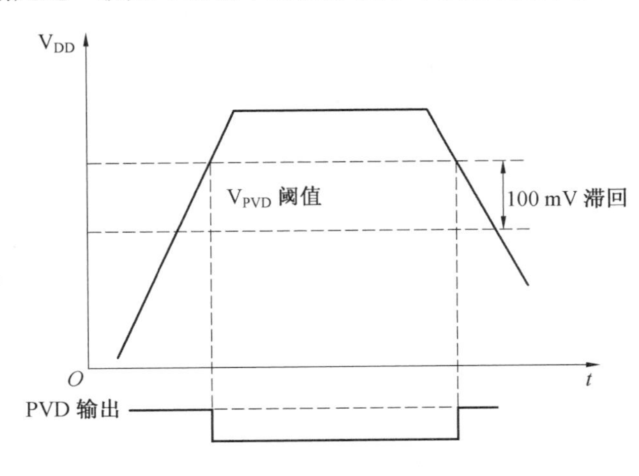

图 3.8　PVD 阈值

3.6.3　复位

STM32F4 有 3 种复位:系统复位、电源复位和备份域复位,如图 3.9 所示。

1. 系统复位

除了时钟控制寄存器 CSR 中的复位标志和备份域中的寄存器外,系统复位会将其他全部寄存器都复位为复位值。

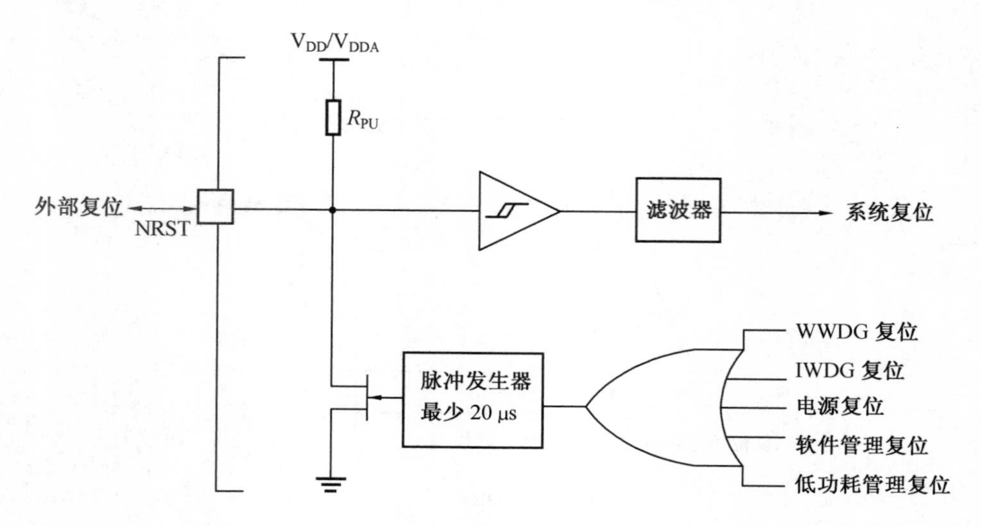

图 3.9　复位电路简图

只要发生以下事件之一,就会产生系统复位。

(1)NRST 引脚低电平(外部复位)。

(2)窗口看门狗计数结束(WWDG 复位)。

(3)独立看门狗计数结束(IWDG 复位)。

(4)软件复位(SW 复位)。可通过查看 RCC 时钟控制和状态寄存器(RCC_CSR)中的复位标志确定。要对器件进行软件复位,必须将 Cortex-M4F 应用中断和复位控制寄存器中的 SYSRESETREQ 位置 1。

(5)低功耗管理复位。引发低功耗管理复位的方式有两种。

①进入待机模式时产生复位。此复位的使能方式是清零用户选项字节中的 nRST_STDBY 位。使能后,只要成功执行进入待机模式序列,器件就将复位,而非进入待机模式。

②进入停止模式时产生复位。此复位的使能方式是清零用户选项字节中的 nRST_STOP 位。使能后,只要成功执行进入停止模式序列,器件就将复位,而非进入停止模式。

2. 电源复位

只要发生以下事件之一,就会产生电源复位。

(1)上电/掉电复位(POR/PDR 复位)或欠压(BOR)复位。

(2)在退出待机模式时。

除备份域内的寄存器以外,电源复位会将其他全部寄存器设置为复位值。

这些源均作用于 NRST 引脚,该引脚在复位过程中始终保持低电平。RESET 复位入口向量在存储器映射中固定在地址 0x0000_0004。

芯片内部的复位信号会在 NRST 引脚上输出。脉冲发生器用于保证最短复位脉冲持续时间,可确保每个内部复位源的复位脉冲都至少持续 20 μs。对于外部复位,在 NRST 引脚处于低电平时产生复位脉冲。

3. 备份域复位

备份域复位会将所有 RTC 寄存器和 RCC_BDCR 寄存器复位为各自的复位值。BKPSRAM

不受此复位影响。BKPSRAM 的唯一复位方式是通过 Flash 接口将 Flash 保护等级从 1 切换到 0。

只要发生以下事件之一,就会产生备份域复位。

(1)软件复位,通过将 RCC 备份域控制寄存器(RCC_BDCR)中的 BDRST 位置 1 触发。

(2)在电源 V_{DD}和 V_{BAT}都已掉电后,其中任何一个又再上电。

3.7　STM32F4 开发实验硬件简介

本书配套的实验平台为正点原子 ALIENTEK 探索者 STM32F4 开发板。

ALIENTEK 探索者 STM32F4 开发板的资源十分丰富,并把 STM32F407 的内部资源发挥到了极致,基本所有 STM32F407 的内部资源都可以在此开发板上验证,同时扩充丰富的接口和功能模块。ALIENTEK 探索者 STM32F4 开发板板载资源如下。

(1)CPU:STM32F407ZGT6,LQFP144;FLASH:1 MB;SRAM:192 KB。

(2)1 个电源开关,控制整个板的电源。

(3)1 组 5 V 电源供应/接入口。

(4)1 组 3.3 V 电源供应/接入口。

(5)1 个参考电压设置接口。

(6)1 个直流电源输入接口(输入电压范围:DC6 ~ 16 V)。

(7)1 个复位按钮,可用于复位 MCU 和 LCD。

(8)1 个启动模式选择配置接口。

(9)1 个 RTC 后备电池座,并带电池。

(10)1 个电源指示灯(蓝色)。

(11)外扩 SRAM:XM8A51216,1 MB。

(12)外扩 SPI FLASH:W25Q128,16 MB。

(13)1 个 EEPROM 芯片,24C02,容量 256 B。

(14)2 个状态指示灯(DS0:红色,DS1:绿色)。

(15)1 个有源蜂鸣器。

(16)4 个功能按钮,其中 KEY_UP(即 WK_UP)兼具唤醒功能。

(17)1 个 USB 串口,可用于程序下载和代码调试(USMART 调试)。

(18)1 个 USB SLAVE 接口,用于 USB 从机通信。

(19)1 个 USB HOST(OTG)接口,用于 USB 主机通信。

(20)1 个串口选择接口。

(21)1 个标准的 JTAG/SWD 调试下载口。

(22)1 路 485 接口,采用 SP3485 芯片。

(23)2 路 RS232 串口接口,采用 SP3232 芯片。

(24)1 个 RS232/RS485 选择接口。

(25)1 个 RS232/模块选择接口。

(26)1 个光敏传感器。

(27)1 个红外接收头,并配备一款小巧的红外遥控器。

(28)1 个六轴(陀螺仪+加速度)传感器芯片,MPU6050。

(29)1 路单总线接口,支持 DS18B20/DHT11 等单总线传感器。

(30)1 个标准的 2.4、2.8、3.5、4.3、7 寸 LCD 接口,支持电阻/电容触摸屏。

(31)1 路 CAN 接口,采用 TJA1050 芯片。

(32)1 个 2.4 G 无线模块接口,支持 NRF24L01 无线模块。

(33)1 个 ATK 模块接口,支持 ALIENTEK 蓝牙/GPS 模块。

(34)1 个摄像头模块接口。

(35)1 个 OLED 模块接口。

(36)1 个 SD 卡接口。

(37)1 个百兆以太网接口(RJ45)。

(38)1 个高性能音频编解码芯片,WM8978。

(39) 1 个录音头(MIC/咪头)。

(40)1 路立体声音频输出接口。

(41)1 路立体声录音输入接口。

(42)1 路扬声器输出接口,可接 1 W 左右的小喇叭。

(43)1 组多功能端口(DAC/ADC/PWM DAC/AUDIO IN/TPAD)。

(44)1 个电容触摸按键。

(45)除晶振占用的 I/O 口外,其余所有 I/O 口全部引出。

思考与练习

1. define 与 typedef 的区别是什么?

2. STM32F4 的总线矩阵主要包括哪些总线?

3. STM32F4 有几个时钟源?分别是什么?

4. STM32F4 有几种复位?分别是什么?

5. 请查找资料确定 USART1、SPI1、GPIOF、DMA1、TIM2 以及 CAN1 分别使用的时钟源是什么?

第 4 章

STM32F4 GPIO 的原理及应用

STM32F407 最简单的外设就是 GPIO，第 3 章已通过 GPIO 实现了一个经典的跑马灯程序，开启了 STM32F4 之旅。通过本章的学习，将会了解到 STM32F4 的 I/O 口作为输入输出使用的方法。

4.1 GPIO 简介

每组通用 I/O 端口包括 4 个 32 位配置寄存器（GPIOx_MODER、GPIOx_OTYPER、GPIOx_OSPEEDR 和 GPIOx_PUPDR）、2 个 32 位数据寄存器（GPIOx_IDR 和 GPIOx_ODR）、1 个 32 位置位/复位寄存器（GPIOx_BSRR）、1 个 32 位锁定寄存器（GPIOx_LCKR）和 2 个 32 位复用功能选择寄存器（GPIOx_AFRH 和 GPIOx_AFRL）。

1. GPIO 主要特性

(1)每组受控 I/O 多达 16 个。
(2)输出状态：推挽或开漏、上拉/下拉。
(3)从输出数据寄存器（GPIOx_ODR）或外设（复用功能输出）输出数据。
(4)可为每个 I/O 选择不同的速度。
(5)输入状态：浮空、上拉/下拉、模拟。
(6)将数据输入到输入数据寄存器（GPIOx_IDR）或外设（复用功能输入）。
(7)置位和复位寄存器（GPIOx_BSRR），对 GPIOx_ODR 具有按位写权限。
(8)锁定机制（GPIOx_LCKR），可冻结 I/O 配置。
(9)模拟功能。
(10)复用功能输入/输出选择寄存器（一个 I/O 最多可具有 16 个复用功能）。
(11)快速翻转，每次翻转最快只需要 2 个时钟周期。
(12)引脚复用非常灵活，允许将 I/O 引脚用作 GPIO 或多种外设功能中的一种。

2. GPIO 功能描述

根据数据手册中列出的每个 I/O 端口的特性，可通过软件将通用 I/O（GPIO）端口的各个端口位分别配置为多种模式。

(1)输入浮空。
(2)输入上拉。
(3)输入下拉。
(4)模拟功能。
(5)具有上拉或下拉功能的开漏输出。
(6)具有上拉或下拉功能的推挽输出。

(7)具有上拉或下拉功能的复用功能推挽。

(8)具有上拉或下拉功能的复用功能开漏。

每个 I/O 端口位均可自由编程,但 I/O 端口寄存器必须按 32 位字、半字或字节进行访问。

GPIOx_BSRR 寄存器能实现对 GPIOx_ODR 寄存器的读取/修改访问,这样便可确保在读取和修改访问之间发生中断请求也不会有问题。

4.2 深入理解 GPIO 的内部结构

1. STM32 的 GPIO 介绍

GPIO 是通用输入/输出端口的简称,是 STM32 可控制的引脚。GPIO 的引脚与外部硬件设备连接,可实现与外部通信、控制外部硬件或者采集外部硬件数据的功能。

STM32F103ZET6 芯片为 144 脚芯片,包括 7 组通用目的的输入/输出口(GPIO),分别为 GPIOA、GPIOB、GPIOC、GPIOD、GPIOE、GPIOF、GPIOG。同时每组 GPIO 口组有 16 个 GPIO 口,通常简略称为 PAx、PBx、PCx、PDx、PEx、PFx、PGx,其中 x 为 0 ~ 15。

STM32 的大部分引脚除了当 GPIO 使用之外,还可以复用位外设功能引脚(例如串口),这部分请参阅 STM32 端口复用和重映射(AFIO 辅助功能时钟),其中有详细的介绍。

图 4.1(a)是推挽及开漏输出模式的原理图,其中,比较器输出高电平时下面的 PNP 三极管截止,而上面 NPN 三极管导通,输出电平为 V_{CC};当比较器输出低电平时则恰恰相反,PNP 三极管导通,输出和地相连,为低电平。图 4.1(b)则可以理解为开漏输出形式,需要接上拉。

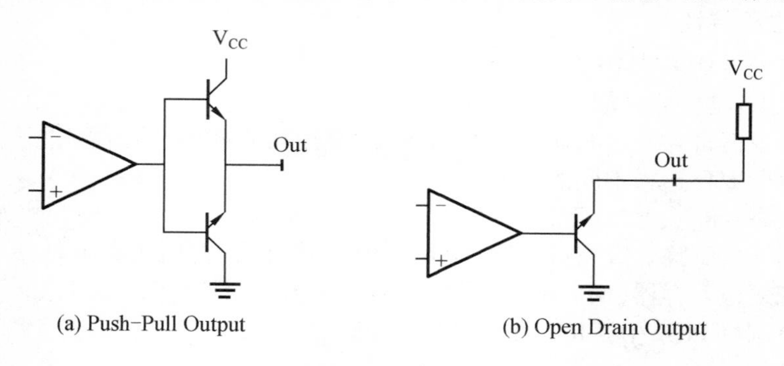

图 4.1 推挽输出、开漏输出模式原理图

2. STM32 中选用 I/O 不同模式下的使用情景

(1)浮空输入_IN_FLOATING。浮空输入,可以做 KEY 识别,RX1 等。

(2)带上拉输入_IPU。I/O 内部上拉电阻输入。

(3)带下拉输入_IPD。I/O 内部下拉电阻输入。

(4)模拟输入_AIN。应用 ADC 模拟输入,或者低功耗下省电。

(5)开漏输出_OUT_OD。I/O 输出 0 接 GND,I/O 输出 1,悬空,需要外接上拉电阻才能实现输出高电平。当输出为 1 时,I/O 口的状态由上拉电阻拉高电平,但由于是开漏输出模式,这样 I/O 口也就可以由外部电路改变为低电平或不变。可以读 I/O 输入电平变化,实现I/O的双向功能。

(6)推挽输出_OUT_PP。I/O 输出 0,接 GND,I/O 输出 1 接 V_{CC},读输入值是未知的。

(7)复用功能的推挽输出_AF_PP。片内外设功能(I^2C 的 SCL、SDA)。

（8）复用功能的开漏输出_AF_OD。片内外设功能（TX1、MOSI、MISO、SCK 及 SS）。

4.3　GPIO 的 8 种工作模式

GPIO 支持 4 种输入模式（浮空输入、上拉输入、下拉输入和模拟输入）和 4 种输出模式（开漏输出、开漏复用输出、推挽输出和推挽复用输出）。同时，GPIO 还支持 3 种最大翻转速度（2 MHz、10 MHz、50 MHz）。STM32 的 GPIO 工作方式分别如下。

（1）GPIO_Mode_IN_FLOATING 浮空输入。

（2）GPIO_Mode_IPU 上拉输入。

（3）GPIO_Mode_IPD 下拉输入。

（4）GPIO_Mode_AIN 模拟输入。

（5）GPIO_Mode_Out_OD 开漏输出。

（6）GPIO_Mode_AF_OD 开漏复用输出。

（7）GPIO_Mode_Out_PP 推挽输出。

（8）GPIO_Mode_AF_PP 推挽复用输出。

每个 I/O 口可以自由编程，但 I/O 口寄存器必须按 32 位字被访问。

下面将具体介绍 GPIO 的 8 种工作方式。

1. 浮空输入模式

浮空输入模式如图 4.2 所示。I/O 端口的电平信号直接进入输入数据寄存器。也就是说，I/O 的电平状态是不确定的，完全由外部输入决定；如果在该引脚悬空（在无信号输入）的情况下，读取该端口的电平是不确定的。

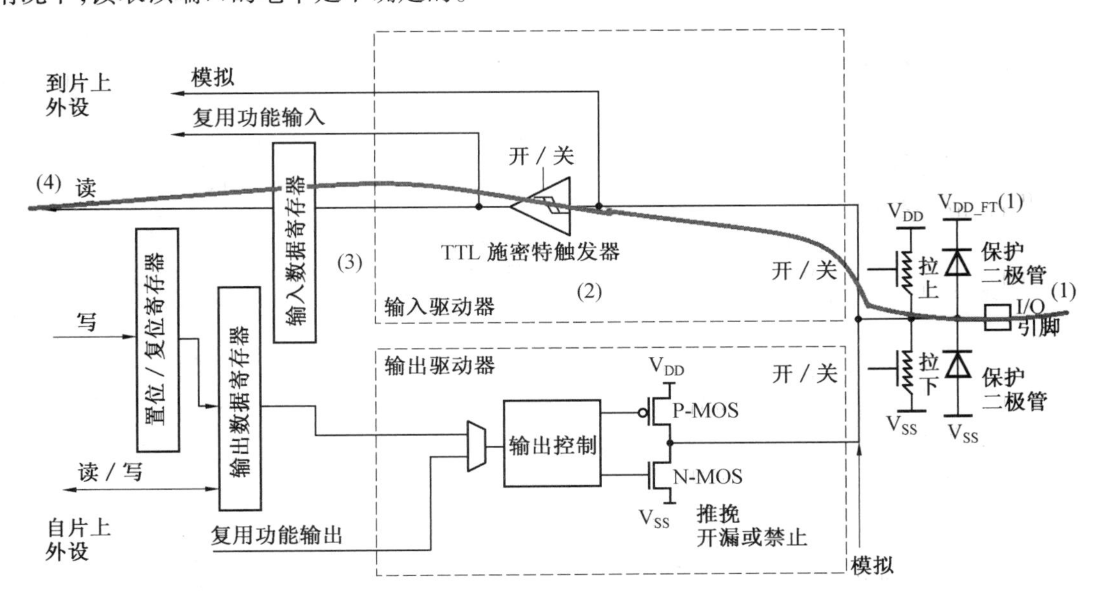

图 4.2　浮空输入模式

2. 上拉输入模式

上拉输入模式如图 4.3 所示。I/O 端口的电平信号直接进入输入数据寄存器。但是在

I/O端口悬空(在无信号输入)的情况下,输入端的电平可以保持在高电平,并且在 I/O 端口输入为低电平的时候,输入端的电平也还是低电平。

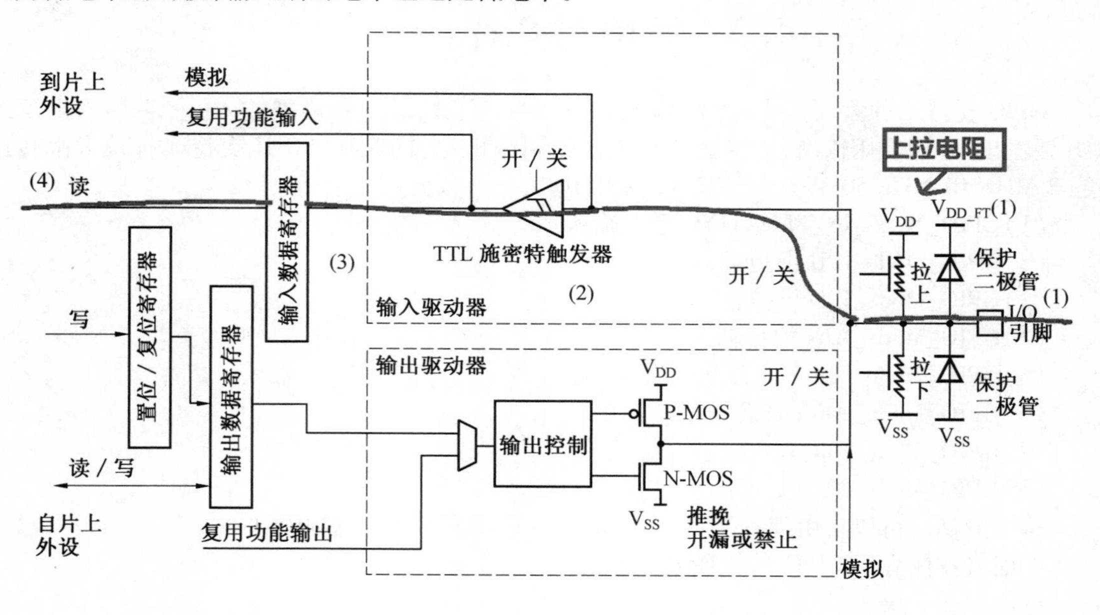

图 4.3　上拉输入模式

3. 下拉输入模式

下拉输入模式如图 4.4 所示。I/O 端口的电平信号直接进入输入数据寄存器。但是在 I/O端口悬空(在无信号输入)的情况下,输入端的电平可以保持在低电平,并且在 I/O 端口输入为高电平的时候,输入端的电平也还是高电平。

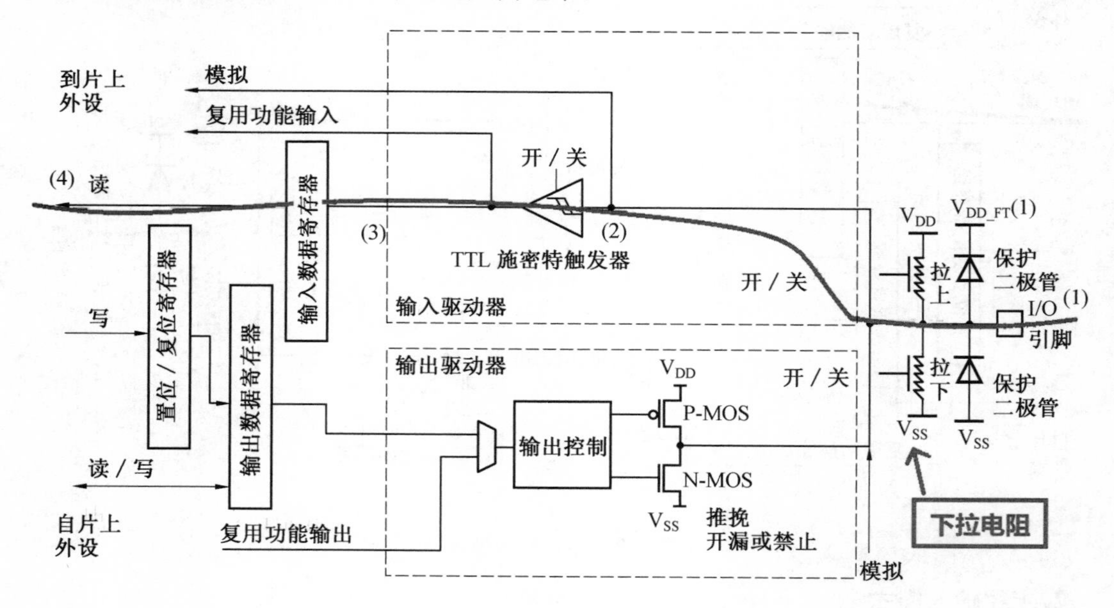

图 4.4　下拉输入模式

4. 模拟输入模式

模拟输入模式如图 4.5 所示。I/O 端口的模拟信号(电压信号,而非电平信号)直接模拟输入到片上外设模块,如 ADC 模块等。

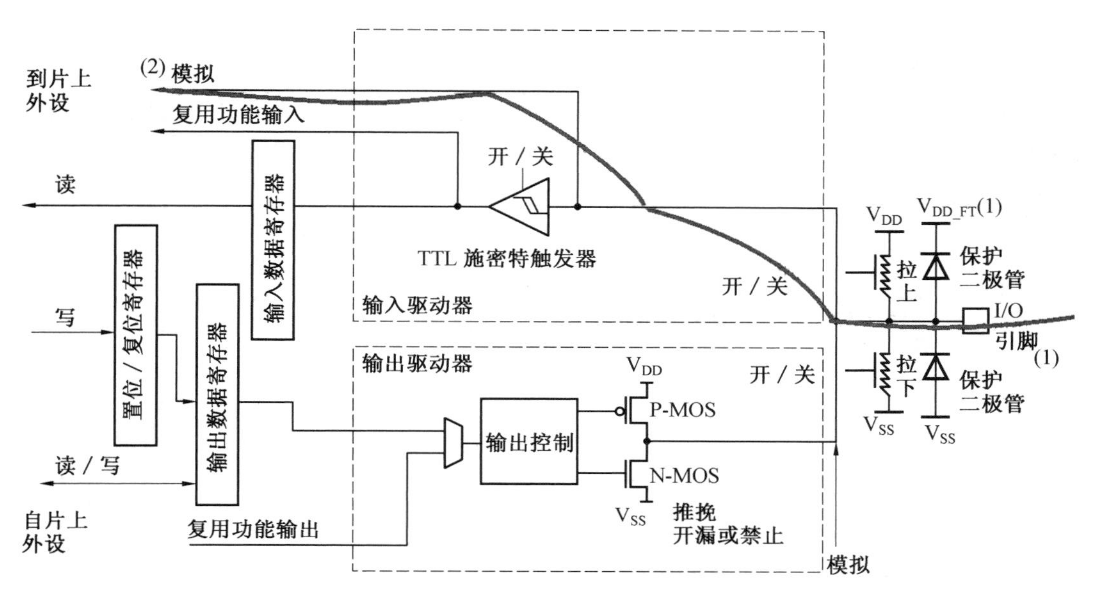

图 4.5　模拟输入模式

5. 开漏输出模式

开漏输出模式如图 4.6 所示。通过设置位设置/清除寄存器或者输出数据寄存器的值,途经 N-MOS 管,最终输出到 I/O 端口。这里要注意 N-MOS 管,当设置输出的值为高电平时,N

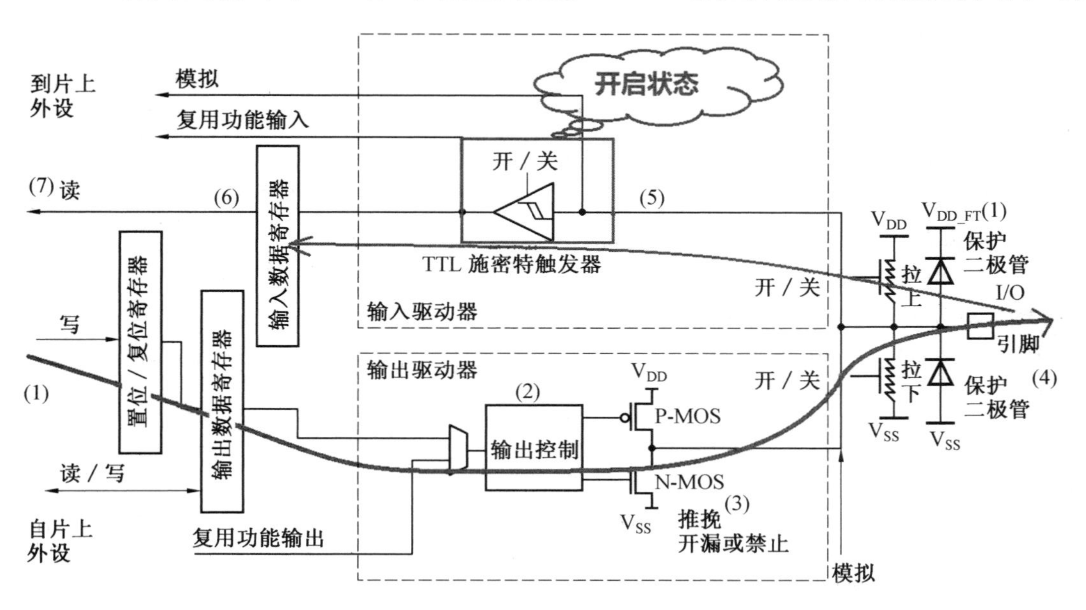

图 4.6　开漏输出模式

-MOS 管处于关闭状态,此时 I/O 端口的电平就不会由输出的高低电平决定,而是由 I/O 端口外部的上拉或者下拉决定;当设置输出的值为低电平时,N-MOS 管处于开启状态,此时 I/O 端口的电平就是低电平。同时,I/O 端口的电平也可以通过输入电路进行读取。注意,I/O 端口的电平不一定是输出的电平。

6. 开漏复用输出模式

开漏复用输出模式如图 4.7 所示。开漏复用输出模式与开漏输出模式类似,只是输出的高低电平的来源不同,不是让 CPU 直接写输出数据寄存器,取而代之利用片上外设模块的复用功能输出来决定。

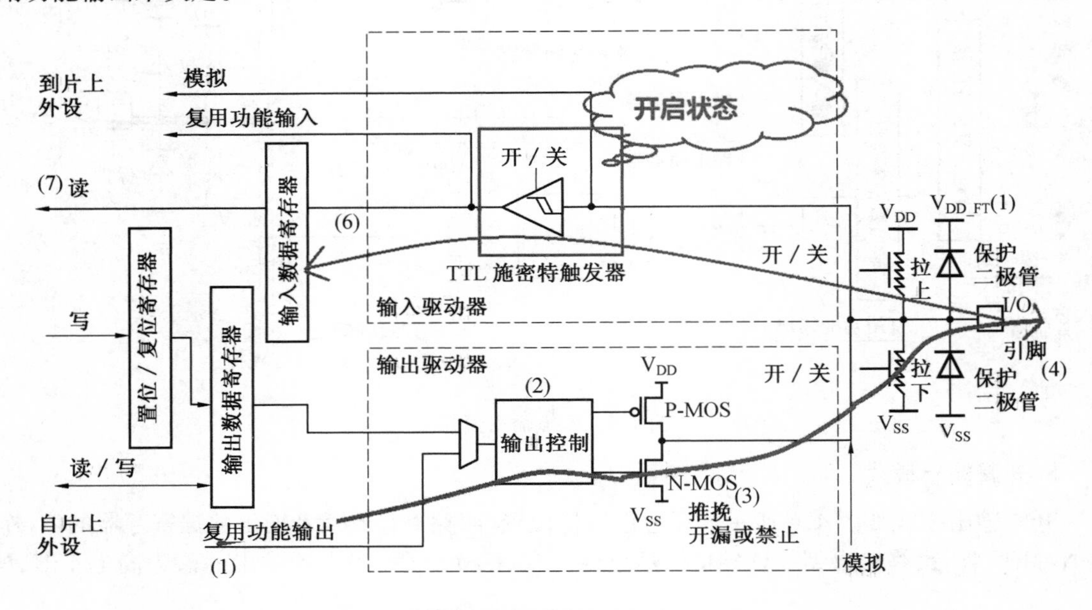

图 4.7　开漏复用输出模式

7. 推挽输出模式

推挽输出模式如图 4.8 所示。通过设置位设置/清除寄存器或者输出数据寄存器的值,途经 P-MOS 管和 N-MOS 管,最终输出到 I/O 端口。这里要注意 P-MOS 管和 N-MOS 管,当设置输出的值为高电平时,P-MOS 管处于开启状态,N-MOS 管处于关闭状态,此时 I/O 端口的电平就由 P-MOS 管决定:高电平;当设置输出的值为低电平的时候,P-MOS 管处于关闭状态,N-MOS 管处于开启状态,此时 I/O 端口的电平就由 N-MOS 管决定:低电平。同时,I/O 端口的电平也可以通过输入电路进行读取。注意,此时 I/O 端口的电平一定是输出的电平。

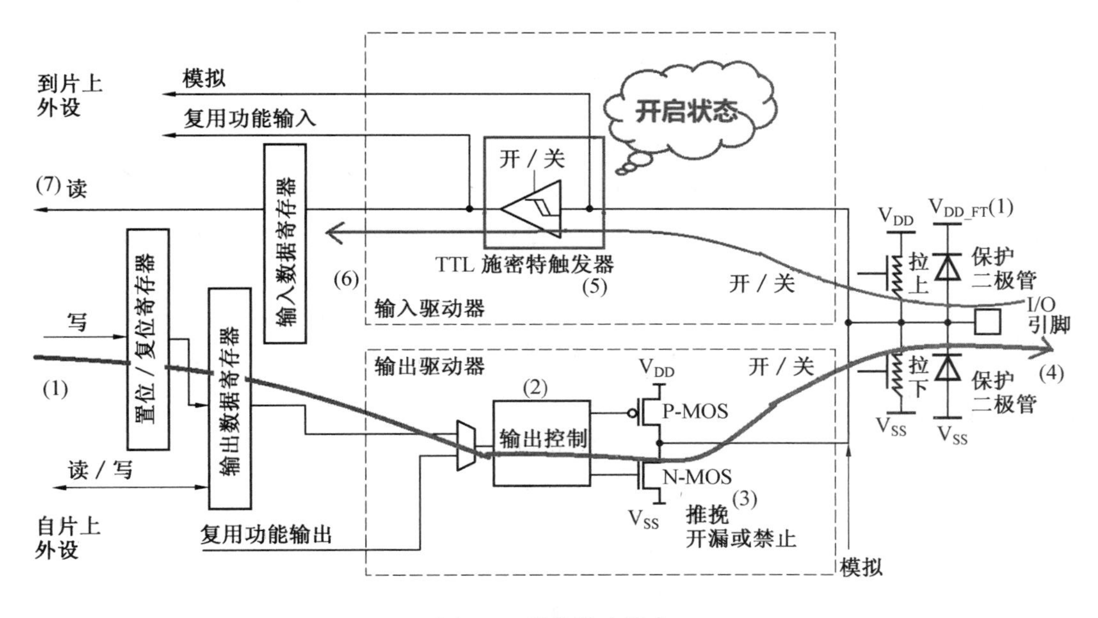

图 4.8　推挽输出模式

8. 推挽复用输出模式

推挽复用输出模式如图 4.9 所示。推挽复用输出模式与推挽输出模式类似，只是输出的高低电平的来源不同，不是让 CPU 直接写输出数据寄存器，取而代之利用片上外设模块的复用功能输出来决定。

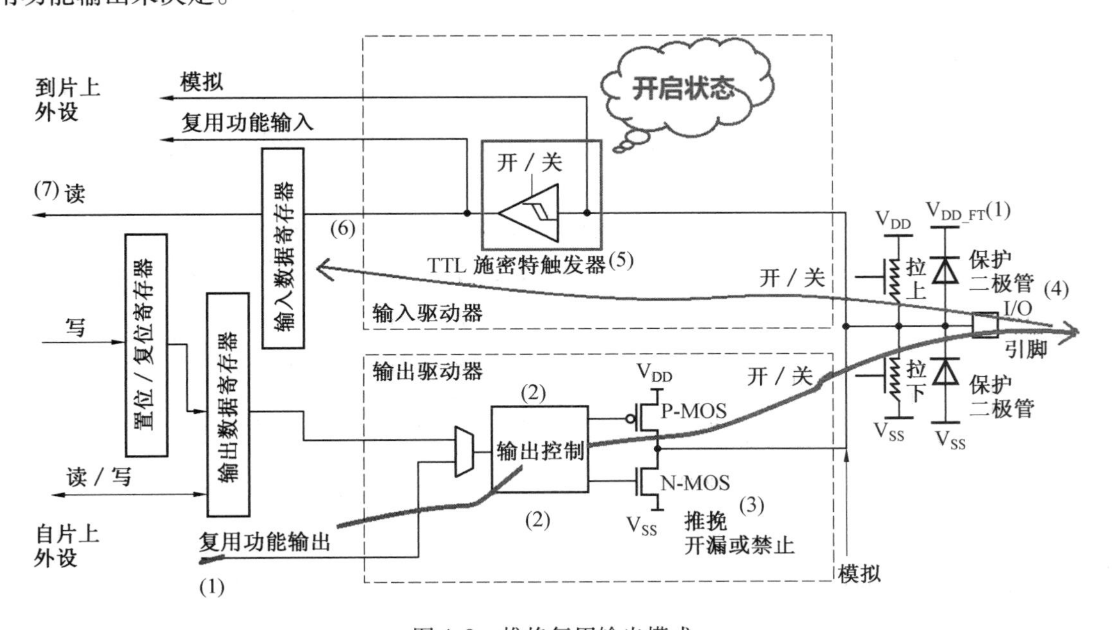

图 4.9　推挽复用输出模式

4.4 GPIO 相关的寄存器

本节将对 GPIO 寄存器进行详细的介绍。

有关寄存器位、寄存器偏移地址和复位值的汇总，请参考附录 A。

表 4.1 ~4.10 分别为某组 GPIOx 的十个寄存器各个位的说明。

可通过字节(8 位)、半字(16 位)或字(32 位)对 GPIO 寄存器进行访问。

(1) GPIO 端口模式寄存器(GPIO port mode register):GPIOx_MODER(x=A ~ I)。

表 4.1 端口模式寄存器

31	30	29	28	27	26	25	24	23	22	21	20	19	18	17	16
MODER15[1:0]		MODER14[1:0]		MODER13[1:0]		MODER12[1:0]		MODER11[1:0]		MODER10[1:0]		MODER9[1:0]		MODER8[1:0]	
rw	rw	rw	rw	rw	rw	rw	rw	rw	rw	rw	rw	rw	rw	rw	rw

15	14	13	12	11	10	9	8	7	6	5	4	3	2	1	0
MODER7[1:0]		MODER6[1:0]		MODER5[1:0]		MODER4[1:0]		MODER3[1:0]		MODER2[1:0]		MODER1[1:0]		MODER0[1:0]	
rw	rw	rw	rw	rw	rw	rw	rw	rw	rw	rw	rw	rw	rw	rw	rw

位 2y : 2y+1 MODERy[1 : 0]:端口 x 配置位(Port x configuration bits)(y=0 ~ 15),这些位通过软件写入,用于配置 I/O 方向模式。

00:输入(复位状态)。

01:通用输出模式。

10:复用功能模式。

11:模拟模式。

(2) GPIO 端口输出类型寄存器(GPIO port output type register):GPIOx_OTYPER(x=A ~ I)。

表 4.2 端口输出类型寄存器

31	30	29	28	27	26	25	24	23	22	21	20	19	18	17	16
Reserved															

15	14	13	12	11	10	9	8	7	6	5	4	3	2	1	0
OT15	OT14	OT13	OT12	OT11	OT10	OT9	OT8	OT7	OT6	OT5	OT4	OT3	OT2	OT1	OT0
rw	rw	rw	rw	rw	rw	rw	rw	rw	rw	rw	rw	rw	rw	rw	rw

位 31 : 16 保留,必须保持复位值。

位 15 : 0 OTy[1 : 0]:端口 x 配置位 (Port x configuration bits) (y = 0 ~ 15),这些位通过软件写入,用于配置 I/O 端口的输出类型。

0:输出推挽(复位状态)。

1:输出开漏。

(3) GPIO 端口输出速度寄存器(GPIO port output speed register):GPIOx_OSPEEDR(x

=A ~ I)。

表 4.3　端口输出速度寄存器

31	30	29	28	27	26	25	24	23	22	21	20	19	18	17	16
OSPEEDR15[1 : 0]		OSPEEDR14[1 : 0]		OSPEEDR13[1 : 0]		OSPEEDR12[1 : 0]		OSPEEDR11[1 : 0]		OSPEEDR10[1 : 0]		OSPEEDR9[1 : 0]		OSPEEDR8[1 : 0]	
rw	rw	rw	rw	rw	rw	rw	rw	rw	rw	rw	rw	rw	rw	rw	rw

15	14	13	12	11	10	9	8	7	6	5	4	3	2	1	0
OSPEEDR7[1 : 0]		OSPEEDR6[1 : 0]		OSPEEDR5[1 : 0]		OSPEEDR4[1 : 0]		OSPEEDR3[1 : 0]		OSPEEDR2[1 : 0]		OSPEEDR1[1 : 0]		OSPEEDR0[1 : 0]	
rw	rw	rw	rw	rw	rw	rw	rw	rw	rw	rw	rw	rw	rw	rw	rw

位 2y : 2y+1 OSPEEDRy[1 : 0]:端口 x 配置位(Port x configuration bits)(y=0 ~ 15),这些位通过软件写入,用于配置 I/O 输出速度。

00 : 2 MHz(低速)。

01 : 25 MHz(中速)。

10 : 50 MHz(快速)。

11 : 30 pF 时为 100 MHz(高速);15 pF 时为 80 MHz(最大速度)。

(4)GPIO 端口上拉/下拉寄存器(GPIO port pull-up/pull-down register):GPIOx_PUPDR(x=A ~ I)。

表 4.4　端口上拉/下拉寄存器

31	30	29	28	27	26	25	24	23	22	21	20	19	18	17	16
PUPDR15[1 : 0]		PUPDR14[1 : 0]		PUPDR13[1 : 0]		PUPDR12[1 : 0]		PUPDR11[1 : 0]		PUPDR10[1 : 0]		PUPDR9[1 : 0]		PUPDR8[1 : 0]	
rw	rw	rw	rw	rw	rw	rw	rw	rw	rw	rw	rw	rw	rw	rw	rw

15	14	13	12	11	10	9	8	7	6	5	4	3	2	1	0
PUPDR7[1 : 0]		PUPDR6[1 : 0]		PUPDR5[1 : 0]		PUPDR4[1 : 0]		PUPDR3[1 : 0]		PUPDR2[1 : 0]		PUPDR1[1 : 0]		PUPDR0[1 : 0]	
rw	rw	rw	rw	rw	rw	rw	rw	rw	rw	rw	rw	rw	rw	rw	rw

位 2y : 2y+1 PUPDRy[1 : 0]:端口 x 配置位(Port x configuration bits)(y=0 ~ 15),这些位通过软件写入,用于配置 I/O 上拉或下拉。

00 : 无上拉或下拉。

01 : 上拉。

10 : 下拉。

11 : 保留。

(5)GPIO 端口输入数据寄存器(GPIO port input data register):GPIOx_IDR)(x=A～I)。

表 4.5 端口输入数据寄存器

31	30	29	28	27	26	25	24	23	22	21	20	19	18	17	16
Reserved															

15	14	13	12	11	10	9	8	7	6	5	4	3	2	1	0
IDR15	IDR14	IDR13	IDR12	IDR11	IDR10	IDR9	IDR8	IDR7	IDR6	IDR5	IDR4	IDR3	IDR2	IDR1	IDR0
r	r	r	r	r	r	r	r	r	r	r	r	r	r	r	r

位 31:16 保留,必须保持复位值。

位 15:0 IDRy[15:0]:端口输入数据(Port input data)(y=0～15),这些位为只读形式,只能在字模式下访问。它们包含相应 I/O 端口的输入值。

(6)GPIO 端口输出数据寄存器(GPIO port output data register):GPIOx_ODR(x=A～I)。

表 4.6 端口输出数据寄存器

31	30	29	28	27	26	25	24	23	22	21	20	19	18	17	16
—	—	—	—	—	—	—	—	—	—	—	—	—	—	—	—

15	14	13	12	11	10	9	8	7	6	5	4	3	2	1	0
ODR15	ODR14	ODR13	ODR12	ODR11	ODR10	ODR9	ODR8	ODR7	ODR6	ODR5	ODR4	ODR3	ODR2	ODR1	ODR0
rw	rw	rw	rw	rw	rw	rw	rw	rw	rw	rw	rw	rw	rw	rw	rw

位 31:16 保留,必须保持复位值。

位 15:0 ODRy[15:0]:端口输出数据(Port output data)(y=0～15),这些位可通过软件读取和写入。

注意:对于端口置位/复位,通过写入 GPIOx_BSRR 寄存器,可分别对 ODR 位进行置位和复位(x=A～I)。

(7)GPIO 端口置位/复位寄存器(GPIO port bit set/reset register):GPIOx_BSRR(x=A～I)。

表 4.7 端口置位/复位寄存器

31	30	29	28	27	26	25	24	23	22	21	20	19	18	17	16
BR15	BR14	BR13	BR12	BR11	BR10	BR9	BR8	BR7	BR6	BR5	BR4	BR3	BR2	BR1	BR0
w	w	w	w	w	w	w	w	w	w	w	w	w	w	w	w

15	14	13	12	11	10	9	8	7	6	5	4	3	2	1	0
BS15	BS14	BS13	BS12	BS11	BS10	BS9	BS8	BS7	BS6	BS5	BS4	BS3	BS2	BS1	BS0
w	w	w	w	w	w	w	w	w	w	w	w	w	w	w	w

位 31:16BRy:端口 x 复位位 y(Port x reset bit y)(y=0～15),这些位为只写形式,只能在字、半字或字节模式下访问。读取这些位可返回值 0x0000。

0:不会对相应的 ODRx 位执行任何操作。

1:对相应的 ODRx 位进行复位。

注意:如果同时对 BSx 和 BRx 置位,则 BSx 的优先级更高。

位 15 : 0 BSy:端口 x 置位位 y(Port x set bit y)(y=0 ~ 15),这些位为只写形式,只能在字、半字或字节模式下访问。读取这些位可返回值 0x0000。

0:不会对相应的 ODRx 位执行任何操作。

1:对相应的 ODRx 位进行置位。

(8)GPIO 端口配置锁定寄存器(GPIO port configuration lock register):GPIOx_LCKR(x= A ~ I)。

当正确的写序列应用到第 16 位(LCKK)时,此寄存器将用于锁定端口位的配置。位[15 : 0]的值用于锁定 GPIO 的配置。在写序列期间,不能更改 LCKR[15 : 0]的值。将 LOCK 序列应用到某个端口位后,在执行下一次复位之前,将无法对该端口位的值进行修改。

注意:可使用特定的写序列对 GPIOx_LCKR 寄存器执行写操作。在此写序列期间只允许使用字访问(32 位长)。每个锁定位冻结一个特定的配置寄存器(控制寄存器和复用功能寄存器)。

表 4.8　端口配置锁定寄存器

31	30	29	28	27	26	25	24	23	22	21	20	19	18	17	16
—	—	—	—	—	—	—	—	—	—	—	—	—	—	—	LCKK
—	—	—	—	—	—	—	—	—	—	—	—	—	—	—	rw

15	14	13	12	11	10	9	8	7	6	5	4	3	2	1	0
LCK15	LCK14	LCK13	LCK12	LCK11	LCK10	LCK9	LCK8	LCK7	LCK6	LCK5	LCK4	LCK3	LCK2	LCK1	LCK0
rw	rw	rw	rw	rw	rw	rw	rw	rw	rw	rw	rw	rw	rw	rw	rw

位 31 : 17 保留,必须保持复位值。

位 16 LCKK[16]:锁定键(Lock key),可随时读取此位,可使用锁定键写序列对其进行修改。

0:端口配置锁定键未激活。

1:端口配置锁定键已激活,直到 MCU 复位时,才锁定 GPIOx_LCKR 寄存器。

锁定键写序列:

WR LCKR[16]='1'+LCKR[15 : 0];

WR LCKR[16]='0'+LCKR[15 : 0];

WR LCKR[16]='1'+LCKR[15 : 0];

RD LCKR;

RD LCKR[16]='1'(此读操作为可选操作,但它可确认锁定已激活)。

注意:在锁定键写序列期间,不能更改 LCK[15 : 0]的值。锁定序列中的任何错误都将中止锁定操作。在任一端口位上的第一个锁定序列之后,对 LCKK 位的任何读访问都将返回“1”,直到下一次 CPU 复位为止。

位 15 : 0 LCKy:端口 x 锁定位 y(Port x lock bity)(y=0 ~ 15),这些位都是读/写位,但只能

在 LCKK 位等于“0”时执行写操作。

0:端口配置未锁定。

1:端口配置已锁定。

(9)GPIO 复用功能低位寄存器(GPIO alternate function low register):GPIOx_AFRL(x=A ~ I)。

表 4.9 复用功能低位寄存器

31	30	29	28	27	26	25	24	23	22	21	20	19	18	17	16
AFRL7[3:0]				AFRL6[3:0]				AFRL5[3:0]				AFRL4[3:0]			
rw	rw	rw	rw	rw	rw	rw	rw	rw	rw	rw	rw	rw	rw	rw	rw
15	**14**	**13**	**12**	**11**	**10**	**9**	**8**	**7**	**6**	**5**	**4**	**3**	**2**	**1**	**0**
AFRL3[3:0]				AFRL2[3:0]				AFRL1[3:0]				AFRL0[3:0]			
rw	rw	rw	rw	rw	rw	rw	rw	rw	rw	rw	rw	rw	rw	rw	rw

位 31:0 AFRLy:端口 x 位 y 的复用功能选择(Alternate function selection for port x bit y)(y=0 ~7),这些位通过软件写入,用于配置复用功能 I/O。

AFRLy 选择。

0000:AF0。

0001:AF1。

0010:AF2。

0011:AF3。

0100:AF4。

0101:AF5。

0110:AF6。

0111:AF7。

1000:AF8。

1001:AF9。

1010:AF10。

1011:AF11。

1100:AF12。

1101:AF13。

1110:AF14。

1111:AF15。

(10)GPIO 复用功能高位寄存器(GPIO alternate function high register):GPIOx_AFRH(x=A ~I)。

每位含义同 GPIOx_AFRL,见表 4.10。

表 4.10　复用功能高位寄存器

31	30	29	28	27	26	25	24	23	22	21	20	19	18	17	16
AFRH15[3:0]				AFRH14[3:0]				AFRH13[3:0]				AFRH12[3:0]			
rw	rw	rw	rw	rw	rw	rw	rw	rw	rw	rw	rw	rw	rw	rw	rw

15	14	13	12	11	10	9	8	7	6	5	4	3	2	1	0
AFRH11[3:0]				AFRH10[3:0]				AFRH9[3:0]				AFRH8[3:0]			
rw	rw	rw	rw	rw	rw	rw	rw	rw	rw	rw	rw	rw	rw	rw	rw

4.5　GPIO 常用库函数

前文已经接触到 ST 库文件,以及各种各样由 ST 库定义的新类型,但所有的这些都只是为库函数服务的。此处用到了第一个用于初始化的库函数 GPIO_Init( )。

在应用库函数时,只需要知道它的功能,输入哪种类型的参数以及允许的参数值即可,这些都可以通过查找库帮助文档获得。

1. GPIO 初始化函数

void LED_Init(void)是初始化函数,在初始化函数中操作 4 个配置寄存器,初始化 GPIO 是通过 GPIO 初始化函数完成的。

void GPIO_Init(GPIO_TypeDef * GPIOx,GPIO_InitTypeDef * GPIO_InitStruct);

这个函数有两个参数:第一个参数是用来指定需要初始化的 GPIO 对应的 GPIO 组,取值范围为 GPIOA ~ GPIOK;第二个参数为初始化参数结构体指针,结构体类型为 GPIO_InitTypeDef。下面介绍这个结构体的定义。

通过一个 GPIO 初始化实例来讲解这个结构体的成员变量的含义。通过初始化结构体初始化 GPIO 的格式如下。

```
GPIO_InitTypeDef   GPIO_InitStructure;
GPIO_InitStructure. GPIO_Pin=GPIO_Pin_9|GPIO_Pin_10;
GPIO_InitStructure. GPIO_Mode=GPIO_Mode_OUT;//普通输出模式
GPIO_InitStructure. GPIO_OType=GPIO_OType_PP;//推挽输出
GPIO_InitStructure. GPIO_Speed=GPIO_Speed_100 MHz;//100 MHz
GPIO_InitStructure. GPIO_PuPd=GPIO_PuPd_UP;//上拉
GPIO_Init(GPIOF,&GPIO_InitStructure);//初始化 GPIO
```

以上代码的意思是设置 GPIOF 的第 9 个端口为推挽输出模式,同时速度为 100 MHz,上拉。

从以上初始化代码可以看出,结构体 GPIO_InitStructure 的第一个成员变量 GPIO_Pin 用来设置要初始化哪个或者哪些 I/O 口,这个很好理解;第二个成员变量 GPIO_Mode 用来设置对应 I/O 端口的输出输入端口模式,这个值实际就是配置前面讲解的 GPIOx 的 MODER 寄存器的值。在 MDK 中是通过一个枚举类型定义的,只需要选择对应的值即可。

```
Typedefe num
```

```
{
GPIO_Mode_IN   =0x00,/ * ! <GPIOInputMode * /
GPIO_Mode_OUT =0x01,/ * ! <GPIOOutputMode * /
GPIO_Mode_AF   =0x02,/ * ! <GPIOAlternatefunctionMode * /
GPIO_Mode_AN   =0x03,/ * ! <GPIOAnalogMode * /
} GPIOMode_TypeDef;
```

GPIO_Mode_IN 用来设置为复位状态的输入，GPIO_Mode_OUT 是通用输出模式，GPIO_Mode_AF 是复用功能模式，GPIO_Mode_AN 是模拟输入模式。

第三个成员变量 GPIO_Speed 是 I/O 口输出速度设置，有 4 个可选值。实际上这就是配置的 GPIO 对应的 OSPEEDR 寄存器的值。在 MDK 中同样是通过枚举类型定义的。

```
Typedefe num
{
GPIO_Low_Speed      =0x00,/ * ! <Lowspeed * /
GPIO_Medium_Speed =0x01,/ * ! <Mediumspeed * /
GPIO_Fast_Speed      =0x02,/ * ! <Fastspeed * /
GPIO_High_Speed      =0x03,/ * ! <Highspeed * /
} GPIOSpeed_TypeDef;
/ * Addlegacydefinition * /
#define GPIO_Speed_2 MHz       GPIO_Low_Speed
#define GPIO_Speed_25 MHz     GPIO_Medium_Speed
#define GPIO_Speed_50 MHz     GPIO_Fast_Speed
#define GPIO_Speed_100 MHz   GPIO_High_Speed
```

这里需要说明一下，实际输入可以是 GPIOSpeed_TypeDef 枚举类型中 GPIO_High_Speed 枚举类型值，也可以是 GPIO_Speed_100 MHz 这样的值，实际上 GPIO_Speed_100 MHz 就是通过 define 宏定义标识符定义出来的，它和 GPIO_High_Speed 是等同的。

第四个成员变量 GPIO_OType 是 GPIO 的输出类型设置，实际上是配置的 GPIO 的 OTYPER 寄存器的值。在 MDK 中同样是通过枚举类型定义的。

```
Typedefe num
  {
  GPIO_OType_PP = 0x00,
  GPIO_OType_OD = 0x01
  } GPIOOType_TypeDef;
```

如果需要设置为输出推挽模式，那么选择值 GPIO_OType_PP；如果需要设置为输出开漏模式，那么设置值为 GPIO_OType_OD。

第五个成员变量 GPIO_PuPd 用来设置 I/O 口的上下拉，实际上就是设置 GPIO 的 PUPDR 寄存器的值。同样通过一个枚举类型列出。

```
Typedefe num
  {
  GPIO_PuPd_NOPULL =0x00,
```

```
    GPIO_PuPd_UP        =0x01,
    GPIO_PuPd_DOWN      =0x02
}GPIOPuPd_TypeDef;
```

这 3 个值的意思很好理解,GPIO_PuPd_NOPULL 为不使用上下拉,GPIO_PuPd_UP 为上拉,GPIO_PuPd_DOWN 为下拉。应用时根据需要设置相应的值即可。

2. GPIO 输出数据(写)

理解了 GPIO 的参数配置寄存器,接下来介绍 GPIO 输入输出电平控制相关的寄存器。

首先先介绍 ODR 寄存器,该寄存器用于控制 GPIOx 的输出,见表 4.6。该寄存器用于设置某个 I/O 输出低电平(ODRy=0)还是高电平(ODRy=1),该寄存器也仅在输出模式下有效,在输入模式(MODER[1:0]=00/11 时)下不起作用。

在固件库中设置 ODR 寄存器的值来控制 I/O 口的输出状态是通过函数 GPIO_Write 来实现的。

```
Void GPIO_Write(GPIO_TypeDef * GPIOx,uint16_t PortVal);
```

该函数一般用来设置某组 GPIO 的多个端口的数值,使用实例如下。

```
GPIO_Write(GPIOA,0x0000);
```

大部分情况下,设置 I/O 口都不用这个函数,后面会讲解常用的设置 I/O 口电平的函数。

3. GPIO 输出数据(读)

同时读 ODR 寄存器还可以读出 I/O 口的输出状态,库函数为

```
uint16_t GPIO_ReadOutputData(GPIO_TypeDef * GPIOx);
uint8_t GPIO_ReadOutputDataBit(GPIO_TypeDef * GPIOx,uint16_t GPIO_Pin);
```

这两个函数功能类似,只不过前面是用一次读取一组 I/O 口中所有 I/O 口输出状态,后面的函数用一次读取一组 I/O 口中一个或者几个 I/O 口的输出状态。

4. GPIO 输入数据(读)

接下来介绍 IDR 寄存器,该寄存器用于读取 GPIOx 的输入,见表 4.5。

该寄存器用于读取某个 I/O 的电平,如果对应的位为 0 (IDRy=0),则说明该 I/O 输入的是低电平,如果是 1(IDRy=1),则表示输入的是高电平。库函数相关函数为

```
uint8_t GPIO_ReadInputDataBit(GPIO_TypeDef * GPIOx,uint16_t GPIO_Pin);
uint16_t GPIO_ReadInputData(GPIO_TypeDef * GPIOx);
```

前面的函数用来读取一组 I/O 口中的一个或者几个 I/O 口输入电平,后面的函数用来一次读取一组 I/O 口中所有 I/O 口的输入电平。例如,要读取 GPIOF.5 的输入电平,方法如下。

```
GPIO_ReadInputDataBit(GPIOF,GPIO_Pin_5);
```

5. GPIO 置位/复位操作

接下来介绍 32 位置位/复位寄存器(BSRR),顾名思义,这个寄存器是用来置位或者复位 I/O 口,该寄存器和 ODR 寄存器具有类似的作用,都可以用来设置 GPIO 端口的输出位是 1 还是 0。寄存器描述见表 4.7。

注意:如果同时对 BSx 和 BRx 置位,则 BSx 的优先级更高。

对于低 16 位(0~15),相应的位写 1,那么对应的 I/O 口会输出高电平,相应的位写 0,对 I/O口没有任何影响。高 16 位(16~31)作用刚好相反,对相应的位写 1 会输出低电平,写 0 没

有任何影响。也就是说,对于 BSRR 寄存器,如果写 0,对 I/O 口电平是没有任何影响的。要设置某个 I/O 口电平,只需要为相关位设置为 1 即可。而 ODR 寄存器,要设置某个 I/O 口电平,首先需要读出 ODR 寄存器的值,然后对整个 ODR 寄存器重新赋值来达到设置某个或者某些 I/O 口的目的,而 BSRR 寄存器,不需要先读,而是直接设置。

BSRR 寄存器使用方法如下。

```
GPIOA->BSRR=1<<1;//设置 GPIOA.1 为高电平
GPIOA->BSRR=1<<(16+1);//设置 GPIOA.1 为低电平
```

库函数操作 BSRR 寄存器来设置 IO 电平的函数如下。

```
Void GPIO_SetBits(GPIO_TypeDef * GPIOx,uint16_t GPIO_Pin);
void GPIO_ResetBits(GPIO_TypeDef * GPIOx,uint16_t GPIO_Pin);
```

函数 GPIO_SetBits 用来设置一组 I/O 口中的一个或者多个 I/O 口为高电平。GPIO_ResetBits 用来设置一组 I/O 口中一个或者多个 I/O 口为低电平。例如,要设置 GPIOB.5 输出高,方法为

```
GPIO_SetBits(GPIOB,GPIO_Pin_5);//GPIOB.5 输出高
```

设置 GPIOB.5 输出低电平,方法为

```
GPIO_ResetBits(GPIOB,GPIO_Pin_5);//GPIOB.5 输出低
```

6. GPIO 设置步骤

GPIO 相关的函数如上所述。I/O 操作步骤很简单,此处做个概括性的总结,操作步骤为:

(1)使能 I/O 口时钟。调用函数为 RCC_AHB1PeriphClockCmd();

(2)初始化 I/O 参数。调用函数 GPIO_Init();

(3)操作 I/O。操作 I/O 的方法就是前文讲解的方法。

4.6 GPIO 引脚复用功能及配置

微控制器 I/O 引脚通过一个复用器连接到板载外设/模块,该复用器一次仅允许一个外设的复用功能(AF)连接到 I/O 引脚。这可以确保共用同一个 I/O 引脚的外设之间不会发生冲突。

每个 I/O 引脚都有一个复用器,该复用器采用 16 路复用功能输入(AF0 ~ AF15),可通过 GPIOx_AFRL(针对引脚 0 ~ 7)和 GPIOx_AFRH(针对引脚 8 ~ 15)寄存器对这些输入进行配置。

(1)完成复位后,所有 I/O 都会连接到系统的复用功能 0(AF0)。

(2)外设的复用功能映射到 AF1 ~ AF13。

(3)Cortex-M4 FEVENTOUT 映射到 AF15。

除了这种灵活的 I/O 复用架构之外,各外设还可以将复用功能映射到不同的 I/O 引脚,可以优化小型封装中可用外设的数量。

1. 要将 I/O 配置成所需功能的操作步骤

(1)配置成系统功能。

将 I/O 连接到 AF0,然后根据所用功能进行配置。

①JTAG/SWD:在各器件复位后,会将这些引脚指定为专用引脚,可供片上调试模块立即使用(不受 GPIO 控制器控制)。

②RTC_REFIN:此引脚应配置为输入浮空模式。

③MCO1 和 MCO2:这些引脚必须配置为复用功能模式。

注意:可禁止部分或全部 JTAG/SWD 引脚,以释放相关联的引脚供 GPIO 使用。

灵活的 SWJ-DP 引脚分配见表 4.11。

表 4.11　灵活的 SWJ-DP 引脚分配

可用的调试端口	分配的 SWJ IO 引脚				
	PA13/JTMS/SWDIO	PA14 /JTCK/SWCLK	PA15 /JTDI	PB3 /JTDO	PB4/NJTRST
全部 SWJ (JTAG-DP + SW-DP) - 复位状态	X	X	X	X	X
全部 SWJ (JTAG-DP + SW-DP),但不包括 NJTRST	X	X	X	X	
禁止 JTAG-DP 和使能 SW-DP	X	X			
禁止 JTAG-DP 和禁止 SW-DP	已释放				

(2)配置成 GPIO 功能。

在 GPIOx_MODER 寄存器中将所需 I/O 配置为输出或输入。

(3)配置成外设复用功能。

①对于 ADC 和 DAC,在 GPIOx_MODER 寄存器中将所需 I/O 配置为模拟通道。

②对于其他外设。

a. 在 GPIOx_MODER 寄存器中将所需 I/O 配置为复用功能。

b. 通过 GPIOx_OTYPER、GPIOx_PUPDR 和 GPIOx_OSPEEDER 寄存器,分别选择类型、上拉/下拉以及输出速度。

c. 在 GPIOx_AFRL 或 GPIOx_AFRH 寄存器中,将 I/O 连接到所需 AFx。

(4)配制成 EVENTOUT 功能。

配置用于输出 Cortex-M4 EVENTOUT 信号的 I/O 引脚(通过将其连接到 AF15)。

注意:EVENTOUT 不会映射到以下 I/O 引脚:PC13、PC14、PC15、PH0、PH1 和 PI8。

2. 复用功能 I/O 引脚映射

有关系统和外设的复用功能 I/O 引脚映射的详细信息,请参见数据手册中的“复用功能映射”表(表 160)。在 STM32F405xx/07xx 和 STM32F415xx/17xx 上选择复用功能的映射的详细信息,如图 4.10 所示。

对于引脚 0～7,GPIOx_AFRL[31:0] 寄存器会选择专用的复用功能

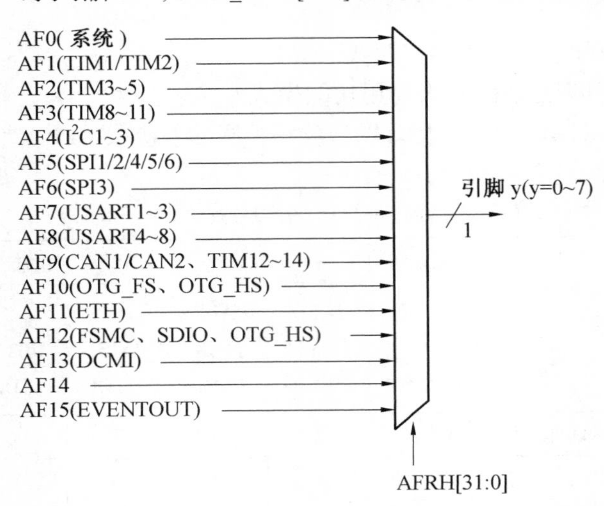

对于引脚 8～15,GPIOx_AFRH[31:0] 寄存器会选择专用的复用功能

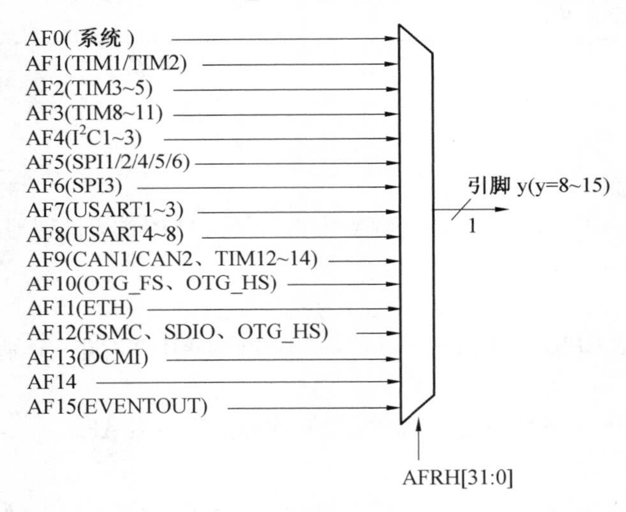

图 4.10　在 STM32F405xx/07xx 和 STM32F415xx/17xx 上选择复用功能

3. 复用功能配置

对 I/O 端口进行编程作为复用功能时,配置过程如下。

(1)可将输出缓冲器配置为开漏或推挽。

(2)输出缓冲器由来自外设的信号驱动(发送器使能和数据)。

(3)施密特触发器输入被打开。

(4)根据 GPIOx_PUPDR 寄存器中的值决定是否打开弱上拉电阻和下拉电阻。

(5)输入数据寄存器每隔 1 个 AHB1 时钟周期对 I/O 引脚上的数据进行一次采样。

(6)对输入数据寄存器的读访问可获取 I/O 状态。

图 4.11 所示为 I/O 端口位的复用功能配置。

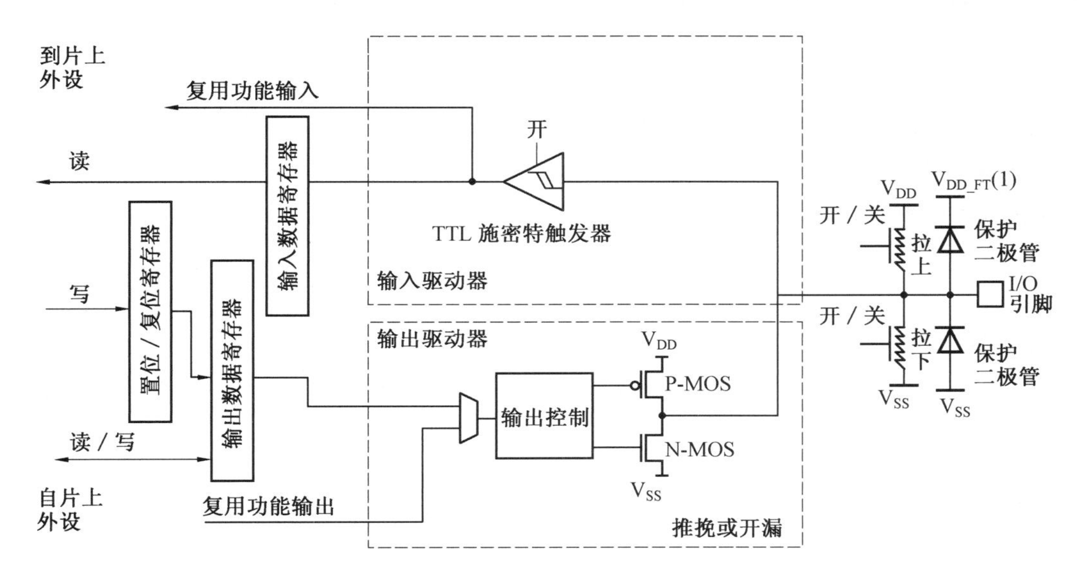

图 4.11　I/O 端口位的复用功能配置

4.7　蜂鸣器输出实例

本节将通过另外一个例子讲述 STM32F4 的 I/O 口作为输出的使用。在本节中,将利用一个 I/O 口来控制板载的有源蜂鸣器,实现蜂鸣器控制。通过本节的学习,将进一步了解 STM32F4 的 I/O 口作为输出口使用的方法。

1. 蜂鸣器简介

蜂鸣器是一种一体化结构的电子讯响器,采用直流电压供电,广泛应用于计算机、打印机、复印机、报警器、电子玩具、汽车电子设备、电话机、定时器等电子产品中作为发声器件。蜂鸣器主要分为压电式蜂鸣器和电磁式蜂鸣器两种类型。

本次实例应用的 STM32F4 开发板板载的蜂鸣器是电磁式的有源蜂鸣器,如图 4.12 所示。

图 4.12　有源蜂鸣器

这里的有源不是指电源的“源”,而是指有没有自带振荡电路,有源蜂鸣器自带了振荡电路,通电就会发声;无源蜂鸣器则没有自带振荡电路,必须外部提供 2 ~ 5 kHz 左右的方波驱动,才能发声。

前文已经对 STM32F4 的 I/O 做了详细的介绍,第 3 章就是利用 STM32 的 I/O 口直接驱动

LED 的。本次实例的驱动蜂鸣器，由于 STM32F4 的单个 I/O 驱动电流较小，而蜂鸣器的驱动电流是30 mA左右，STM32F4 整个芯片的电流，最大为 150 mA，如果用 I/O 口直接驱动蜂鸣器，影响其他 I/O 口的电流。所以，此处不用 STM32F4 的 I/O 直接驱动蜂鸣器，而是通过三极管扩流后再驱动蜂鸣器，这样 STM32F4 的 I/O 只需要提供不到 1 mA 的电流即可。

2. 硬件设计

本次实例需要的硬件有指示灯和蜂鸣器，有源蜂鸣器驱动电路图如图 4.13 所示。

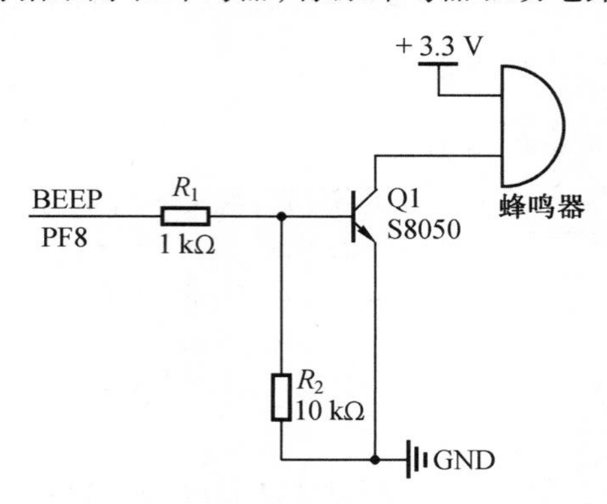

图 4.13　有源蜂鸣器驱动电路图

图 4.13 中用到一个 NPN 三极管（S8050）来驱动蜂鸣器，R_2 主要用于防止蜂鸣器的误发声。当 GPIO 口输出高电平的时候，蜂鸣器将发声；当 GPIO 口输出低电平的时候，蜂鸣器将停止发声。

3. 软件设计

此蜂鸣器实例和 LED 实验是类似的，复制 LED 的工程文件，然后打开 USER 目录，在目录下面将工程 LED. uvprojx 重命名为 BEEP. uvprojx。然后在 HARDWARE 文件夹下重建一个 BEEP 文件夹，用来存放与蜂鸣器相关的代码。

打开 USER 文件夹下的 BEEP. uvprojx 工程，按“ ”按键新建一个文件，然后保存在 HARDWARE 下的 BEEP 文件夹下面，保存为 beep. c。在该文件夹中输入如下代码。

```
#include "beep.h"
//初始化 PF8 为输出口
//BEEP IO 初始化
void BEEP_Init(void)
{
GPIO_InitTypeDef    GPIO_InitStructure;
RCC_AHB1PeriphClockCmd(RCC_AHB1Periph_GPIOF,ENABLE);//使能 GPIOF 时钟
  //初始化蜂鸣器对应引脚 GPIOF8
GPIO_InitStructure.GPIO_Pin=GPIO_Pin_8;
GPIO_InitStructure.GPIO_Mode=GPIO_Mode_OUT;//普通输出模式
GPIO_InitStructure.GPIO_OType=GPIO_OType_PP;//推挽输出
GPIO_InitStructure.GPIO_Speed=GPIO_Speed_100 MHz;//100 MHz
GPIO_InitStructure.GPIO_PuPd=GPIO_PuPd_DOWN;//下拉
```

```
GPIO_Init(GPIOF,&GPIO_InitStructure);//初始化 GPIO
GPIO_ResetBits(GPIOF,GPIO_Pin_8);//蜂鸣器对应引脚 GPIOF8 拉低
  }
```

这段代码仅包含 1 个函数:void BEEP_Init(void),该函数的作用就是使能 PORTF 的时钟,然后调用 GPIO_Init 函数,配置 PF8 为推挽输出。保存 beep. c 代码,然后按同样的方法,新建一个 beep. h 文件,也保存在 BEEP 文件夹下面。在 beep. h 中输入如下代码。

```
#ifndef __BEEP_H
#define __BEEP_H
#include "sys. h"
//LED 端口定义
#define BEEP   PFout(8)//蜂鸣器控制 I/O
void BEEP_Init(void);//初始化
#endif
```

这里还是通过位带操作来实现某个 I/O 口的输出控制,BEEP 就直接代表了 PF8 的输出状态。只需要令 BEEP=1,就可以让蜂鸣器发声。

将 beep. h 进行保存,接着把 beep. c 加入到这个组里面,这一次通过双击的方式来增加新的". c"文件,双击"HARDWARE",找到 beep. c,加入到 HARDWARE 里,图 4. 14 所示为将 beep. c 加入 HARDWARE 组中。

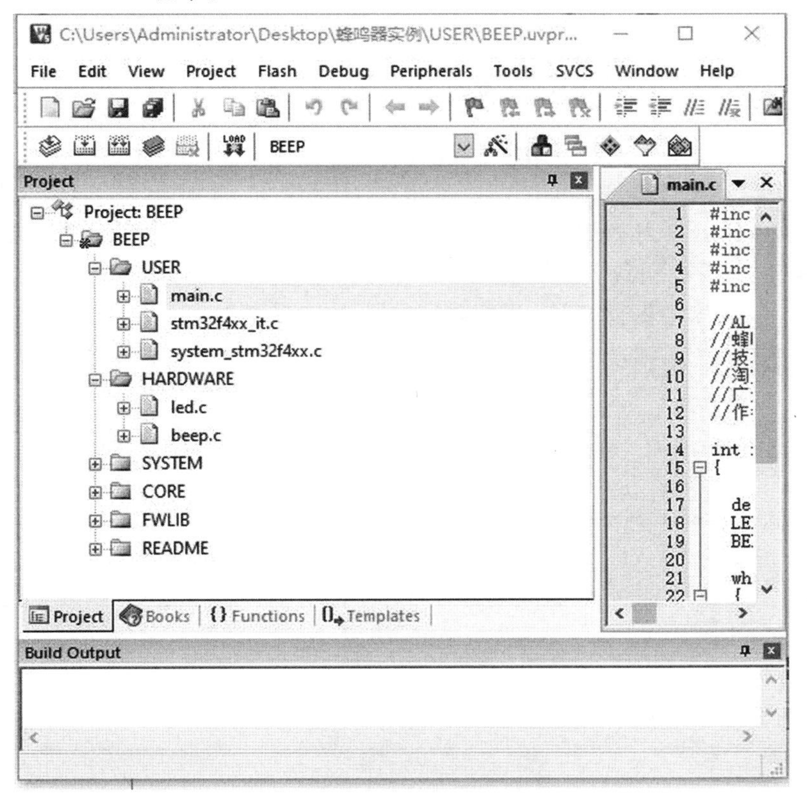

图 4. 14　将 beef. c 加入 HARDWARE 组中

可以看到 HARDWARE 文件夹里面多了一个 beep.c 的文件,然后还是用老办法(头文件包含路径)把 beep.h 头文件所在的路径加入到工程里面。回到主界面,在 main.c 里面编写如下代码。

```
#include "sys.h"
#include "delay.h"
#include "led.h"
#include "beep.h"
Int main(void)
{
delay_init(168);        //初始化延时函数
LED_Init();             //初始化 LED 端口
BEEP_Init();            //初始化蜂鸣器端口
while(1)
{
  GPIO_ResetBits(GPIOF,GPIO_Pin_9);//DS0 拉低,亮等同 LED0=0
  GPIO_ResetBits(GPIOF,GPIO_Pin_8);//BEEP 引脚拉低,等同 BEEP=0
  delay_ms(300);//延时 300 ms
  GPIO_SetBits(GPIOF,GPIO_Pin_9);//DS0 拉高,灭等同 LED0=1
  GPIO_SetBits(GPIOF,GPIO_Pin_8);//BEEP 引脚拉高,等同 BEEP=1
  delay_ms(300);//延时 300 ms
}
}
```

注意要将 BEEP 文件夹加入头文件包含路径,不能缺少,否则编译的时候会报错。这段代码就是通过库函数 GPIO_ResetBits 和 GPIO_SetBits 两个函数实现所阐述的功能,同时加入了 LED 的闪烁来提示程序运行。

然后按下,编译工程,得到结果图 4.15 所示的编译结果。

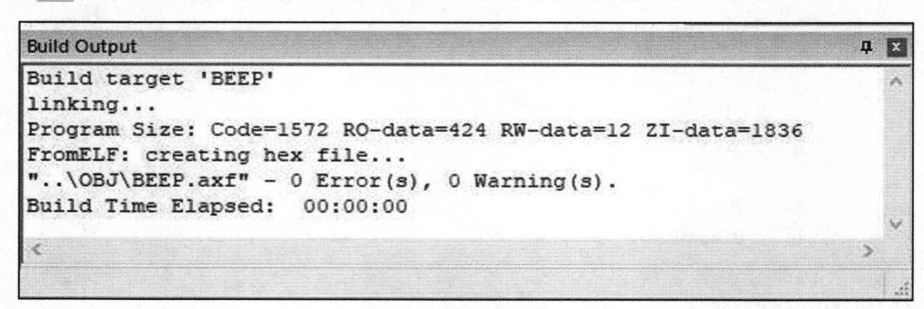

图 4.15 编译结果

可以看到没有错误,也没有警告。接下来,就可以下载验证了。

4. 下载验证

同样,通过 flymcu 下载代码,下载代码后,可以看到 LED 亮的时候蜂鸣器不响,而 LED 灭的时候,蜂鸣器响,间隔为 0.3 s 左右。

4.8　按键输入应用及程序设计

前文介绍了 STM32F4 的 I/O 口作为输出的使用,这一节将介绍如何使用 STM32F4 的 I/O 口作为输入的使用。在本节中,将利用板载的 4 个按键,来控制板载的两个 LED 的亮灭和蜂鸣器的开关。通过本节的学习,将了解到 STM32F4 的 I/O 口作为输入口的使用方法。

STM32F4 的 I/O 口在前两节已经有了比较详细的介绍。STM32F4 的 I/O 口输入使用时,是通过调用 GPIO_ReadInputDataBit( )来实现的,这一节将通过 STM32F4 开发板上载有的 4 个按钮(WK_UP、KEY0、KEY1 和 KEY2),来控制板上的 2 个 LED(LED0 和 LED1)和蜂鸣器。其中,WK_UP 控制蜂鸣器,按一次响,再按一次停;KEY2 控制 LED0,按一次亮,再按一次灭;KEY1 控制 LED1,效果同 KEY2;KEY0 则同时控制 LED0 和 LED1,按一次,它们的状态就翻转一次。

1. 硬件设计

本实验用到的硬件资源有以下几点。

(1)指示灯 LED0、LED1。

(2)蜂鸣器。

(3)4 个按键:KEY0、KEY1、KEY2、和 WK_UP。

LED0、LED1 以及蜂鸣器和 STM32F4 的连接,在第 2 章及 4.7 节都已经分别介绍了。在原子开发板 STM32F4 开发板上的按键 KEY0 连接在 PE4 上,KEY1 连接在 PE3 上,KEY2 连接在 PE2 上,WK_UP 连接在 PA0 上,蜂鸣器连接在 PF8 上(图 4.13)。

按键、LED 与 STM32F4 连接电路图如图 4.16 所示。

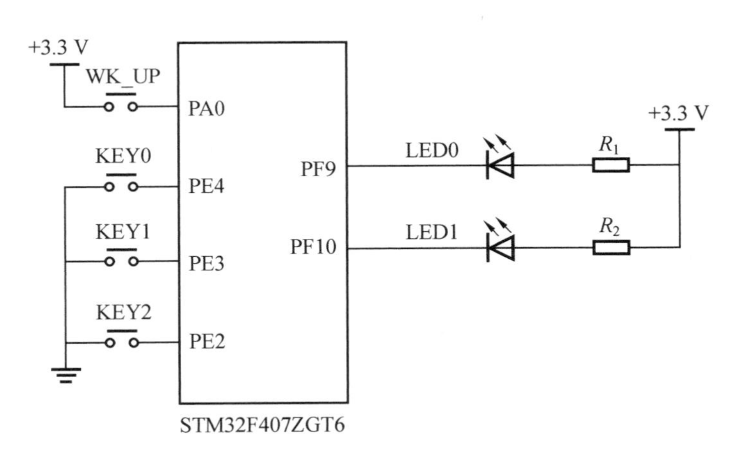

图 4.16　按键、LED 与 STM32F4 连接电路图

这里需要注意的是:KEY0、KEY1 和 KEY2 是低电平有效的,而 WK_UP 是高电平有效的,并且外部都没有上/下拉电阻,所以需要在 STM32F4 内部设置上/下拉。具体来讲,对于 KEY0 ~ KEY2 对应的 I/O 口,应设置上拉电阻;对于 WK_UP 对应的 I/O 口,应设置下拉电阻。

2. 软件设计

此处引入了 key. c 文件以及头文件 key. h。首先打开 key. c 文件,关键代码如下。

```
#include"key. h"
#include"delay. h"
//按键初始化函数
void KEY_Init(void)
{
GPIO_InitTypeDef GPIO_InitStructure;
RCC_AHB1PeripClockCmd(RCC_AHB1Periph_GPIOA|RCC_AHB1Periph_GPIOE, ENA-
BLE);
  //使能 GPIOA,GPIOE 时钟
GPIO_InitStructure. GPIO_Pin=GPIO_Pin_2|GPIO_Pin_3|GPIO_Pin_4;
//KEY0 KEY1 KEY2 对应引脚
GPIO_InitStructure. GPIO_Mode=GPIO_Mode_IN;//普通输入模式
GPIO_InitStructure. GPIO_Speed=GPIO_Speed_100 MHz;//100M
GPIO_InitStructure. GPIO_PuPd=GPIO_PuPd_UP;//上拉
GPIO_Init(GPIOE,&GPIO_InitStructure);//初始化 GPIOE2,3,4
GPIO_InitStructure. GPIO_Pin=GPIO_Pin_0;//WK_UP 对应引脚 PA0
GPIO_InitStructure. GPIO_PuPd=GPIO_PuPd_DOWN;//下拉
GPIO_Init(GPIOA,&GPIO_InitStructure);//初始化 GPIOA0
}
//按键处理函数
//返回按键值
//mode:0,不支持连续按;1,支持连续按
//0,没有任何按键按下
//1,KEY0 按下
//2,KEY1 按下
//3,KEY2 按下
//4,WK_UP 按下
//注意此函数有响应优先级,KEY0>KEY1>KEY2>WK_UP
u8 KEY_Scan(u8mode)
{
    Static u8 key_up=1;//按键按松开标志
    if(mode)key_up=1;//支持连按
    if(key_up&&(KEY0==0||KEY1==0||KEY2==0||WK_UP==1))
    {
        delay_ms(10);//去抖动
        key_up=0;
        if(KEY0==0)return1;
```

```
        elseif(KEY1==0)return2;
        elseif(KEY2==0)return3;
        elseif(WK_UP==1)return4;
    }   elseif(KEY0==1&&KEY1==1&&KEY2==1&&WK_UP==0)key_up=1;
    return0;//无按键按下
}
```

这段代码包含 2 个函数,void KEY_Init(void)和 u8 KEY_Scan(u8mode)。KEY_Init 是用来初始化按键输入的 I/O 口的,实现 PA0、PE2 ~ PE4 的输入设置,这里和跑马灯的输出配置差不多,只是这里用来设置成的是输入而跑马灯是输出。

KEY_Scan 函数是用来扫描这 4 个 I/O 口是否有按键按下的,它支持两种扫描方式,通过 mode 参数来设置。

当 mode 为 0 时,KEY_Scan 函数将不支持连续按,扫描某个按键,该按键按下之后必须要松开,才能第二次触发,否则不会再响应这个按键,这样的好处是可以防止按一次多次触发,而坏处是在需要长按的时候比较不便。

当 mode 为 1 时,KEY_Scan 函数将支持连续按,如果某个按键一直按下,则会一直返回这个按键的键值,这样可以方便地实现长按检测。

有了 mode 这个参数,可以根据实际的需要选择不同的方式。这里要提醒一下,因为该函数里面有 static 变量,所以该函数不是一个可重入函数。同时还有一点需要注意,该函数的按键扫描是有优先级的,最优先的是 KEY0,第二优先的是 KEY1,接着是 KEY2,最后是 KEY3(KEY3 对应 KEY_UP 按键)。该函数有返回值,如果有按键按下,则返回非 0 值;如果没有或者按键不正确,则返回 0 值。

以下为头文件 key.h 里面的代码。

```
#ifndef __KEY_H
#define __KEY_H
#include "sys.h"
/*下面的方式是通过直接操作库函数方式读取 I/O*/
#define KEY0     GPIO_ReadInputDataBit(GPIOE,GPIO_Pin_4);//PE4
#define KEY1     GPIO_ReadInputDataBit(GPIOE,GPIO_Pin_3);//PE3
#define KEY2     GPIO_ReadInputDataBit(GPIOE,GPIO_Pin_2);//PE2
#define WK_UP    GPIO_ReadInputDataBit(GPIOA,GPIO_Pin_0);//PA0
#define KEY0_PRES   1
#define KEY1_PRES   2
#define KEY2_PRES   3
#define WK_UP_PRES   4
void KEY_Init(void);   //I/O 初始化
u8 KEY_Scan(u8);       //按键扫描函数
#endif
```

这段代码里面最关键就是 4 个宏定义。

```
#define KEY0   GPIO_ReadInputDataBit(GPIOE,GPIO_Pin_4);//PE4
```

```
#define KEY1   GPIO_ReadInputDataBit(GPIOE,GPIO_Pin_3);//PE3
#define KEY2   GPIO_ReadInputDataBit(GPIOE,GPIO_Pin_2);//PE2
#define WK_UP  GPIO_ReadInputDataBit(GPIOA,GPIO_Pin_0);//PA0
```

这里是使用调用库函数来实现读取某个 I/O 口的 1 个位的。同输出一样,以上功能也同样可以通过位带操作来简单地实现。

```
#define KEY0     PEin(4)     //PE4
#define KEY1     PEin(3)     //PE3
#define KEY2     PEin(2)     //PE2
#define WK_UP    PAin(0)     //PA0
```

用库函数实现的好处是在各个 STM32 芯片上面的移植性非常好,不需要修改任何代码。用位带操作的好处是简洁。

在 key. h 中还定义了 KEY0_PRES/KEY1_PRES/KEY2_PRES/WKUP_PRESS 等 4 个宏定义,分别对应开发板 4 个按键(KEY0/KEY1/KEY2/KEY_UP)按键按下时 KEY_Scan 返回的值。通过宏定义的方式判断返回值,方便编程。

main. c 里面编写的主函数代码如下。

```
#include "sys. h"
#include "delay. h"
#include "led. h"
#include "beep. h"
#include "key. h"
Int main(void)
{
u8 key;//保存键值
    delay_init(168);//初始化延时函数
    LED_Init();//初始化 LED 端口
    BEEP_Init();//初始化蜂鸣器端口
    KEY_Init();//初始化与按键连接的硬件接口
    LED0=0;//先点亮红灯
    while(1)
    {
        key=KEY_Scan(0);//得到键值
        if(key)
        {
            switch(key)
            {
                caseWKUP_PRES;//控制蜂鸣器
                    BEEP=! BEEP;
                    break;
                case KEY0_PRES;//控制 LED0 翻转
```

```
                    LED0 = ! LED0;
                    break;
                case KEY1_PRES://控制 LED1 翻转
                    LED1 = ! LED1;
                    break;
                case KEY2_PRES://同时控制 LED0,LED1 翻转
                    LED0 = ! LED0;
                    LED1 = ! LED1;
                    break;
            }
        } else delay_ms(10);
    }

}
```

主函数代码比较简单,先进行一系列的初始化操作,然后在死循环中调用按键扫描函数 KEY_Scan()扫描按键值,最后根据按键值控制 LED 和蜂鸣器的翻转。按下“ ”,编译工程,可以看到没有错误,也没有警告,即可下载验证了。

3. 下载验证

同样,还是通过 flymcu 下载代码,在下载完之后,可以按 KEY0、KEY1、KEY2 和 WK_UP 来观察 LED0 和 LED1 以及蜂鸣器的变化是否和预期的结果一致。

思考与练习

1. 以下面连接的外设为例,根据 STM32F407 MCU(微控制器,也称为单片机)的 GPIO 口的结构,说明设置某个 I/O 口引脚需要考虑的因素。

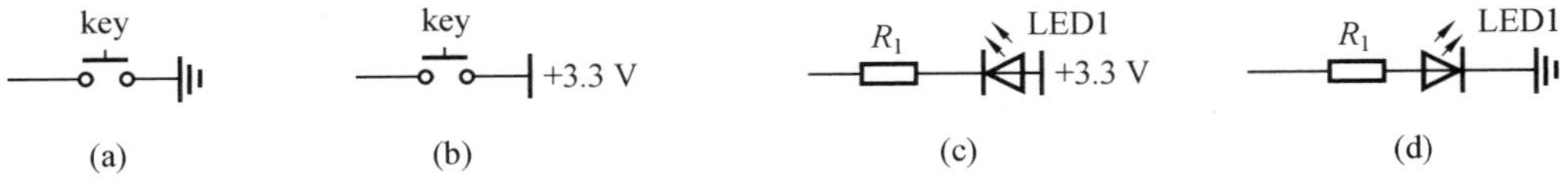

key　　　key +3.3 V　　　R_1 LED1 +3.3 V　　　R_1 LED1

(a)　　(b)　　(c)　　(d)

图 4.17　题 1 图

2. 使用 STM32F407 MCU 的某个 GPIO(自定义),连接第 1 题中某种外设,请通过库函数设置 GPIO 的初始化函数。

void GPIO_Init(GPIO_TypeDef * GPIOx, GPIO_InitTypeDef * GPIO_InitStruct);

具体使用函数如下。

```
GPIO_InitTypeDef   GPIO_InitStruct;//结构体类型   结构体变量
/* 初始化第 1 题中某个 I/O 口配置 */
GPIO_InitStruct. GPIO_Pin =        ;   /* 指定要初始化的 I/O 口引脚 */
GPIO_InitStruct. GPIO_Mode =       ;   /* 设置工作模式:8 种中的一个 */
GPIO_InitStruct. GPIO_Speed =      ;   /* 设置 I/O 口输出速度 */
```

```
GPIO_InitStruct. GPIO_OType=      ;    /* 设置 I/O 口输出类型 */
GPIO_InitStruct. GPIO_PuPd=       ;    /* 设置 I/O 口输出上下拉电阻 */
GPIO_Init(GPIOX,&GPIO_InitStruct);
```

请选择第 1 题中的某一种外设,完成 GPIO_Init()函数的配置。如果是第 1 题中的(c)图,则说明通过库函数,如何使发光二极管亮或灭。

3. 简述 STM32F407 MCU 位带的含义,位带与其在存储空间的地址映射关系(按照片内外设的位带与内部 SRAM 的位带对应的存储空间地址不同而区分)。

4. 简述 STM32F4 系列单片机 GPIO 初始化步骤。

5. 如果本书 4.7 节中使用的是无源蜂鸣器,则如何使蜂鸣器响(频率自定)。编写相应的程序实现其功能。

6. 利用本书 4.8 节中的某个按键(例如 KEY1)控制本书 4.7 节中的蜂鸣器,要求上电后蜂鸣器不响。当 KEY1 按下一次后,蜂鸣器响;当 KEY1 又按下后,蜂鸣器不响,如此反复。编写相应的程序实现其功能。

第 5 章

STM32F4 的嵌套向量中断控制器(NVIC)及外部中断(EXTI)

5.1 异常与中断简介

1. 异常和中断向量

异常是导致程序流程变化的事件。当异常出现时,如果异常请求被允许,处理器暂停当前正在执行的主程序,并执行程序中称为异常处理程序的部分,当异常处理程序的执行完成后,处理器将回到原来被中止的程序处(称为断点)继续执行正常的主程序。每个异常源都有一个异常编号,异常编号 1 ~ 15 被归类为系统异常,而异常编号 16 及以上则被归类为中断。在 ARM 架构中,中断是一种异常,通常由外围设备或外部输入产生,在某些情况下,它们也可以由软件触发,中断的异常处理程序也称为中断服务程序(Interrupt Service Routines,ISR)。中断服务程序流程控制不按照正常的流程执行,图 5.1 所示为处理器对异常/中断服务请求的整个响应和处理过程。

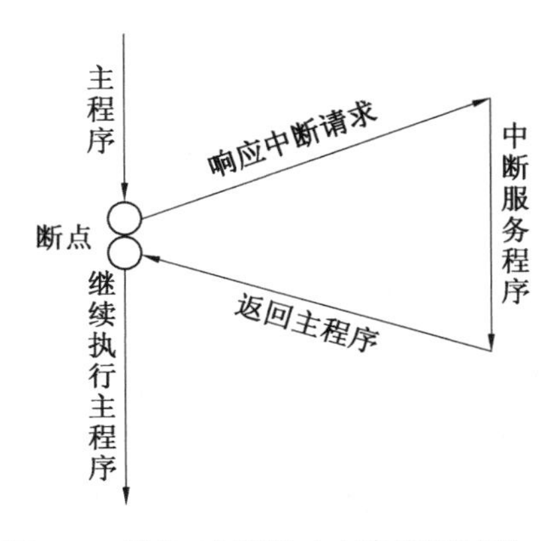

图 5.1　异常/中断的响应和处理过程

所有 Cortex-M 处理器都提供了用于中断处理的嵌套矢量中断控制器(Nested Vectored Interrupt Controller, NVIC)。所有异常都由 NVIC 处理,NVIC 可以处理大量中断请求(Interrupt ReQuest,IRQ)和不可屏蔽中断(Non Moskable Interrupt,NMI)请求。IRQ 通常由片上外围设备或通过 I/O 端口的外部中断输入生成。NMI 可以由看门狗定时器或电压检测器(一种电压监测装置,当电源电压降至某一水平以下时向处理器发出警告)使用。处理器内部还有一个

SysTick 嘀嗒定时器,它可以产生周期性的定时器中断请求,在嵌入式操作系统中可以用来作为时基,或者在无操作系统的应用程序中用于简单的定时控制。

在典型的 Cortex-M 微控制器中,NVIC 从各种来源接收中断请求,如图 5.2 所示。

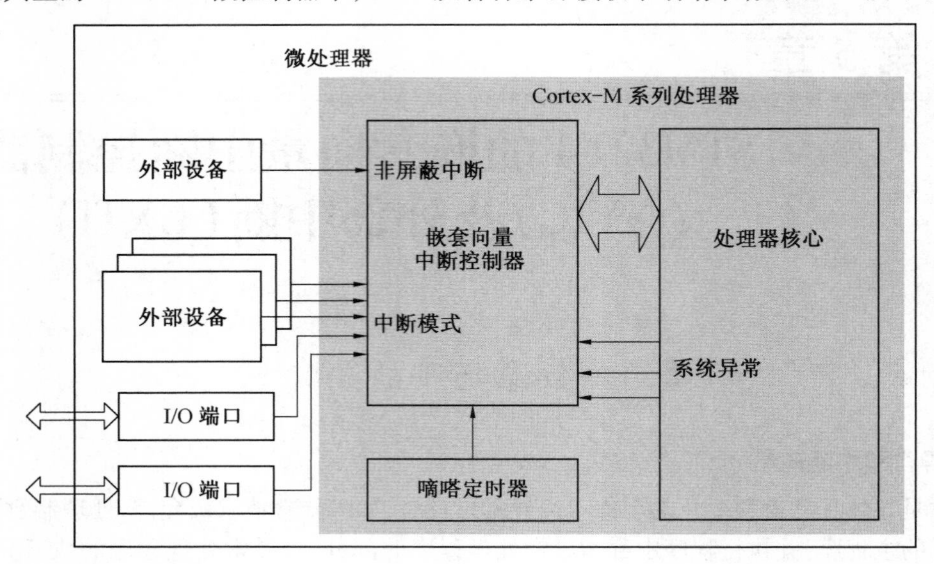

图 5.2　Cortex-M 微控制器中的各种异常源

异常编号用于确定异常向量地址。异常向量存储在向量表中,处理器读取该表以确定进入异常序列期间异常处理程序的起始地址。请注意,异常编号定义不同于 CMSIS 设备驱动程序库中的中断编号。在 CMSIS 设备驱动程序库中,中断数从 0 开始,系统异常数为负值。

复位是一种特殊的异常。当处理器退出复位时,它会在线程模式下执行复位处理程序,而不是在其他异常中的处理模式。

编号 1 ~ 15 对应的系统异常见表 5.1(注意:没有编号为 0 的异常),复位(优先级最高)、NMI 和硬故障异常的优先级已经确定,其他异常的优先级都是可编程的,并且优先级高于这些可编程异常。大于等于 16 的 240 个异常是外部中断,优先级都是可编程的,外部中断清单见表 5.2。

表 5.1　系统异常清单

编号	类型	优先级	简介
0	N/A	N/A	保留,无异常在运行,实际存储的是主堆栈指针地址
1	复位	-3(最高)	复位
2	NMI	-2	不可屏蔽中断(来自外部 NMI 输入脚),通常用于紧急处理,如断电时保存重要的信息
3	硬故障	-1	如果总线 Fault、存储器管理 Fault、用法 Fault 的处理程序不能被执行,只要 FAULTMASK 没有置位,硬 Fault 服务程序就被强制执行

续表 5.1

编号	类型	优先级	简介
4	存储器管理故障	可编程	检测到内存访问违反了内存保护单元(MPU)定义的区域
5	总线故障	可编程	在取址、数据读/写、取中断变量、进入/退出中断时寄存器堆栈操作(入栈/出栈)时检测到内存访问错误
6	使用故障	可编程	检测到未定义的指令异常,未对其的多重加载/存储内存访问,或是非法的状态转换,例如,切换到 ARM 状态
7~10	保留	N/A	N/A
11	SVCall	可编程	执行系统服务调用指令(SVC)引发的异常
12	调试监视器	可编程	调试监视器(断点、数据观察点或外部调试请求)
13	保留	N/A	N/A
14	PendSV	可编程	为系统服务而设的"可挂起请求",在一个操作系统环境中,当没有其他异常正在执行时,可以使用 PendSV 来进行上下文的切换
15	SysTick	可编程	系统滴答定时器(周期性溢出的时基定时器)溢出

表 5.2　外部中断清单

编号	类型	优先级	简介
16	IRQ#0	可编程	外部中断#0
17	IRQ#1	可编程	外部中断#1
…	…	…	…
255	IRQ#239	可编程	外部中断#239

在系统控制块(System Control Block,SCB)的中断控制及状态寄存器(ICSR)中,位段[9:0]称为 VECTACTIVE 位段,该位段反映当前正在运行的中断服务程序是哪个异常编号,包括了系统异常和外部中断,如表 5.1 和 5.2 所示,该位段的值减 16 可以得到当前正在运行的外部中断号,从而可以进一步对该外部中断进行使能或失能设置。另外还有一个特殊功能寄存器中断状态寄存器(IPSR),它是程序状态寄存器(xPSR)的三个子状态寄存器中的一个,其中的 IPSR[8:0]位段也反映当前正在执行的中断服务程序编号,用于识别当前执行的中断。这两个寄存器是内核寄存器,详细资料可查阅《Cortex-M3 与 M4 权威指南》。

2. 中断屏蔽

每个异常都有优先级,数值越小,优先级越高。PRIMASK、FAULTMASK 和 BASEPRI 这三个寄存器常用于控制异常或中断的使能和屏蔽。这些特殊寄存器可基于优先级屏蔽异常,只有在特权访问模式才可以对它们操作,用户模式写操作会被忽略,读取时返回值为 0。

(1)PRIMASK 是只有 1 个位的寄存器,缺省值是 0,表示没有屏蔽异常。当它置 1 时,会屏蔽所有可屏蔽的异常,只剩下 NMI 和硬 Fault 可以响应。PRIMASK 的配置函数如下。

void NVIC_SETPRIMASK(void); //关闭除 NMI 和硬 Fault 之外的总中断

void NVIC_RESETPRIMASK(void);//开放总中断

(2)FAULTMASK 是只有 1 个位的寄存器,缺省值也是 0,表示没有屏蔽异常。当它置 1 时,只有 NMI 才能响应,所有其他的异常,包括中断和硬 Fault 异常均屏蔽。FAULTMASK 在异常返回时会被自动清除(从 NMI 退出除外)。由于这个特点,FAULTMASK 可用于在低优先级的异常处理中触发一个高优先级的异常(NMI 除外),若要在低优先级异常处理完成后再处理器高优先级,可以在低优先级异常服务函数中按顺序做如下操作。

①设置 FAULTMASK 禁止所有中断和异常(NMI 除外)。

②设置高优先级中断或异常的挂起状态。

③退出低优先级异常处理。

由于在 FAULTMASK 置位时,挂起的高优先级异常处理无法执行,高优先级的异常就会在 FAULTMASK 被清除前继续保持挂起状态,低优先级处理完成后才会将其自动清除。因此,可以强制让高优先级处理在低优先级处理结束后开始执行。

FAULTMASK 的配置函数如下。

void NVIC_SETFAULTMASK(void); //关闭除 NMI 和硬 Fault 之外的总中断

void NVIC_RESETFAULTMASK(void);//开放总中断

(3)BASEPRI 是 8 位寄存器(由表达优先级的位数决定),缺省值是 0。它定义了被屏蔽优先级的阈值。由于异常优先级号越大,优先级越低,当它被设成某个值后,所有优先级号大于等于此值的异常和中断都被屏蔽。但若被设成 0,则不屏蔽任何异常和中断。

在头文件"core_cmFunc.h"中定义了在特权模式下读/写 BASEPRI 寄存器的库函数。

STATIC_INLINE void __set_BASEPRI(uint32_t basePri);//设置

STATIC_INLINE uint32_t__get_BASEPRI(void);//读取

3. 中断响应过程

(1)中断响应的条件。

处理器要响应一个异常/中断请求,需要满足以下条件。

①对于中断和 SysTick 中断请求,中断必须使能。

②处理器正在执行的异常处理的优先级不能相同或更高。

③中断屏蔽寄存器没有屏蔽掉异常/中断。

需要特别注意一点:对于 SVC 异常,如果用到 SVC 指令的异常处理的优先级与 SVC 异常本身相同或更大,这种情况就会引起硬件故障异常处理的执行。

(2)中断响应执行顺序。

当外围设备或硬件需要处理器提供中断响应服务时,通常会按以下机制顺序执行。

①外设向处理器发出中断请求。

②处理器挂起当前正在执行的任务。

③处理器执行中断服务程序(ISR)来为外围设备提供服务,并根据需要通过软件清除中断请求。

④处理器恢复先前暂停的任务。

(3)C 语言实现中断处理。

对于 Cortex-M 处理器,由 C 语言实现的函数调用或异常处理的过程就是操作 R0 ~ R15

寄存器、PSR 寄存器以及浮点运算相关寄存器 S0 ~ S31 和 FPSCR 等。ARM 架构的 C 编译器遵循 AAPCS 规范,可以将异常处理或 ISR 实现为普通的 C 函数,该规范规定 C 函数可以修改 R0 ~ R3、R12、R14(也称链接寄存器,LR)以及 PSR 寄存器。因为在中断处理时,中断机制在中断入口处自动保存 R0 ~ R3、R12、R14 以及 PSR 寄存器,并在退出时将它们恢复,这些都是由处理器硬件控制完成的。这样,当返回到被中断的程序时,所有寄存器的数值都会和进入中断时相同。另外,与普通的函数调用不同,中断返回地址 PC 的数值并没有保存在 LR 中,异常机制在进入异常时将 EXC_RETURN 值放入 LR 中,当程序从异常服务程序返回,把 EXC_RETURN 值送往 PC 时,就会启动处理器的异常中断返回序列。若 C 函数需要使用 R4 ~ R11,就应该将这些寄存器保存到栈空间中,并且在函数结束前将它们恢复。

(4)抢占机制。

具有高抢占优先级的中断可以在低抢占优先级的中断处理过程中被响应,即"中断嵌套"。如图 5.3 所示,当 CPU 正在执行一个中断服务程序时,有另一个优先级更高的中断提出中断请求,这时会暂时终止当前正在执行的级别较低的中断源的服务程序,去处理级别更高的中断源,待处理完毕,再返回到被中断的中断服务程序继续执行。

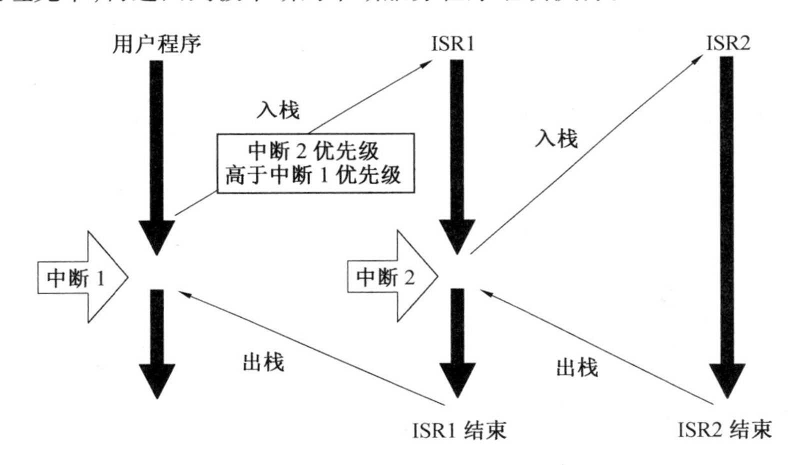

图 5.3　中断嵌套机制

如果一个低抢占优先级的中断到来时,正在处理另一个高抢占优先级的中断,这个后到来的中断就要等到前一个中断处理完之后才能被处理。当两个中断的抢占式优先级相同时,这两个中断将没有嵌套关系。如果这两个中断同时到达,则中断控制器根据它们的"响应优先级"高低来决定先处理哪一个。关于抢占优先级和响应优先级的机制将在 5.2 节"嵌套向量中断控制器 NVIC"中详细介绍。

(5)压栈和出栈。

为了使被中断的程序能正确继续执行,在程序切换至异常处理前,处理器当前状态的一部分应该被保存。STM32F4 处理器采用硬件自动处理的方法来备份和恢复处理器状态。异常处理过程执行到最后时,处理器还会查看当前是否还有其他异常需要处理,如果没有,处理器就会恢复之前存储在栈空间的寄存器值,并继续执行中断前的程序。

上述自动保存和恢复寄存器内容的操作被称为"压栈"和"出栈",这种机制使得异常处理可以和普通的 C 函数一样处理,同时也减小了软件开销以及回路大小,因此也降低了系统的

功耗。

STM32F4 默认采用满递减堆栈，即堆栈指针总是指向最后压入堆栈的数据，且堆栈首部是高地址，压堆栈时由高地址向低地址生成。

(6)异常返回。

根据处理器的不同，中断处理返回有些需要特殊指令，一般都是普通的返回指令，加载到 PC 中的数值则会触发异常返回，这样就使得异常处理可以和普通的 C 函数一样使用。

在没有挂起(Pending)异常或没有比被压栈的 ISR 优先级更高的挂起异常时，处理器执行出栈操作，并返回到被压栈的 ISR 或线程模式。在响应 ISR 之后，处理器通过出栈操作自动将处理器状态恢复为进入 ISR 之前的状态。

(7)末尾连锁。

末尾连锁(Tail-chaining)是处理器用来加速中断响应的一种机制。如图 5.4 所示，若某个中断产生时，处理器正在处理另一个具有相同或更高优先级的中断，该中断就会进入挂起状态。在处理器执行完当前的中断服务程序后，它可以继续执行挂起的相同或更低优先级的中断请求。处理器不会从栈中恢复寄存器然后再将它们压入栈中，而是跳过出栈和压栈过程，尽快进入挂起异常的异常处理，这样两个异常处理间隔的时间就会降低很多。对于无等待状态的存储器系统，末尾连锁的中断等待时间仅为 6 个时钟周期。末尾连锁优化还给处理器带来了更佳的能耗效率，这是因为栈存储器访问的总数少了，而每次存储器传输都会消耗能量。

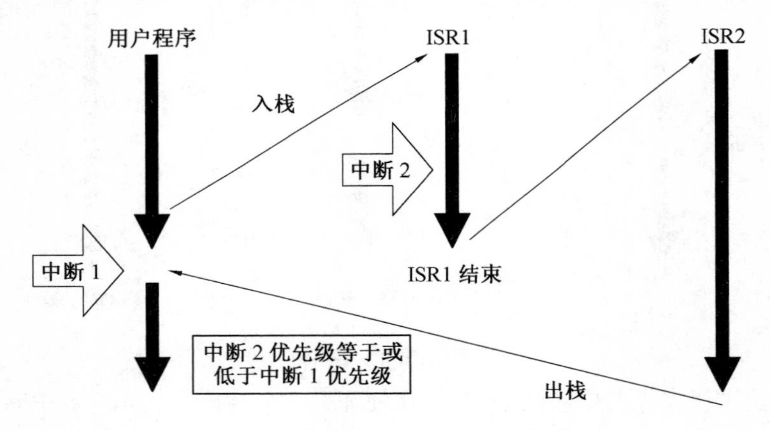

图 5.4　末尾连锁机制

(8)迟来。

迟来是处理器用来加速占先的一种机制。如果在保存前一个占先的状态时出现一个优先级更高的中断，则处理器转去处理优先级更高的中断，开始该中断的取向量操作。状态保存不会受到迟来的影响，因为被保存的状态对于两个中断都是一样的，状态保存继续执行不会被打断。处理器对迟来中断进行管理，直到 ISR 的第一条指令进入处理器流水线的执行阶段。返回时，采用常规的末尾连锁技术。

5.2　嵌套向量中断控制器 NVIC

1. NVIC 概述

Cortex-M4 内核支持 256 个异常,包含了 16 个内核异常和 240 个外部中断,并且具有 256 级的可编程优先级设置。因为芯片设计者可修改硬件描述源代码,所以做成芯片后支持的中断源数目常常不到 240 个,并且优先级的位数也由芯片厂商最终决定。然而在实际芯片设计中实现的中断输入数量要少得多,通常在 16~100 之间。通过这种方式可以减小硅片尺寸,从而降低功耗。包括内核异常在内的所有中断均通过 NVIC 进行管理,NVIC 与处理器内核接口紧密配合,可以实现低延迟的中断处理和嵌套中断的高效处理。

STM32F407 并没有使用 CM4 内核的全部中断定义,而是只用了它的一部分,其嵌套向量中断控制器 NVIC 包含以下特性。

①具有 10 个内核异常和 82 个可屏蔽中断。

②使用了 4 位中断优先级,实现 16 个可编程优先级,每个中断的可编程优先级为 0~15。较高的值对应的优先级较低,所以 0 级是最高的中断优先级。

STM32F407 的内核异常和外部中断向量表见表 5.3。

表 5.3　STM32F407 的内核异常和外部中断向量表

位置	优先级	优先级类型	名称	说明	地址
—	—	—	—	保留	0x0000 0000
—	-3	固定	Reset	复位	0x0000 0004
—	-2	固定	NMI	不可屏蔽中断。RCC 时钟安全系统(CSS)连接到 NMI 向量	0x0000 0008
—	-1	固定	HardFault	所有类型的错误	0x0000 000C
—	0	可设置	MemManage	存储器管理	0x0000 0010
—	1	可设置	BusFault	预取指失败,存储器访问失败	0x0000 0014
—	2	可设置	UsageFault	未定义的指令或非法状态	0x0000 0018
—	—	—	—	保留	0x0000 001C 0x0000 002B
—	3	可设置	SVCall	通过 SWI 指令调用的系统服务	0x0000 002C
—	4	可设置	Debug Monitor	调试监控器	0x0000 0030
—	—	—	—	保留	0x0000 0034
—	5	可设置	PendSV	可挂起的系统服务	0x0000 0038
—	6	可设置	SysTick	系统嘀嗒定时器	0x0000 003C
0	7	可设置	WWDG	窗口看门狗中断	0x0000 0040
1	8	可设置	PVD	连接到 EXTI 线的可编程电压检测(PVD) 中断	0x0000 0044

续表 5.3

位置	优先级	优先级类型	名称	说明	地址
2	9	可设置	TAMP_STAMP	连接到 EXTI 线的入侵和时间戳中断	0x0000 0048
3	10	可设置	RTC_WKUP	连接到 EXTI 线的 RTC 唤醒中断	0x0000 004C
4	11	可设置	FLASH	Flash 全局中断	0x0000 0050
5	12	可设置	RCC	RCC 全局中断	0x0000 0054
6	13	可设置	EXTI0	EXTI 线 0 中断	0x0000 0058
7	14	可设置	EXTI1	EXTI 线 1 中断	0x0000 005C
8	15	可设置	EXTI2	EXTI 线 2 中断	0x0000 0060
9	16	可设置	EXTI3	EXTI 线 3 中断	0x0000 0064
10	17	可设置	EXTI4	EXTI 线 4 中断	0x0000 0068
11	18	可设置	DMA1_Stream0	DMA1 流 0 全局中断	0x0000 006C
12	19	可设置	DMA1_Stream1	DMA1 流 1 全局中断	0x0000 0070
13	20	可设置	DMA1_Stream2	DMA1 流 2 全局中断	0x0000 0074
14	21	可设置	DMA1_Stream3	DMA1 流 3 全局中断	0x0000 0078
15	22	可设置	DMA1_Stream4	DMA1 流 4 全局中断	0x0000 007C
16	23	可设置	DMA1_Stream5	DMA1 流 5 全局中断	0x0000 0080
17	24	可设置	DMA1_Stream6	DMA1 流 6 全局中断	0x0000 0084
18	25	可设置	ADC	ADC1、ADC2 和 ADC3 全局中断	0x0000 0088
19	26	可设置	CAN1_TX	CAN1 TX 中断	0x0000 008C
20	27	可设置	CAN1_RX0	CAN1 RX0 中断	0x0000 0090
21	28	可设置	CAN1_RX1	CAN1 RX1 中断	0x0000 0094
22	29	可设置	CAN1_SCE	CAN1 SCE 中断	0x0000 0098
23	30	可设置	EXTI9_5	EXTI 线［9：5］中断	0x0000 009C
24	31	可设置	TIM1_BRK_TIM9	TIM1 刹车中断和 TIM9 全局中断	0x0000 00A0
25	32	可设置	TIM1_UP_TIM10	TIM1 更新中断和 TIM10 全局中断	0x0000 00A4
26	33	可设置	TIM1_TRG_COM_TIM11	TIM1 触发和换相中断与 TIM11 全局中断	0x0000 00A8
27	34	可设置	TIM1_CC	TIM1 捕获比较中断	0x0000 00AC
28	35	可设置	TIM2	TIM2 全局中断	0x0000 00B0
29	36	可设置	TIM3	TIM3 全局中断	0x0000 00B4
30	37	可设置	TIM4	TIM4 全局中断	0x0000 00B8
31	38	可设置	I2C1_EV	I2C1 事件中断	0x0000 00BC

续表 5.3

位置	优先级	优先级类型	名称	说明	地址
32	39	可设置	I2C1_ER	I2C1 错误中断	0x0000 00C0
33	40	可设置	I2C2_EV	I2C2 事件中断	0x0000 00C4
34	41	可设置	I2C2_ER	I2C2 错误中断	0x0000 00C8
35	42	可设置	SPI1	SPI1 全局中断	0x0000 00CC
36	43	可设置	SPI2	SPI2 全局中断	0x0000 00D0
37	44	可设置	USART1	USART1 全局中断	0x0000 00D4
38	45	可设置	USART2	USART2 全局中断	0x0000 00D8
39	46	可设置	USART3	USART3 全局中断	0x0000 00DC
40	47	可设置	EXTI15_10	EXTI 线[15:10]中断	0x0000 00E0
41	48	可设置	RTC_Alarm	连接到 EXTI 线的 RTC 闹钟(A和B)中断	0x0000 00E4
42	49	可设置	OTG_FS WKUP	连接到 EXTI 线的 USBOn-The-Go FS 唤醒中断	0x0000 00E8
43	50	可设置	TIM8_BRK_TIM12	TIM8 刹车中断和 TIM12 全局中断	0x0000 00EC
44	51	可设置	TIM8_UP_TIM13	TIM8 更新中断和 TIM13 全局中断	0x0000 00F0
45	52	可设置	TIM8_TRG_COM_TIM14	TIM8 触发和换相中断与 TIM14 全局中断	0x0000 00F4
46	53	可设置	TIM8_CC	TIM8 捕捉比较中断	0x0000 00F8
47	54	可设置	DMA1_Stream7	DMA1 流 7 全局中断	0x0000 00FC
48	55	可设置	FSMC	FSMC 全局中断	0x0000 0100
49	56	可设置	SDIO	SDIO 全局中断	0x0000 0104
50	57	可设置	TIM5	TIM5 全局中断	0x0000 0108
51	58	可设置	SPI3	SPI3 全局中断	0x0000 010C
52	59	可设置	UART4	UART4 全局中断	0x0000 0110
53	60	可设置	UART5	UART5 全局中断	0x0000 0114
54	61	可设置	TIM6_DAC	TIM6 全局中断,DAC1 和 DAC2 下溢错误中断	0x0000 0118
55	62	可设置	TIM7	TIM7 全局中断	0x0000 011C
56	63	可设置	DMA2_Stream0	DMA2 流 0 全局中断	0x0000 0120
57	64	可设置	DMA2_Stream1	DMA2 流 1 全局中断	0x0000 0124
58	65	可设置	DMA2_Stream2	DMA2 流 2 全局中断	0x0000 0128

续表 5.3

位置	优先级	优先级类型	名称	说明	地址
59	66	可设置	DMA2_Stream3	DMA2 流 3 全局中断	0x0000 012C
60	67	可设置	DMA2_Stream4	DMA2 流 4 全局中断	0x0000 0130
61	68	可设置	ETH	以太网全局中断	0x0000 0134
62	69	可设置	ETH_WKUP	连接到 EXTI 线的以太网唤醒中断	0x0000 0138
63	70	可设置	CAN2_TX	CAN2_TX 中断	0x0000 013C
64	71	可设置	CAN2_RX0	CAN2_RX0 中断	0x0000 0140
65	72	可设置	CAN2_RX1	CAN2_RX1 中断	0x0000 0144
66	73	可设置	CAN2_SCE	CAN2_SCE 中断	0x0000 0148
67	74	可设置	OTG_FS	USB On The Go FS 全局中断	0x0000 014C
68	75	可设置	DMA2_Stream5	DMA2 流 5 全局中断	0x0000 0150
69	76	可设置	DMA2_Stream6	DMA2 流 6 全局中断	0x0000 0154
70	77	可设置	DMA2_Stream7	DMA2 流 7 全局中断	0x0000 0158
71	78	可设置	USART6	USART6	0x0000 015C
72	79	可设置	I2C3_EV	I2C3 事件中断	0x0000 0160
73	80	可设置	I2C3_ER	I2C3 错误中断	0x0000 0164
74	81	可设置	OTG_HS_EP1_OUT	USB On The Go HS 端点 1 输出全局中断	0x0000 0168
75	82	可设置	OTG_HS_EP1_IN	USB On The Go HS 端点 1 输入全局中断	0x0000 016C
76	83	可设置	OTG_HS_WKUP	连接到 EXTI 线的 USB On The Go HS 唤醒中断	0x0000 0170
77	84	可设置	OTG_HS	USB On The Go HS 全局中断	0x0000 0174
78	85	可设置	DCMI	DCMI 全局中断	0x0000 0178
79	86	可设置	CRYP	CRYP 加密全局中断	0x0000 017C
80	87	可设置	HASH_RNG	哈希和随机数发生器全局中断	0x0000 0180
81	88	可设置	FPU	FPU 全局中断	0x0000 0184

有关具体的内核异常和外部中断,可在标准库文件 stm32f4xx.h 这个头文件中查询到,在 IRQn_Type 这个结构体里面包含了 STM32F4 系列全部的异常声明。

2. NVIC 寄存器

NVIC 寄存器的硬件地址见表 5.4,需要注意的是 NVIC 寄存器都是写 1 有效,写 0 无效。调用表 5.5 所示的函数可实现对 NVIC 寄存器相应位的读写操作。

表 5.4　NVIC 寄存器汇总表

地址	名称	访问	需要权限	复位值	描述
0xE000E100 ~ 0xE000E10B	NVIC_ISER0 ~ NVIC_ISER2	读写	特权	0x00000000	中断使能寄存器
0xE000E180 ~ 0xE000E18B	NVIC_ICER0 ~ NVIC_ICER2	读写	特权	0x00000000	中断清除使能寄存器
0xE000E200 ~ 0xE000E20B	NVIC_ISPR0 ~ NVIC_ISPR2	读写	特权	0x00000000	中断挂起控制寄存器
0xE000E280 ~ 0xE000E28B	NVIC_ICPR0 ~ NVIC_ICPR2	读写	特权	0x00000000	中断解挂控制寄存器
0xE000E300 ~ 0xE000E30B	NVIC_IABR0 ~ NVIC_IABR2	读写	特权	0x00000000	中断激活标志位寄存器
0xE000E400 ~ 0xE000E40B	NVIC_IPR0 ~ NVIC_IPR20	读写	特权	0x00000000	中断优先级寄存器
0xE000EF00	STIR	只写	可配置	0x00000000	软件触发中断寄存器

表 5.5　CMSIS 访问 NVIC 寄存器的函数

CMSIS 函数	描述
void NVIC_EnableIRQ(IRQn_TypeIRQn)	启用中断或异常
void NVIC_DisableIRQ(IRQn_TypeIRQn)	禁用中断或异常
void NVIC_SetPendingIRQ(IRQn_TypeIRQn)	将中断或异常的挂起状态设置为 1
void NVIC_ClearPendingIRQ(IRQn_TypeIRQn)	将中断或异常的挂起状态清除为 0
uint32_t NVIC_GetPendingIRQ(IRQn_TypeIRQn)	读取中断或异常的挂起状态。如果挂起状态设置为 1,则此函数返回非零值
void NVIC_SetPriority(IRQn_TypeIRQn,uint32_t priority)	将具有可配置优先级的中断或异常的优先级设置为 1
uint32_t NVIC_GetPriority(IRQn_TypeIRQn)	读取具有可配置优先级的中断或异常的优先级。此函数返回当前优先级

ISER(Interrupt Set-Enable Registers)[0 : 2]是中断使能寄存器组。CM4 内核支持 256 个中断,若每个位控制 1 个中断使能,需要用 8 个 32 位寄存器来控制,但是 STM32F407 的可屏蔽外部中断最多只有 82 个,因此 3 个中断使能寄存器(ISER[0 : 2])就可以设置 96 个中断的使能,而 STM32F407 只用了其中的前 82 个。ISER[0]的 bit 0 ~ bit 31 分别对应中断 0 ~ 31;ISER[1]的 bit 0 ~ bit 32 对应中断 32 ~ 63;ISER[2]的 bit 0 ~ bit 17 对应中断 64 ~ 81,总共 82 个中断分别对应这些位。若要使能某个中断,必须设置相应的 ISER 位为 1,具体每一位对应

哪个中断,可参考 stm32f4xx. h。

ICER(Interrupt Clear-Enable Registers)[0 : 2]是中断清除使能寄存器组。该寄存器组与 ISER 的作用恰好相反,是用来清除某个中断的使能的。其对应位的功能也和 ICER 一样。因为 NVIC 的寄存器都是写 1 有效,所以要专门设置一个 ICER 来清除中断使能位。

ISPR(Interrupt Set-Pending Registers)[0 : 2]是中断挂起控制寄存器组。每个位对应的中断和 ISER 是一样的。通过置 1,可以将正在进行的中断挂起,而执行同级或更高级别的中断。

ICPR(Interrupt Clear-Pending Registers)[0 : 2]是中断解挂控制寄存器组。其作用与 ISPR 相反,对应位也和 ISER 是一样的。通过设置 1,可以将挂起的中断解挂。

IABR(Interrupt Active Bit Registers)[0 : 2]是中断激活标志位寄存器组。对应位所代表的中断和 ISER 一样,如果为 1,则表示该位所对应的中断正在被执行。这是一个只读寄存器,通过它可以知道当前在执行的中断是哪一个,在中断执行完成后由硬件自动清零。

IPR(Interrupt Priority Registers)[0 : 20]是中断优先级控制寄存器组。STM32F407 的 IPR 寄存器组由 21 个 32 bit 的寄存器组成,可按字节访问。每个可屏蔽中断占用 8 bit,每个 IPR[n]可定义 4 个中断向量(IP[$4n$: $4n+3$])的优先级,这样 IPR[0 : 19]和 IPR20 的低 16 bit 用于设置 82 个可屏蔽中断的优先级,各中断对应排序也和 ISER 一样。

STIR(Software Trigger Interrupt Register)是软件触发中断寄存器,低 9 位(bit8 : 0)有效,其值为需要由软件触发的中断序号。

在固件库头文件"core_cm4. h"中,定义了与 NVIC 寄存器相关的结构体,具体如下。

```
typedefstruct
{
  __IO uint32_t ISER[8];/*! < Interrupt Set-Enable Register */
       uint32_t RESERVED0[24];
  __IO uint32_t ICER[8]; /*! < Interrupt Clear-Enable Register */
       uint32_t RSERVED1[24];
  __IO uint32_t ISPR[8]; /*! < Interrupt Set-Pending Register */
       uint32_t RESERVED2[24];
  __IO uint32_t ICPR[8]; /*! < Interrupt Clear-Pending Register */
       uint32_t RESERVED3[24];
  __IO uint32_t IABR[8]; /*! < Interrupt Active bit Register */
       uint32_t RESERVED4[56];
  __IO uint8_tIP[240]; /*! < Interrupt Priority Register, 8Bit wide */
       uint32_t RESERVED5[644];
  __IOuint32_t STIR; /*! < Software Trigger Interrupt Register */
}  NVIC_Type;
```

也可以使用"core_cm4. h"定义的 CMSIS 函数访问 NVIC 寄存器,见表 5. 5,输入参数 IRQn_TypeIRQn是中断编号。

在配置中断时,常用的三个函数是 NVIC_EnableIRQ、NVIC_DisableIRQ 和 NVIC_SetPriority,分别配置寄存器 ISER、ICER 和 IP,实现使能中断、失能中断和设置中断优先级。

3. 中断优先级分组

STM32F 处理器中,较低的优先级值表示较高的优先级。在默认情况下,硬件的中断编号越小,优先级越高。表 5.3 中的位置编号即是每个中断向量的默认的硬件优先级。若通过中断优先级寄存器 IPR 配置了中断向量的软件优先级,则硬件优先级无效。如果两个或更多的中断制定了相同的软件优先级,则由它们的硬件优先级来决定处理器对它们进行处理的顺序。

在 STM32F407 的中断优先级控制寄存器组 IPR[0 : 20]中,每个可屏蔽中断的优先级占用8 bit,称为 IP,并且这 8 bit 并没有全部使用,只用了高 4 位,低 4 位未用,见表 5.6。

表 5.6　STM32F407 中断优先级控制位段

bit7	bit6	bit5	bit4	bit3	bit2	bit1	bit0
用于表达优先级				未使用,读回为 0			

这 4 位又分为抢占优先级位段和响应优先级位段(有些参考书称为主优先级和次优先级),抢占优先级位段在前,响应优先级位段在后。这两个优先级位段各占几个位由系统控制块(System Control Block,SCB)中的应用中断和复位控制寄存器(Application Interrupt and Reset Control Register,AIRCR)的 bit[8 : 10]设置的中断分组来确定,通过配置 AIRCR 寄存器的 bit[10 : 8]可将中断优先级分组为 0 ~4。不同分组对应对优先级控制寄存器中抢占优先级位段和响应优先级位段分配情况见表 5.7。

表 5.7　优先级分组

组	AIRCR[10 : 8]	IP[7 : 4]分配情况	分配结果
0	111	0 : 4	0 位抢占优先级,4 位响应优先级
1	110	1 : 3	1 位抢占优先级,3 位响应优先级
2	101	2 : 2	2 位抢占优先级,2 位响应优先级
3	100	3 : 1	3 位抢占优先级,1 位响应优先级
4	011	4 : 0	4 位抢占优先级,0 位响应优先级

中断优先级分组的库函数定义在文件 misc. c 和 misc. h 中。与表 5.7 对应的优先级分组宏定义如下。

```
#define NVIC_PriorityGroup_0 ((u32)0x700) //0 位抢占 4 位响应
#define NVIC_PriorityGroup_1 ((u32)0x600) //1 位抢占 3 位响应
#define NVIC_PriorityGroup_2 ((u32)0x500) //2 位抢占 2 位响应
#define NVIC_PriorityGroup_3 ((u32)0x400) //3 位抢占 1 位响应
#define NVIC_PriorityGroup_4 ((u32)0x300) //4 位抢占 4 位响应
```

优先级分组的配置函数具体定义如下。

```
void NVIC_PriorityGroupConfig(uint32_t NVIC_PriorityGroup)
{
assert_param(IS_NVIC_PRIORITY_GROUP(NVIC_PriorityGroup));
  SCB->AIRCR = AIRCR_VECTKEY_MASK | NVIC_PriorityGroup;
}
```

其中,#define AIRCR_VECTKEY_MASK((uint32_t)0x05FA0000 在 misc. h 中被宏定义,是

一个置位初始化的数据，低 3 位都为 0，而 NVIC_PriorityGroup 只用了 3 位，或运算就相当于相加，得到的结果用于初始化 AIRCR 这个 32 位的寄存器，实现优先级分组配置。例如，NVIC_PriorityGroupConfig(NVIC_PriorityGroup_2) 实现设置中断优先级分组为第 2 组。

一般情况下，在系统代码执行过程中，只设置一次中断优先级分组，设置好分组之后一般不会再改变分组。随意改变分组会导致中断管理混乱，程序出现意想不到的执行结果。

4. NVIC 的优先级管理机制

每个中断源的优先级都具有抢占优先级和响应优先级，NVIC 对中断优先级管理的机制如下。

(1)抢占优先级较高的中断可以打断正在执行的抢占优先级较低的中断。

(2)抢占优先级相同的中断，响应优先级高的不可以打断响应优先级低的中断。

(3)抢占优先级相同的中断，当两个中断同时发生的情况下，哪个响应优先级高，哪个先执行。

(4)如果两个中断的抢占优先级和响应优先级都一样，则先发生的中断先执行。

(5)如果两个中断的抢占优先级和响应优先级都一样，且同时请求，则根据中断表中的排位顺序决定，即通过软件配置的优先级大于硬件的默认优先级。

5. NVIC 初始化方法

NVIC 初始化通常采取以下 3 个步骤。

(1)系统运行后先设置中断优先级分组。

```
void NVIC_PriorityGroupConfig(uint32_t NVIC_PriorityGroup);
```

在整个系统执行过程中，只设置一次中断分组。

(2)针对每个中断，设置对应的抢占优先级和响应优先级并使能。

```
void NVIC_Init(NVIC_InitTypeDef * NVIC_InitStruct);
typedef struct
{
   uint8_t NVIC_IRQChannel; //设置中断通道
   uint8_t NVIC_IRQChannelPreemptionPriority;//设置抢占优先级
   uint8_t NVIC_IRQChannelSubPriority; //设置响应优先级
   FunctionalStateNVIC_IRQChannelCmd; //使能/禁止
} NVIC_InitTypeDef;
```

结构体成员变量定义如下。

①NVIC_IRQChannel：中断通道号，以枚举类型定义在“stm32f4xx.h”中，中断通道号为各中断源的位置编号，具体见表 5.3，例如，EXTI2 的通道号为 8。

②NVIC_IRQChannelPreemptionPriority：抢占优先级，具体的值要根据优先级分组和应用需要来确定，具体参考表 5.7。

③NVIC_IRQChannelSubPriority：响应优先级，具体的值要根据优先级分组和应用需要来确定，具体参考表 5.7。

④NVIC_IRQChannelCmd：中断使能(ENABLE)或者失能(DISABLE)，操作的是 NVIC_ISER 和 NVIC_ICER 这两个寄存器。

(3)如果需要挂起、解挂、查看处于挂起状态中断的编号，分别调用相关函数。

```
void NVIC_SetPendingIRQ  (IRQn_TypeIRQn);//挂起
```

```
void NVIC_ClearPendingIRQ  (IRQn_TypeIRQn);//解挂
uint32_t NVIC_GetPendingIRQ  (IRQn_TypeIRQn);//查看处于挂起状态中断的编号
```

例如:

```
NVIC_InitTypeDefNVIC_InitStructure;
NVIC_InitStructure.NVIC_IRQChannel = USART1_IRQn;// 37 串口 1 中断
NVIC_InitStructure.NVIC_IRQChannelPreemptionPriority=1;//抢占优先级为 1
NVIC_InitStructure.NVIC_IRQChannelSubPriority = 2;//响应优先级为 2
NVIC_InitStructure.NVIC_IRQChannelCmd = ENABLE;//IRQ 通道使能
NVIC_Init(&NVIC_InitStructure);//用上面的参数初始化 NVIC 寄存器
```

以上代码可实现将 USART1 抢占优先级设置为 1,响应优先级设置为 2,并使能该中断。

6. 中断服务函数

在启动文件“startup_stm32f40_41xxx.s”中,已经采用[WEAK]属性预先为每个中断都弱定义了一个中断服务函数,只是这些中断函数都为空,即空操作,为的只是初始化中断向量表。实际的中断服务函数都需要根据功能重新编写,中断服务函数一般在“stm32f4xx_it.c”文件中定义,也可以在其他地方。并且中断服务函数的函数名必须和启动文件里面预先弱定义的一样,如果写错,系统就无法在中断向量表中找到中断服务函数的入口,直接跳转到启动文件里面预先写好的空函数,不能实现想要的功能。

中断服务函数没有形式参数、没有返回值,中断服务函数不会被任何一个函数调用,当中断条件满足后,由 NVIC 控制中断服务函数的执行和返回。所有的中断服务函数均以“*_Handler”命名,其中*是表 5.3 中各中断向量的名称,例如,滴答定时器的中断服务函数定义如下。

```
void SysTick_Handler()//滴答时钟中断
{
/* 在这里写上中断服务程序,例如,对一个全局变量加 1 或减 1,实现长时间定时 */
}
```

5.3　EXTI 外部中断的硬件结构

1. EXTI 功能概述

STM32F407 的 EXTI(External Interrupt/Event Controller)外部中断/事件控制器由 23 条边缘检测线组成,用于产生中断/事件请求。每条线都可以独立配置,以选择类型(中断或事件)和相应的触发事件(上升沿触发、下降沿触发或双边沿触发),并且可以独立屏蔽。挂起寄存器可用于保持中断请求的状态。EXTI 可以检测到小于内部 APB2 时钟周期的外部输入脉冲宽度,其中的 16 条外部中断线最多可连接 140 个 GPIO。

EXTI 的主要特性如下。

①每个中断/事件线上都具有独立的触发和屏蔽。

②每个中断线都具有专用的状态位。

③支持多达 23 个软件事件/中断请求。

④能够检测脉冲宽度低于 APB2 时钟宽度的外部脉冲信号。有关此参数的详细信息,请参见 STM32F4xx 数据手册的电气特性部分。

2. EXTI 结构及工作方式

STM32F407 支持的 23 个外部中断/事件请求分别如下所示。

①EXTI 线 0 ~ 15:对应外部 GPIO 口的输入中断。

②EXTI 线 16:连接到 PVD 输出。

③EXTI 线 17:连接到 RTC 闹钟事件。

④EXTI 线 18:连接到 USB OTG FS 唤醒事件。

⑤EXTI 线 19:连接到以太网唤醒事件。

⑥EXTI 线 20:连接到 USB OTG HS 置唤醒事件。

⑦EXTI 线 21:连接到 RTC 入侵和时间戳事件。

⑧EXTI 线 22:连接到 RTC 唤醒事件。

需要注意的是,EXTI 线 0 ~ 15 对应了 7 个中断向量,其中 EXTI 线 0 ~ 4 分别单独对应中断向量 EXTI0 ~ EXTI4,EXTI 线 5 ~ 9 共用一个中断向量 EXTI9_5,EXTI 线 10 ~ 15 共用一个中断向量 EXTI15_10。它们的位置、优先级和地址见表 5.3。

STM32F407 外部中断/事件控制器结构框图如图 5.5 所示,主要具有硬件触发中断、硬件触发事件、软件触发中断/事件和唤醒事件管理功能。

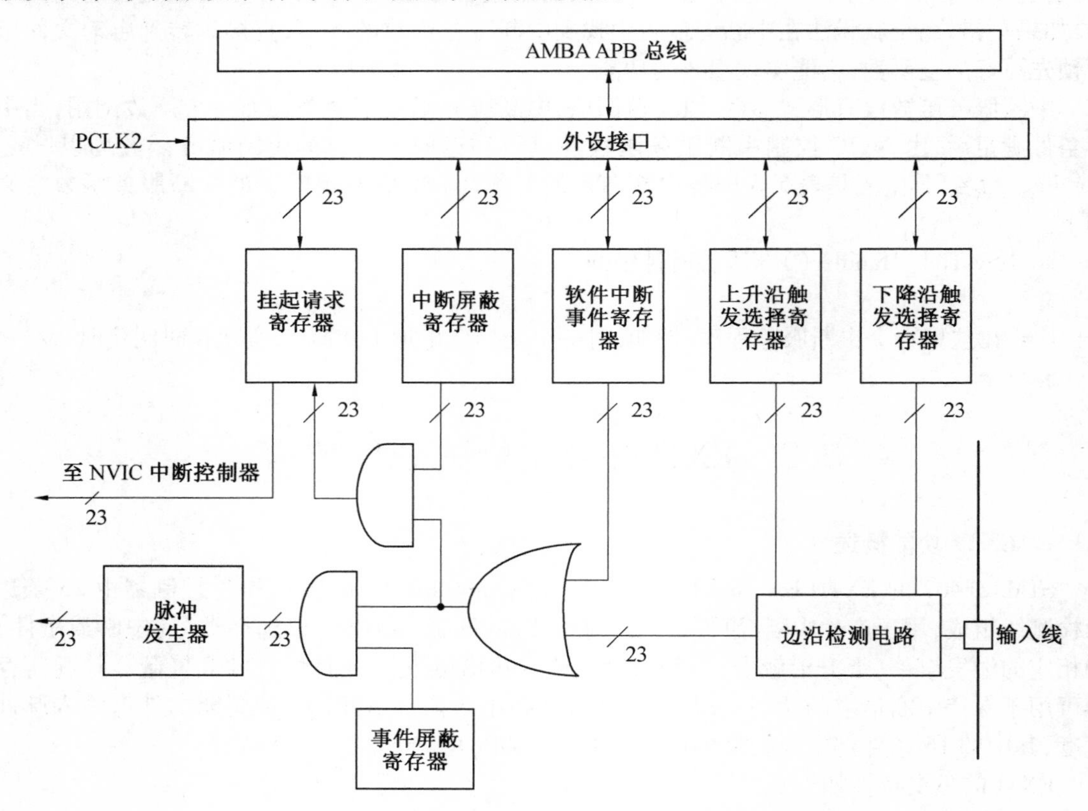

图 5.5　STM32F407 外部中断/事件控制器结构框图

(1)硬件触发中断。

要使外部脉冲能够通过 EXTI 触发中断,必须先根据需要的边沿检测设置上升沿触发方式寄存器(EXTI_RTSR)、下降沿触发方式寄存器(EXTI_FTSR),相应位写“1”使能,写“0”禁止,若均写“1”可实现双边沿触发方式。在中断屏蔽寄存器(EXTI_IMR)的相应位写“1”可使能中断请求。在中断屏蔽被使能的情况下,当外部中断线上出现选定信号沿时,挂起请求寄存器(EXTI_PR)的相应位会置 1,便会向 NVIC 产生相应的 EXTI 中断线的中断请求。在挂起寄存器的对应位写“1”将清除该中断请求。要配置 23 根线作为硬件中断源,请执行以下步骤。

①配置 23 根中断线的屏蔽位(EXTI_IMR)。

②配置中断线的触发选择位(EXTI_RTSR 和 EXTI_FTSR)。

③配置对应到外部中断控制器(EXTI)的 NVIC 中断通道的使能和屏蔽位,使得 23 个中断线中的请求可以被正确地响应。

(2)硬件触发事件。

要使外部脉冲能够通过 EXTI 触发事件,与上述中断请求类似,先根据需要的边沿检测设置 2 个触发方式寄存器,同时在事件屏蔽寄存器(EXTI_EMR)的相应位写“1”使能事件请求。当事件线上出现选定信号沿时,便会产生事件脉冲,对应的挂起位不会置 1。要配置 23 根线作为硬件事件源,请执行以下步骤。

①配置 23 根事件线的屏蔽位(EXTI_EMR)。

②配置事件线的触发选择位(EXTI_RTSR 和 EXTI_FTSR)。

(3)软件触发中断/事件。

软件触发中断/事件与硬件触发的方式类似,通过在软件中断事件寄存器(EXTI_SWIER)写“1”可实现软件触发的中断/事件请求。要配置 23 根线作为软件触发的中断/事件源,请执行以下步骤。

①配置 23 根中断/事件线的屏蔽位(EXTI_IMR、EXTI_EMR)。

②在软件中断寄存器设置相应的请求位(EXTI_SWIER)。

(4)唤醒事件管理。

STM32F407 能够处理外部或内部事件来唤醒内核(WFE)。唤醒事件可通过以下方式产生。

①在外设的控制寄存器使能一个中断,但不在 NVIC 中使能,同时使能系统控制寄存器中的 SEVONPEND 位。当 MCU 从 WFE 恢复时,需要清除相应外设的中断挂起位和外设 NVIC 中断通道挂起位(在 NVIC 中断清除挂起寄存器中)。

②配置一个外部或内部 EXTI 线为事件模式。当 CPU 从 WFE 恢复时,因为对应事件线的挂起位没有被置位,不必清除相应外设的中断挂起位或 NVIC 中断通道挂起位。使用外部线作为唤醒事件。

3. 外部中断/事件与 GPIO 的映射

STM32F407 供 GPIO 使用的外部中断/事件线 EXTI 只有 16 个,但 STM32F407 有 140 个 GPIO 引脚, 每个 GPIO 引脚都可以作为外部中断/事件的输入口,而 EXTI 线每次只能连接到 1 个 GPIO 口上,GPIO 与 EXTI 线的映射关系图如图 5.6 所示。

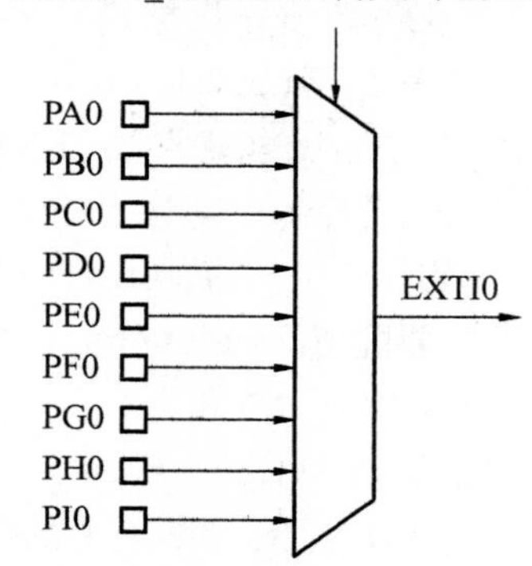

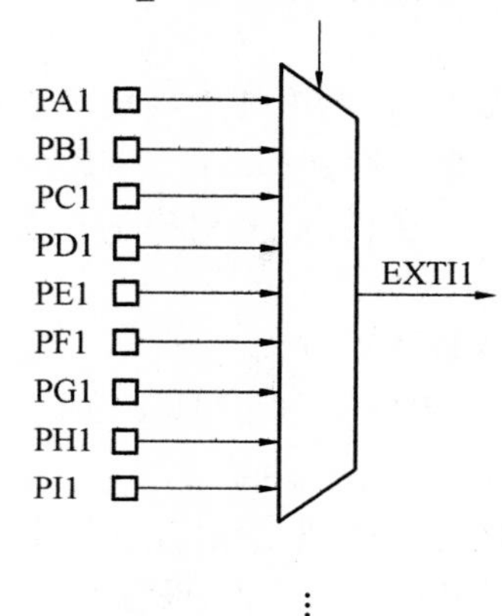

⋮

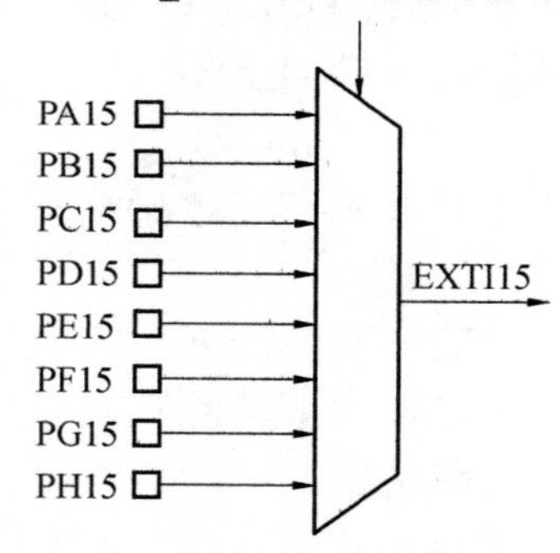

图 5.6　GPIO 与 EXTI 线的映射关系图

GPIO 的管脚 GPIOx.0 ~ GPIOx.15(x=A,B,C,D,E,F,G,H,I)分别映射 EXTI0 ~ EXTI15，这样每个 EXTI 线对应了最多 9 个 GPIO 引脚。通过配置 4 个外部中断配置寄存器 SYSCFG_EXTICR1 ~ SYSCFG_EXTICR4 可以将 EXTI0 ~ EXTI15 映射到 140 个 GPIO 上，每个 SYSCFG_EXTICR 寄存器 32 位，每 4 位可配置 1 个 EXTI 线。以 EXTI1 线为例，它可以映射到 PA.1 ~ PI.1 中任意一个，当 SYSCFG_EXTICR1 中的位段 EXTI1[3:0]=0001B 时映射到 PB.1。

5.4　EXTI 寄存器和库函数

1. EXTI 寄存器

EXTI 寄存器共 6 个 32 位寄存器,均是位 0 ~ 22 分别对应 EXTI0 ~ EXTI22 的配置或状态。

(1)中断屏蔽寄存器(EXTI_IMR)。

可读写,0:屏蔽对应 EXTI 线的中断请求;1:开放对应 EXTI 线的中断请求。

(2)事件屏蔽寄存器(EXTI_EMR)。

可读写,0:屏蔽对应 EXTI 线的事件请求;1:开放对应 EXTI 线的事件请求。

(3)上升沿触发选择寄存器(EXTI_RTSR)。

可读写,0:禁止输入线上升沿触发;1:允许输入线上升沿触发。

(4)下降沿触发选择寄存器(EXTI_FTSR)。

可读写,0:禁止输入线下降沿触发;1:允许输入线下降沿触发。

(5)软件中断事件寄存器(EXTI_SWIER)。

可读写,当该位为"0"时,写"1"将设置 EXTI_PR 中相应的挂起位。如果在 EXTI_IMR 和 EXTI_EMR 中允许产生该中断事件,则产生中断事件请求。通过清除 EXTI_PR 的对应位(写入"1"),可以清除该位为"0"。

(6)挂起寄存器(EXTI_PR)。

0:没有发生触发请求;1:发生了选择的触发请求。当在外部中断线上发生了选择的边沿事件,该位被置"1"。在此位中写入"1"可以清除它,也可以通过改变边沿检测的极性清除。

2. EXTI 库函数

与 EXTI 相关的宏定义和库函数在文件 stm32f4xx_exti. h 和 stm32f4xx_exti. c 中。

使用库函数配置 GPIO 口作为外部中断一般采用以下 6 个步骤。

(1)使能 GPIO 时钟和 SYSCFG 时钟。

要使用 GPIO 口作为中断输入,需要使能相应的 GPIO 口时钟,方法与配置 GPIO 作为普通 I/O 口相同。

RCC_AHB1PeriphResetCmd(RCC_AHB1Periph_GPIOx, ENABLE);//使能 CPIO 时钟

要配置外部中断配置寄存器 SYSCFG_EXTICR,需要先开启 SYSCFG 的时钟。

RCC_APB2PeriphClockCmd(RCC_APB2Periph_SYSCFG, ENABLE);//使能 SYSCFG 时钟

(2)初始化 GPIO 口为输入。

初始化相应的 I/O 口为输入模式,方法与配置 GPIO 作为普通 I/O 输入口相同,可以调用以下函数来实现。

GPIO_Init(GPIO_TypeDef * GPIOx, GPIO_InitTypeDef * GPIO_InitStruct);

作为外部中断输入的 GPIO 口的状态可以设置为上拉、下拉以及浮空,但浮空的时候外部一定要接上拉/下拉电阻,否则可能导致中断不停地触发。在外部电磁干扰较大的时候,建议使用外部上拉/下拉电阻,这样可以一定程度防止外部干扰带来的影响。

(3)设置 GPIO 口与中断线的映射关系。

要配置 GPIO 与中断线的映射关系,可以调用以下函数来实现。

void SYSCFG_EXTILineConfig(uint8_tEXTI_PortSourceGPIOx,uint8_t EXTI_PinSourcex);

其中,第一个参数为 GPIO 端口号:EXTI_PortSourceGPIOA ~ EXTI_PortSourceGPIOI,第二个参数为引脚号:EXTI_PinSource0 ~ EXTI_PinSource15。

将 GPIOA.1 与 EXTI1 中断线映射起来的使用范例如下。

SYSCFG_EXTILineConfig(EXTI_PortSourceGPIOA, EXTI_PinSource1);

(4)初始化中断线,设置触发条件等。

EXTI 中断线上中断的初始化是通过函数 EXTI_Init()实现的。EXTI_Init()函数的定义如下。

void EXTI_Init(EXTI_InitTypeDef * EXTI_InitStruct);

其参数为结构体指针 EXTI_InitTypeDef,结构体定义如下。

```
typedef struct{
    uint32_t EXTI_Line; //中断/事件线
    EXTIMode_TypeDefEXTI_Mode; // EXTI 模式
    EXTITrigger_TypeDefEXTI_Trigger; // 触发类型
    FunctionalStateEXTI_LineCmd; // EXTI 使能
}EXTI_InitTypeDef;
```

从定义可以看出,中断线初始化有 4 个参数需要设置。第一个参数是中断线的标号,对于外部中断,取值范围为 EXTI_Line0 ~ EXTI_Line15,是某个中断线上的中断参数。第二个参数是中断模式,可选值为中断 EXTI_Mode_Interrupt 和事件 EXTI_Mode_Event。第三个参数是触发方式,可以是下降沿触发 EXTI_Trigger_Falling,上升沿触发 EXTI_Trigger_Rising,或上升沿和下降沿均触发 EXTI_Trigger_Rising_Falling,最后一个参数是使能中断线,可选使能 ENABLE 或禁用 DISABLE。

例如,要设置 EXTI 中断线 4 上的中断为下降沿触发,使用方法如下。

```
EXTI_InitTypeDefEXTI_InitStructure;
EXTI_InitStructure.EXTI_Line=EXTI_Line4;
EXTI_InitStructure.EXTI_Mode= EXTI_Mode_Interrupt;
EXTI_InitStructure.EXTI_Trigger=EXTI_Trigger_Falling;
EXTI_InitStructure.EXTI_LineCmd=ENABLE;
EXTI_Init(&EXTI_InitStructure);//初始化外设 EXTI 寄存器
```

(5)配置中断分组(NVIC)和优先级,并使能中断。

配置方法在前文 NVIC 部分已经讲解过,即调用 NVIC_Init(&NVIC_InitStructure)实现。

(6)编写中断服务函数。

STM32F4 所有中断服务函数的名字在 startup_stm32f40_41xx.s 里面都已经定义。其中,STM32F4 的 GPIO 口外部中断函数只有 7 个,分别如下所示。

```
EXPORT    EXTI0_IRQHandler
EXPORT    EXTI1_IRQHandler
EXPORT    EXTI2_IRQHandler
EXPORT    EXTI3_IRQHandler
EXPORT    EXTI4_IRQHandler
```

```
EXPORT    EXTI9_5_IRQHandler
EXPORT    EXTI15_10_IRQHandler
```

EXTI 中断线 0 ~ 4 每个中断线对应一个中断函数,EXTI 中断线 5 ~ 9 共用中断函数 EXTI9_5_IRQHandler,10 ~ 15 共用中断函数 EXTI15_10_IRQHandler。

在编写中断服务函数的时候,在中断服务函数的开头需要判断中断是否发生。

```
ITStatusEXTI_GetITStatus(uint32_t EXTI_Line);
```

在中断服务函数结束之前,清除某个中断线上的中断标志位。

```
void EXTI_ClearITPendingBit(uint32_t EXTI_Line);
```

以 EXTI2 为例,常用的中断服务函数格式如下。

```
void EXTI2_IRQHandler(void)
{
    if(EXTI_GetITStatus(EXTI_Line2)! =RESET)//判断 EXTI2 线中断是否发生
    {
        //……中断逻辑……
        EXTI_ClearITPendingBit(EXTI_Line2);//清除 EXTI2 上的中断标志位
    }
}
```

固件库还提供了两个函数用来判断外部中断状态以及清除外部状态标志位的函数 EXTI_GetFlagStatus 和 EXTI_ClearFlag,它们的作用和前面两个函数的作用类似但使用较少。在 EXTI_GetITStatus 函数中会先判断这种中断是否使能,使能了才去判断中断标志位,而在 EXTI_GetFlagStatus 中直接用来判断状态标志位。

5.5　外部中断点亮 LED 应用实例

STM32F407 开发板上按键 KEY0、KEY1 和 KEY2 分别连接在 I/O 引脚 PE4、PE3 和 PE2 上,另一端均接地,因而低电平有效或者下降沿有效。利用外部中断捕获按键状态变化,控制 2 个 LED,KEY2 控制 LED0,按一次亮,再按一次灭;KEY1 控制 LED1,效果同 KEY2;KEY0 则同时控制 LED0 和 LED1,按一次,它们的状态就翻转一次,硬件电路如第 4 章图 4.16 所示,以下为实现该功能的编程步骤。

exit.c 文件总共包含 4 个函数。1 个是外部中断初始化函数 void EXTIX_Init(void),另外 3 个都是中断服务函数:void EXTI2_IRQHandler(void)是外部中断 2 的服务函数,负责 KEY2 按键的中断检测和 LED0 控制;void EXTI3_IRQHandler(void)是外部中断 3 的服务函数,负责 KEY1 按键的中断检测和 LED1 控制;void EXTI4_IRQHandler(void)是外部中断 4 的服务函数,负责 KEY0 按键的中断检测和 LED0、LED1 同时控制。

exti.c 代码如下。

```
//外部中断 2 服务程序
void EXTI2_IRQHandler(void)
{
```

```
    delay_ms(10); //消抖
    if(KEY2==0)
    {LED0=! LED0;
    }
    EXTI_ClearITPendingBit(EXTI_Line2);//清除 LINE2 上的中断标志位
}
//外部中断 3 服务程序
void EXTI3_IRQHandler(void)
{
    delay_ms(10); //消抖
    if(KEY1==0)
    { LED1=! LED1;
    }
    EXTI_ClearITPendingBit(EXTI_Line3);//清除 LINE3 上的中断标志位
}
//外部中断 4 服务程序
void EXTI4_IRQHandler(void)
{
    delay_ms(10); //消抖
    if(KEY0==0)
    {LED0=! LED0; LED1=! LED1;
    }
    EXTI_ClearITPendingBit(EXTI_Line4);//清除 LINE4 上的中断标志位
}
//外部中断初始化程序
//初始化 PE2~PE4 为中断输入
void EXTIX_Init(void)
{
NVIC_InitTypeDefNVIC_InitStructure;
EXTI_InitTypeDefEXTI_InitStructure;
KEY_Init(); //按键对应的 I/O 口初始化
RCC_AHB1PeriphClockCmd(RCC_AHB1Periph_GPIOE ,ENABLE);//开启 GPIOE 的时钟
RCC_APB2PeriphClockCmd(RCC_APB2Periph_SYSCFG, ENABLE);//使能 SYSCFG 时钟

SYSCFG_EXTILineConfig(EXTI_PortSourceGPIOE, EXTI_PinSource2);//PE2 连接线 2
SYSCFG_EXTILineConfig(EXTI_PortSourceGPIOE, EXTI_PinSource3);//PE3 连接线 3
SYSCFG_EXTILineConfig(EXTI_PortSourceGPIOE, EXTI_PinSource4);//PE4 连接线 4
```

```
/ * 配置 EXTI_Line2,3,4  * /
EXTI_InitStructure.EXTI_Line = EXTI_Line2 | EXTI_Line3 | EXTI_Line4;
EXTI_InitStructure.EXTI_Mode = EXTI_Mode_Interrupt;//中断事件
EXTI_InitStructure.EXTI_Trigger = EXTI_Trigger_Falling;//下降沿触发
EXTI_InitStructure.EXTI_LineCmd = ENABLE;//中断线使能
EXTI_Init(&EXTI_InitStructure);//配置

NVIC_InitStructure.NVIC_IRQChannel = EXTI2_IRQn;//外部中断 2
NVIC_InitStructure.NVIC_IRQChannelPreemptionPriority = 0x03;//抢占优先级 3
NVIC_InitStructure.NVIC_IRQChannelSubPriority = 0x02;//响应优先级 2
NVIC_InitStructure.NVIC_IRQChannelCmd = ENABLE;//使能外部中断通道
NVIC_Init(&NVIC_InitStructure);//配置 NVIC

NVIC_InitStructure.NVIC_IRQChannel = EXTI3_IRQn;//外部中断 3
NVIC_InitStructure.NVIC_IRQChannelPreemptionPriority = 0x02;//抢占优先级 2
NVIC_InitStructure.NVIC_IRQChannelSubPriority = 0x02;//响应优先级 2
NVIC_InitStructure.NVIC_IRQChannelCmd = ENABLE;//使能外部中断通道
NVIC_Init(&NVIC_InitStructure);//配置 NVIC

NVIC_InitStructure.NVIC_IRQChannel = EXTI4_IRQn;//外部中断 4
NVIC_InitStructure.NVIC_IRQChannelPreemptionPriority = 0x01;//抢占优先级 1
NVIC_InitStructure.NVIC_IRQChannelSubPriority = 0x02;//响应优先级 2
NVIC_InitStructure.NVIC_IRQChannelCmd = ENABLE;//使能外部中断通道
NVIC_Init(&NVIC_InitStructure);//配置 NVIC
}
```

首先是外部中断初始化函数 void EXTIX_Init(void),该函数按照前面所述的步骤初始化外部中断,首先调用 KEY_Init,利用通用 I/O 作为按键的初始化函数来初始化外部中断输入的 I/O 口,并调用 RCC_APB2PeriphClockCmd 函数来使能 SYSCFG 时钟。接着调用函数 SYSCFG_EXTILineConfig配置中断线和 GPIO 的映射关系,然后初始化中断线和配置中断优先级。需要说明的是 KEY0、KEY1 和 KEY2 是低电平有效的,应设置为下降沿触发。把按键的响应优先级设置相同,而抢占优先级不同,这 3 个按键的中断优先级为 KEY0>KEY1>KEY2。

在中断服务函数中,先延时 10 ms 以消抖,再检测按键输入是否还是为低电平,如果是则执行指示灯控制操作,如果不是则直接跳过,最后一句 EXTI_ClearITPendingBit 用于清除已经发生的中断请求。

主函数代码如下。

```
void main(void)
{
    NVIC_PriorityGroupConfig(NVIC_PriorityGroup_2);//设置系统中断优先级分组 2
```

```
    delay_init(168);//初始化延时函数
    uart_init(115200);//串口初始化
    LED_Init();//初始化 LED 端口
    EXTIX_Init();//初始化外部中断输入
    LED0=0;//先点亮红灯
    while(1)
    {
        printf("OK\r\n");//打印 OK 提示程序运行
        delay_ms(1000);//每隔 1 s 打印一次
    }
}
```

主函数中先设置系统中断优先级分组,延时函数、串口和 LED 等外设,然后在初始化中断后点亮 LED0,再进入死循环等待,死循环里 printf 函数实现通过串口每隔 1 s 输出“OK”字符,在串口调试助手里面可以接收到输出,表明系统正在死循环中运行。当按键 KEY0、KEY1、KEY2 动作时触发中断,进入相应的中断服务函数执行指示灯处理,中断服务函数执行完后回到死循环继续输出字符。

思考与练习

1. 简述系统异常和外部中断的区别。

2. 简述 STM32F407 中断优先级分组机制。

3. 简述 EXTI0 ~ EXTI15 与 GPIO 的映射关系。

4. 编写 NVIC 中断初始化程序实现以下功能:设置中断优先级组为 1 组;设置外部中断 1 的抢占优先级为 0,响应优先级为 2;设置定时器 1 的溢出更新中断的抢占优先级为 1,响应优先级为 4;设置 USART1 的抢占优先级为 1,响应优先级为 5,并说明当同时出现以上 3 个中断请求时,中断服务程序执行的顺序。

5. 简述 6 个 EXTI 寄存器的功能。

6. 简述配置 GPIO 口作为外部中断的一般步骤。

7. 根据图 5.7 编写程序,按键中断输入引脚为 PE5,上升沿检测方式。完成外部中断初始化,在外部中断的服务程序,完成由按键实现接在 PB2 上的 LED 灯的开和关控制。

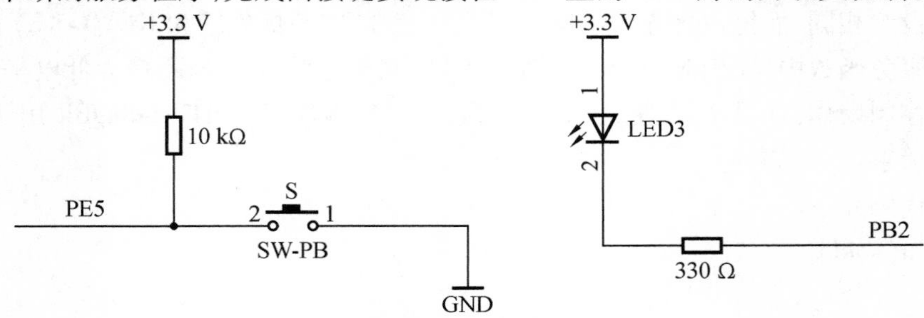

图 5.7　按键触发中断及 LED 控制

8. 简述 NVIC 的优先级管理机制。

9. 简述 NVIC 初始化中断源的通常步骤。

10. 什么是末尾连锁机制,其优点是什么?

11. NVIC 寄存器组有哪些?其功能是什么?常用的是哪 3 个?

第 6 章

STM32F4 的通用同步异步串行通信接口(USART)

6.1 USART 简介

6.1.1 通信接口的基础概念

通信是将计算机技术和通信技术相结合,完成计算机与外部设备或计算机与计算机之间的信息交换。通信按照数据传输方式、分类方法、传输协议等的不同,可以有不同的分类。

1. 处理器与外部设备通信的两种方式

(1)并行通信。

数据各个位同时传输,速度快,但是占用引脚资源多。

(2)串行通信。

数据按位顺序传输,占用引脚资源少,但速度相对较慢。

2. 串行通信按照数据传送方向不同,有三种传送方式

(1)单工。

数据传输只支持数据在一个方向上传输。

(2)半双工。

允许数据在两个方向上传输,但是,在某一时刻,只允许数据在一个方向上传输,它实际上是一种切换方向的单工通信。

(3)全双工。

允许数据同时在两个方向上传输,因此,全双工通信是两个单工通信方式的结合,它要求发送设备和接收设备都有独立的接收和发送能力。

3. 串行通信的通信方式

(1)同步通信。

同步通信带时钟同步信号传输,例如 SPI、I^2C 通信接口。

(2)异步通信。

异步通信不带时钟同步信号传输,例如 UART(通用异步收发器)、单总线。

常见的串行通信接口见表 6.1。

表 6.1　常见的串行通信接口

通信标准	引脚说明	通信方式	通信方向
UART (通用异步收发器)	TXD:发送端 RXD:接收端 GND:公共地	异步通信	全双工
单总线(1-wire)	DQ:发送/接收端	异步通信	半双工
SPI	SCK:同步时钟 MISO:主机输入,从机输出 MOSI:主机输出,从机输入	同步通信	全双工
I^2C	SCL:同步时钟 SDA:数据输入/输出端	同步通信	半双工

4. UART 异步通信方式引脚连接方法

RXD:数据输入引脚,数据接收(有时也标记为 RX)。

TXD:数据发送引脚,数据发送(有时也标记为 TX)。

两个设备之间的异步串行通信,其 RXD 和 TXD 引脚连接时,要相互交叉,如图 6.1 所示。

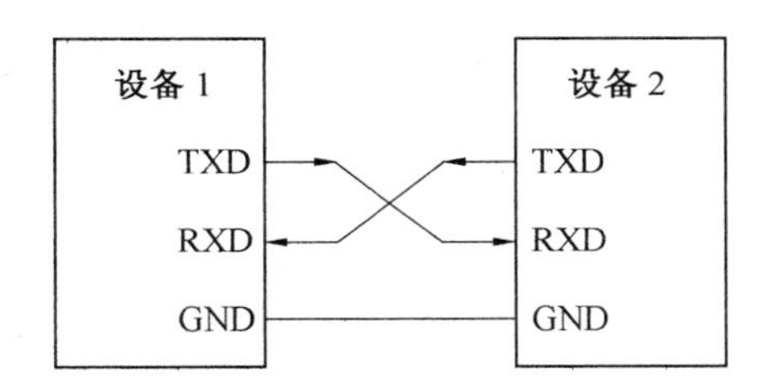

图 6.1　异步通信方式引脚连接方式

为了增加通信距离,异步串行通信一般采用 RS-232 通信协议,即通过 RS232 转换电路,把 TTL 电平转换为 EIA 电平。图 6.2 所示为 PC 机与 ARM 或 MCU 等采用异步串行通信时的连接方式,此时 PC 机中内置 RS232 转换电路,而 ARM 或 MCU 需要另外增加 RS232 转换电路。

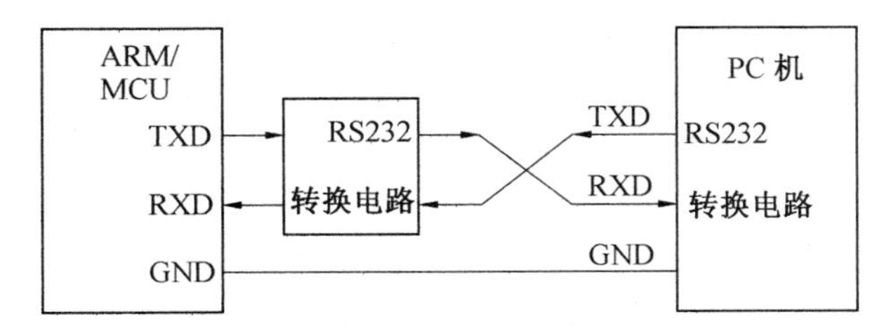

图 6.2　PC 机与 ARM/MCU 异步通信连接方式

本章重点介绍异步串行通信(UART)的原理与应用。

6.1.2 STM32F407 的 USART 简介

STM32F407 的通用同步异步收发器（Universal Synchronous Asynchronous Receiver Transmitter,USART）能够灵活地与外部设备进行全双工数据交换，满足外部设备对工业标准 NRZ 异步串行数据格式的要求。USART 通过小数波特率发生器提供了多种波特率，它支持同步单向通信和半双工单线通信，还支持 LIN（局域互联网络）、智能卡协议与 IrDA（红外线数据协会）SIR ENDEC 规范，以及调制解调器操作（CTS/RTS）。而且，它还支持多处理器通信，通过配置多个缓冲区使用 DMA 可实现高速数据通信。

1. USART 主要特性

（1）全双工异步通信。

（2）NRZ 标准格式（标记/空格）。

（3）可配置为 16 倍过采样或 8 倍过采样，因而为速度容差与时钟容差的灵活配置提供了可能。

（4）小数波特率发生器系统，支持通用可编程收发波特率（有关最大 APB 频率时的波特率值请参见数据手册）。

（5）数据字长度可编程(8 位或 9 位)。

（6）停止位可配置：支持 1 或 2 位停止位。

（7）LIN 主模式同步停止符号发送功能和 LIN 从模式停止符号检测功能，对 USART 进行 LIN 硬件配置时可生成 13 位停止符号和检测 10/11 位停止符号。

（8）用于同步发送的发送器时钟输出。

（9）IrDA SIR 编码解码器功能，正常模式下，支持 3/16 位持续时间。

（10）智能卡仿真功能：智能卡接口支持符合 ISO 7816-3 标准中定义的异步协议智能卡，智能卡工作模式下，支持 0.5 或 1.5 位停止位。

（11）单线半双工通信。

（12）使用 DMA（直接存储器访问）实现可配置的多缓冲区通信，使用 DMA 在预留的 SRAM 缓冲区中收/发字节。

（13）发送器和接收器具有单独使能位。

（14）传输检测标志：接收缓冲区已满、发送缓冲区为空、传输结束标志。

（15）奇偶校验控制：发送奇偶校验位、检查接收的数据字节的奇偶性。

（16）四个错误检测标志：溢出错误、噪声检测、帧错误和奇偶校验错误。

（17）10 个具有标志位的中断源：CTS 变化、LIN 停止符号检测、发送数据寄存器为空、发送完成、接收数据寄存器已满、接收到线路空闲、溢出错误、帧错误、噪声错误和奇偶校验错误。

（18）多处理器通信，如果地址不匹配，则进入静默模式。

（19）从静默模式唤醒（通过线路空闲检测或地址标记检测）。

（20）2 个接收器唤醒模式：地址位（MSB 的第 9 位）和线路空闲。

2. USART 功能说明

接口通过 3 个引脚从外部连接到其他设备（请参见图 6.1、图 6.2）。任何 USART 双向通信均需要至少 2 个引脚：接收数据输入引脚（RX）和发送数据输出引脚（TX）。

RX:接收数据输入引脚就是串行数据输入引脚。过采样技术可区分有效输入数据和噪声,从而用于恢复数据。

TX:发送数据输出引脚。如果关闭发送器,该输出引脚模式由其 I/O 端口配置决定。如果使能了发送器但没有待发送的数据,则 TX 引脚处于高电平。在单线和智能卡模式下,该 I/O用于发送和接收数据(USART 电平下,随后在 SW_RX 上接收数据)。

(1)正常 USART 模式下,以帧的形式发送和接收串行数据。

①发送或接收前保持空闲线路。

②起始位。

③数据(字长 8 位或 9 位),最低有效位在前。

④用于指示帧传输已完成的 0.5 位、1 位、1.5 位、2 位停止位。

⑤该接口使用小数波特率发生器 ,带 12 位尾数和 4 位小数。

⑥状态寄存器 (USART_SR)。

⑦数据寄存器 (USART_DR)。

⑧波特率寄存器 (USART_BRR) :12 位尾数和 4 位小数。

⑨智能卡模式下的保护时间寄存器 (USART_GTPR)。

(2)在同步模式下连接时需要的引脚。

SCLK 为发送器时钟输出。该引脚用于输出发送器数据时钟,以便按照 SPI 主模式进行同步发送(起始位和结束位上无时钟脉冲,可通过软件向最后一个数据位发送时钟脉冲)。RX 上可同步接收并行数据,这一点可用于控制带移位寄存器的外设(如 LCD 驱动器)。时钟相位和极性可通过软件编程。在智能卡模式下,SCLK 可向智能卡提供时钟。

(3)在硬件流控制模式下需要的引脚。

①nCTS:“清除以发送”用于在当前传输结束时阻止数据发送(高电平时)。

②nRTS:“请求以发送”用于指示 USART 已准备好接收数据(低电平时)。

6.2　USART 的结构、原理

6.2.1　USART 的结构

STM32F407 的通用同步异步通信模块,包含收/发寄存器、移位寄存器、波特率发生器、控制寄存器、状态寄存器等电路,还具有 DMA 级硬件流控制等功能,其结构图如图 6.3 所示。

数据寄存器 DR 在硬件上分为发送数据寄存器(TDR)和接收数据寄存器(RDR)两个寄存器,通过数据的流向进行区分,在结构设计上采用了双缓冲结构。发送时,数据通过数据总线送入 TDR 寄存器,然后传送到发送移位寄存器完成数据转换,从并行数据转为串行数据,最后通过 TX 引脚发送;接收时,数据通过 RX 引脚逐位送入接收移位寄存器,8 位数据接收完成后,送入 RDR 寄存器,供用户读取。

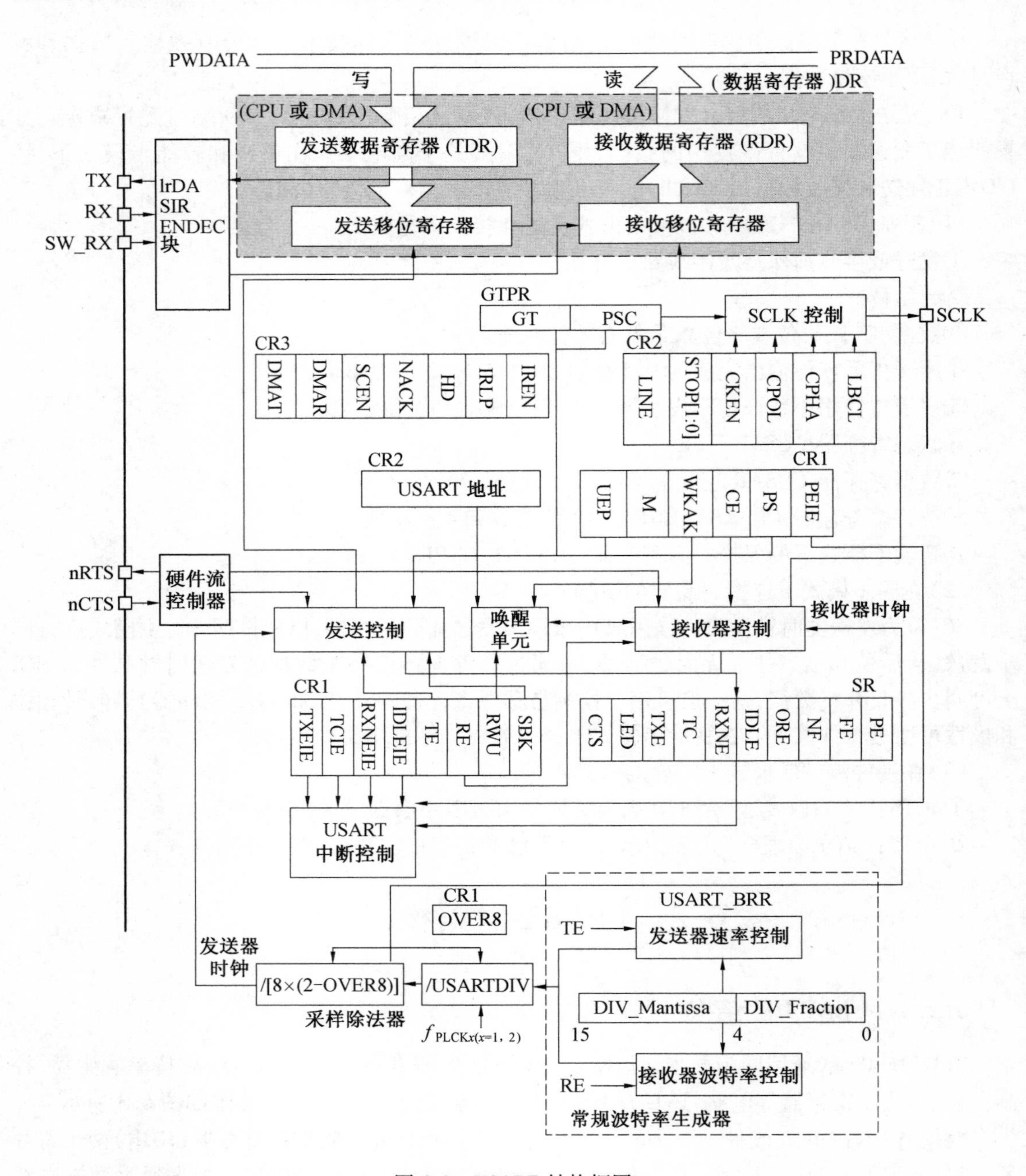

图 6.3　USART 结构框图

6.2.2　USART 串行通信的工作原理(发送与接收)

1. USART 字符说明

可通过对 USART_CR1 寄存器中的 M 位进行编程来选择 8 位或 9 位的字长。TX 引脚在起始位工作期间处于低电平状态,在停止位工作期间处于高电平状态。

空闲字符可理解为整个帧周期内电平均为“1”(停止位的电平也是“1”),该字符后是下

一个数据帧的起始位。停止字符可理解为在一个帧周期内接收到的电平均为“0”。发送器在中断帧的末尾插入 1 或 2 个停止位(逻辑“1”位)以确认起始位。发送和接收由通用波特率发生器驱动,发送器和接收器的使能位分别置 1 时,将生成相应的发送时钟和接收时钟。

2. STM32 串口异步通信需要定义的参数

起始位、数据位(8 位或者 9 位)、奇偶校验位(第 9 位)、停止位(1 位、1.5 位、2 位)及波特率设置。串行口一帧数据收发时序如图 6.4 所示。图 6.4 中,数据位为 9 位字长(M 位置 1),1 位停止位,1 位奇偶校验位(第 9 位)。数据帧、空闲帧、中断帧的格式如图 6.5 所示。

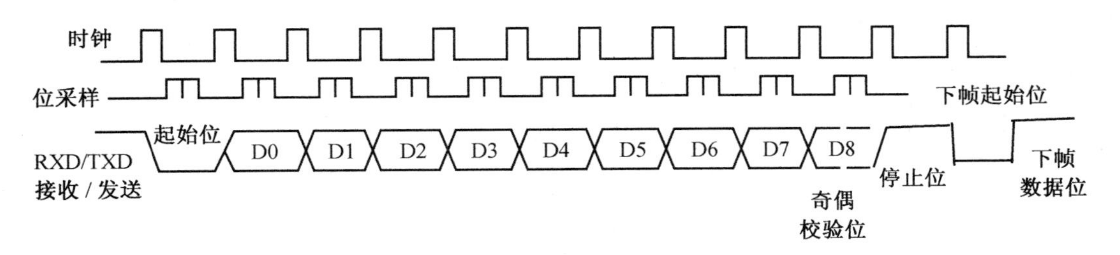

图 6.4　串行口一帧数据收发时序

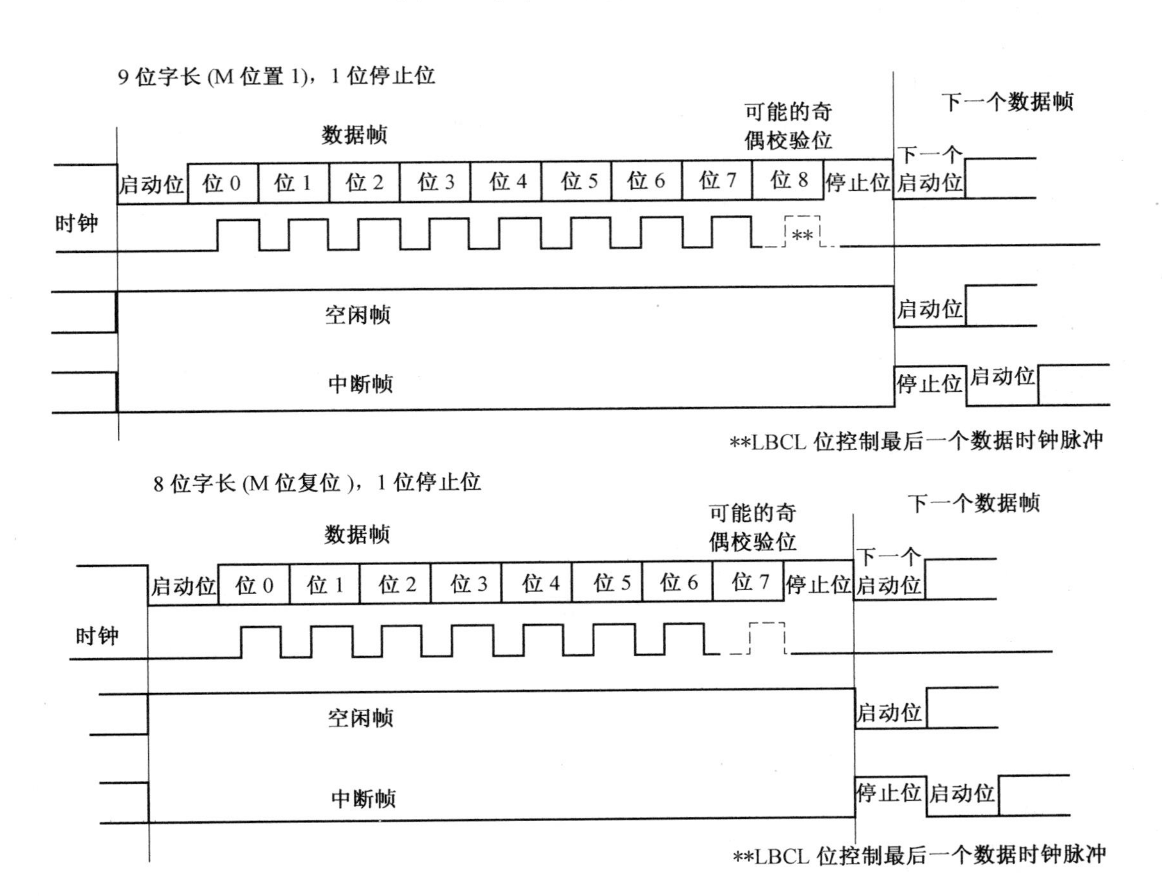

图 6.5　数据帧、空闲帧、中断帧的格式

3. 发送器

发送器可发送 8 位或 9 位的数据位,具体取决于 M 位的状态。发送使能位(TE)置 1 时,发送移位寄存器中的数据在 TX 引脚输出,相应的时钟脉冲在 SCLK 引脚输出。

(1)字符发送过程。

USART 发送期间,首先通过 TX 引脚移出数据的最低有效位。该模式下,USART_DR 寄存器的缓冲区(TDR)位于内部总线和发送移位寄存器之间(图 6.3)。每个字符前面都有一个起始位,其逻辑电平在一个位周期内为低电平。字符由可配置数量的停止位终止。

USART 支持以下停止位:0.5、1、1.5 和 2 位停止位。

停止位数量的默认值为 1 位。

字符发送步骤如下所示。

①通过向 USART_CR1 寄存器中的 UE 位写入 1 使能 USART。

②对 USART_CR1 中的 M 位进行编程以定义字长。

③对 USART_CR2 中的停止位数量进行编程。

④如果将进行多缓冲区通信,请选择 USART_CR3 中的 DMA 使能(DMAT)。按照多缓冲区通信中的解释说明配置 DMA 寄存器。

⑤使用 USART_BRR 寄存器选择所需波特率。

⑥将 USART_CR1 中的 TE 位置 1 以便在首次发送时发送一个空闲帧。

⑦在 USART_DR 寄存器中写入要发送的数据(该操作将清零 TXE 位)。为每个要在单缓冲区模式下发送的数据重复这一步骤。

USART_DR 寄存器的数据置于移位寄存器时,数据发送开始时,此时 TXE 位立即置 1。此状态表示可以向 USART_DR 寄存器再写入下一个待发送的数据(写入数据后,TXE 位立即清 0)。如果 TXEIE 置 1,则生成中断。

⑧向 USART_DR 寄存器写入最后一个数据后,即所有数据帧已发送完毕(停止位后),且 TXE 位置 1,TC 位将变为高电平。这表明最后一个帧的传送已完成。如果 USART_CR1 寄存器中的 TCIE 位置 1,将生成中断。

TC 位清零可以通过软件操作实现,即从 USART_SR 寄存器读取数据或向 USART_DR 寄存器写入数据,此时,TC 清 0。

注意:发送数据时,标志位 TXE 和 TC 位的含义。TXE 位表示 USART_DR 寄存器已经写入了移位寄存器,此位为 1,表示可以再向 USART_DR 寄存器写入下一个待发送的数据,一旦写入数据,TXE 位清 0;TC 位为 1,表示所有数据已经通过移位寄存器发送完毕(USART_DR 寄存器没有新数据,TXE 位置 1),此时,才可以使 USART 停止工作或进入低功率模式。

(2)中断字符。

中断字符将 SBK 位置 1,将发送一个中断字符。中断帧的长度取决于 M 位(图 6.5)。如果 SBK 位置 1,当前字符发送完成后,将在 TX 线路上发送一个中断字符。中断字符发送完成时(发送中断字符的停止位期间),该位由硬件复位。USART 在上一个中断帧的末尾插入一个逻辑 1 位,以确保识别下个帧的起始位。

注意:如果软件在中断发送开始前对 SBK 位进行了复位,将不会发送中断字符。对于两个连续的中断,应在上一个中断的停止位发送完成后将 SBK 位置 1。

(3)空闲字符。

将 TE 位置 1 会驱动 USART 在第一个数据帧之前发送一个空闲帧。

4. 接收器

USART 可接收 8 位或 9 位的数据位,具体取决于 USART_CR1 寄存器中的 M 位。

(1)字符接收过程。

USART 接收期间,首先通过 RX 引脚移入数据的最低有效位。该模式下,USART_DR 寄存器的缓冲区(RDR)位于内部总线和接收移位寄存器之间。

字符接收步骤如下所示。

①通过向 USART_CR1 寄存器中的 UE 位写入 1 使能 USART。

②对 USART_CR1 中的 M 位进行编程以定义字长。

③对 USART_CR2 中的停止位数量进行编程。

④如果将进行多缓冲区通信,请选择 USART_CR3 中的 DMA 使能(DMAR)。按照多缓冲区通信中的解释说明配置 DMA 寄存器。

⑤使用波特率寄存器 USART_BRR 选择所需波特率。

⑥将 RE 位(USART_CR1)置 1。这一操作将使能接收器开始搜索起始位。

⑦接收到字符时,RXNE 位置 1。这表明移位寄存器的内容已传送到 RDR,此时已接收到并可读取数据(以及相应的错误标志)。

⑧如果 RXNEIE 位置 1,则会生成中断。

⑨如果接收期间已检测到帧错误、噪声错误或上溢错误,错误标志位可置 1。

⑩在多缓冲区模式下,每接收到一个字节后 RXNE 均置 1,然后通过 DMA 对数据寄存器执行读操作清零。

在单缓冲区模式下,通过软件对 USART_DR 寄存器执行读操作将 RXNE 位清零。RXNE 标志也可以通过向该位写入零来清零。RXNE 位必须在结束接收下一个字符前清零,以避免发生上溢错误。

注意:接收数据时,不应将 RE 位复位。如果接收期间禁止了 RE 位,则会中止接收当前字节。

(2)中断字符。

接收到中断字符时,USART 将会按照帧错误对其进行处理。

(3)空闲字符。

检测到空闲帧时,处理步骤与接收到数据的情况相同。如果 IDLEIE 位为 1,则会产生中断。

5. 上溢错误

如果在 RXNE 未复位时接收到字符,则会发生上溢错误。RXNE 位清零前,数据无法从移位寄存器传送到 RDR 寄存器。

每接收到一个字节后,RXNE 标志位都将置 1。当 RXNE 标志位是 1 时,如果在接收到下一个数据或尚未处理上一个 DMA 请求时,则会发生上溢错误。发生上溢错误时:

①ORE 位置 1。

②RDR 中的内容不会丢失。对 USART_DR 执行读操作时可使用先前的数据。

③移位寄存器将被覆盖。上溢期间接收到的任何数据都将丢失。

④如果 RXNEIE 位置 1 或 EIE 与 DMAR 位均为 1,则会生成中断。

⑤通过先后对 USART_SR 寄存器和 USART_DR 寄存器执行读操作将 ORE 位清除。

6. 帧错误

接收数据时未在预期时间内识别出停止位,从而出现同步失效或过度的噪声,此时将检测到帧错误。检测到帧错误时:

①FE 位由硬件置 1。

②无效数据从移位寄存器传送到 USART_DR 寄存器。

③单字节通信时无中断产生。然而,在 RXNE 位产生中断时,该位出现上升沿。多缓冲区通信时,USART_CR3 寄存器中的 EIE 位置 1 时将发出中断。

通过先后对 USART_SR 寄存器和 USART_DR 寄存器执行读操作将 FE 位清 0。

6.2.3 USART 波特率设置

对 USARTDIV 的尾数值和小数值进行编程时,接收器和发送器(Rx 和 Tx)的波特率均设置为相同值。

$$\text{Tx/Rx 波特率}=f_{PCLKx}/(8\times(2-\text{OVER8})\times\text{USARTDIV}) \tag{6.1}$$

式(6.1)适用于标准 USART (包括 SPI 模式)的波特率。

$$\text{Tx/Rx 波特率}=f_{PCLKx}/(16\times\text{USARTDIV}) \tag{6.2}$$

式(6.2)适用于智能卡、LIN 和 IrDA 模式下的波特率。

USARTDIV 是一个存放在 USART_BRR 寄存器中的无符号定点数。

① 当 OVER8=0 时,小数部分编码为 4 位并通过 USART_BRR 寄存器中的 DIV_fraction[3:0]位编程。

② 当 OVER8=1 时,小数部分编码为 3 位并通过 USART_BRR 寄存器中的 DIV_fraction[2:0]位编程,此时 DIV_fraction[3] 位必须保持清零状态。

以标准的 USART 计算公式为例,说明波特率寄存器(USART_BRR)的设置方法(以 OVER8=0 为例)。

在式(6.1)中,当 OVER8=0 时,f_{PCLKx}和 Tx/Rx 波特率是已知的,USARTDIV 是未知的。通过该公式的描述可以看出,如果使用 USART1,f_{PCLKx}即为 f_{PCLK2}=84 MHz(PCLK2 用于 USART1 和 USART6),否则就是 f_{PCLK2}=42 MHz(PCLK1 用于 USART2～USART5),Tx/Rx 波特率是已知的,只需要计算出 USARTDIV 的值赋值给 USART_BRR 寄存器即可。以 115 200 波特率为例,将公式变形后得到:USARTDIV=84×1 000 000/(16×115 200)=45.572。即将 45.572 写入 USART_BRR 即可。

USART_BRR 的后 4 位存放小数部分,前 12 位存放整数部分。

小数部分 DIV_Fraction=16×0.572=9=0x09;

整数部分 DIV_Mantissa=45=0x2D,USART_BRR=0x2D9。

6.3　USART 的多处理器通信与奇偶校验

6.3.1　USART 的多处理器通信

USART 可以进行多处理器通信(多个 USART 连接在一个网络中)。例如,其中一个 USART 可以是主 USART,其 TX 输出与其他 USART 的 RX 输入相连接。其他 USART 为从 USART,其各自的 TX 输出在逻辑上通过与运算连在一起,并与主 USART 的 RX 输入相连接。

在多处理器配置中,理想情况下通常只有预期的消息接收方主动接收完整的消息内容,从而减少由所有未被寻址的接收器造成的冗余 USART 服务开销。

可通过静音(免打扰)功能将未被寻址的器件置于静音模式下。

1. 静音模式

(1)不得将接收状态位置 1。

(2)禁止任何接收中断。

(3)USART_CR1 寄存器中的 RWU 位置 1(当 RWU 位清 0 时,接收器处于活动状态)。RWU 可由硬件自动控制,或在特定条件下由软件写入。

根据 USART_CR1 寄存器中 WAKE 位的设置,USART 可使用以下两种方法进入或退出静音模式。

①如果 WAKE 位被复位(清 0),则进行空闲线路检测(空闲状态时,唤醒)。

②如果 WAKE 位置 1,则进行地址标记检测(地址匹配时,唤醒)。

2. 空闲线路检测唤醒(WAKE=0)

当向 RWU 位写入 1 时,USART 进入静音模式。当检测到空闲帧时,它会被唤醒。此时 RWU 位会由硬件清零,但 USART_SR 寄存器中的 IDLE 位不会置 1。还可通过软件向 RWU 位写入 0。

3. 地址标记检测唤醒(WAKE=1)

在此模式下,如果字节的 MSB 为 1,则将这些字节识别为地址,否则将其识别为数据。在地址字节中,目标接收器的地址位于 4 个 LSB 上。接收器会将此 4 位字与其地址进行比较,该接收器的地址在 USART_CR2 寄存器的 ADD 位中进行设置。

当接收到与其编程地址不匹配的地址字符时,USART 会进入静音模式。此时,RWU 位将由硬件置 1。由于此时 USART 已经进入了静音模式,所以 RXNE 标志不会针对此地址字节置 1,也不会发出中断或 DMA 请求。

当接收到与编程地址匹配的地址字符时,USART 会退出静音模式。然后 RWU 位被清零,可以开始正常接收后续字节。由于 RWU 位已清零,RXNE 位会针对地址字符置 1。

6.3.2　USART 的奇偶校验

将 USART_CR1 寄存器中的 PCE 位置 1,可以使能奇偶校验控制(发送时生成奇偶校验位,接收时进行奇偶校验检查)。根据 M 位定义的帧长度,表 6.2 中列出了可能的 USART 帧格式。

表 6.2　USART 模块的帧格式

M 位	PCE 位	USART 帧 (1)
0	0	ǀ SB ǀ 8 位数据 ǀ STB ǀ
0	1	ǀ SB ǀ 7 位数据 ǀ PB ǀ STB ǀ
1	0	ǀ SB ǀ 9 位数据 ǀ STB ǀ
1	1	ǀ SB ǀ 8 位数据 PB ǀ STB ǀ

注:SB:起始位;STB:停止位;PB:奇偶校验位。

1. 偶校验

对奇偶校验位进行计算,使帧和奇偶校验位中“1”的数量为偶数(帧由 7 个或 8 个 LSB 位组成,具体取决于 M 等于 0 还是 1)。

例如,数据=00110101,4 个位置 1。如果选择偶校验(USART_CR1 寄存器中的 PS 位=0),则校验位是 0。

2. 奇校验

对奇偶校验位进行计算,使帧和奇偶校验位中“1”的数量为奇数(帧由 7 个或 8 个 LSB 位组成,具体取决于 M 等于 0 还是 1)。

例如,数据=00110101,4 个位置 1。如果选择奇校验(USART_CR1 寄存器中的 PS 位=1),则校验位是 1。

3. 接收时进行奇偶校验检查

如果奇偶校验检查失败,则 USART_SR 寄存器中的 PE 标志置 1;如果 USART_CR1 寄存器中 PEIE 位置 1,则会生成中断。PE 标志由软件清零(从状态寄存器中读取,然后对 USART_DR 数据寄存器执行读或写访问)。

4. 发送时的奇偶校验生成

如果 USART_CR1 寄存器中的 PCE 位置 1,则在数据寄存器中所写入数据的 MSB 位会进行传送,但是会由奇偶校验位进行更改(如果选择偶校验 (PS=0),则“1”的数量为偶数;如果选择奇校验(PS=1),则“1”的数量为奇数)。

硬件流控制、IrDA SIR ENDEC 模块、LIN(局域互联网络)模式、单线半双工通信、USART 同步模式、智能卡模式、DMA 进行连续通信的工作方式,请查阅相关参考文献。

6.4　USART 中断请求

6.4.1　USART 中断请求事件

STM32F4XX 的 USART 有多个中断源,当相应的中断请求发生时,相应的标志位置 1,如果使能了某个中断,则会执行相应的中断程序。表 6.3 为 USART 模块的中断请求事件。

表 6.3　USART 模块的中断请求事件

中断事件	事件标志	中断使能控制位
发送数据寄存器为空	TXE	TXEIE
CTS 标志	CTS	CTSIE
发送完成	TC	TCIE
准备好读取接收到的数据	RXNE	RXNEIE
检测到上溢错误	ORE	
检测到空闲线路	IDLE	IDLEIE
奇偶校验错误	PE	PEIE
断路标志	LBD	LBDIE
多缓冲区通信中的噪声标志、上溢错误和帧错误	NF 或 ORE 或 FE	EIE

6.4.2　USART 中断请求事件的逻辑结构

USART 中断请求事件被连接到一个中断向量,如图 6.6 所示。这些中断事件共用一个中断源,因此,进入中断服务程序后,应该首先判断是哪个中断事件,然后执行相应的程序。

① 发送期间。发送完成、清除发送标志或发送数据寄存器为空等产生的中断。

② 接收期间。空闲线路检测、上溢错误、接收数据寄存器不为空、奇偶校验错误、LIN 断路检测、噪声标志(仅限多缓冲区通信)和帧错误(仅限多缓冲区通信)等产生的中断。

只有相应的使能控制位置 1,这些事件才会生成中断。

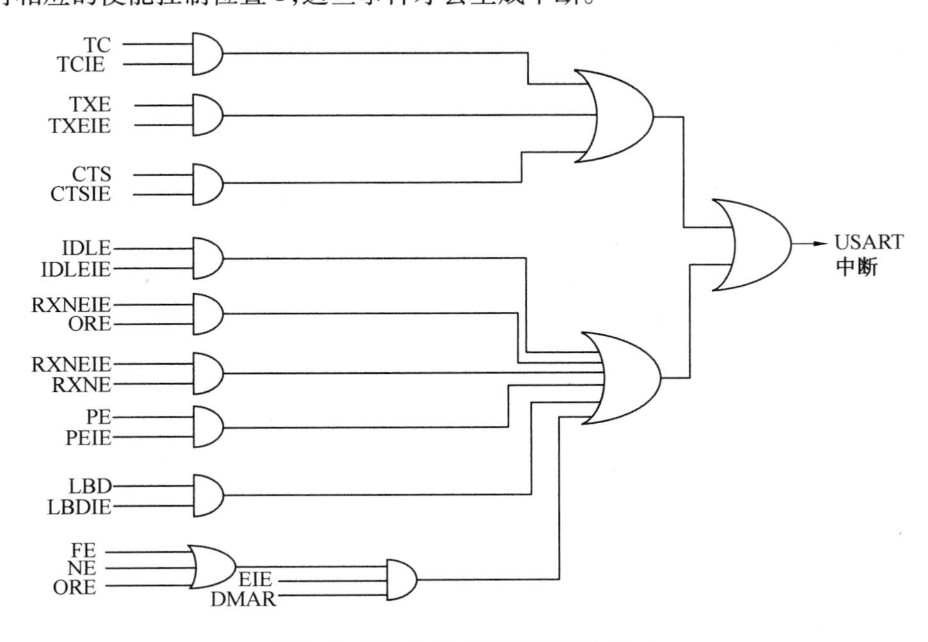

图 6.6　USART 中断请求事件连接图

6.5 USART 的模式配置及引脚使用

6.5.1 USART 模式配置

STM32F4XX 目前最多支持 8 个 UART,STM32F407 一般有 6 个 UART。具体情况可以参考选型手册和数据手册。STM32F4XX 的 USART 有多种工作方式,且每个串口的工作方式不尽相同,表 6.4 为 USART 模式配置。使用时,根据不同情况,配置相应的工作方式。

表 6.4 USART 模式配置

USART 模式	USART1	USART2	USART3	USART4	USART5	USART6
异步模式	√	√	√	√	√	√
硬件流控制	√	√	√	×	×	√
多缓冲区通信(DMA)	√	√	√	√	√	√
多处理器通信	√	√	√	√	√	√
同步	√	√	√	×	×	√
智能卡	√	√	√	×	×	√
半双工(单线模式)	√	√	√	√	√	√
IrDA	√	√	√	√	√	√
LIN	√	√	√	√	√	√

注:√ = 支持,× = 不适用。

6.5.2 USART 引脚使用配置

STM32F407 的 6 个 UART 引脚一般都采用的是 GPIO 复用方式。STM32F407ZGT6 UART 异步通信方式引脚见表 6.5。

表 6.5 STM32F407ZGT6 UART 异步通信方式引脚

串口号	RXD 或 RX(复用)	TXD 或 TX(复用)	所挂总线
UART1	PA10(PB7)	PA9(PB6)	APB1
UART2	PA3(PD6)	PA2(PD5)	APB2
UART3	PB11(PC11/PD9)	PB10(PC10/PD8)	APB2
UART4	PC11(PA1)	PC10(PA0)	APB2
UART5	PD2	PC12	APB2
UART6	PC7(PG9)	PC6(PG14)	APB1

6.6　USART 常用库函数及配置的一般步骤

6.6.1　USART 常用库函数

串口操作相关库函数(省略入口参数)。

(1)串口初始化。

```
void USART_Init(); //串口初始化:波特率、数据字长、奇偶校验、硬件流控等
void USART_Init(USART_TypeDef * USARTx, USART_InitTypeDef * USART_InitStruct);
//第一个参数指定使用哪一个串口,第二个参数为结构体变量,有 6 个成员变量
typedef struct
{
  uint32_t USART_BaudRate;//设置波特率
  uint16_t USART_WordLength;//设置字长
  uint16_t USART_StopBits;//设置停止位
  uint16_t USART_Parity;//设置奇偶校验位
  uint16_t USART_Mode;//设置通信模式(接收、发送)
  uint16_t USART_HardwareFlowControl;//硬件流控制
} USART_InitTypeDef;
```

例如,设置串口 1 为波特率 115 200,字长为 8 位数据,一个停止位,无奇偶校验位,收发模式,无硬件流控制,则具体设置如下。

```
USART_InitTypeDef USART_InitStructure;
USART_InitStructure.USART_BaudRate = 115200;//波特率设置为 115 200
USART_InitStructure.USART_WordLength = USART_WordLength_8b;//字长为 8 位数据
USART_InitStructure.USART_StopBits = USART_StopBits_1;//一个停止位
USART_InitStructure.USART_Parity = USART_Parity_No;//无奇偶校验位
USART_InitStructure.USART_HardwareFlowControl = USART_HardwareFlowControl_None;
USART_InitStructure.USART_Mode = USART_Mode_Rx | USART_Mode_Tx; //收发模式
USART_Init(USART1, &USART_InitStructure); //初始化串口
```

(2)收发使能。

```
void USART_Cmd();//使能串口
```

(3)使能相关中断。

```
void USART_ITConfig();//使能相关中断
```

(4)发送 DR 数据到串口。

```
void USART_SendData();//发送 DR 数据到串口
```

(5)接收数据,从 DR 读取接收到的数据。

```
uint16_t USART_ReceiveData();//接收数据,从 DR 读取接收到的数据
```

(6)标志位操作。

```
FlagStatus USART_GetFlagStatus();//获取状态标志位
```

void USART_ClearFlag( );//清除状态标志位

ITStatus USART_GetITStatus( );//获取中断状态标志位

void USART_ClearITPendingBit( );//清除中断状态标志位

(7)其他相关库函数。

①void GPIO_PinAFConfig(GPIO_TypeDef * GPIOx, uint16_t GPIO_PinSource, uint8_t GPIO_AF);//引脚复用为串口

例如,GPIOA 的 PA9 引脚复用为串口通信功能,库函数设置如下。

GPIO_PinAFConfig(GPIOA,GPIO_PinSource9,GPIO_AF_USART1);

②void GPIO_Init(GPIO_TypeDef * GPIOx, GPIO_InitTypeDef * GPIO_InitStruct);

//引脚复用功能

GPIO_InitStructure. GPIO_Mode = GPIO_Mode_AF;

③ void RCC_AHB1PeriphClockCmd * (uint32_t RCC_AHB1Periph, FunctionalState NewState);//GPIO 时钟使能

④ void RCC_APB2PeriphClockCmd * (uint32_t RCC_APB2Periph, FunctionalState NewState);//串口时钟使能

例如,使能串口 1 时钟,其库函数设置如下。

RCC_APB2PeriphClockCmd(RCC_APB2Periph_USART1,ENABLE);

6.6.2 串口配置的一般步骤

(1)串口时钟使能。

RCC_APBxPeriphClockCmd( );

GPIO 时钟使能。

RCC_AHB1PeriphClockCmd( );

(2)引脚复用映射。

GPIO_PinAFConfig( );

(3)GPIO 端口模式设置。

GPIO_Init( );

模式设置为 GPIO_Mode_AF。

(4)串口参数初始化。

USART_Init( );

波特率、数据字长、奇偶校验、硬件流控等。

(5)开启中断并且初始化 NVIC(如果需要开启中断才需要这个步骤)。

NVIC_Init( );

USART_ITConfig( );

(6)使能串口。

USART_Cmd( );

(7)编写中断处理函数。

USARTx_IRQHandler( );

(8)串口数据收发。

void USART_SendData( ); //发送数据 DR 到串口

uint16_t USART_ReceiveData( ); //接收数据,从 DR 读取接收到的数据

(9)串口传输状态获取与清除。

FlagStatus USART_GetFlagStatus( );//获取状态标志位

void USART_ClearFlag( );//清除状态标志位

ITStatus USART_GetITStatus( );//获取中断状态标志位

void USART_ClearITPendingBit( );//清除中断状态标志位

6.7　UART 通信应用实例

6.7.1　异步串口通信与外设传输信息的方式及常用的标志位

1. 串口通信与外设传输信息的 3 种工作方式

(1)查询方式。

CPU 不断检测串口的状态标志来判断数据收发的情况。该方式下程序设计简单,但 CPU 在检测标志位时,无法执行其他任务,CPU 利用率较低。

(2)中断方式。

使能中断后,接收一字节数据或发送一字节数据后申请中断,在 ISR 中完成后续处理。在数据收发期间,CPU 可以执行其他任务,CPU 利用率较高。

(3)DMA 方式。

初始化时设置相关参数,启动 DMA 传输后,数据传输过程不需要 CPU 的干预。传输完成后,再产生 DMA 中断,由 CPU 进行后续处理,传输效率最高。

2. 常用的标志位(具体说明可参阅 STM32F4 中文参考手册)

(1)TXE。

TXE 为发送数据寄存器空标志。当 TDR 寄存器的内容已经传送到发送移位寄存器时,该位由硬件置 1。如果串口控制寄存器 CR1 中的 TXEIE 位为 1,将会触发发送数据寄存器空中断。注意:当 TXE 置 1 时,数据有可能还在发送。

(2)TC。

TC 为发送完成标志。当发送移位寄存器中的内容发送完成,同时 TDR 寄存器也为空时,该位由硬件置 1,表示本次数据传输已经完成。如果串口控制寄存器 CR1 中的 TCIE 位为 1,将会触发发送完成中断。注意:当 TC 置 1 时,数据才是真正地发送完成。

(3)RXNE。

RXNE 为接收数据寄存器不为空标志。当移位寄存器的内容已经传送到接收数据寄存器 RDR 时,该位由硬件置 1。如果串口控制寄存器 CR1 中的 RXNEIE 位为 1,将会触发接收数据寄存器不为空中断。

(4)其他中断有关的标志位。

TXEIE、TCIE、RXNEIE 请参阅表 6.3、图 6.6 以及控制寄存器 1 (USART_CR1)的说明。

在查询方式下可以直接检测标志位进行操作;在中断方式下,需要在中断服务程序中通过

检测不同的中断标志位,来判断出中断类型,然后执行后续的任务处理。

这些标志位对应固件库的使用,请参阅相应的库函数(参见 6.6 节)。

6.7.2 查询方式下 STM32 异步通信的应用

实现 PC 机与 STM32 的通信,硬件电路如图 6.7 所示。

在 PC 机中,利用串口助手软件,发送字符信息,STM32 查询 RXNE(接收寄存器非空)标志位,当 RXNE 为 1,接收数据寄存器(RDR)收到字符,然后通过发送数据寄存器(TDR),把接收到的字符再发送给 PC 机。

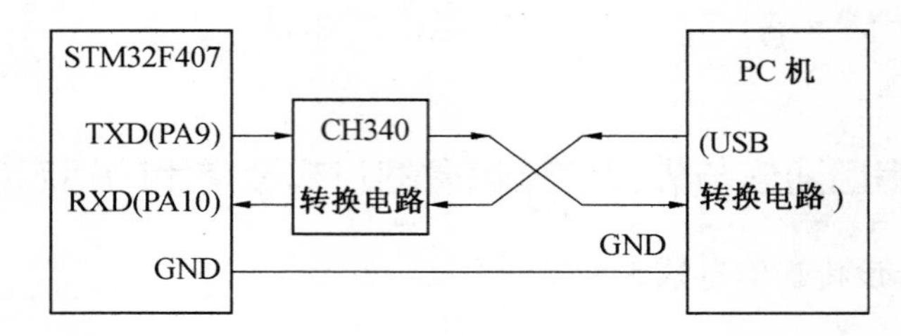

图 6.7 PC 机与 STM32F407 异步通信连接

1. 硬件说明

使用实验板上的 STM32F407 串口 1,通过串口转 USB 接口后与 PC 机连接,因此 GPIOA 的 PA9、PA10 复用为串口 1 的发送、接收引脚。

2. 程序代码

(1)初始化串口程序(波特率要和串口助手的波特率一致)。

```
void My_USART1_Init(void)
{
  GPIO_InitTypeDef   GPIO_InitStructure;
  USART_InitTypeDef USART_InitStructure;
  RCC_APB2PeriphClockCmd(RCC_APB2Periph_USART1,ENABLE);
  //使能 USART1 时钟
  RCC_AHB1PeriphClockCmd(RCC_AHB1Periph_GPIOA,ENABLE); //使能 GPIOF 时钟
  GPIO_PinAFConfig(GPIOA,GPIO_PinSource9,GPIO_AF_USART1);
  GPIO_PinAFConfig(GPIOA,GPIO_PinSource10,GPIO_AF_USART1);
  //GPIOA9,A10 复用为 UART1 的 TXD 和 RXD
  GPIO_InitStructure.GPIO_Pin = GPIO_Pin_9;
  GPIO_InitStructure.GPIO_Mode = GPIO_Mode_AF;//复用
  GPIO_InitStructure.GPIO_OType = GPIO_OType_PP;
  GPIO_InitStructure.GPIO_Speed = GPIO_Speed_100 MHz;
  GPIO_InitStructure.GPIO_PuPd = GPIO_PuPd_UP;
```

```
    GPIO_Init(GPIOA, &GPIO_InitStructure);
    GPIO_InitStructure.GPIO_Pin = GPIO_Pin_10;
    GPIO_InitStructure.GPIO_Mode = GPIO_Mode_AF;//复用
    GPIO_InitStructure.GPIO_OType = GPIO_OType_PP;
    GPIO_InitStructure.GPIO_Speed = GPIO_Speed_100 MHz;
    GPIO_InitStructure.GPIO_PuPd = GPIO_PuPd_UP;
    GPIO_Init(GPIOA,&GPIO_InitStructure);
    USART_InitStructure.USART_BaudRate=115200;//波特率
USART_InitStructure.USART_HardwareFlowControl=USART_HardwareFlowControl_None;
USART_InitStructure.USART_Mode=USART_Mode_Rx|USART_Mode_Tx;
//既可以发送,也能接收
USART_InitStructure.USART_Parity=USART_Parity_No;//无奇偶校验
USART_InitStructure.USART_StopBits=USART_StopBits_1;//1 位停止位
USART_InitStructure.USART_WordLength=USART_WordLength_8b;//8 位数据
USART_Init(USART1,&USART_InitStructure);
USART_Cmd(USART1,ENABLE); //使能串口 1
}
```

(2)主函数。

```
int main(void)
{
    u8 res;
    My_USART1_Init();
    while(1)
    {
    if(USART_GetFlagStatus(USART1,USART_IT_RXNE)) //判断事件类型标志
        {
        res=USART_ReceiveData(USART1);
        USART_SendData(USART1,res);
        USART_ClearFlag(USART1,USART_FLAG_RXNE);//清除事件状态标志
    }
    }
}
```

3. 实验结果

打开串口助手,在发送区域输入“STN32F407串行通信实验”,点击发送后,接收区域立即收到该信息。发送其他信息亦然。实验结果如图6.8所示。

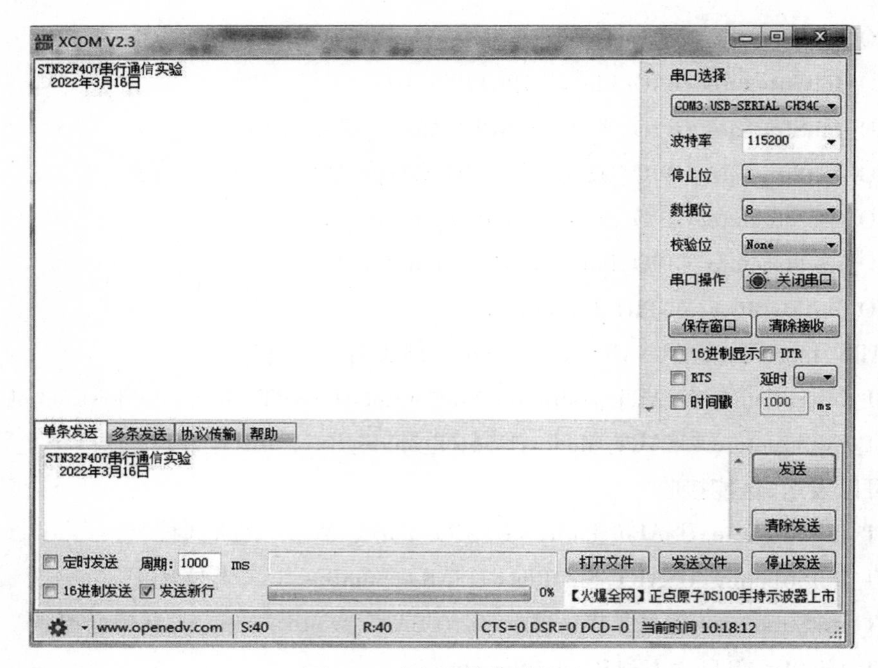

图 6.8　串行通信实验结果

6.7.3　中断方式下 STM32 异步通信的应用

利用串口助手,PC 机发送命令信息,STM32 通过中断方式收到信息后,控制两个 LED 灯的亮、灭。

一帧数据有 3 个字节(如果串口助手选择“发送新行”,则发送回车、换行字符,实际字符是 5 个字节;如果不选择“发送新行”,则不发送回车、换行字符,实际字符是 3 个字节)组成,帧头为 55,帧尾为 AA,第二个数据为命令。通信协议为:PC 机发送数据为 0x01 时,LED0 亮,LED1 灭;PC 机发送数据为 0x02 时,LED0 灭,LED1 亮,……。通信协议见表 6.6。

表 6.6　通信协议

帧头	数据	帧尾	指示灯状态
55	0x01	AA	LED0 亮,LED1 灭
55	0x02	AA	LED0 灭,LED1 亮
55	0x03	AA	LED0 灭,LED1 灭
55	0x04	AA	LED0 亮,LED1 亮

接收数据时,请注意数据格式及换行、回车符信息。串口助手设置为十六制。例如,上位机选择“发送新行”时,发送 55 01 AA 数据时,则隐含发送发送回车、换行字符,通过串口 STM32 收到的数据为 55 01 AA 0D 0A。注意上位机发送一帧数据(5 B),STM32 每接收到一个字节中断一次。

PC 机与 STM32F407 连接如图 6.7 所示,LED 指示灯的硬件电路如图 2.48 或图 4.16 所示。

程序代码如下。

(1)主函数。

```
u8  USART_RX_BUF[5]; //接收缓冲,最大 5 B,末字节为换行符
u8 RXflag;
int main(void)
{
NVIC_PriorityGroupConfig(NVIC_PriorityGroup_2);//设置系统中断优先级分组 2
    LED_Init();                //初始化 LED 端口
    My_USART1_Init();          //初始化串口
    RXflag=0;
    while(1)
    {
    if(RXflag==1)  //判断是否接收 5 B
    {
    if(USART_RX_BUF[0]==0x55&&USART_RX_BUF[2]==0xAA)//帧头帧尾
    {
        switch(USART_RX_BUF[1])  //判断命令数据,从而使 LED0、LED1 亮灭
        {
  case 1: GPIO_ResetBits(GPIOF,GPIO_Pin_9);GPIO_SetBits(GPIOF,GPIO_Pin_10);
break;
  case 2: GPIO_SetBits(GPIOF,GPIO_Pin_9);GPIO_ResetBits(GPIOF,GPIO_Pin_10);
break;
  case 3: GPIO_SetBits(GPIOF,GPIO_Pin_9); GPIO_SetBits(GPIOF,GPIO_Pin_10);break;
  case 4: GPIO_ResetBits(GPIOF,GPIO_Pin_9);GPIO_ResetBits(GPIOF,GPIO_Pin_10);
break;
        }
    }
    RXflag=0; }
  }
  }
```

(2)串口 1 中断服务程序。

```
void USART1_IRQHandler(void) //串口 1 中断服务程序
{
    u8 res;
    static u8 i=0; //注意静态变量初始化时,只有第一次有效
     if(USART_GetITStatus(USART1,USART_IT_RXNE))  //判断中断事件类型
    {
    res=USART_ReceiveData(USART1);
    USART_SendData(USART1,res);
```

```
    USART_RX_BUF[i]=res;     //接收数据存放到数组
    i++;
    if(i>4) i=0;  RXflag=1;// 接收 5 个数据,数组重新开始存放接收数据
    USART_ClearITPendingBit(USART1,USART_IT_RXNE);//清除中断标志位
    }
}
```

(3)GPIOF 的 PF9、PF10 初始化程序。

```
void LED_Init(void)
{
  GPIO_InitTypeDef   GPIO_InitStructure;
  RCC_AHB1PeriphClockCmd(RCC_AHB1Periph_GPIOF, ENABLE);//使能 GPIOF 时钟
  GPIO_InitStructure.GPIO_Pin = GPIO_Pin_9 | GPIO_Pin_10;
  //LED0 和 LED1 对应 I/O 口
  GPIO_InitStructure.GPIO_Mode = GPIO_Mode_OUT;//普通输出模式
  GPIO_InitStructure.GPIO_OType = GPIO_OType_PP;//推挽输出
  GPIO_InitStructure.GPIO_Speed = GPIO_Speed_100MHz;//100 MHz
  GPIO_InitStructure.GPIO_PuPd = GPIO_PuPd_UP;//上拉
  GPIO_Init(GPIOF, &GPIO_InitStructure);//初始化 GPIOF9,GPIOF10
}
```

(4)串口 1 初始化程序(波特率要和串口助手的波特率一致)。

```
void My_USART1_Init(void)
{
  GPIO_InitTypeDef   GPIO_InitStructure;
  USART_InitTypeDef USART_InitStructure;
  NVIC_InitTypeDef NVIC_InitStructure;
  RCC_APB2PeriphClockCmd(RCC_APB2Periph_USART1,ENABLE);
  //使能 USART1 时钟
  RCC_AHB1PeriphClockCmd(RCC_AHB1Periph_GPIOA,ENABLE);//使能 GPIOA 时钟
  GPIO_PinAFConfig(GPIOA,GPIO_PinSource9,GPIO_AF_USART1);
  GPIO_PinAFConfig(GPIOA,GPIO_PinSource10,GPIO_AF_USART1);
  //GPIOA9,A10 复用为 UART1 的 TXD 和 RXD
  GPIO_InitStructure.GPIO_Pin = GPIO_Pin_9 | GPIO_Pin_10;
  GPIO_InitStructure.GPIO_Mode = GPIO_Mode_AF;//复用
  GPIO_InitStructure.GPIO_OType = GPIO_OType_PP;
  GPIO_InitStructure.GPIO_Speed = GPIO_Speed_100 MHz;
  GPIO_InitStructure.GPIO_PuPd = GPIO_PuPd_UP;
  GPIO_Init(GPIOA, &GPIO_InitStructure);
  USART_InitStructure.USART_BaudRate=115200;//波特率,初始化串口 1
  USART_InitStructure.USART_HardwareFlowControl=USART_HardwareFlowControl_None;
```

```
  USART_InitStructure.USART_Mode=USART_Mode_Rx|USART_Mode_Tx;
  //既可以发送,也可以接收
  USART_InitStructure.USART_Parity=USART_Parity_No;//无奇偶校验
  USART_InitStructure.USART_StopBits=USART_StopBits_1;//1 位停止位
  USART_InitStructure.USART_WordLength=USART_WordLength_8b;//8 位数据
  USART_Init(USART1,&USART_InitStructure);
  USART_Cmd(USART1,ENABLE);  //使能串口 1
  USART_ITConfig(USART1,USART_IT_RXNE,ENABLE); //使能 RXNE 中断
  NVIC_InitStructure.NVIC_IRQChannel=USART1_IRQn;//串口 1 中断服务程序入口
  NVIC_InitStructure.NVIC_IRQChannelCmd=ENABLE; //串口通道使能
  NVIC_InitStructure.NVIC_IRQChannelPreemptionPriority=1;//抢占优先级为 1
  NVIC_InitStructure.NVIC_IRQChannelSubPriority=1;//响应优先级为 1
  NVIC_Init(&NVIC_InitStructure);
}
```

思考与练习

1. STM32F4 单片机(以 STM32F407ZGT6 为例)有几个串口(UART)? 有什么特点?

2. 简述 STM32F4 系列单片机做某个通用异步通信口的初始化步骤(中断方式)。

3. 简述 STM32F4 系列单片机做某个通用异步通信口的初始化步骤(查询方式)。

4. 配置某个串口(自己选择某个串口)的初始化函数 USART_Init();

其库函数格式为

void USART_Init(USART_TypeDef * USARTx, USART_InitTypeDef * USART_InitStruct);

假如该串口的波特率为 115 200,允许接收及发送,无奇偶检验位,1 位停止位,字长 8 位,无硬件流。请配置该串口初始化函数。

```
USART_InitTypeDef   USART_InitStructure; //结构体类型    结构体变量
USART_InitStructure.USART_BaudRate=     ;
USART_InitStructure.USART_HardwareFlowControl=  ;
USART_InitStructure.USART_Mode=     ;
USART_InitStructure.USART_Parity=     ;
USART_InitStructure.USART_StopBits=     ;
USART_InitStructure.USART_WordLength=       ;
USART_Init(USART1,&USART_InitStructure);
```

5. 根据 STM32F4 单片机某个通用串口的串口控制寄存器 1 (USART_CR1)、控制寄存器 3 (USART_CR3),以及状态寄存器 (USART_SR)、USART 中断映射图,可参考本章内容或《STM32F4xx 中文参考书册》,说明 STM32F4 单片机某个通用串口可以有几个中断源,具体说明。

6. 设置串口中断(类型)的库函数 USART_ITConfi(),函数格式为

void USART_ITConfig(USART_TypeDef * USARTx, uint16_t USART_IT, FunctionalState

NewState)；

共有 3 个参数，而第二个参数非常关键，是用来指明使能的串口中断的类型，串口中断的类型有很多种，包括接收非空 USART_IT_RXNE、发送完成 USART_IT_TC，以及奇偶校验错误 USART_IT_PE 及帧格式错误等，请结合本章思考与练习第 5 题及库函数 USART_ITConfi( )中的中断类型有效性定义，说明某个串口的中断类型有哪些(用宏定义说明)。

7. 在串口固件库函数里面，用来读取串口中断状态寄存器的值判断中断类型的函数为

ITStatus USART_GetITStatus(USART_TypeDef * USARTx, uint16_t USART_IT)；

清除中断标志位的函数为

void USART_ClearITPendingBit(USART_TypeDef * USARTx, uint16_t USART_IT)；

固件库还提供了两类函数用来判断定时器状态以及清除定时器状态标志位的函数 FlagStatus USART_GetFlagStatus(USART_TypeDef * USARTx, uint16_t USART_FLAG)；和 void USART_ClearFlag(USART_TypeDef * USARTx, uint16_t USART_FLAG)；

请说明这两类判断串口状态以及清除串口状态标志位的区别。

第 7 章

STM32F4 定时器、滴答时钟的原理及应用

7.1 STM32F4 定时器概述

1. STM32F40x 系列的定时器

STM32F40x 系列的定时器最多有 14 个定时器:TIM1 ~ TIM14。这 14 个定时器又可分为 3 类,分别为基本定时器、通用定时器和高级定时器。它们之间的区别见表 7.1。

表 7.1 STM32F40x 系列的定时器分类及特点

定时器种类	位数	计数器模式	产生 DMA 请求	捕获/比较通道	互补输出	特殊应用场景
高级定时器(TIM1,TIM8)	16	递增,递减,递增/减	可以	4	有	带可编程死区的互补输出
通用定时器(TIM2,TIM5)	32	递增,递减,递增/减	可以	4	无	通用定时计数、PWM 输出、输入捕获、输出比较等
通用定时器(TIM3,TIM4)	16	递增,递减,递增/减	可以	4	无	
通用定时器(TIM9 ~ TIM14)	16	递增	没有	2	无	
基本定时器(TIM6,TIM7)	16	递增,递减,递增/减	可以	0	无	主要应用于驱动 DAC

另外,STM32F40x 系列的定时器还有 2 个 32 位的看门狗(WDT)定时器和 1 个 24 位的滴答时钟定时器。

本章重点讲述 STM32F40x 系列通用定时器(TIM2 ~ TIM5)及滴答时钟定时器,其他定时器的原理及使用请参阅相关参考资料。

2. 通用定时器 TIM2 ~ TIM5 主要特性

通用定时器包含一个 16 位或 32 位自动重载计数器,该计数器由可编程预分频器驱动。它们可用于多种用途,包括测量输入信号的脉冲宽度(输入捕获)或生成输出波形(输出比较

和 PWM)。这些定时器彼此完全独立,不共享任何资源。

通用 TIMx 定时器具有以下特性。

(1)16 位(TIM3 和 TIM4)或 32 位(TIM2 和 TIM5)递增、递减和递增/递减自动重载计数器。

(2)16 位可编程预分频器,用于对计数器时钟频率进行分频(即运行时修改),分频系数介于 1 ~65 536 之间。

(3)多达 4 个独立通道,可用于输入捕获、输出比较、PWM 生成(边沿或中心对齐模式)及单脉冲模式输出等功能。

(4)使用外部信号控制定时器可实现多个定时器互连的同步电路。

(5)发生如下事件时生成中断/DMA 请求:更新(计数器上溢/下溢、计数器初始化(通过软件或内部/外部触发));触发事件(计数器启动、停止、初始化或通过内部/外部触发计数);输入捕获;输出比较。

(6)支持定位用增量(正交)编码器和霍尔传感器电路。

(7)外部时钟触发输入或当前循环周期管理。

3. 通用定时器的定时/计数方式

通用定时器可以递增计数、递减计数、递增/递减双向计数模式,其计数模式如图 7.1 所示。

(1)递增计数模式。计数器从 0 计数到自动装载值(TIMx_ARR),然后重新从 0 开始计数并且产生一个计数器溢出事件。

(2)递减计数模式。计数器从自动装载值(TIMx_ARR)开始递减计数到 0,然后从自动装载值重新开始,并产生一个计数器溢出事件。

(3)中心对齐模式(递增/递减计数)。计数器从 0 开始计数到自动装载值-1,产生一个计数器溢出事件,然后递减计数到 1 并且产生一个计数器溢出事件;然后再从 0 开始重新计数。

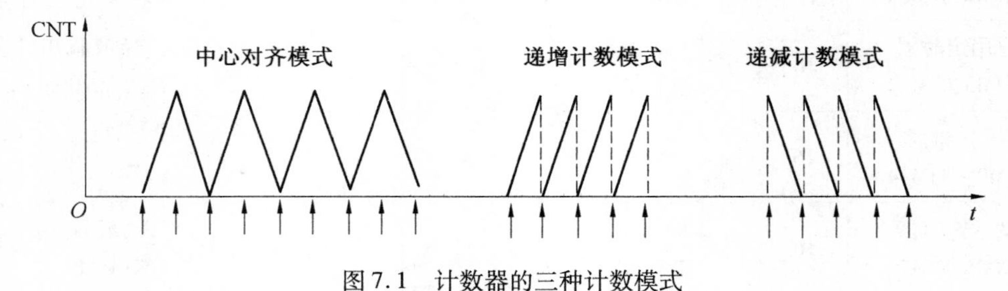

图 7.1　计数器的三种计数模式

7.2　STM32F4 定时器的结构与原理

通用定时器由时基单元、时钟选择、捕获/比较通道组成,其结构如图 7.2 所示。

定时器的时钟,可以是内部时钟模式(CK_INT)、外部时钟模式(外部输入引脚 (TIx)或外部触发输入 (ETR)),以及内部触发输入 (ITRx),即使用一个定时器作为另一个定时器的时钟源。通过选择器,选出某个时钟源,作为定时器的分频器时钟(CK_PSC),该分频器时钟经过分频后,产生定时器的真正计数时钟源(CK_CNT)。时基单元通过设置的计数方式,进行计数工作。捕获/比较通道主要用来捕捉输入信号,或者用来输出 PWM 波等功能。

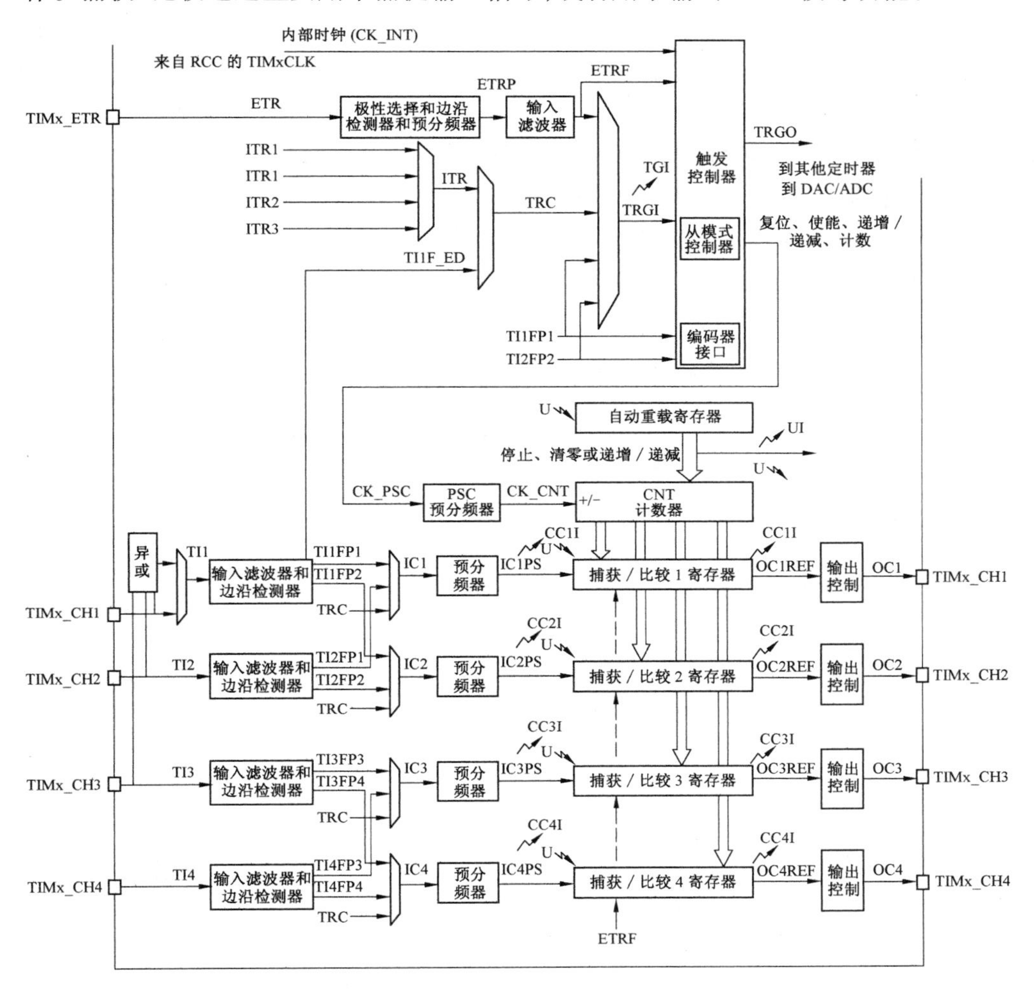

图 7.2　通用定时器结构框图

1. 时基单元

可编程定时器的主要模块由一个 16 位/32 位计数器及相关的自动重装寄存器组成,此计数器可采用递增方式或递减方式计数。计数器的时钟可通过预分频器进行分频。计数器、自动重载寄存器和预分频器寄存器可通过软件进行读写,即使在计数器运行时也可执行读写操作。时基单元包括以下几个。

(1)计数器寄存器 (TIMx_CNT)。

(2)预分频器寄存器 (TIMx_PSC)。

(3)自动重载寄存器 (TIMx_ARR)。

自动重载寄存器是预装载的。对自动重载寄存器执行写入或读取操作时会访问预装载寄存器。预装载寄存器的内容既可以直接传送到影子寄存器,也可以在每次发生更新事件(UEV) 时传送到影子寄存器,这取决于 TIMx_CR1 寄存器中的自动重载预装载使能位(ARPE)。当计数器达到上溢值(或者在递减计数时达到下溢值)并且 TIMx_CR1 寄存器中的

UDIS 位为 0 时，将发送更新事件。该更新事件也可由软件产生。

计数器由预分频器输出 CK_CNT 提供时钟，仅当 TIMx_CR1 寄存器中的计数器启动位（CEN）置 1 时，才会启动计数器（有关计数器使能的更多详细信息，请参见从模式控制器的相关说明）。

预分频器可对计数器时钟频率进行分频，分频系数介于 1 ~ 65 536 之间。该预分频器基于 16 位/32 位寄存器（TIMx_PSC 寄存器）所控制的 16 位计数器。由于该控制寄存器具有缓冲功能，因此预分频器可实现实时更改。而新的预分频比将在下一个更新事件发生时被采用。图 7.3 所示为预分频器分频由 1 变为 4，计数器作为递增计数方式、自动重载寄存器（TIMx_ARR）的值为 0xFC 时的时序图。

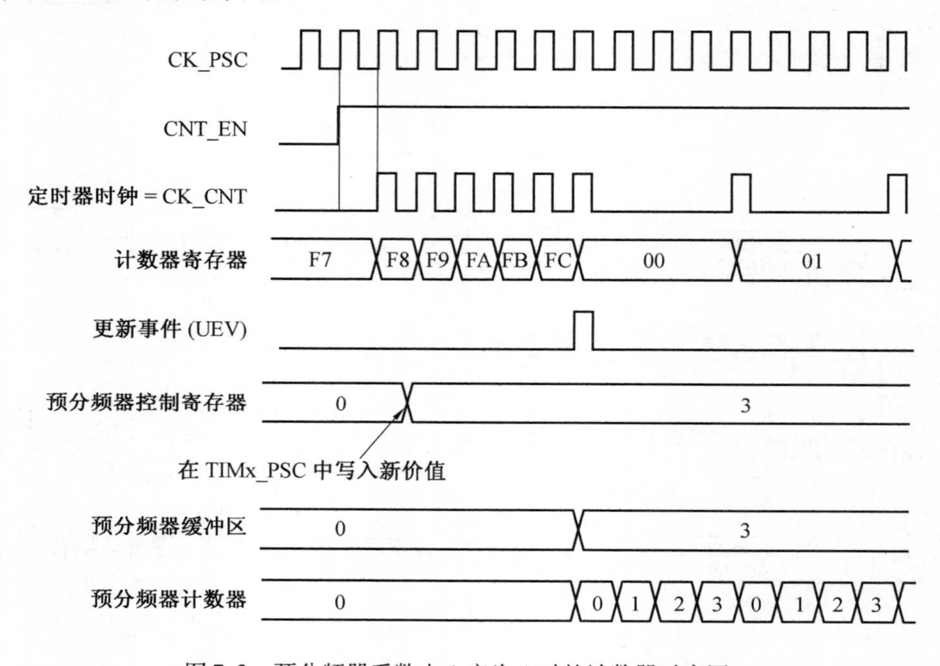

图 7.3　预分频器系数由 1 变为 4 时的计数器时序图

2. 计数器模式

（1）递增计数模式。

在递增计数模式下，计数器从 0 计数到自动重载值（TIMx_ARR 寄存器的内容），然后重新从 0 开始计数并生成计数器上溢事件。

每次发生计数器上溢时会生成更新事件，或将 TIMx_EGR 寄存器中的 UG 位置 1（通过软件或使用从模式控制器）也可以生成更新事件。

通过软件将 TIMx_CR1 寄存器中的 UDIS 位置 1 可禁止 UEV 事件，这可避免向预装载寄存器写入新值时更新影子寄存器。在 UDIS 位写入 0 之前不会产生任何更新事件。不过，计数器和预分频器计数器都会重新从 0 开始计数（而预分频比保持不变）。此外，如果 TIMx_CR1 寄存器中的 URS 位（更新请求选择）已置 1，则将 UG 位置 1 会生成更新事件 UEV，但不会将 UIF 标志置 1（因此，不会发送任何中断或 DMA 请求）。这样一来，如果在发生捕获事件时将计数器清零，将不会同时产生更新中断和捕获中断。

发生更新事件时,将更新所有寄存器且将更新标志(TIMx_SR 寄存器中的 UIF 位)置 1(取决于 URS 位),如图 7.4 所示。此时:

①预分频器的缓冲区中将重新装载预装载值(TIMx_PSC 寄存器的内容)。

②自动重载影子寄存器,将以预装载值进行更新。

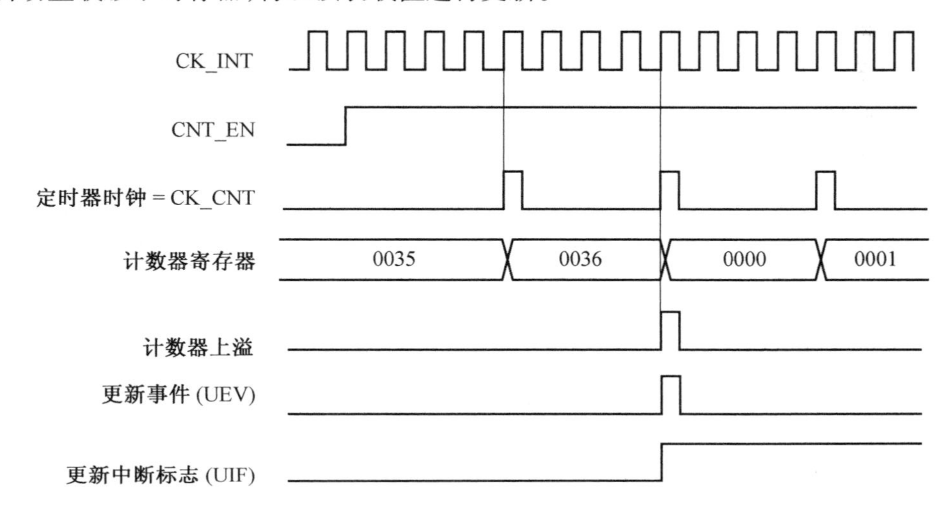

图 7.4　计数器更新、上溢标志时序图(预分频值为 4,TIMx_ARR = 36)

(2)递减计数模式。

在递减计数模式下,计数器从自动重载值(TIMx_ARR 寄存器的内容)开始递减计数到 0,然后重新从自动重载值开始计数并生成计数器下溢事件。

其他功能参考递增计数模式。

(3)中心对齐模式(递增/递减计数)。

在中心对齐模式下,计数器从 0 开始计数到自动重载值(TIMx_ARR 寄存器的内容)-1,生成计数器上溢事件,然后从自动重载值开始递减计数到 0 并生成计数器下溢事件,之后从 0 开始重新计数。

当 TIMx_CR1 寄存器中的 CMS 位不为"00"时,中心对齐模式有效。将通道配置为输出模式时,其输出比较中断标志将在以下模式下置 1,即计数器递减计数(中心对齐模式 1,CMS =“01”)、计数器递增计数(中心对齐模式 2,CMS =“10”)以及计数器递增/递减计数(中心对齐模式 3,CMS =“11”)。此模式下无法写入方向位(TIMx_CR1 寄存器中的 DIR 位),而是由硬件更新并指示当前计数器方向。

每次发生计数器上溢和下溢时都会生成更新事件,或将 TIMx_EGR 寄存器中的 UG 位置 1(通过软件或使用从模式控制器)也可以生成更新事件。这种情况下,计数器以及预分频器计数器将重新从 0 开始计数。

通过软件将 TIMx_CR1 寄存器中的 UDIS 位置 1 可禁止 UEV 更新事件。这可避免向预装载寄存器写入新值时更新影子寄存器,在 UDIS 位写入 0 之前不会产生任何更新事件。不过,计数器仍会根据当前自动重载值进行递增和递减计数。

此外,如果 TIMx_CR1 寄存器中的 URS 位(更新请求选择)已置 1,则将 UG 位置 1 会生成更新事件 UEV,但不会将 UIF 标志置 1(因此,不会发送任何中断或 DMA 请求)。这样一来,如

果在发生捕获事件时将计数器清零,将不会同时产生更新中断和捕获中断。

发生更新事件时,将更新所有寄存器且将更新标志(TIMx_SR 寄存器中的 UIF 位)置 1(取决于 URS 位),同时实现如下操作。

①预分频器的缓冲区中将重新装载预装载值(TIMx_PSC 寄存器的内容)。

②自动重载活动寄存器将以预装载值(TIMx_ARR 寄存器的内容)进行更新。注意,如果更新操作是由计数器上溢触发的,则自动重载寄存器在重载计数器之前更新,因此,下一个计数周期就是新的周期长度(计数器重载新的值)。图 7.5 说明了在时钟频率下,预分频值为 1、自动重载值为 0x06,递增/递减计数模式时,计数器的上溢、下溢及其他标志的时序。

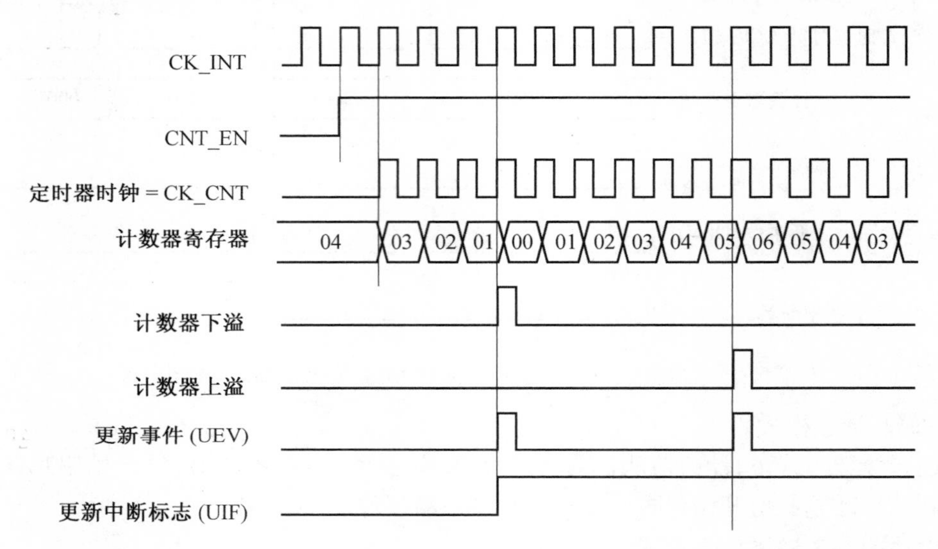

图 7.5　计数器上溢、下溢的时序图(预分频值为 1,TIMx_ARR=0x06)

3. 时钟选择

计数器时钟可由下列时钟源提供。

①内部时钟(CK_INT)。

②外部时钟模式 1。外部输入引脚(TIx)。

③外部时钟模式 2。外部触发输入(ETR),仅适用于 TIM2、TIM3 和 TIM4。

④内部触发输入(ITRx)。使用一个定时器作为另一个定时器的预分频器。例如,可以将定时器 3 配置为定时器 2 的预分频器。有关详细信息请参阅 STM32F4 中文参考手册。

(1)内部时钟源(CK_INT)。

如果禁止从模式控制器(TIMx_SMCR 寄存器中 SMS=000),则 CEN 位、DIR 位(TIMx_CR1 寄存器中)和 UG 位(TIMx_EGR 寄存器中)为实际控制位,并且只能通过软件进行更改(UG 除外,仍自动清零)。当对 CEN 位写入 1 时,预分频器的时钟就由内部时钟 CK_INT 提供。

图 7.6 所示为正常模式下定时器在递增方式的时序(没有预分频的情况下)。

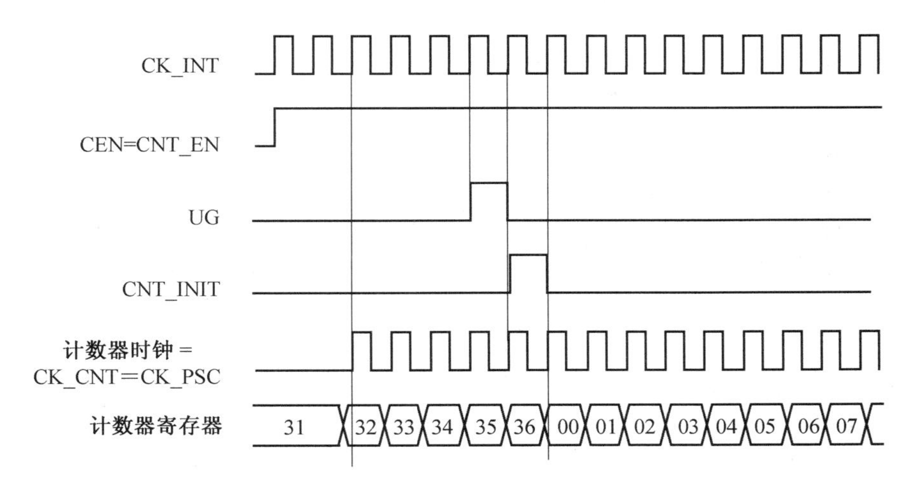

图 7.6　正常模式下的定时器工作情况(1 分频内部时钟)

(2)外部时钟源模式 1。

当 TIMx_SMCR 寄存器中的 SMS＝111 时,可选择此模式。计数器可在选定的输入信号上出现上升沿或下降沿时计数(详见相关寄存器说明及相关资料)。

(3)外部时钟源模式 2。

通过在 TIMx_SMCR 寄存器中写入 ECE＝1,可选择此模式。

计数器可在外部触发输入 ETR 出现上升沿或下降沿时计数(详见相关寄存器说明及相关资料)。其他时钟模式请参考相关资料。

4. 捕获/比较通道

每个捕获/比较通道均围绕一个捕获/比较寄存器(包括一个影子寄存器)、一个捕获输入阶段(数字滤波、多路复用和预分频器)和一个输出阶段(比较器和输出控制)构建而成。

图 7.7 所示为捕获/比较通道结构图,图 7.8 所示为捕获/比较通道 1 主电路图。

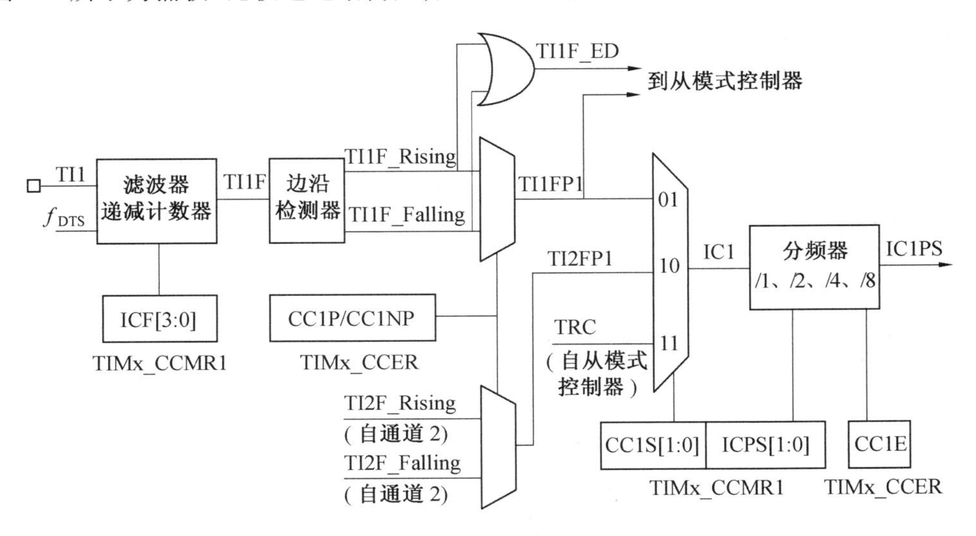

图 7.7　捕获/比较通道结构图(通道 1 输入状态)

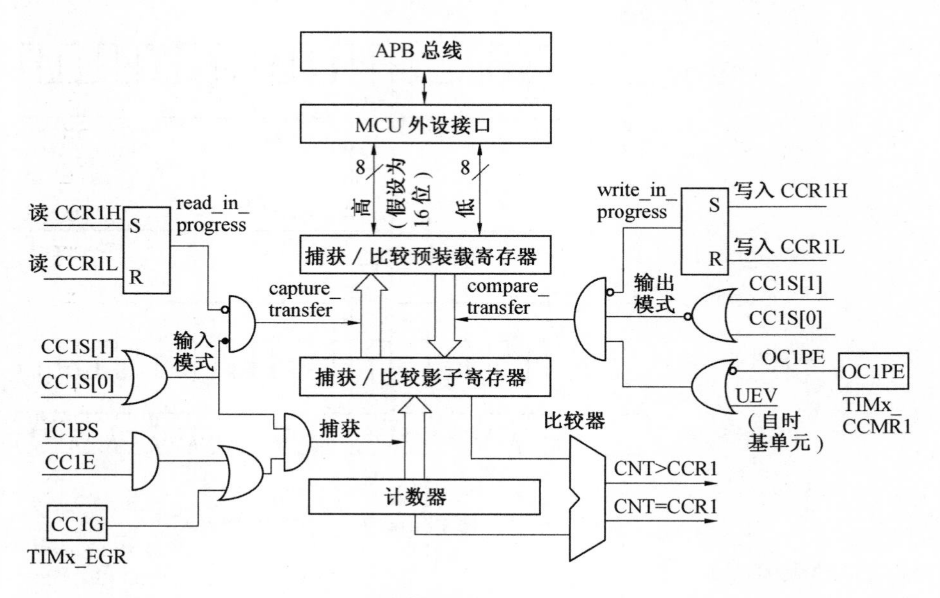

图 7.8　捕获/比较通道 1 主电路图

输入阶段对相应的 TIx 输入进行采样，生成一个滤波后的信号 TIxF。然后，带有极性选择功能的边沿检测器生成一个信号（TIxFPx），该信号可用作从模式控制器的触发输入，也可用作捕获控制。该信号先进行预分频（ICxPS），然后再进入捕获寄存器。

捕获/比较模块由一个预装载寄存器和一个影子寄存器组成，始终可通过读写操作访问预装载寄存器。

在捕获模式下，捕获实际发生在影子寄存器中，然后将影子寄存器的内容复制到预装载寄存器中。

在比较模式下，预装载寄存器的内容将复制到影子寄存器中，然后将影子寄存器的内容与计数器进行比较。输出阶段生成一个中间波形作为基准：OCxRef（高电平有效）。链的末端决定最终输出信号的极性。图 7.9 所示为捕获/比较通道输出结构图（通道 1 输出状态）。

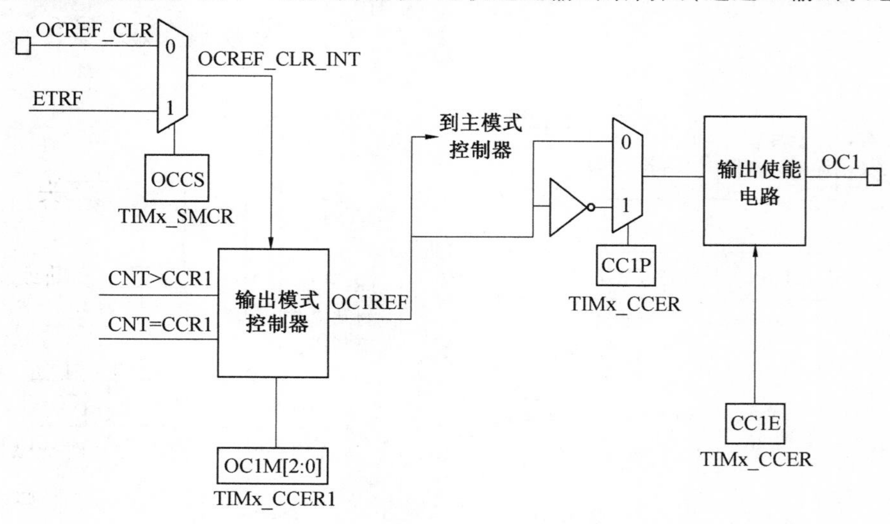

图 7.9　捕获/比较通道输出结构图（通道 1 输出状态）

5. 输入捕获模式

在输入捕获模式下，当相应的 ICx 信号检测到跳变沿后，将使用捕获/比较寄存器（TIMx_CCRx）来锁存计数器的值。发生捕获事件时，会将相应的 CCXIF 标志（TIMx_SR 寄存器）置 1，并可发送中断或 DMA 请求（如果已使能）。如果发生捕获事件时 CCxIF 标志已处于高位，则会将重复捕获标志 CCxOF（TIMx_SR 寄存器）置 1。可通过软件向 CCxIF 写入 0 来给 CCxIF 清零，或读取存储在 TIMx_CCRx 寄存器中的已捕获数据。向 CCxOF 写入 0 后会将其清零。

以下示例说明了如何在 TI1 输入出现上升沿时将计数器的值捕获到 TIMx_CCR1 中。具体操作步骤如下。

（1）选择有效输入。TIMx_CCR1 必须连接到 TI1 输入，因此向 TIMx_CCMR1 寄存器中的 CC1S 位写入 01。只要 CC1S 不等于 00，就会将通道配置为输入模式，并且 TIMx_CCR1 寄存器将处于只读状态。

（2）根据连接到定时器的信号，对所需的输入滤波时间进行编程（如果输入为 TIx 输入之一，则对 TIMx_CCMRx 寄存器中的 ICxF 位进行编程）。假设信号变化时，输入信号最多在 5 个内部时钟周期内发生抖动。因此，必须将滤波时间设置为大于 5 个内部时钟周期。在检测到 8 个具有新电平的连续采样（以 f_{DTS} 频率采样）后，可以确认 TI1 上的跳变沿。然后向 TIMx_CCMR1 寄存器中的 IC1F 位写入 0011。

（3）通过向 TIMx_CCER 寄存器中的 CC1P 位和 CC1NP 位写入 0，选择 TI1 通道的有效转换边沿（本例中为上升沿）。

（4）对输入预分频器进行编程。如果希望每次有效转换时都执行捕获操作，则需要禁止预分频器（向 TIMx_CCMR1 寄存器中的 IC1PS 位写入 00）。

（5）通过将 TIMx_CCER 寄存器中的 CC1E 位置 1，允许将计数器的值捕获到捕获寄存器中。

（6）如果需要，可通过将 TIMx_DIER 寄存器中的 CC1IE 位置 1 来使能相关中断请求，或者通过将该寄存器中的 CC1DE 位置 1 来使能 DMA 请求。

（7）发生有效跳变沿时（发生输入捕获时），TIMx_CCR1 寄存器会获取计数器的值。

（8）将 CC1IF 标志置 1（中断标志）。如果至少发生了两次连续捕获，但 CC1IF 标志未被清零，这样 CC1OF 捕获溢出标志会被置 1。

（9）根据 CC1IE 位生成中断。

（10）根据 CC1DE 位生成 DMA 请求。

要处理重复捕获，建议在读出捕获溢出标志之前读取数据，这样可避免丢失在读取捕获溢出标志之后与读取数据之前可能出现的重复捕获信息。

注意：通过软件将 TIMx_EGR 寄存器中的相应 CCxG 位置 1 可生成 IC 中断或 DMA 请求。

6. PWM 输出模式

PWM 输出模式可以生成一个信号，该信号频率由 TIMx_ARR 寄存器值决定，其占空比则由 TIMx_CCRx 寄存器值决定。

通过向 TIMx_CCMRx 寄存器中的 OCxM 位写入 110（PWM 模式 1）或 111（PWM 模式 2），可以独立选择各通道（每个 OCx 输出对应一个 PWM）的 PWM 模式。必须通过将 TIMx_CCMRx 寄存器中的 OCxPE 位置 1，使能相应预装载寄存器，最后通过将 TIMx_CR1 寄存器中

的 ARPE 位置 1 使能自动重载预装载寄存器。

由于只有在发生更新事件时预装载寄存器才会传送到影子寄存器，因此启动计数器之前，必须通过将 TIMx_EGR 寄存器中的 UG 位置 1 来初始化所有寄存器。

OCx 极性可使用 TIMx_CCER 寄存器的 CCxP 位来编程。既可以设为高电平有效，也可以设为低电平有效。OCx 输出通过将 TIMx_CCER 寄存器中的 CCxE 位置 1 来使能。有关详细信息，请参见 TIMx_CCERx 寄存器说明。

在 PWM 模式（1 或 2）下，TIMx_CNT 始终与 TIMx_CCRx 进行比较，以确定是 TIMx_CCRx≤TIMx_CNT 还是 TIMx_CNT≤TIMx_CCRx（取决于计数器计数方向）。不过，为了与 ETRF 相符（在下一个 PWM 周期之前，ETR 信号上的一个外部事件能够清除 OCxREF），OCxREF 信号仅在以下情况下变为有效状态：①比较结果发生改变或；②输出比较模式（TIMx_CCMRx 寄存器中的 OCxM 位）从“冻结”配置（不进行比较，OCxM =“000”）切换为任一 PWM 模式（OCxM =“110”或“111”）。

定时器运行期间，可以通过软件强制 PWM 输出。

根据 TIMx_CR1 寄存器中的 CMS 位状态，定时器能够产生边沿对齐模式或中心对齐模式的 PWM 信号。

（1）PWM 边沿对齐模式。

①递增计数配置。当 TIMx_CR1 寄存器中的 DIR 位为低时执行递增计数。

下面以 PWM 模式 1 为例。只要 TIMx_CNT < TIMx_CCRx，PWM 参考信号 OCxREF 便为高电平，否则为低电平。如果 TIMx_CCRx 中的比较值大于自动重载值（TIMx_ARR 中），则 OCxREF 保持为“1”。如果比较值为 0，则 OCxREF 保持为“0”。图 7.10 所示为边沿对齐模式的 PWM 波形（TIMx_ARR=8）。

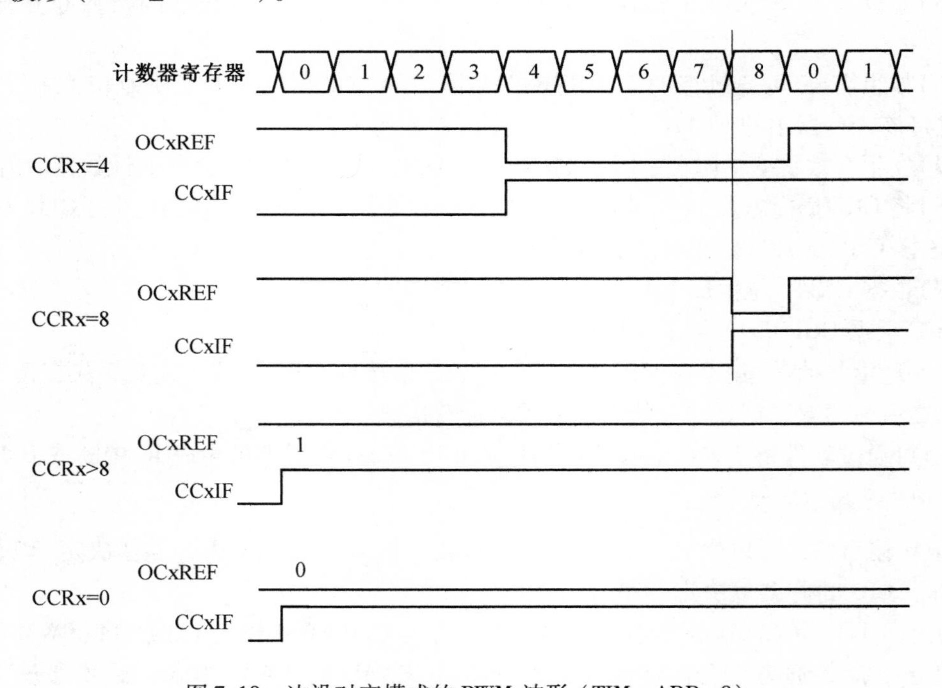

图 7.10　边沿对齐模式的 PWM 波形（TIMx_ARR=8）

②递减计数配置。当 TIMx_CR1 寄存器中的 DIR 位为高时执行递减计数。

在 PWM 模式 1 下，只要 TIMx_CNT>TIMx_CCRx，参考信号 OCxREF 便为低电平，否则为高电平。如果 TIMx_CCRx 中的比较值大于 TIMx_ARR 中的自动重载值，则 OCxREF 保持为“1”。此模式下不可能产生 0% 的 PWM 波形。

（2）PWM 中心对齐模式。

当 TIMx_CR1 寄存器中的 CMS 位不为“00”时（其余所有配置对 OCxREF/OCx 信号具有相同的作用），中心对齐模式生效。根据 CMS 位的配置，可以在计数器递增计数、递减计数或同时递增和递减计数时将比较标志置 1。TIMx_CR1 寄存器中的方向位（DIR）由硬件更新，不得通过软件更改。

图 7.11 所示为中心对齐模式的 PWM 波形（ARR=8），此时设定 TIMx_ARR=8，PWM 模式为 PWM 模式 1，在根据 TIMx_CR1 寄存器中 CMS=01 而选择的中心对齐模式 1 下，当计数器递减计数时，比较标志置 1。

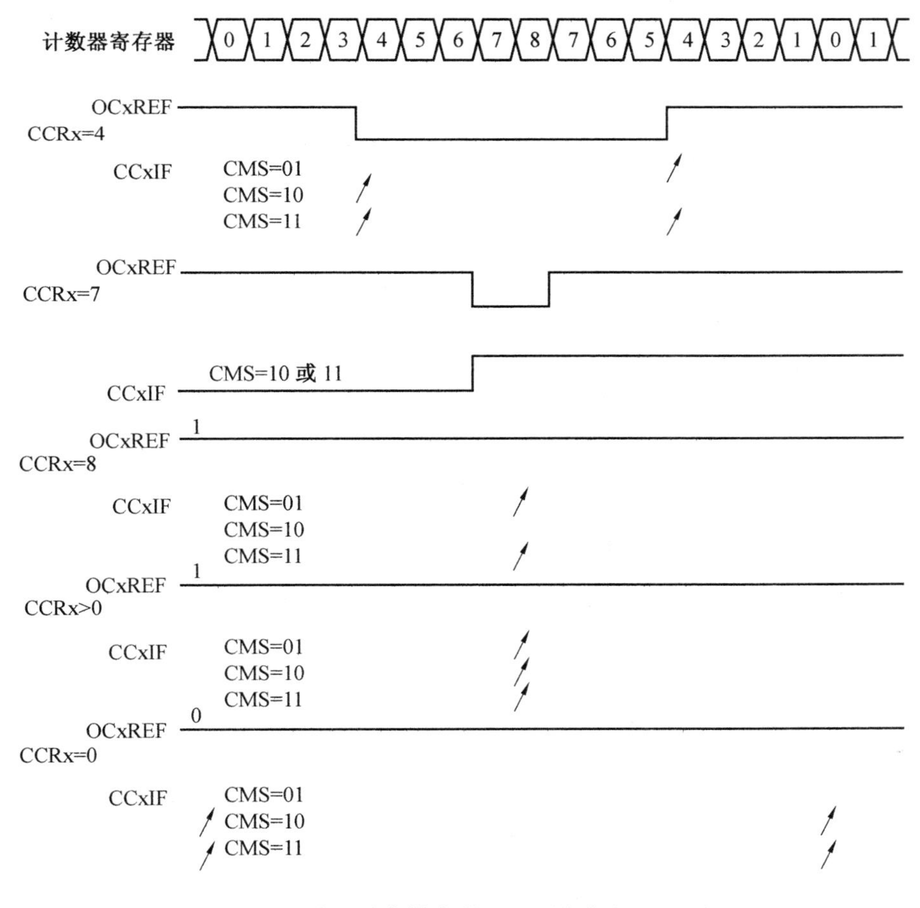

图 7.11　中心对齐模式 的 PWM 波形（ARR=8）

其他强制输出模式、输出比较模式、单脉冲模式、编码器接口模式，定时器与外部触发同步，以及定时器寄存器的功能及说明请参考相关文献。

7.3 STM32F4 定时器输入捕获/输出比较引脚

STM32 定时器在作为输入捕获/输出比较功能使用时,一般用到的引脚为复用模式。各个定时器的不同通道配置引脚见表 7.2。

表 7.2 STM32F407ZGT6 定时器输入捕获/输出比较引脚

<table>
<tr><th>定时器</th><th>通道 1(CH1)
(复用)</th><th>通道 2(CH2)
(复用)</th><th>通道 3(CH3)
(复用)</th><th>通道 4(CH4)
(复用)</th><th>所挂总线</th></tr>
<tr><td>TIM1</td><td>PA8(PE9)</td><td>PA9(PE11)</td><td>PA10(PE13)</td><td>PA11(PE14)</td><td>APB2</td></tr>
<tr><td>TIM1_CHXN</td><td>PE8(PB13,PA7)</td><td>PE10(PB14,PB0)</td><td>PE12(PB15,PB1)</td><td>—</td><td>APB2</td></tr>
<tr><td>TIM8</td><td>PC6(PI5)</td><td>PC7(PI6)</td><td>PC8(PI7)</td><td>PC9(PI2)</td><td>APB2</td></tr>
<tr><td>TIM8_CHXN</td><td>PH13(PA5,PA7)</td><td>PH14(PB14,PB0)</td><td>PH15(PB15,PB1)</td><td>—</td><td>APB2</td></tr>
<tr><td>TIM2</td><td>PA0(PA5)</td><td>PA1(PB3)</td><td>PA2(PB10)</td><td>PA3(PB11)</td><td>APB1</td></tr>
<tr><td>TIM5</td><td>PA0(PH10)</td><td>PA1(PH11)</td><td>PA2(PH12)</td><td>PA3(PI0)</td><td>APB1</td></tr>
<tr><td>TIM3</td><td>PC6(PA6,PB4)</td><td>PC7(PA7,PB5)</td><td>PC8(PB0)</td><td>PC9(PB1)</td><td>APB1</td></tr>
<tr><td>TIM4</td><td>PD12(PB6)</td><td>PD13(PB7)</td><td>PD14(PB8)</td><td>PD15(PB9)</td><td>APB1</td></tr>
<tr><td>TIM9</td><td>PA2(PE5)</td><td>PA3(PE6)</td><td colspan="2" rowspan="2">—</td><td>APB2</td></tr>
<tr><td>TIM12</td><td>PH6</td><td>PH7</td><td>APB1</td></tr>
<tr><td>TIM10</td><td>PB8(PF6)</td><td colspan="3" rowspan="4">—</td><td>APB2</td></tr>
<tr><td>TIM11</td><td>PB9(PF7)</td><td>APB2</td></tr>
<tr><td>TIM13</td><td>PF8</td><td>APB1</td></tr>
<tr><td>TIM14</td><td>PF9</td><td>APB1</td></tr>
</table>

注:TIM1_CHXN 表示该定时器互补通道。

7.4 STM32F4 定时器常用的库函数

1. 定时器参数初始化

主要设置分频系数、计数方式等。

void TIM_TimeBaseInit(TIM_TypeDef * TIMx,TIM_TimeBaseInitTypeDef * TIM_TimeBaseInitStruct);

第一个参数是确定是哪个定时器,这个比较容易理解。第二个参数是定时器初始化参数结构体指针,结构体类型为 TIM_TimeBaseInitTypeDef,其定义如下。

```
typedef struct
{
uint16_t TIM_Prescaler;
uint16_t TIM_CounterMode;
uint16_t TIM_Period;
```

```
uint16_t TIM_ClockDivision;
uint8_t TIM_RepetitionCounter;
} TIM_TimeBaseInitTypeDef;
```

这个结构体一共有 5 个成员变量,要说明的是,对于通用定时器只有前面 4 个参数有用,最后 1 个参数 TIM_RepetitionCounter 是高级定时器才有用的,这里不多解释。

第 1 个参数 TIM_Prescaler 是用来设置预分频系数的,其值范围为 $1 \sim 2^{16}$。

第 2 个参数 TIM_CounterMode 是用来设置计数方式,可以设置为递增计数方式、递减计数方式以及中心对齐计数方式,比较常用的是递增计数模式 TIM_CounterMode_Up 和递减计数模式 TIM_CounterMode_Down。

第 3 个参数用来设置自动重载计数周期值。

第 4 个参数用来设置时钟分频因子。

例如,针对 TIM3 定时器,如果内部时钟频率为 84 MHz,定时时间为 10 ms, 初始化代码格式如下。

```
TIM_TimeBaseInitTypeDef   TIM_TimeBaseStructure;
TIM_TimeBaseStructure. TIM_Period  =999;
TIM_TimeBaseStructure. TIM_Prescaler  =839;
TIM_TimeBaseStructure. TIM_ClockDivision  =  TIM_CKD_DIV1;
TIM_TimeBaseStructure. TIM_CounterMode  =  TIM_CounterMode_Up;
TIM_TimeBaseInit(TIM3,&TIM_TimeBaseStructure);
```

2. 定时器使能函数

```
void TIM_Cmd(TIM_TypeDef *  TIMx,FunctionalState NewState);
```

3. 定时器中断使能函数

```
void TIM_ITConfig(TIM_TypeDef *  TIMx,uint16_t TIM_IT,FunctionalState NewState);
```

4. 状态标志位获取和清除

```
FlagStatus TIM_GetFlagStatus(TIM_TypeDef *  TIMx,uint16_t TIM_FLAG);
void TIM_ClearFlag(TIM_TypeDef *  TIMx,uint16_t TIM_FLAG);
ITStatus TIM_GetITStatus(TIM_TypeDef *  TIMx,uint16_t TIM_IT);
void TIM_ClearITPendingBit(TIM_TypeDef *  TIMx,uint16_t TIM_IT);
```

这里需要说明一下,固件库提供了两个函数用来判断定时器状态以及清除定时器状态标志位的函数 TIM_GetFlagStatus( ) 和 TIM_ClearFlag( ),它们的作用和两个中断标志函数的作用类似。只是在 TIM_GetITStatus( ) 函数中会先判断这种中断是否使能,使能了再去判断中断标志位,而 TIM_GetFlagStatus( )直接用来判断状态标志位。

5. PWM 输出初始化函数

```
void TIM_OC1Init(TIM_TypeDef *  TIMx, TIM_OCInitTypeDef *  TIM_OCInitStruct);
```

用来设置 PWM 模式、输出使能、比较值(CCRx)、比较输出极性等

这种初始化格式应该已经熟悉了,结构体 TIM_OCInitTypeDef 的定义如下。

```
typedef struct
{
```

```
uint16_t TIM_OCMode;
uint16_t TIM_OutputState;
uint16_t TIM_OutputNState;
uint16_t TIM_Pulse;
uint16_t TIM_OCPolarity;
uint16_t TIM_OCNPolarity;
uint16_t TIM_OCIdleState;
uint16_t TIM_OCNIdleState;
} TIM_OCInitTypeDef;
```

这里讲解一下与要求相关的几个成员变量。

参数 TIM_OCMode 用来设置模式是 PWM 还是输出比较模式。

参数 TIM_OutputState 用来设置比较输出使能,也就是使能 PWM 输出到端口。

参数 TIM_OCPolarity 用来设置极性是高还是低。

其他的参数 TIM_OutputNState、TIM_OCNPolarity、TIM_OCIdleState 和 TIM_OCNIdleState 是高级定时器才用到的。

例如,要通过配置 TIM14_CCMR1 的相关位来控制 TIM14_CH1 的模式。在库函数中,PWM 通道设置是通过函数 TIM_OC1Init( ) ~ TIM_OC4Init( )来设置的,不同通道的设置函数不一样,这里使用的是通道 1,所以使用的函数是 TIM_OC1Init( )。

```
TIM_OCInitTypeDef TIM_OCInitStructure;
TIM_OCInitStructure.TIM_OCMode = TIM_OCMode_PWM1; //选择模式 PWM
TIM_OCInitStructure.TIM_OutputState = TIM_OutputState_Enable; //比较输出使能
TIM_OCInitStructure.TIM_OCPolarity = TIM_OCPolarity_Low; //输出极性低
TIM_OC1Init(TIM14, &TIM_OCInitStructure);
//根据 T 指定的参数初始化外设 TIM14OC1
```

6. 设置比较值函数,修改 TIMX_CCR1 来控制占空比

```
void TIM_SetCompareX(TIM_TypeDef * TIMx, uint16_t Comparex);
```

7. 使能输出比较预装载

```
void TIM_OCxPreloadConfig(TIM_TypeDef * TIMx, uint16_t TIM_OCPreload);
```

8. 使能自动重装载的预装载寄存器允许位

```
void TIM_ARRPreloadConfig(TIM_TypeDef * TIMx, FunctionalState NewState);
```

9. 输入捕获通道初始化函数

```
void TIM_ICInit(TIM_TypeDef * TIMx, TIM_ICInitTypeDef * TIM_ICInitStruct);
```

用来设置捕获通道、映射关系、分频系数、滤波器等。其结构体 TIM_ICInitTypeDef 的定义如下。

```
typedef struct
{
uint16_t TIM_Channel; //通道
uint16_t TIM_ICPolarity; //捕获极性
```

```
uint16_t TIM_ICSelection;//映射关系
uint16_t TIM_ICPrescaler;//分频系数
uint16_t TIM_ICFilter; //滤波器长度
} TIM_ICInitTypeDef;
```

参数 TIM_Channel 很好理解，用来设置通道。如果设置为通道 1，则 TIM_Channel_1。

参数 TIM_ICPolarit 是用来设置输入信号的有效捕获极性，这里设置为上升、下降或上升/下降捕获，例如，TIM_ICPolarity_Rising 为上升沿捕获。

同时库函数还提供了单独设置通道 1 捕获极性的函数如下。

```
TIM_OC1PolarityConfig(TIM_TypeDef * TIMx, uint16_t TIM_OCPolarity);
```

例如，设置定时器 5 通道 1 下降沿输入捕获，则函数如下。

```
TIM_OC1PolarityConfig(TIM5,TIM_ICPolarity_Falling);
```

这表示通道 1 为下降沿捕获，后面会用到，同时对于其他三个通道也有一个类似的函数，使用的时候一定要分清楚使用的是哪个通道，该调用哪个函数。

参数 TIM_ICSelection 是用来设置映射关系，有直接映射和间接映射。例如，选择配置 IC1 直接映射在 TI1 上，选择 TIM_ICSelection_DirectTI。

参数 TIM_ICPrescaler 用来设置输入捕获分频系数，有 1、2、4、8 分频可选。

例如，如果不分频，选中 TIM_ICPSC_DIV1。

参数 TIM_ICFilter 输入捕获通道滤波器系数，此位域可定义 TIx 输入的采样频率和适用于 TIx 的数字滤波器带宽。数字滤波器由事件计数器组成，每 *N* 个事件才视为一个有效边沿。例如，如果不使用滤波器，可以设置为 0。

例如，定时器 5 捕获通道 1 的配置代码如下。

```
TIM5_ICInitStructure.TIM_Channel = TIM_Channel_1; //选择输入端 IC1 映射到 TI1 上
TIM5_ICInitStructure.TIM_ICPolarity = TIM_ICPolarity_Rising; //上升沿捕获
TIM5_ICInitStructure.TIM_ICSelection = TIM_ICSelection_DirectTI; //映射到 TI1 上
TIM5_ICInitStructure.TIM_ICPrescaler = TIM_ICPSC_DIV1; //配置输入分频,不分频
TIM5_ICInitStructure.TIM_ICFilter = 0x00;//IC1F=0000 配置输入滤波器,不滤波
TIM_ICInit(TIM5, &TIM5_ICInitStructure);
```

10. 获取通道捕获值

```
uint32_t TIM_GetCapture1(TIM_TypeDef * TIMx);
```

7.5 STM32F4 定时器的应用

7.5.1 STM32F4 定时器不同工作方式下的配置步骤

1. 定时器一般使用方法实现步骤(中断方式)

(1)使能定时器时钟。

```
RCC_APB1PeriphClockCmd();
```

(2)初始化定时器,配置 ARR、PSC。

TIM_TimeBaseInit();

(3)开启定时器中断,配置 NVIC。

NVIC_Init();

(4)使能定时器。

TIM_Cmd();

(5)编写中断服务函数。

TIMx_IRQHandler();

2. PWM 输出配置步骤

(1)使能定时器和相关 I/O 口时钟。

使能定时器时钟。

RCC_APB1PeriphClockCmd();

使能 GPIO(复用)时钟。

RCC_AHB1PeriphClockCmd ();

(2)初始化 I/O 口为复用功能输出。

函数:GPIO_Init();

GPIO_InitStructure. GPIO_Mode = GPIO_Mode_AF; //复用功能

(3)GPIO 复用映射到定时器。

GPIO_PinAFConfig();

(4)初始化定时器(ARR、PSC 等)。

TIM_TimeBaseInit();

(5)初始化输出比较参数。

TIM_OC1Init();

(6)使能预装载寄存器。

TIM_OCxPreloadConfig();

(7)使能自动重装载的预装载寄存器允许位。

TIM_ARRPreloadConfig();

(8)使能定时器。

TIM_Cmd();

(9)不断改变比较值 CCRx,达到不同的占空比效果。

TIM_SetCompare1();

3. 输入捕获的一般配置步骤

(1)初始化定时器和通道对应 I/O 的时钟。

(2)初始化 I/O 口,模式为复用。

GPIO_Init();

GPIO_InitStructure. GPIO_Mode = GPIO_Mode_AF;

(3)设置引脚复用映射。

GPIO_PinAFConfig();

(4)初始化定时器 ARR、PSC。

TIM_TimeBaseInit( );

(5)初始化输入捕获通道。

TIM_ICInit( );

(6)如果要开启捕获中断。

TIM_ITConfig( );

NVIC_Init( );

(7)使能定时器。

TIM_Cmd( );

(8)编写中断服务函数。

TIMx_IRQHandler( );

7.5.2　定时器的定时时间

实验板默认调用 SystemInit( )函数时参数配置如下。

SYSCLK=168 MHz;

AHB 时钟=168 MHz;

APB1 时钟=42 MHz;

APB1 的分频系数=AHB/APB1 时钟=4;

所以,通用定时器内部时钟频率为 CK_INT=2×42 MHz=84 MHz。

再次说明定时器内部原理如图 7.12 所示。

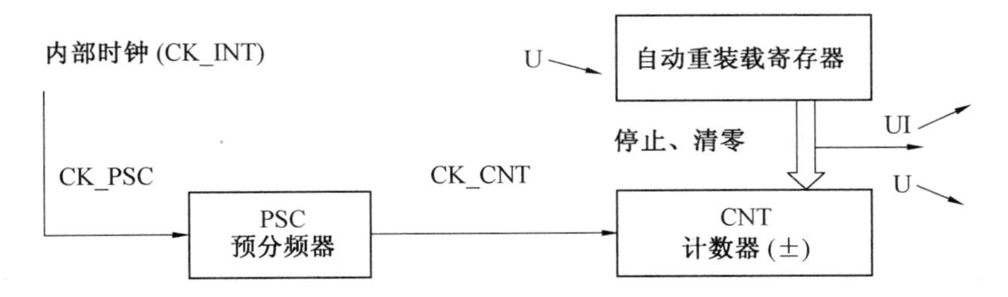

图 7.12　定时器内部工作原理图

由图 7.12 可知,定时器时钟频率为:CK_CNT=CK_INT/(PSC+1);

定时器定时时间为:T_{out}(溢出时间)=(ARR+1)(PSC+1)/CK_INT;

代入参数后得: T_{out}(溢出时间)=(ARR+1)(PSC+1)/84×10^6 s;

STM32 典型时钟下不同 PSC、ARR 产生的特定定时时间见表 7.3。

表 7.3　STM32 典型时钟下不同 PSC、ARR 产生的特定定时时间

CK_INT	CK_PSC	PSC+1	CK_CNT	T_{out}(产生的时间)及 ARR+1			
				0+1	99+1	999+1	9 999+1
84 MHz	84 MHz	83+1	1 MHz	10^{-6} s=1 μs	100 μs	1 ms	10 ms
		839+1	100 kHz	10 μs	1 ms	10 ms	100 ms
		8 399+1	10 kHz	100 μs	10 ms	100 ms	1 s

注:ARR、PSC 为 16 位时,最大值为 65 535。

7.5.3 STM32F4 定时器的简单定时应用

定时器产生方波或定时控制 LED 灯。

利用 STM32F4 定时器中断实现一个 LED 闪烁亮/灭(例如,500 ms 闪烁一次)。其电路请参考图 2.48 或图 4.16。选用定时器 3 中断方式,实现 500 ms 定时时间。

1. 程序设计说明

(1)主函数。

在主函数中,初始化各个参数(调用各个初始化函数),包括中断优先级分组。根据定时时间,每 500 ms 定时器 3 中断一次。然后进入死循环,等待中断。也可以在死循环中,设置另一个 LED 闪烁(时间自定)。

(2)初始化定时器。

根据本节讲述的定时器一般使用方法实现步骤(中断方式)编写。

(3)中断服务函数。

在中断服务程序中,首先判断定时器 TIM3 的中断类型 TIM_IT 是否发生更新中断,对应的函数为 TIM_GetITStatus(),如果是则取 LED 灯取反(对应的 I/O 口)。最后清除响应标志位,TIM_ClearITPendingBit()。

2. 程序代码

```
//定时器中断实验-库函数版
int main(void)
{
NVIC_PriorityGroupConfig(NVIC_PriorityGroup_2);//设置系统中断优先级分组 2
    delay_init(168);//初始化延时函数
    LED_Init();//初始化 LED 端口
    TIM3_Int_Init(5000-1,8400-1);
/*定时器时钟 84 MHz,分频系数 8 400,所以 84 MHz/8 400=10 kHz 的计数频率,计数
5 000次为 500 ms */
    while(1)
    {
        LED0=! LED0;//LED0 每 200 ms 翻转一次
        delay_ms(200);//延时 200 ms
}

//通用定时器 3 中断初始化
//arr:自动重装值
//psc:时钟预分频数
void TIM3_Int_Init(u16 arr,u16 psc)
{
    TIM_TimeBaseInitTypeDef TIM_TimeBaseInitStructure;
```

```
    NVIC_InitTypeDef NVIC_InitStructure;
    RCC_APB1PeriphClockCmd(RCC_APB1Periph_TIM3,ENABLE);
    //使能 TIM3 时钟
    TIM_TimeBaseInitStructure.TIM_Period = arr; //自动重装载值
    TIM_TimeBaseInitStructure.TIM_Prescaler=psc;//定时器分频
    TIM_TimeBaseInitStructure.TIM_CounterMode=TIM_CounterMode_Up;
    //递增计数模式
    TIM_TimeBaseInitStructure.TIM_ClockDivision=TIM_CKD_DIV1;
    TIM_TimeBaseInit(TIM3,&TIM_TimeBaseInitStructure);//初始化 TIM3
    TIM_ITConfig(TIM3,TIM_IT_Update,ENABLE); //允许定时器 3 更新中断
    TIM_Cmd(TIM3,ENABLE); //使能定时器 3
    NVIC_InitStructure.NVIC_IRQChannel=TIM3_IRQn; //定时器 3 中断
    NVIC_InitStructure.NVIC_IRQChannelPreemptionPriority=0x01; //抢占优先级 1
    NVIC_InitStructure.NVIC_IRQChannelSubPriority=0x03; //子优先级 3
    NVIC_InitStructure.NVIC_IRQChannelCmd=ENABLE;
    NVIC_Init(&NVIC_InitStructure);

}

//定时器 3 中断服务函数
void TIM3_IRQHandler(void)
{
    if(TIM_GetITStatus(TIM3,TIM_IT_Update)= =SET) //溢出中断
    {
        LED1=! LED1;//LED1 翻转
    }
    TIM_ClearITPendingBit(TIM3,TIM_IT_Update);//清除中断标志位
}
```

7.5.4　STM32F4 定时器的 PWM 控制 LED 呼吸灯

1. PWM 波及呼吸灯原理

通用定时器可以利用 GPIO 引脚进行脉冲输出,在配置为比较输出、PWM 输出功能时,捕获/比较寄存器 TIMx_CCR 被用作比较功能,下面把它简称为比较寄存器。

这里直接举例说明定时器的 PWM 输出工作过程,若配置脉冲计数器 TIMx_CNT 为递增计数,而重载寄存器 TIMx_ARR 被配置为 N,即 TIMx_CNT 的当前计数值数值 x 在 CK_CLK 时钟源的驱动下不断累加,当 TIMx_CNT 的数值 x 大于 N 时,会重置 TIMx_CNT 数值为 0 重新计数。

而在 TIMx_CNT 计数的同时,TIMx_CNT 的计数值 x 会与比较寄存器 TIMx_CCR 预先存储

了的数值 A 进行比较,当脉冲计数器 TIMx_CNT 的数值 x 小于比较寄存器 TIMx_CCR 的值 A 时,输出高电平(或低电平),相反地,当脉冲计数器的数值 x 大于或等于比较寄存器的值 A 时,输出低电平(或高电平)。

如此循环,得到的输出脉冲周期就为重载寄存器 TIMx_ARR 存储的数值(N+1)乘以触发脉冲的时钟周期,其脉冲宽度则为比较寄存器 TIMx_CCR 的值 A 乘以触发脉冲的时钟周期,即输出 PWM 的占空比为 $A/(N+1)$。

PWM 工作原理如图 7.13 所示。

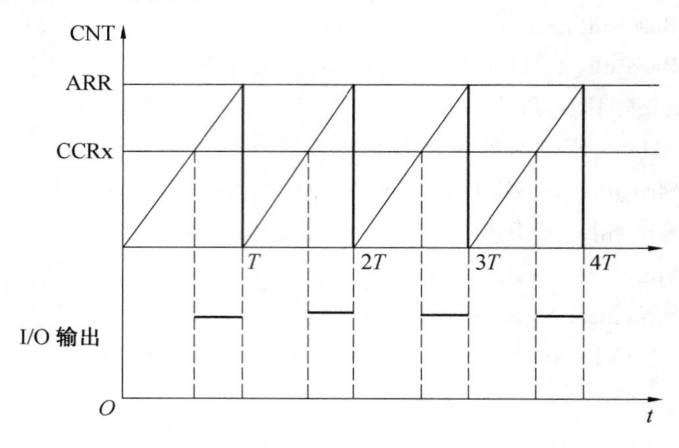

图 7.13　PWM 工作原理

在 STM32F407ZGT6 芯片中,并非每一个 I/O 引脚都可以直接使用于 PWM 输出,因为在硬件上已经规定了用某些引脚来连接 PWM 的输出口(可以查阅该芯片的数据手册)。

对于 STM32F407ZGT6 芯片,PF9 引脚对应 TIM14_CH1 通道 1 的复用功能,利用该引脚连接一个 LED 指示灯,实现呼吸灯功能。其硬件电路如图 7.14 所示。

使用定时器 14 的 PWM 功能,输出占空比可变的 PWM 波,用来驱动 LED 灯,从而使得 LED0(PF9)亮度由暗变亮,又从亮变暗,如此循环,俗称呼吸灯。

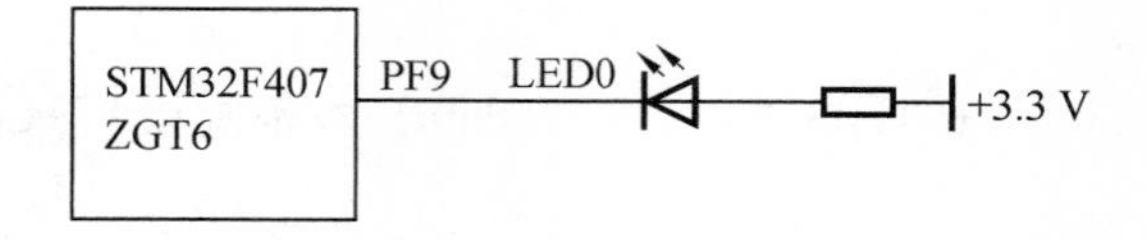

图 7.14　LED 灯硬件电路

2. 程序设计说明

(1)主函数。

在主函数中,初始化各个参数(调用各个初始化函数)。不断改变比较值 CCRx,达到不同的占空比的效果。

改变比较值 CCRx 的函数如下。

void TIM_SetCompare1(TIM_TypeDef * TIMx, uint32_t Compare1);

例如:

TIM_SetCompare1(TIM14,pwmval); //pwmval 为定义的比较值 CCR

注意,每改变一次比较值 CCRx,最好延时 20 ms,这样实验效果更好。

(2)初始化定时器输出 PWM。

根据本节前面讲述的 PWM 输出配置步骤编写。

3. 程序代码

```
int main(void)
{
  u16 tem=0;
  u8  dir=1;
  delay_init(168);//初始化延时函数
  TimePWM_Init(500,839); //PWM 周期为 5 ms
  while(1)
    {
      delay_ms(20);
      if(dir==1) tem++;
      else tem--;
      if(tem==300) dir=0;
      if(tem==0)  dir=1;
      TIM_SetCompare1(TIM14,tem);
    }
}
//初始化定时器输出 PWM
void TimePWM_Init(u16  arr,u16  psc)
{
  GPIO_InitTypeDef  GPIO_InitStructure;
  TIM_TimeBaseInitTypeDef  TIM_TimeBasemy;
  TIM_OCInitTypeDef  TIM_OCInitMY;

RCC_APB1PeriphClockCmd(RCC_APB1Periph_TIM14,ENABLE);
RCC_AHB1PeriphClockCmd(RCC_AHB1Periph_GPIOF,ENABLE);
GPIO_PinAFConfig(GPIOF,GPIO_PinSource9,GPIO_AF_TIM14);

GPIO_InitStructure.GPIO_Pin = GPIO_Pin_9 ;//LED0 和 LED1 对应 I/O 口
GPIO_InitStructure.GPIO_Mode = GPIO_Mode_AF;//普通输出模式
GPIO_InitStructure.GPIO_OType = GPIO_OType_PP;//推挽输出
GPIO_InitStructure.GPIO_Speed = GPIO_Speed_100 MHz;//100 MHz
GPIO_InitStructure.GPIO_PuPd = GPIO_PuPd_UP;//上拉
GPIO_Init(GPIOF, &GPIO_InitStructure);//初始化 GPIO

TIM_TimeBasemy.TIM_ClockDivision=TIM_CKD_DIV1;
TIM_TimeBasemy.TIM_CounterMode= TIM_CounterMode_Up ;
```

```
TIM_TimeBasemy. TIM_Period = arr;
TIM_TimeBasemy. TIM_Prescaler = psc;
TIM_TimeBaseInit(TIM14,&TIM_TimeBasemy);

TIM_OCInitMY. TIM_OutputState =  TIM_OutputState_Enable  ;
TIM_OCInitMY. TIM_OCMode = TIM_OCMode_PWM2;
TIM_OCInitMY. TIM_OCNPolarity = TIM_OCPolarity_High;
//TIM_OCInitMY. TIM_Pulse = 89;//初始脉冲宽度
TIM_OC1Init(TIM14,&TIM_OCInitMY);
TIM_OC1PreloadConfig(TIM14,TIM_OCPreload_Enable);
TIM_ARRPreloadConfig(TIM14,ENABLE);
TIM_Cmd(TIM14,ENABLE);
}
```

其编程流程图如图 7.15 所示。

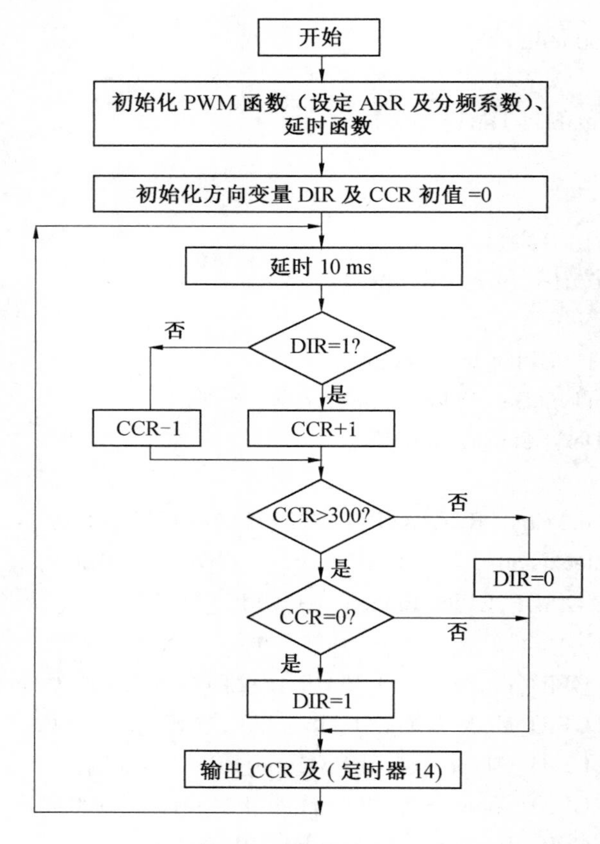

图 7.15　PWM 输出控制呼吸灯程序流程图

7.5.5　STM32F4 定时器输入捕获功能的应用

1. 定时器输入捕获测量脉冲宽度的原理

通过定时器,例如 TIM5 的通道 1,输入待测信号,用于测量上升沿时的计数值,以此作为待测信号的周期;同时,该信号也映射到通道 2(注:根据定时器原理,通道 1、2 为一组,通道 3、4 为一组),用于测量下降沿时的计数值,以此作为待测信号的高电平时的计数值,从而得到占空比。

图 7.16 所示为通过定时器的捕获功能测量 PWM 波的原理图。

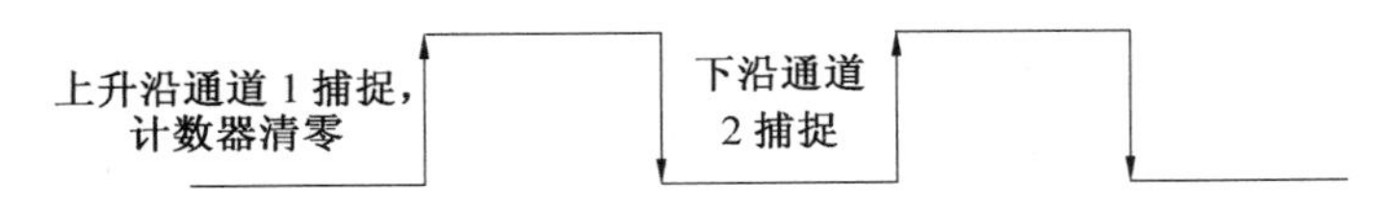

图 7.16　捕获功能测量 PWM 波

利用 TIM14 的输出比较通道 PF9 输出 PWM 波(频率、占空比已知),连接到定时器 TIM5 的通道 1 的输入 PA0,捕获 PF9 的 PWM 波,计算出其频率和占空比。以此为例,说明库函数的配置及程序设计。

捕获实验硬件电路如图 7.17 所示。

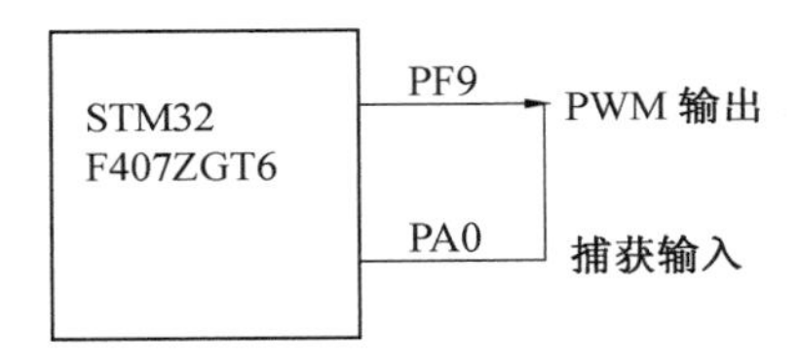

图 7.17　捕获实验硬件电路

2. 测量步骤及库函数配置

通过定时器产生 PWM 波的库函数配置步骤,请参考上例,此处略。

定时器测量 PWM 初始化的一般配置步骤,以 TIM5 为例说明。TIM5 的输入比较通道 1,即为 PA0,连接到 TIM14 的输出比较通道 PF9 输出 PWM 波。

(1)初始化定时器。

①初始化定时器 5 和通道对应 I/O 的时钟。

```
RCC_APB1PeriphClockCmd(RCC_APB1Periph_TIM5,ENABLE);//TIM5 时钟使能
RCC_AHB1PeriphClockCmd(RCC_AHB1Periph_GPIOA, ENABLE); //PORTA 时钟
```

②初始化 I/O 口,模式为复用:GPIO_Init();

```
GPIO_InitStructure.GPIO_Mode = GPIO_Mode_AF;
```

③设置引脚复用映射。

```
GPIO_PinAFConfig(GPIOA,GPIO_PinSource0,GPIO_AF_TIM5); //PA0 复用位定时器 5
```

④初始化定时器 ARR、PSC。

```
TIM_TimeBaseInit();
```

⑤初始化输入捕获通道。

a. 通道 1 选择映射到 TI1,且信号直接连接到通道 1,上升沿捕获,不分频,不滤波。

```
TIM5_ICInitStructure.TIM_Channel = TIM_Channel_1;
//CC1S=01,选择输入端 IC1 映射到 TI1 上,通道 1 配置
TIM5_ICInitStructure.TIM_ICPolarity = TIM_ICPolarity_Rising;  //上升沿捕获
TIM5_ICInitStructure.TIM_ICSelection = TIM_ICSelection_DirectTI; //映射到 TI1 上
TIM5_ICInitStructure.TIM_ICPrescaler = TIM_ICPSC_DIV1;  //配置输入分频,不分频
TIM5_ICInitStructure.TIM_ICFilter = 0x00;//IC1F=0000 配置输入滤波器,不滤波
TIM_PWMIConfig(TIM5, &TIM5_ICInitStructure);
```

b. 通道 2 选择映射到 TI1,且信号间接连接到通道 1,下降沿捕获,不分频,不滤波。

```
TIM5_ICInitStructure.TIM_Channel = TIM_Channel_2;
//CC1S=02,选择输入端 IC2 映射到 TI1 上,通道 2 配置
TIM5_ICInitStructure.TIM_ICPolarity = TIM_ICPolarity_Falling;//下降沿捕获
TIM5_ICInitStructure.TIM_ICSelection = TIM_ICSelection_IndirectTI; //映射到 TI1 上
TIM5_ICInitStructure.TIM_ICPrescaler = TIM_ICPSC_DIV1;//配置输入分频,不分频
TIM5_ICInitStructure.TIM_ICFilter = 0x00;//IC1F=0000 配置输入滤波器,不滤波
TIM_PWMIConfig(TIM5,&TIM5_ICInitStructure);
```

⑥选择定时器的触发方式,从模式下的复位后定时器清零,主从控制等。

```
TIM_SelectInputTrigger(TIM5, TIM_TS_TI1FP1); //选择输入捕获触发信号 TI1FP1
TIM_SelectSlaveMode(TIM5, TIM_SlaveMode_Reset);
// PWM 输入模式时,从模式必须工作在复位模式,当捕获开始时,计数器 CNT 会被复位
TIM_SelectMasterSlaveMode(TIM5, TIM_MasterSlaveMode_Enable);
```

⑦开启捕获中断。

```
TIM_ITConfig(TIM5,TIM_IT_CC1,ENABLE);
//使能捕获中断,这个中断主要针对的是主捕获通道(TI1FP1)
NVIC_Init();
```

⑧使能定时器:TIM_Cmd();

```
TIM_Cmd(TIM5,ENABLE );//使能定时器 5
```

(2)编写中断服务函数。

```
void TIM5_IRQHandler(void)
```

判断中断类型,是否捕获中断。

```
TIM_GetITStatus(TIM5,TIM_IT_CC1)! =RESET;
```

如果是,则清除捕获中断标志。

```
TIM_ClearITPendingBit(TIM5,TIM_IT_CC1);
```

读取通道 1 和通道 2 的计数值,分别为周期和高电平的时间值,从而求出频率和占空比。

(3)主函数。

初始化中断优先级分组。

```
NVIC_PriorityGroupConfig(NVIC_PriorityGroup_2);
```

初始化 TIM14 产生 PWM 波。

```
void TIM14_PWM_Init(u32 arr,u32 psc);
```

初始化 TIM5。

void TIM5_CH1_Cap_Init(u32 arr,u16 psc);

死循环中,每 0.5 s 打印一次频率和脉冲宽度值。

3. 程序代码

```
extern u16pulse_width;//脉冲宽度
extern float fre;//频率
int main(void)
{
    u16 set_width=0;
    NVIC_PriorityGroupConfig(NVIC_PriorityGroup_2);//设置系统中断优先级分组 2
    delay_init(168);//延时初始化
    uart_init(115200);//串口初始化波特率为 115 200
    LED_Init();//初始化与 LED 连接的硬件接口

    TIM5_CH1_Cap_Init(10000-1,84-1);//输入捕获管脚 PA0
    TIM14_PWM_Init(1000-1,84-1);//1 kHz 的 PWM 波,周期 1ms PWM 输出 PF9 管脚
    set_width=500
    TIM_SetCompare1(TIM14,set_width);//更新设定值
    while(1)
    {
        delay_ms(500); //每 0.5 s 提示打印一次
        printf("\r\n 频率为%.2f kHz ,脉冲宽度为%d us\r\n",fre,pulse_width);
    }
}
//定时器 5 中断服务程序
u16 TIME=0;//PWM 波的周期
u16pulse_width=0;//脉冲宽度
float fre=0; //频率

void TIM5_IRQHandler(void)
{
    if(TIM_GetITStatus(TIM5,TIM_IT_CC1)= =1);
    //主通道,检测上升沿,两个上升沿的值为周期,同时自动将计数器复位
        {
        TIME=TIM_GetCapture1(TIM5);//得到周期
        }
        else if(TIM_GetITStatus(TIM5,TIM_IT_CC2)= =1);
    //映射通道,检测下降沿,捕获寄存器 2 的值即为脉冲宽度
        {
        pulse_width=TIM_GetCapture2(TIM5);//得到脉宽
```

```
        }
            fre=(float)1000/TIME;//得到 PWM 频率,单位为 KHz
    TIM_ClearITPendingBit(TIM5, TIM_IT_CC1|TIM_IT_CC2);
}

//定时器 5 通道 1,输入捕获管脚 PA0
void TIM5_CH1_Cap_Init(u32 arr,u16 psc)
{
GPIO_InitTypeDef   GPIO_InitStructure;
TIM_ICInitTypeDef   TIM5_ICInitStructure;
TIM_TimeBaseInitTypeDef   TIM_TimeBaseStructure;
NVIC_InitTypeDef   NVIC_InitStructure;
RCC_APB1PeriphClockCmd(RCC_APB1Periph_TIM5,ENABLE); //TIM5 时钟使能
RCC_AHB1PeriphClockCmd(RCC_AHB1Periph_GPIOA, ENABLE);
//使能 PORTA 时钟
GPIO_InitStructure.GPIO_Pin = GPIO_Pin_0; //GPIOA0
GPIO_InitStructure.GPIO_Mode = GPIO_Mode_AF;//复用功能
GPIO_InitStructure.GPIO_Speed = GPIO_Speed_100 MHz;//速度为 100 MHz
GPIO_InitStructure.GPIO_OType = GPIO_OType_PP; //推挽复用输出
GPIO_InitStructure.GPIO_PuPd = GPIO_PuPd_DOWN; //下拉
GPIO_Init(GPIOA,&GPIO_InitStructure); //初始化 PA0
GPIO_PinAFConfig(GPIOA,GPIO_PinSource0,GPIO_AF_TIM5);
//PA0 复用位定时器 5
TIM_TimeBaseStructure.TIM_Prescaler=psc;//定时器分频
TIM_TimeBaseStructure.TIM_CounterMode=TIM_CounterMode_Up;
//递增计数模式
TIM_TimeBaseStructure.TIM_Period=arr;//自动重装载值
TIM_TimeBaseStructure.TIM_ClockDivision=TIM_CKD_DIV1;
TIM_TimeBaseInit(TIM5,&TIM_TimeBaseStructure);
//初始化 TIM5 通道 1
TIM5_ICInitStructure.TIM_Channel = TIM_Channel_1;
//CC1S=01 选择输入端 IC1 映射到 TI1 上
TIM5_ICInitStructure.TIM_ICPolarity = TIM_ICPolarity_Rising;//上升沿捕获
TIM5_ICInitStructure.TIM_ICSelection = TIM_ICSelection_DirectTI; //映射到 TI1 上
TIM5_ICInitStructure.TIM_ICPrescaler = TIM_ICPSC_DIV1;//配置输入分频,不分频
TIM5_ICInitStructure.TIM_ICFilter = 0x00;//IC1F=0000 配置输入滤波器,不滤波
TIM_ICInit(TIM5, &TIM5_ICInitStructure);
TIM_SelectMasterSlaveMode(TIM5,TIM_MasterSlaveMode_Enable);//使能主从控制
TIM_SelectSlaveMode(TIM5,TIM_SlaveMode_Reset);
```

```
// PWM 输入模式时,从模式必须工作在复位模式,当捕获开始时,计数器 CNT 会被复位
TIM_SelectInputTrigger(TIM5,TIM_TS_TI1FP1);//选择输入捕获触发信号 TI1FP1
//初始化 TIM5 通道 2
TIM5_ICInitStructure.TIM_Channel = TIM_Channel_2;
TIM5_ICInitStructure.TIM_ICPolarity = TIM_ICPolarity_Falling;
TIM5_ICInitStructure.TIM_ICSelection = TIM_ICSelection_IndirectTI; //间接映射
TIM5_ICInitStructure.TIM_ICPrescaler = TIM_ICPSC_DIV1;
TIM5_ICInitStructure.TIM_ICFilter = 0x00;//IC1F=0000
TIM_ICInit(TIM5, &TIM5_ICInitStructure);
TIM_Cmd(TIM5,ENABLE ); //使能定时器 5
TIM_ITConfig(TIM5,TIM_IT_CC1|TIM_IT_CC2,ENABLE);
//允许更新中断,允许 CC1IE 捕获中断
NVIC_InitStructure.NVIC_IRQChannel = TIM5_IRQn;
NVIC_InitStructure.NVIC_IRQChannelPreemptionPriority=2;//抢占优先级 3
NVIC_InitStructure.NVIC_IRQChannelSubPriority =2;//子优先级 3
NVIC_InitStructure.NVIC_IRQChannelCmd = ENABLE;//IRQ 通道使能
NVIC_Init(&NVIC_InitStructure);//根据指定的参数初始化 NVIC 寄存器
}
//TIM14 通道 1,PWM 输出到 PF9 管脚
//使用 PWM 模式一,小于比较值输出高电平
void TIM14_PWM_Init(u32 arr,u32 psc)
{
//此部分需手动修改 I/O 口设置
GPIO_InitTypeDef GPIO_InitStructure;
TIM_TimeBaseInitTypeDef  TIM_TimeBaseStructure;
TIM_OCInitTypeDef  TIM_OCInitStructure;
RCC_APB1PeriphClockCmd(RCC_APB1Periph_TIM14,ENABLE); //TIM14 时钟使能
RCC_AHB1PeriphClockCmd(RCC_AHB1Periph_GPIOF, ENABLE);
//使能 PORTF 时钟
GPIO_PinAFConfig(GPIOF,GPIO_PinSource9,GPIO_AF_TIM14);
//GPIOF9 复用位定时器 14
GPIO_InitStructure.GPIO_Pin = GPIO_Pin_9; //GPIOA9
GPIO_InitStructure.GPIO_Mode = GPIO_Mode_AF;//复用功能
GPIO_InitStructure.GPIO_Speed = GPIO_Speed_100 MHz;//速度 100 MHz
GPIO_InitStructure.GPIO_OType = GPIO_OType_PP; //推挽复用输出
GPIO_InitStructure.GPIO_PuPd = GPIO_PuPd_UP; //上拉
GPIO_Init(GPIOF,&GPIO_InitStructure); //初始化 PF9

TIM_TimeBaseStructure.TIM_Prescaler=psc;//定时器分频
```

```
TIM_TimeBaseStructure. TIM_CounterMode=TIM_CounterMode_Up;
//递增计数模式
TIM_TimeBaseStructure. TIM_Period=arr; //自动重装载值
TIM_TimeBaseStructure. TIM_ClockDivision=TIM_CKD_DIV1;
TIM_TimeBaseInit(TIM14,&TIM_TimeBaseStructure);
//初始化 TIM14 Channel1 PWM 模式
TIM_OCInitStructure. TIM_OCMode = TIM_OCMode_PWM1;
//选择定时器模式:TIM 脉冲宽度调制模式 2
TIM_OCInitStructure. TIM_OutputState = TIM_OutputState_Enable; //比较输出使能
TIM_OCInitStructure. TIM_OCPolarity = TIM_OCPolarity_High;
//输出极性:TIM 输出比较极性高
TIM_OCInitStructure. TIM_Pulse=0;
TIM_OC1Init(TIM14, &TIM_OCInitStructure);
//根据 T 指定的参数初始化外设 TIM3 OC2
TIM_OC1PreloadConfig(TIM14, TIM_OCPreload_Enable);
//使能 TIM3 在 CCR2 上的预装载寄存器
TIM_ARRPreloadConfig(TIM14,ENABLE);
TIM_Cmd(TIM14, ENABLE);//使能 TIM14
}
```

4. 运行结果

通过串口助手,可以得到测量信号的频率与脉冲宽度,如图 7.18 所示。

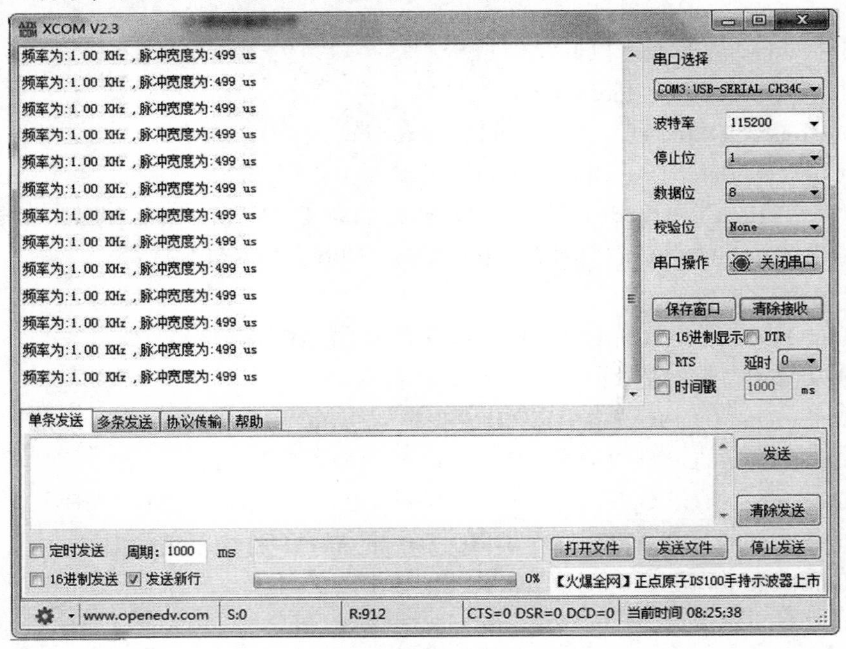

图 7.18 通过串口助手得到的测量结果

7.6 STM32F4 滴答时钟的原理及应用

SysTick 属于 Cortex-M3/M4 内核模块，它是一个 24 位的倒计数定时器，当计到 0 时，将从 RELOAD 寄存器中自动重装载定时初值。只要不把它在 SysTick 控制及状态寄存器中的使能位清除，就永不停息。

1. STM32F4 滴答时钟的原理

在以前，大多数操作系统需要一个硬件定时器来产生操作系统需要的滴答中断，作为整个系统的时基。例如，为多个任务许以不同数目的时间片，确保没有一个任务能霸占系统；或者把每个定时器周期的某个时间范围赋予特定的任务等，还有操作系统提供的各种定时功能，都与这个滴答定时器有关。因此，需要一个定时器来产生周期性的中断，而且用户程序不能随意访问它的寄存器，以维持操作系统“心跳”的节律。

Cortex-M4 处理器内部包含了一个简单的定时器，因为所有的 CM4 芯片都带有这个定时器，软件在不同的 CM4 器件间的移植工作得以化简。该定时器的时钟源可以是内部时钟（FCLK、CM4 上的自由运行时钟），或者是外部时钟（CM4 处理器上的 STCLK 信号）。不过，STCLK 的具体来源则由芯片设计者决定，因此不同产品之间的时钟频率可能会大不相同，需要根据芯片手册来选择时钟源。

SysTick 定时器能产生中断，CM4 为它专门开出一个异常类型，并且在向量表中有它的一席之地，SysTick 定时器被捆绑在 NVIC 中，用于产生 SYSTICK 异常（异常号：15）。它使操作系统和其他系统软件在 CM4 器件间的移植变得简单多了，因为在所有 CM4 产品间对其处理都是相同的。

CM4 允许为 SysTick 提供两个时钟源以供选择。第一个是内核的“自由运行时钟”FCLK。“自由”表现在它不来自系统时钟 HCLK，因此在系统时钟停止时 FCLK 也继续运行。第二个是一个外部的参考时钟。但是在使用外部时钟时，因为它在内部是通过 FCLK 来采样的，因此其周期必须至少是 FCLK 的两倍（采样定理）。很多情况下芯片厂商都会忽略此外部参考时钟，因此通常不可用。通过检查校准寄存器的位[31]（NOREF），可以判定是否有可用的外部时钟源，而芯片厂商则必须把该引线连接至正确的电平。

当 SysTick 定时器从 1 计到 0 时，它将把 COUNTFLAG 位置位，而下述方法可以使该位清零。

①读取 SysTick 控制及状态寄存器（CTRL）。

②往 SysTick 当前值寄存器（VAL）中写任何数据。

SysTick 的最大任务就是定期地产生异常请求，用来作为系统的时基。OS（操作系统）都需要这种“滴答”来推动任务和时间的管理。如欲使能 SysTick 异常，则把 CTRL. TICKINT 置位。另外，如果向量表被重新定位到 SRAM 中，还需要为 SysTick 异常建立向量，提供其服务例程的入口地址。

SysTick 定时器还可以用作闹钟，作为启动一个特定任务的时间依据。

2. STM32F4 滴答时钟的寄存器

有 4 个寄存器控制 SysTick 定时器，见表 7.4 ~7.7。

表 7.4　SysTick 控制及状态寄存器(CTRL)

位段	名称	类型	复位值	描述
16	COUNTFLAG	R	0	如果在上次读取本寄存器后,SysTick 已经数到了 0,则该位为 1。如果读取该位,该位将自动清零
2	CLKSOURCE	R/W	0	0:外部时钟源(STCLK), 1:内核时钟(FCLK)
1	TICKINT	R/W	0	1:SysTick 倒数到 0 时产生 SysTick 异常请求; 0:数到 0 时无动作
0	ENABLE	R/W	0	SysTick 定时器的使能位

表 7.5　SysTick 重装载数值寄存器(LOAD)

位段	名称	类型	复位值	描述
23 : 0	RELOAD	R/W	0	当倒数至零时,将被重装载的值

表 7.6　SysTick 当前数值寄存器(VAL)

位段	名称	类型	复位值	描述
23 : 0	CURRENT	R/W	0	读取时返回当前倒计数的值,写它则使之清零,同时还会清除在 SysTick 控制及状态寄存器中的 COUNTFLAG 标志

表 7.7　SysTick 校准数值寄存器(CALIB)

位段	名称	类型	复位值	描述
31	NOREF	R	—	1=没有外部参考时钟(STCLK 不可用); 0=外部参考时钟可用
30	SKEW	R	—	1=校准值不是准确的 10 ms; 0=校准值是准确的 10 ms
23 : 0	TENMS	R/W	0	10 ms 的时间内倒计数的格数。芯片设计者应该通过 Cortex-M4的输入信号提供该数值。若该值读回零,则表示无法使用校准功能

SysTick 定时器除了能服务于操作系统之外,还能用于其他目的,如作为一个闹铃、用于测量时间等。

3. STM32F4 滴答时钟的库函数

固件库中的 SysTick 相关函数如下。

(1)配置时钟函数。

SysTick_CLKSourceConfig();//SysTick 时钟源选择 misc.c 文件中

对于 STM32,外部时钟源是 HCLK(AHB 总线时钟)的 1/8,内核时钟是 HCLK 时钟。其原函数如下。

```
void SysTick_CLKSourceConfig(uint32_t SysTick_CLKSource)
{
  /* 检查参数 */
  assert_param(IS_SYSTICK_CLK_SOURCE(SysTick_CLKSource));
  if (SysTick_CLKSource == SysTick_CLKSource_HCLK)
  {
    SysTick->CTRL |= SysTick_CLKSource_HCLK;
  }
  else
  {
    SysTick->CTRL &= SysTick_CLKSource_HCLK_Div8;
  }
}
```

(2)滴答时钟初始化函数。

SysTick_Config(uint32_t ticks);

该函数初始化定时时间,ticks 即为 LOAD 值(24 位),使能定时器、开中断、时钟配置为内核时钟 HCLK(168 MHz)。定义在库函数 core_cm4.h 文件中。

SysTick_CLKSourceConfig()的原函数如下。

```
static __INLINE uint32_t SysTick_Config(uint32_t ticks)
{
  if (ticks > SysTick_LOAD_RELOAD_Msk)  return (1);
/* 检查参数是否大于 24 位数 */
/* set reload register */
  SysTick->LOAD  = (ticks & SysTick_LOAD_RELOAD_Msk) - 1;
/* set Priority for Cortex-M4 System Interrupts Systick 中断优先级更高 */
  NVIC_SetPriority (SysTick_IRQn, (1<<__NVIC_PRIO_BITS) - 1);
  SysTick->VAL   = 0; /* Load the SysTick Counter Value */
  SysTick->CTRL  = SysTick_CTRL_CLKSOURCE_Msk |
                   SysTick_CTRL_TICKINT_Msk   |
                   SysTick_CTRL_ENABLE_Msk;
                  /* Enable SysTick IRQ and SysTick Timer */
  return (0);/* Function successful */
}
```

(3)SysTick 中断服务函数。

void SysTick_Handler(void);//定义在库函数 startup_stm32f4Xx_hd.s

4. STM32F4 滴答时钟的应用

(1)基于库函数的滴答时钟应用。

设系统的 HCLK 配置为 168 MHz,利用寄存器初始化滴答时钟,每 500 ms 时 PF9 引脚上连接的 LED 交替闪烁,硬件电路如图 7.14 所示。

如果每 1 ms,滴答时钟减到 0,则初始化定时时间 ticks 即为 LOAD 值(24 位)值为 1 680 000(SysTick->LOAD),500 次便是 500 ms。利用中断方式实现该功能的程序如下。

```
#include "stm32f4xx.h"
#include "led.h"

static __IO uint32_t TimingDelay; //定义全局变量 TimingDelay
void Delay(__IO uint32_t nTime)
{
   TimingDelay = nTime;
   while(TimingDelay != 0);
}
void SysTick_Handler(void)//滴答时钟的中断服务函数
{
     if (TimingDelay != 0x00)
     {
        TimingDelay--;
     }
}
int main(void)
{
LED_Init();//初始化 LED 端口,PF9 初始化为推挽输出,带上拉电阻,此函数略
     if (SysTick_Config(SystemCoreClock / 1000)) //SysTick 时钟为 HCLK,中断时间间隔 1 ms
      {              //系统时钟 SystemCoreClock 配置为 168 MHz
      while (1);//该函数一般不会返回 1,只有当 ticks 大于 24 位时
      }
     while(1)
      {
   GPIO_ResetBits(GPIOF,GPIO_Pin_9);//LED0 对应引脚 GPIOF.9 拉低,亮
   Delay(500); //延时 500 ms
   GPIO_SetBits(GPIOF,GPIO_Pin_9);//LED1 对应引脚 GPIOF.9 拉高,灭
   Delay(500);//延时 500 ms
      }
```

```
}
```

也可以通过 BSRR 寄存器控制 GPIOF.9 为高低电平。

```
GPIOF->BSRR=1<<9; //设置 GPIOF.9 为高电平
GPIOA->BSRR=1<<(16+9);//设置 GPIOF.9 为低电平
```

(2)基于寄存器的滴答时钟应用。

设系统的 HCLK 配置为 168 MHz,利用寄存器初始化滴答时钟,每 500 ms 时 PF9 引脚上连接的 LED 交替闪烁,硬件电路如图 7.14 或图 4.16 所示。

如果每 10 ms,滴答时钟减到 0,则初始化定时时间 ticks 即为 LOAD 值(24 位)值为 1 680 000(SysTick->LOAD),50 次便是 500 ms。利用查询方式实现该功能的程序如下。

```
int main(void)
{
U32 temp,   u16 time50=0;
LED_Init();   //初始化 LED 端口,PF9 初始化为推挽输出,带上拉电阻,此函数略
SysTick->LOAD=1 680 000;//10 ms,168 MHz 时
SysTick->VAL=0;//VAL 初值为 0
SysTick->CTRL&=!(1<<1);//不使用中断
SysTick->CTRL|=1<<2;//时钟配置为 HCLK168 MHz
SysTick->CTRL|=1<<0;//使能滴答定时器
/*以上为初始化滴答时钟控制寄存器,也可以一次赋值 SysTick->CTRL|=0x00000005,但是,这样程序的可移植性及可读性较差*/
While(1)
{
temp=SysTick->CTRL;//读取 CTRL 寄存器
if(temp&(1<<16)) time50++;//判断 CTRL 的 COUNTFLAG 位是否为 1
if(time50==50)
{time50=0;
GPIO_ToggleBits(GPIOF,GPIO_Pin_9); //PF9 引脚取反
}
}
}
```

思考与练习

1. STM32F4 单片机(以 STM32F407ZGT6 为例)有几个定时器/计数器,各有什么特点?

2. 以某个 STM32F4 单片机的通用定时器为例,说明定时器可以实现的功能。

3. 简述 STM32F4 系列单片机做某个定时器使用时(内部时钟)的初始化步骤(中断方式)。

4. 简述 STM32F4 系列单片机做某个定时器使用时(内部时钟)的初始化步骤(查询方式)。

5. 配置某个定时器(自己选择某个定时器)的初始化函数 TIM_TimeBaseInit();

其函数格式如下。

voidTIM_TimeBaseInit(TIM_TypeDef * TIMx,TIM_TimeBaseInitTypeDef * TIM_TimeBaseInitStruct);

假如该定时器采用递增计数方式,分频系数为 7 199,周期为 5 000,请配置该定时器初始化函数。

TIM_TimeBaseInitTypeDefTIM_TimeBaseStructure; //结构体类型,结构体变量

TIM_TimeBaseStructure. TIM_Period = ;

TIM_TimeBaseStructure. TIM_Prescaler = ;

TIM_TimeBaseStructure. TIM_ClockDivision = ;

TIM_TimeBaseStructure. TIM_CounterMode = ;

TIM_TimeBaseInit(TIMX, &TIM_TimeBaseStructure);

6. 在定时器的结构图中,CK_CNT 为定时器内部时钟频率,CK_PSC 为分频器输入时钟频率,CK_CNT 为定时器计数时钟频率。

定时器采用内部时钟时,CK_CNT=CK_PSC,则

(1)CK_CNT=________ CK_PSC 。

(2)定时器的溢出时间与 ARR、PSC 及 T_{PSC}(T_{PSC} 为 CK_PSC 的周期)的关系如何,T_{out}(溢出时间)=________。

7. 根据 STM32F4 单片机某个通用定时器的 TIMx_DIER/中断使能寄存器(TIMx_DIER),以及定时器状态寄存器(TIMx_SR),参考《STM32F4xx 中文参考书册》,说明 STM32F4 微控制器某个通用定时器可以有几个中断源,具体说明。

8. 设置定时器中断(类型)的库函数 TIM_ITConfig(),函数格式如下。

void TIM_ITConfig(TIM_TypeDef * TIMx, uint16_t TIM_IT, FunctionalState NewState);

共有 3 个参数, 而第二个参数非常关键,是用来指明使能的定时器中断的类型,定时器中断的类型有很多种,包括更新中断(溢出) TIM_IT_Update,触发中断 TIM_IT_Trigger,以及输入捕获中断等,请结合本章作业第 7 题及库函数 TIM_ITConfig()中的中断类型有效性定义,说明某个定时器的中断类型有哪些(用宏定义说明)。

9. 定时器中断服务函数中,首先要判断该中断是什么类型的中断,为什么?

10. 在定时器固件库函数里面,用来读取中断状态寄存器的值判断中断类型的函数如下。

ITStatus TIM_GetITStatus(TIM_TypeDef * TIMx, uint16_t TIM_IT);

清除中断标志位的函数如下。

void TIM_ClearITPendingBit(TIM_TypeDef * TIMx, uint16_t TIM_IT)

固件库还提供了两个函数用来判断定时器状态以及清除定时器状态标志位的函数 TIM_GetFlagStatus() 和 TIM_ClearFlag(),请说明这两类判断定时器状态以及清除定时器状态标志位的区别。

11. 定时器作为 PWM 输出时,初始化输出比较参数函数:TIM_OC1Init();

函数格式如下。

void TIM_OC1Init(TIM_TypeDef * TIMx, TIM_OCInitTypeDef * TIM_OCInitStruct)

例如,初始化 TIM14 定时器通道 1(Channel1) PWM 模式,请配置(初始化)该函数(其他参数自行选择并在注释中说明)。

12. 定时器捕获输入时,初始化输出比较参数函数:

TIM_PWMIConfig();

函数格式如下。

TIM_PWMIConfig(TIM_TypeDef * TIMx, TIM_ICInitTypeDef * TIM_ICInitStruct);

例如,初始化 TIM2 定时器通道 3(Channel3),通道 3 选择映射到 TI3,且信号直接连接到通道 3,上升沿捕获,不分频,不滤波。

请配置(初始化)该函数(其他参数自行选择并在注释中说明)。

13. SysTick 嘀嗒时钟的配置函数(初始化)如下。

SysTick_Config(uint32_t ticks);

请写出该函数的软件代码,并说明配置的各参数的含义。

14. SysTick 嘀嗒时钟的输入时钟源频率选择函数如下。

SysTick_CLKSourceConfig( );

一般情况下,可以不使用,除非改变嘀嗒时钟的时钟源频率。如果使用了 SysTick_CLKSourceConfig( );同时也使用了嘀嗒时钟初始化函数 SysTick_Config(uint32_t ticks);在程序中,先调用哪一个函数,为什么?

15. 根据 SysTick 函数的定义,请分别使用一条 C 语言语句分别实现如下设置(初始化)。

(1)对于控制寄存器 CTRL。

①允许(使能)嘀嗒时钟中断。

②禁止嘀嗒时钟中断。

③使能嘀嗒时钟(工作)。

④选用外部时钟源。

⑤选用内部时钟源。

⑥使能嘀嗒时钟、使能中断、外部时钟源。

⑦使能嘀嗒时钟、使能中断、内部时钟源。

(2)对于寄存器 LOAD、VAL 初始化。

①初始化寄存器 LOAD 初值为 5 566。

②初始化寄存器 VAL 初值为 0;

(3)判断 COUNT_FLAG 状态标志位是否为 1。

第 8 章

STM32F4 人机接口设计——按键原理与 TFTLCD 显示

本章将介绍 STM32F4 的人机接口，主要包括矩阵按键、TFTLCD 显示。使用 STM32F4 的 I/O 口外扩 4×4 的矩阵键盘，对每个键盘可以编码输出；介绍 ALIENTEK 2.8 寸 TFT LCD 模块，该模块采用 TFTLCD 面板，可以显示 16 位色的真彩图片；使用探索者 STM32F4 开发板上的 LCD 接口，来点亮 TFTLCD，实现 ASCII 字符和彩色的显示等功能，并在串口打印 LCD 控制器 ID，同时在 LCD 上面显示，通过应用的展示来达到学习的目的。

8.1 矩阵键盘的接口实现

单片机系统中普遍使用非编码键盘，即键盘上闭合键的识别由软件来识别。键盘接口应具备以下功能。

(1)键扫描功能，即检测是否有健按下。

(2)产生相应的键代码(键值)。

(3)消除按键抖动及多键按下。

1. 键盘工作原理

4×4 的键盘结构如图 8.1 所示，当键盘上没有键闭合时，所有的行线和列线断开，列线 y0 ~ y3都是高电平。当键盘上某一个键闭合时，则该键所对应的列线与行线短路。例如，S3 号键按下闭合时，行线 x2 和列线 y0 短路，此时列线 y0 的电平由 x2 行线的电位所决定。

如果把列线 y0 ~ y3 接到单片机的输入口，行线 x0 ~ x3 接到单片机的输出口。以行线 x0 为例，在单片机的控制下让 x0 行线为低电平，如果读出的列线都为高电平，则 x0 这行上没有键闭合；如果读出的列线状态不全为高电平，则为低电平的列线与 x0 相交处的键处于闭合状态。如果 x0 这一行没有闭合键，就使下一行 x1 行线为低电平，检测该行线有无闭合键。以此类推，直到最后一根列线都检测完。这种逐行逐列地检查键盘状态的过程就称为对键盘一次扫描。

CPU 对键盘扫描可以采取程序控制的随机方式，CPU 空闲时扫描键盘。也可以采取定时控制方式，每隔一定的时间 CPU 就对键盘扫描一次。也可以采取中断方式，每当键盘上有键闭合时，向 CPU 请求中断，CPU 响应中断后，对键盘扫描，以识别是哪一个键处于闭合状态，并对该键输入信息做出相应处理。CPU 对键盘上闭合键的键号确定，可根据行线和列线的状态计算求得，也可以根据行线和列线状态查表求得。键闭合时列线电压波形在图 8.2 中，若 x0 为低电平，S1 号键闭合一次，y1 的电压波形如图 8.2 所示。图 8.2 中 t_1 和 t_2 分别为键的闭合

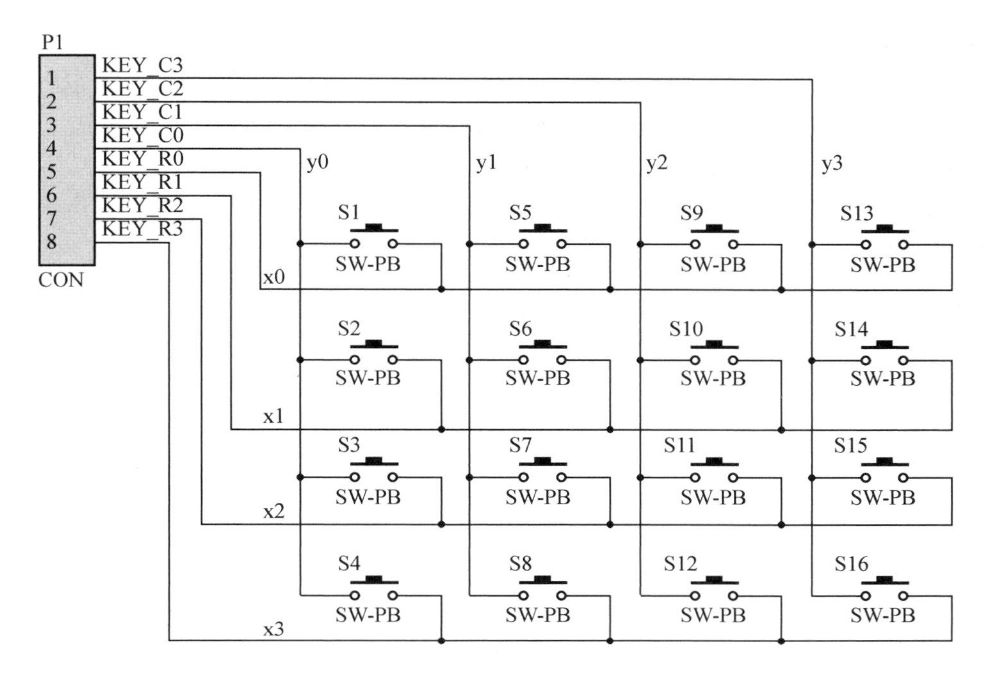

图 8.1　矩阵键盘原理图

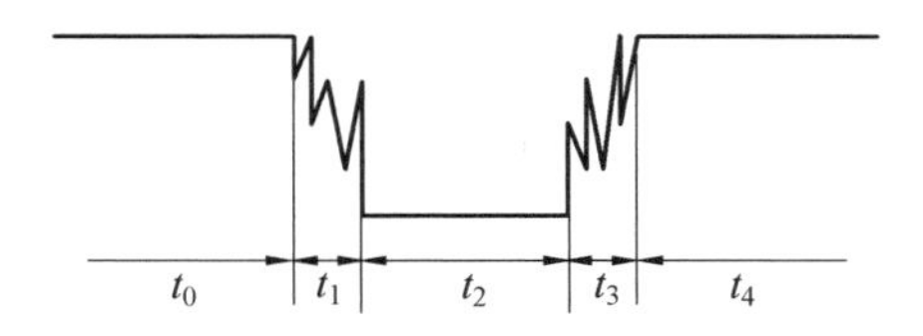

图 8.2　键闭合时列线电压波形

和断开过程中的抖动期(呈现一串负脉冲),抖动时间长短与开关的机械特性有关,一般为 5 ~ 10 ms,t_2 为稳定闭合期,其时间由操作员的按键动作所确定,一般为数百毫秒到几秒。t_0、t_4 为断开期。为了保证 CPU 对键的闭合做一次处理,必须去除抖动,在键的稳定闭合或断开时,读键的状态,以便判别到键由闭合到释放时再做处理。

非编码键盘识别按键的方法有两种:一种是行扫描法,另一种是线反转法。

(1)行扫描法。

通过行线发出低电平信号,如果该行线所连接的键没有按下,则列线所接的端口得到的全为“1”信号;如果有键按下,则得到非全为“1”信号。为防止双键或多键同时按下,再从第 0 行一直扫描到最后一行,若发现仅有一个“1”,则为有效键,否则全部作废。找到有效的闭合键后,读入相应的键值转到对应的处理程序。

(2)线反转法。

线反转法也是识别闭合键的一种常用方法,该方法比行扫描法速度快,但在硬件上要求行线与列线外接上拉电阻。该方法先将行线作为输出线,列线作为输入线,行线输出全为“0”,读入列线的值,然后将行线和列线的输入输出关系互换,并且将刚才读到的列线值从列线所接的端口输出,再读取行线的输入值。那么在闭合键所在的行线上值必为 0。这样当一个键被按下时,必定可读到一对唯一的行列值。

2. 矩阵键盘程序设计

根据上述对矩阵键盘硬件的描述，可以设计相应的程序，需要调用一些库文件，如 stm32f4xx_gpio. c、stm32f4xx_gpio. h 等。当然还需要自己编写相应的程序，如 key. c 以及对应头文件 key. h 用来存放 key 相关的函数和定义。

具体的硬件连接图如图 8.1 和图 8.3 所示。其中，KEY_C0 ~ KEY_C3 分别对应列线 y0 ~ y3，KEY_R0 ~ KEY_R3 分别对应行线 x0 ~ x3。

STM32F407

引脚	编号	信号
PF0	10	KEY_R0
PF1	11	KEY_R1
PF2	12	KEY_R2
PF3	13	KEY_R3
PF4	14	KEY_C0
PF5	15	KEY_C1
PF6	18	KEY_C2
PF7	19	KEY_C3

图 8.3　键盘和单片机的接口

从图 8.3 中可以看出，矩阵键盘和单片机的连接 I/O 口都集中在 PF 口上，在编写程序时会省去频繁切换 GPIO 口的麻烦，在自己设计时要根据硬件切换相应的 GPIO 口。

3. 矩阵键盘的程序代码

程序可以实现一个 4×4 的矩阵键盘扫描，当有按键按下时，程序最终返回一个按键的编码值，编码值的范围是 1 ~ 16。具体的 key. c 的代码如下。

```
u32 key_scan(void)
{
  u32 Keyvalue=0;
  char a = 0;
  static u8 key_up = 1; //按键按松开标志
  if(key_up && (GPIO_ReadInputData(GPIOF) & 0xff) ! = 0x0f) //本置位 0x0f
  {
    delay_ms(10); //去抖动
    key_up = 0;
    if((GPIO_ReadInputData(GPIOF) & 0xff) ! = 0x0f) //说明有按键按下
    {
      GPIO_SetBits(GPIOF, GPIO_Pin_0);
      //拉高
      //0x01 轮流输出低电平,因为单片机给信号来确定键值不同于之前单个按键
      GPIO_ResetBits(GPIOF, GPIO_Pin_1 | GPIO_Pin_2 | GPIO_Pin_3); //拉低
      switch(GPIO_ReadInputData(GPIOF) & 0xff)//默认选中,假定和设置一致
      {
        case 0x11:
          Keyvalue = 13;
```

```
        break;
    case 0x21:
        Keyvalue = 14;
        break;
    case 0x41:
        Keyvalue = 15;
        break;
    case 0x81:
        Keyvalue = 16;
        break;
}
GPIO_SetBits(GPIOF, GPIO_Pin_1); //拉高//0x01
GPIO_ResetBits(GPIOF, GPIO_Pin_0 | GPIO_Pin_2 | GPIO_Pin_3); //拉低
switch(GPIO_ReadInputData(GPIOF) & 0xff)
{
    case 0x12:
        Keyvalue = 9;
        break;
    case 0x22:
        Keyvalue = 10;
        break;
    case 0x42:
        Keyvalue = 11;
        break;
    case 0x82:
        Keyvalue = 12;
        break;
}
GPIO_SetBits(GPIOF, GPIO_Pin_2); //拉高//0x01
GPIO_ResetBits(GPIOF, GPIO_Pin_0 | GPIO_Pin_1 | GPIO_Pin_3); //拉低
switch(GPIO_ReadInputData(GPIOF) & 0xff)
{
    case 0x14:
        Keyvalue = 5;
        break;
    case 0x24:
        Keyvalue = 6;
        break;
    case 0x44:
```

```
                Keyvalue = 7;
                break;
            case 0x84:
                Keyvalue = 8;
                break;
            }
        GPIO_SetBits(GPIOF, GPIO_Pin_3); //拉高//0x01
        GPIO_ResetBits(GPIOF, GPIO_Pin_0 | GPIO_Pin_1 | GPIO_Pin_2); //拉低
        switch(GPIO_ReadInputData(GPIOF) & 0xff)
        {
            case 0x18:
                Keyvalue = 1;
                break;
            case 0x28:
                Keyvalue = 2;
                break;
            case 0x48:
                Keyvalue = 3;
                break;
            case 0x88:
                Keyvalue = 4;
                break;
        }
        GPIO_SetBits(GPIOF, GPIO_Pin_0 | GPIO_Pin_1 | GPIO_Pin_2 | GPIO_Pin_3);
        //拉高
        GPIO_ResetBits(GPIOF,GPIO_Pin_4|GPIO_Pin_5|GPIO_Pin_6|GPIO_Pin_7);
        //拉低
        while((a < 50) && (GPIO_ReadInputData(GPIOF) & 0xff) ! = 0x0f)
        //检测按键松手检测
      {   //按键按下在里面进行循环不出去
            delay_ms(10);//防止连续按下持续执行
            a++;
        }
      }
    }
  else if((GPIO_ReadInputData(GPIOF) & 0xff) = = 0x0f) //无按键按下
  {
    Keyvalue = 0; //清值
    key_up = 1;//无按键按下跳出
```

```
    }
    return Keyvalue;
}
```

8.2　TFTLCD&FSMC 接口原理

本节将介绍 ALIENTEK 2.8 寸 TFTLCD 模块,该模块采用 TFTLCD 面板,可以显示 16 位色的真彩图片。实例中使用探索者 STM32F4 开发板上的 LCD 接口来点亮 TFTLCD,实现 ASCII 字符和彩色的显示等功能,并在串口打印 LCD 控制器 ID,同时在 LCD 上面显示。

1. TFTLCD 简介

(1)TFTLCD 原理。

TFTLCD 即薄膜晶体管液晶显示器,其英文全称为 Thin Film Transistor-Liquid Crystal Display。TFTLCD 与无源 TNLCD、STNLCD 的简单矩阵不同,它在液晶显示屏的每一个像素上都设置有一个薄膜晶体管(TFT),可有效地克服非选通时的串扰,使显示液晶屏的静态特性与扫描线数无关,因此大大提高了图像质量。TFTLCD 也被称为真彩液晶显示器。

(2)TFTLCD 与开发版连接硬件电路。

本节以 2.8 寸(其他 3.5 寸、4.3 寸等 LCD 方法类似,请参考 2.8 寸的即可)的 ALIENTEK TFTLCD 模块为例介绍,该模块支持 65 K 色显示,显示分辨率为 320×240,接口为 16 位的 8080 并口,自带触摸屏。

该模块的外观图如图 8.4 所示。

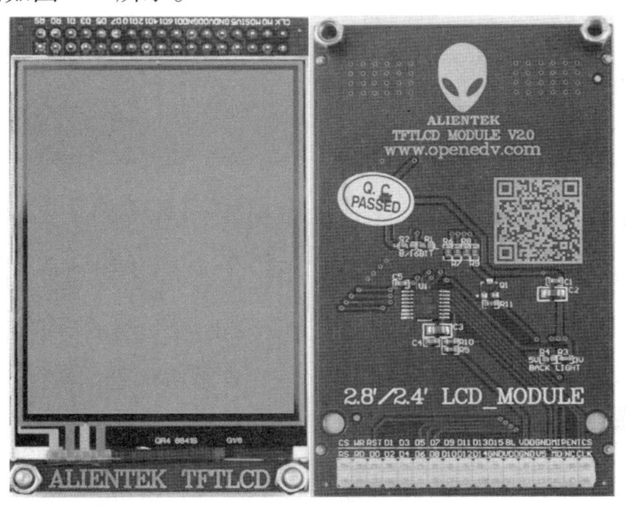

图 8.4　2.8 寸 TFTLCD 外观图

该模块的原理图如图 8.5 所示。

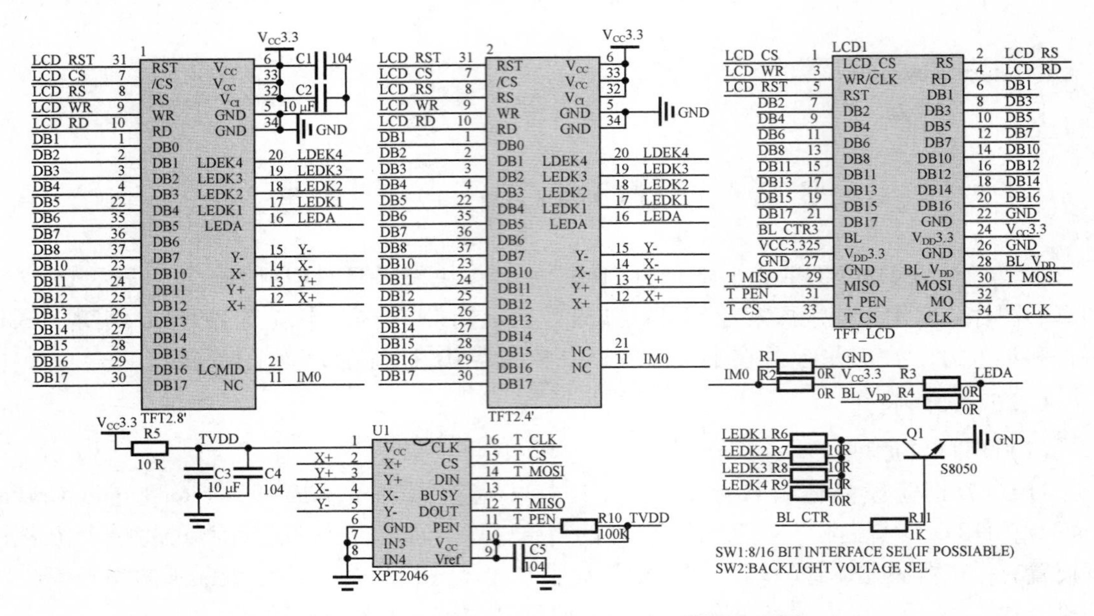

图 8.5　ALIENTEK 2.8 寸 TFTLCD 模块原理图

从图 8.5 可以看出，ALIENTEK TFTLCD 模块采用 16 位的并行方式与外部连接，之所以不采用 8 位的方式，是因为彩屏的数据量比较大，尤其在显示图片的时候，如果用 8 位数据线，就会比 16 位方式慢一倍以上，所以选择 16 位的接口。图 8.5 还列出了触摸屏芯片的接口。该模块的 8080 并口有如下一些信号线。

①CS：TFTLCD 片选信号。

②WR：向 TFTLCD 写入数据。

③RD：从 TFTLCD 读取数据。

④D[15：0]：16 位双向数据线。

⑤RST：硬复位 TFTLCD。

⑤RS：命令/数据标志（0，读写命令；1，读写数据）。

TFTLCD 模块的 RST 信号线直接接到 STM32F4 的复位脚上，并不由软件控制，这样可以省下来一个 I/O 口。另外还需要一个背光控制线来控制 TFTLCD 的背光。所以，总共需要的 I/O 口数目为 21 个。这里还需要注意，标注的 DB1 ~ DB8、DB10 ~ DB17，是相对于 LCD 控制 IC 标注的，实际上可以把它们等同于 D0 ~ D15，这样理解起来就比较简单一点。

（3）TFTLCD 的驱动芯片参数介绍。

ALIENTEK 提供 2.8 寸 TFTLCD 模块，其驱动芯片是 ILI9341。ILI9341 液晶控制器自带显存，其显存总大小为 172 800（240×320×18/8），即 18 位模式（26 万色）的显存量。在 16 位模式下，ILI9341 采用 RGB565 格式存储颜色数据，此时 ILI9341 的 18 位数据线与 MCU 的 16 位数据线以及 LCDGRAM 的对应关系见表 8.1。

表 8.1　16 位数据与显存对应关系表

ILI9341 总线	D17	D16	D15	D14	D13	D12	D11	D10	D9	D8	D7	D6	D5	D4	D3	D2	D1	D0
MCU 数据（16 位）	D15	D14	D13	D12	D11	NC	D10	D9	D8	D7	D6	D5	D4	D3	D2	D1	D0	NC
LCDGRAM（16 位）	R[4]	R[3]	R[2]	R[1]	R[0]	NC	G[5]	G[4]	G[3]	G[2]	G[1]	G[0]	B[4]	B[3]	B[2]	B[1]	B[0]	NC

从表 8.1 中可以看出，ILI9341 在 16 位模式下面，数据线有用的是：D17 ~ D13 和 D11 ~ D1，D0 和 D12 没有用到，实际在 LCD 模块里面，ILI9341 的 D0 和 D12 没有引出来，这样，ILI9341 的 D17 ~ D13 和 D11 ~ D1 对应 MCU 的 D15 ~ D0。

MCU 的 16 位数据，最低 5 位代表蓝色，中间 6 位为绿色，最高 5 位为红色。数值越大，表示该颜色越深。另外，特别注意 ILI9341 所有的指令都是 8 位的（高 8 位无效），且参数除了读写 GRAM 的时候是 16 位，其他操作参数都是 8 位的，这个和 ILI9320 等驱动器不一样，必须加以注意。

下面介绍 ILI9341 的几个重要命令，因为 ILI9341 的命令很多，这里就不全部介绍了，其他的介绍可以参考 ILI9341 的 datasheet，datasheet 里面对这些命令有详细的介绍。本节将介绍 0XD3、0X36、0X2A、0X2B、0X2C、0X2E 6 条指令。

①ILI9341 的指令 0XD3。指令 0XD3 是读 ID 指令，用于读取 LCD 控制器的 ID，该指令见表 8.2。

表 8.2　0XD3 指令描述

顺序	控制			各位描述									HEX
	RS	RD	WR	D15 ~ D8	D7	D6	D5	D4	D3	D2	D1	D0	
指令	0	1	↑	XX	1	1	0	1	0	0	1	1	D3H
参数 1	1	↑	1	XX	X	X	X	X	X	X	X	X	X
参数 2	1	↑	1	XX	0	0	0	0	0	0	0	0	00H
参数 3	1	↑	1	XX	1	0	0	1	0	0	1	1	93H
参数 4	1	↑	1	XX	0	1	0	0	0	0	0	1	41H

从表 8.2 可以看出，0XD3 指令后面跟了 4 个参数，最后 2 个参数，读出来是 0X93 和 0X41，刚好是控制器 ILI9341 型号的数字部分，从而通过该指令，即可判别所用的 LCD 驱动器是什么型号，用户的代码就可以根据控制器的型号去执行对应驱动 IC 的初始化代码，从而兼容不同驱动 IC 的屏，一个代码支持多款 LCD。

②ILI9341 的指令 0X36。指令 0X36 是存储访问控制指令，可以控制 ILI9341 存储器的读写方向，简单地说，就是在连续写 GRAM 的时候，可以控制 GRAM 指针的增长方向，从而控制显示方式（读 GRAM 也是一样），该指令见表 8.3。

表 8.3　0X36 指令描述

顺序	控制			各位描述									HEX
	RS	RD	WR	D15～D8	D7	D6	D5	D4	D3	D2	D1	D0	
指令	0	1	↑	XX	0	0	1	1	0	1	1	0	36H
参数	1	1	↑	XX	MY	MX	MV	ML	BGR	MH	0	0	0

从表 8.3 可以看出，0X36 指令后面，紧跟一个参数，这里主要关注 MY、MX、MV 这 3 个位，通过这 3 个位的设置，可以控制整个 ILI9341 的全部扫描方向，见表 8.4。

表 8.4　MY、MX、MV 设置与 LCD 扫描方向关系表

控制位			效果
MY	MX	MV	LCD 扫描方向（GRAM 自增方式）
0	0	0	从左到右，从上到下
1	0	0	从左到右，从下到上
0	1	0	从右到左，从上到下
1	1	0	从右到左，从下到上
0	0	1	从上到下，从左到右
0	1	1	从上到下，从右到左
1	0	1	从下到上，从左到右
1	1	1	从下到上，从右到左

从表 8.4 可以看出，利用 ILI9341 显示内容的时候，灵活性很大，例如，显示 BMP 图片，BMP 的解码数据就是从图片的左下角开始，慢慢显示到右上角，所以就可以设置 LCD 扫描方向为从左到右，从下到上，MY、MX、MV 设置成 100，那么只需要设置一次坐标，然后不停地往 LCD 填充颜色数据即可，这样可以大大提高显示速度。

③ILI9341 的指令 0X2A。指令 0X2A，是列地址设置指令，在从左到右，从上到下的扫描方式（默认）下面，该指令用于设置横坐标（x 坐标），该指令见表 8.5。

表 8.5　0X2A 指令描述

顺序	控制			各位描述									HEX
	RS	RD	WR	D15～D8	D7	D6	D5	D4	D3	D2	D1	D0	
指令	0	1	↑	XX	0	0	1	0	1	0	1	0	2AH
参数 1	1	1	↑	XX	SC15	SC14	SC13	SC12	SC11	SC10	SC9	SC8	SC
参数 2	1	1	↑	XX	SC7	SC6	SC5	SC4	SC3	SC2	SC1	SC0	
参数 3	1	1	↑	XX	EC15	EC14	EC13	EC12	EC11	EC10	EC9	EC8	EC
参数 4	1	1	↑	XX	EC7	EC6	EC5	EC4	EC3	EC2	EC1	EC0	

在默认扫描方式时，该指令用于设置 x 坐标，该指令带有 4 个参数，实际上是 2 个坐标值：SC 和 EC，即列地址的起始值和结束值，SC 必须小于等于 EC，且 0≤SC/EC≤239。一般在设

置 x 坐标的时候，只需要带 2 个参数即可，也就是设置 SC 即可，因为如果 EC 没有变化，只需要设置一次即可（在初始化 ILI9341 的时候设置），从而提高速度和效率。

④ILI9341 的指令 0X2B。指令 0X2B 是页地址设置指令与 0X2A 指令类似，在从左到右，从上到下的扫描方式（默认）下，该指令用于设置纵坐标（y 坐标），该指令见表 8.6。

表 8.6　0X2B 指令描述

顺序	控制			各位描述									HEX
	RS	RD	WR	D15～D8	D7	D6	D5	D4	D3	D2	D1	D0	
指令	0	1	↑	XX	0	0	1	0	1	0	1	0	2BH
参数 1	1	1	↑	XX	SP15	SP14	SP13	SP12	SP11	SP10	SP9	SP8	SP
参数 2	1	1	↑	XX	SP7	SP6	SP5	SP4	SP3	SP2	SP1	SP0	
参数 3	1	1	↑	XX	EP15	EP14	EP13	EP12	EP11	EP10	EP9	EP8	EP
参数 4	1	1	↑	XX	EP7	EP6	EP5	EP4	EP3	EP2	EP1	EP0	

在默认扫描方式时，该指令用于设置 y 坐标，该指令带有 4 个参数，实际上是 2 个坐标值：SP 和 EP，即页地址的起始值和结束值，SP 必须小于等于 EP，且 $0 \leqslant SP/EP \leqslant 319$。一般在设置 y 坐标的时候，只需要带 2 个参数即可，也就是设置 SP 即可，因为如果 EP 没有变化，只需要设置一次即可（在初始化 ILI9341 的时候设置），从而提高速度和效率。

⑤ILI9341 的指令 0X2C。0X2C 指令是写 GRAM 指令，在发送该指令之后，便可以往 LCD 的 GRAM 里面写入颜色数据了，该指令支持连续写，指令描述见表 8.7。

表 8.7　0X2C 指令描述

顺序	控制			各位描述									HEX
	RS	RD	WR	D15～D8	D7	D6	D5	D4	D3	D2	D1	D0	
指令	0	1	↑	XX	0	0	1	0	1	1	0	0	2CH
参数 1	1	1	↑	D1[15：0]									XX
…	1	1	↑	D2[15：0]									XX
参数 n	1	1	↑	Dn[15：0]									XX

从表 8.7 可知，在收到指令 0X2C 之后，数据有效位宽变为 16 位，可以连续写入 LCD GRAM 值，而 GRAM 的地址将根据 MY/MX/MV 设置的扫描方向进行自增。例如，假设设置的是从左到右，从上到下的扫描方式，设置好起始坐标（通过 SC、SP 设置）后，每写入一个颜色值，GRAM 地址将会自动自增 1（SC++），如果碰到 EC，则回到 SC，同时 SP++，一直到坐标 EC、EP 结束，其间无须再次设置坐标，从而大大提高写入速度。

⑥ILI9341 的指令 0X2E。0X2E 指令是读 GRAM 指令，用于读取 ILI9341 的显存（GRAM），该指令在 ILI9341 的数据手册上面的描述是有误的，真实的输出情况见表 8.8。

该指令用于读取 GRAM，见表 8.8，ILI9341 在收到该指令后，第一次输出的是 dummy 数据，也就是无效的数据，第二次开始，读取到的才是有效的 GRAM 数据（从坐标 SC、SP 开始），输出规律为：每个颜色分量占 8 个位，一次输出 2 个颜色分量。例如，第一次输出是 R1G1，随后的规律为:B1R2→G2B2→R3G3→B3R4→G4B4→R5G5→…以此类推。如果只需要读取一个点的颜色值,那么只需要接收到参数 3 即可,如果要连续读取(利用 GRAM 地址自增,方法同上),那么就按照上述规律去接收颜色数据。

表 8.8　0X2E 指令描述

顺序	控制			各位描述												HEX
	RS	RD	WR	D15 ~ D11	D10	D9	D8	D7	D6	D5	D4	D3	D2	D1	D0	
指令	0	1	↑	XX				0	0	1	0	1	1	1	0	2EH
参数 1	1	↑	1	XX												dummy
参数 2	1	↑	1	R1[4:0]	XX			G1[5:0]					XX			R1G1
参数 3	1	↑	1	B1[4:0]	XX			R2[4:0]					XX			B1R2
参数 4	1	↑	1	G2[5:0]	XX			B2[4:0]					XX			G2B2
参数 5	1	↑	1	R3[4:0]	XX			G3[5:0]					XX			R3G3
参数 N	1	↑	1	按以上规律输出												

以上就是操作 ILI9341 常用的几个指令,通过这几个指令就可以很好的控制 ILI9341 显示所要显示的内容了。

TFTLCD 使用流程如图 8.7 所示。

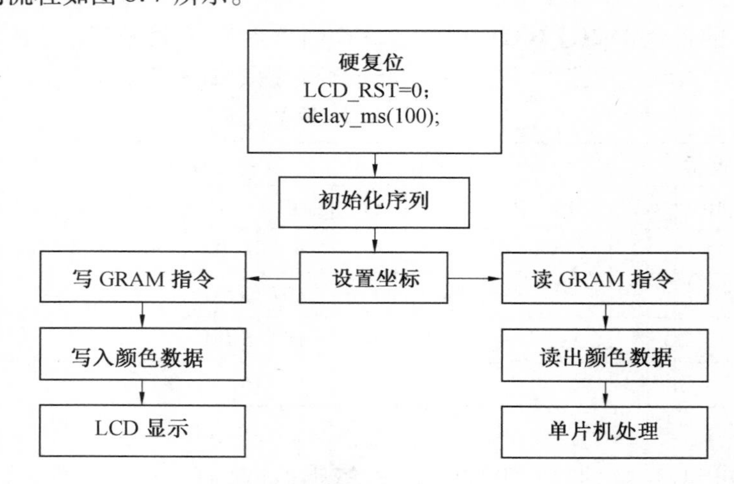

图 8.6　TFTLCD 使用流程

任何 LCD,使用流程都可以用图 8.6 表示。其中,硬复位和初始化序列,只需要执行一次即可。而画点流程就是:设置坐标→写 GRAM 指令→写入颜色数据,然后在 LCD 上面即可看到对应的点显示写入的颜色了。读点流程为:设置坐标→读 GRAM 指令→读取颜色数据,这样就可以获取到对应点的颜色数据了。

(4)TFTLCD 的设置步骤。

以上只是最简单的操作,也是最常用的操作,有了这些操作,一般就可以正常使用 TFTLCD 了。接下来将该模块用来显示字符和数字,通过以上介绍可以得出 TFTLCD 显示需要的相关设置步骤如下。

①设置 STM32F4 与 TFTLCD 模块相连接的 I/O。先将与 TFTLCD 模块相连的 I/O 口进行初始化,以便驱动 LCD。这里用到的是 FSMC,FSMC 将在下节详细介绍。

②初始化 TFTLCD 模块。即图 8.6 的初始化序列,这里没有硬复位 LCD,因为探索者 STM32F4 开发板的 LCD 接口,将 TFTLCD 的 RST 同 STM32F4 的 RESET 连接在一起,只要按下开发板的 RESET 键,就会对 LCD 进行硬复位。初始化序列,就是向 LCD 控制器写入一系列的设置值(例如,伽马校准),这些初始化序列一般 LCD 供应商会提供给客户,直接使用这些序列即可,不需要深入研究。在初始化之后,LCD 才可以正常使用。

③通过函数将字符和数字显示到 TFTLCD 模块上。通过图 8.6 左侧的流程,即设置坐标、写 GRAM 指令、写入颜色数据来实现,但是这个步骤只是一个点的处理,如果要显示字符/数字,就必须要多次使用这个步骤,从而达到显示字符/数字的目的,所以需要设计一个函数来实现字符/数字的显示,之后调用该函数,就可以实现字符/数字的显示了。

2. FSMC 简介

FSMC,即灵活的静态存储控制器,能够与同步或异步存储器和 16 位 PC 存储器卡连接,STM32F4 的 FSMC 接口支持包括 SRAM、NAND FLASH、NOR FLASH 和 PSRAM 等存储器。FSMC 的框图如图 8.7 所示。

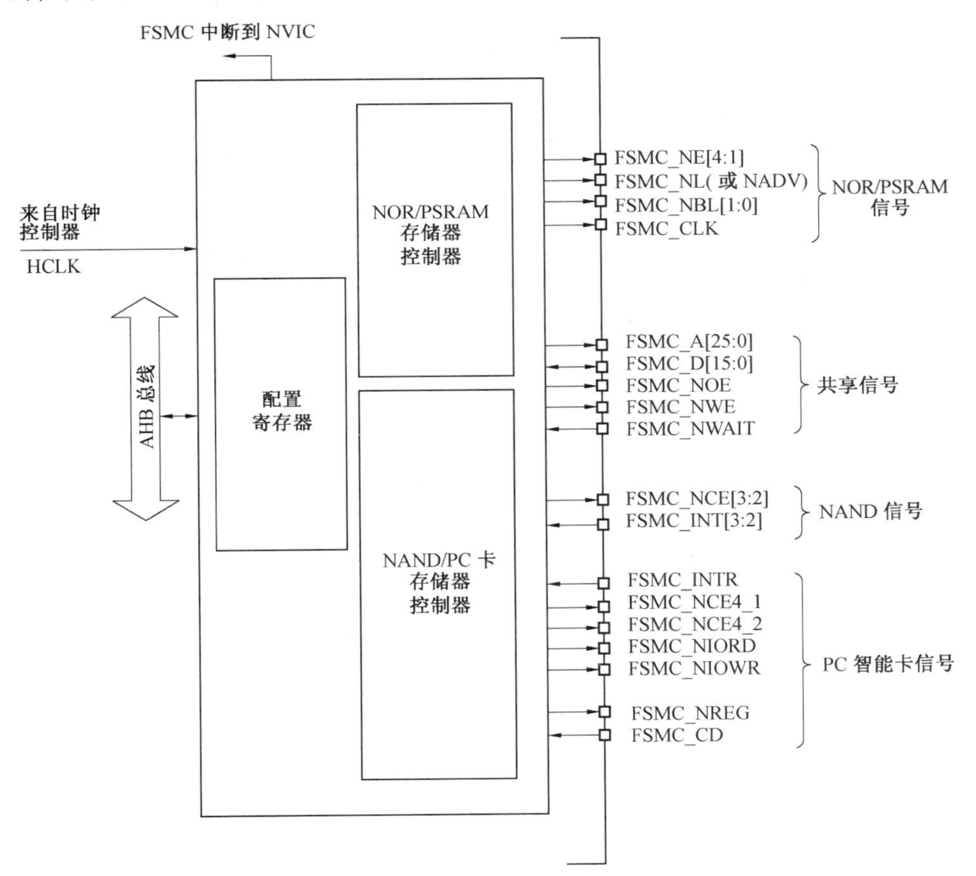

图 8.7　FSMC 框图

从图 8.7 可以看出,STM32F4 的 FSMC 将外部设备分为 2 类:NOR/PSRAM 设备、NAND/PC 卡设备。它们共用地址数据总线等信号,具有不同的片选以区分不同的设备,例如,8.1 节用到的 TFTLCD 就是用的 FSMC_NE4 做片选,其实就是将 TFTLCD 当成 SRAM 来控制。

(1)FSMC 的存储块地址映象。

外部 SRAM 的控制一般有:地址线(如 A0 ~ A18)、数据线(如 D0 ~ D15)、写信号(WE)、读信号(OE)、片选信号(CS),如果 SRAM 支持字节控制,那么还有 UB/LB 信号。而 TFTLCD 的信号在 8.1 节有介绍,包括:RS、D0 ~ D15、WR、RD、CS、RST 和 BL 等,其中,真正在操作 LCD 的时候需要用到的就只有:RS、D0 ~ D15、WR、RD 和 CS。其操作时序和 SRAM 的控制完全类似,唯一不同就是 TFTLCD 有 RS 信号,但是没有地址信号。这就是可以把 TFTLCD 当成 SRAM 设备用的原因。

TFTLCD 通过 RS 信号来决定传送的是数据还是命令,可以理解为一个地址信号,例如,把 RS 接在 A0 上,那么当 FSMC 控制器写地址 0 的时候,会使得 A0 变为 0,对 TFTLCD 来说,就是写命令;而 FSMC 写地址 1 的时候,A0 将会变为 1,对 TFTLCD 来说,就是写数据。这样就把数据和命令区分开了,其实就是对应 SRAM 操作的两个连续地址。当然 RS 也可以接在其他地址线上,探索者 STM32F4 开发板是把 RS 连接在 A6 上面的。

STM32F4 的 FSMC 支持 8/16/32 位数据宽度,这里用到的 LCD 是 16 位宽度的,所以在设置的时候,选择 16 位宽即可。下面再来看 FSMC 的外部设备地址映象,STM32F4 的 FSMC 将外部存储器划分为 256 MB 字节的 4 个存储块,如图 8.8 所示。

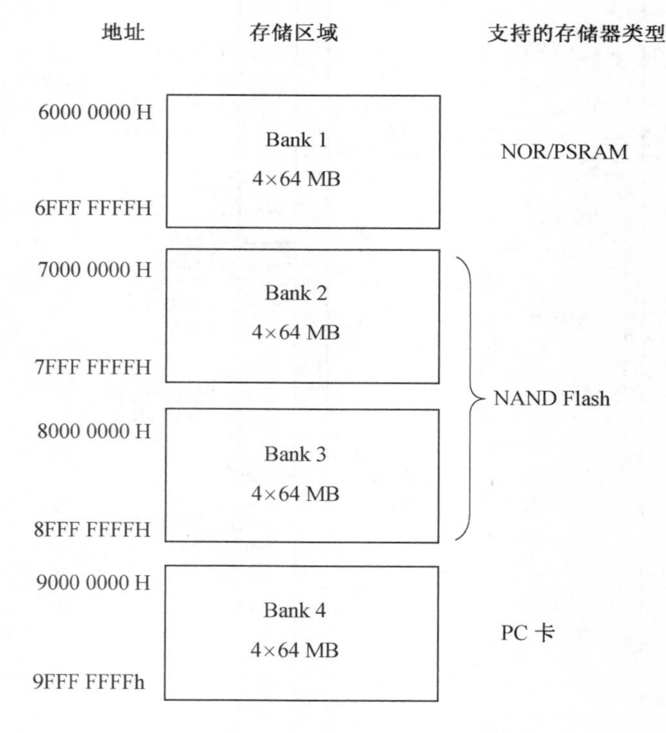

图 8.8　FSMC 存储块地址映象

从图 8.8 可以看出,FSMC 总共管理 1 GB 空间,拥有 4 个存储块(Bank),本节用到的是块 1(Bank 1),所以在本节仅讨论块 1 的相关配置,其他块的配置,请参考《STM32F4xx 中文参考手册》第 32 章的相关介绍。

STM32F4 的 FSMC 存储块 1(Bank 1)被分为 4 个区,每个区管理 64 MB 字节空间,每个区都有独立的寄存器对所连接的存储器进行配置。Bank 1 的 256 MB 字节空间由 28 根地址线(HADDR[27 : 0])寻址。

这里 HADDR 是内部 AHB 地址总线,其中,HADDR[25 : 0]来自外部存储器地址 FSMC_A[25 : 0],而 HADDR[26 : 27]对 4 个区进行寻址,见表 8.9。

表 8.9　Bank 1 存储区选择表

Bank 1 所选区	片选信号	地址范围	HADDR	
			[27 : 26]	[25 : 0]
第 1 区	FSMC_NE1	0X6000,0000 ~ 63FF,FFFF	00	FSMC_A[25 : 0]
第 2 区	FSMC_NE2	0X6400,0000 ~ 67FF,FFFF	01	
第 3 区	FSMC_NE3	0X6800,0000 ~ 6BFF,FFFF	10	
第 4 区	FSMC_NE4	0X6C00,0000 ~ 6FFF,FFFF	11	

表 8.9 中,要特别注意 HADDR[25 : 0]的对应关系。

当 Bank 1 接的是 16 位宽度存储器时:HADDR[25 : 1]→FSMC_A[24 : 0]。Bank 1 接的是 8 位宽度存储器时:HADDR[25 : 0]→FSMC_A[25 : 0]。

不论外部接 8 位/16 位宽设备,FSMC_A[0]都接在外部设备地址 A[0]。TFTLCD 使用的是 16 位数据宽度,所以 HADDR[0]并没有用到,只有 HADDR[25 : 1]是有效的,对应关系变为:HADDR[25 : 1]→FSMC_A[24 : 0],相当于右移了一位。另外,HADDR[27 : 26]的设置,是不需要人为干预的,例如,当选择使用 Bank 1 的第三个区,即使用 FSMC_NE3 来连接外部设备的时候,即对应了 HADDR[27 : 26] = 10,需要做的是配置对应第 3 区的寄存器组,来适应外部设备即可。STM32F4 的 FSMC 各 Bank 配置寄存器见表 8.10。

表 8.10　FSMC 各 Bank 配置寄存器表

内部控制器	存储块	管理的地址范围	支持的设备类型	配置寄存器
NOR FLASH 控制器	Bank 1	0X6000,0000 ~ 0X6FFF,FFFF	SRAM/ROM NOR FLASH PSRAM	FSMC_BCR1/2/3/4 FSMC_BTR1/2/2/3 FSMC_BWTR1/2/3/4
NAND FLASH PC CARD 控制器	Bank 2	0X7000,0000 ~ 0X7FFF,FFFF	NAND FLASH	FSMC_PCR2/3/4 FSMC_SR2/3/4 FSMC_PMEM2/3/4 FSMC_PATT2/3/4 FSMC_PIO4 FSMC_ECCR2/3
	Bank 3	0X8000,0000 ~ 0X8FFF,FFFF		
	Bank 4	0X9000,0000 ~ 0X9FFF,FFFF	PC Card	

(2)FSMC 访问存储器的方式。

对于 NOR FLASH 控制器,主要是通过 FSMC_BCRx、FSMC_BTRx 和 FSMC_BWTRx 寄存器

设置(其中 x=1~4,对应4个区)。通过这3个寄存器,可以设置FSMC访问外部存储器的时序参数,拓宽了可选用的外部存储器的速度范围。FSMC的NOR FLASH控制器支持同步和异步突发两种访问方式。

选用同步突发访问方式时,FSMC将HCLK(系统时钟)分频后,发送给外部存储器作为同步时钟信号FSMC_CLK。此时需要设置的时间参数有2个。

①HCLK与FSMC_CLK的分频系数(CLKDIV),可以为2~16分频。

②同步突发访问中获得第1个数据所需要的等待延迟(DATLAT)。

对于异步突发访问方式,FSMC主要设置3个时间参数:地址建立时间(ADDSET)、数据建立时间(DATAST)和地址保持时间(ADDHLD)。FSMC综合了SRAM/ROM、PSRAM和NOR FLASH产品的信号特点,定义了4种不同的异步时序模型。选用不同的时序模型时,需要设置不同的时序参数,见表8.11。

表8.11 NOR FLASH控制器支持的时序模型

时序模型		简单描述	时间参数
异步	Mode1	SRAM/CRAM 时序	DATAST、ADDSET
	ModeA	SRAM/CRAM OE 选通型时序	DATAST、ADDSET
	Mode2/B	NOR FLASH 时序	DATAST、ADDSET
	ModeC	NOR FLASH OE 选通型时序	DATAST、ADDSET
	ModeD	延长地址保持时间的异步时序	DATAST、ADDSET、ADDHLK
同步突发		根据同步时钟 FSMC_CK 读取多个顺序单元的数据	CLKDIV、DATLAT

(3)FSMC的时序。

在实际扩展时,根据选用存储器的特征确定时序模型,从而确定各时间参数与存储器读/写周期参数指标之间的计算关系;利用该计算关系和存储芯片数据手册中给定的参数指标,可计算出FSMC所需要的各时间参数,从而对时间参数寄存器进行合理的配置。

本节使用异步模式A(ModeA)方式来控制TFTLCD,模式A读操作时序图如图8.9所示。

模式A支持独立的读写时序控制,这个对驱动TFTLCD来说非常有用,因为TFTLCD在读的时候,一般比较慢,而在写的时候比较快,如果读写用一样的时序,那么只能以读的时序为基准,从而导致写的速度变慢,或者在读数据的时候,重新配置FSMC的延时,在读操作完成的时候,再配置回写的时序,这样虽然也不会降低写的速度,但是频繁配置,比较麻烦。而如果有独立的读写时序控制,那么只要初始化的时候配置好,之后就不用再配置,既可以满足速度要求,又不需要频繁改配置。

模式A的写操作时序如图8.10所示。

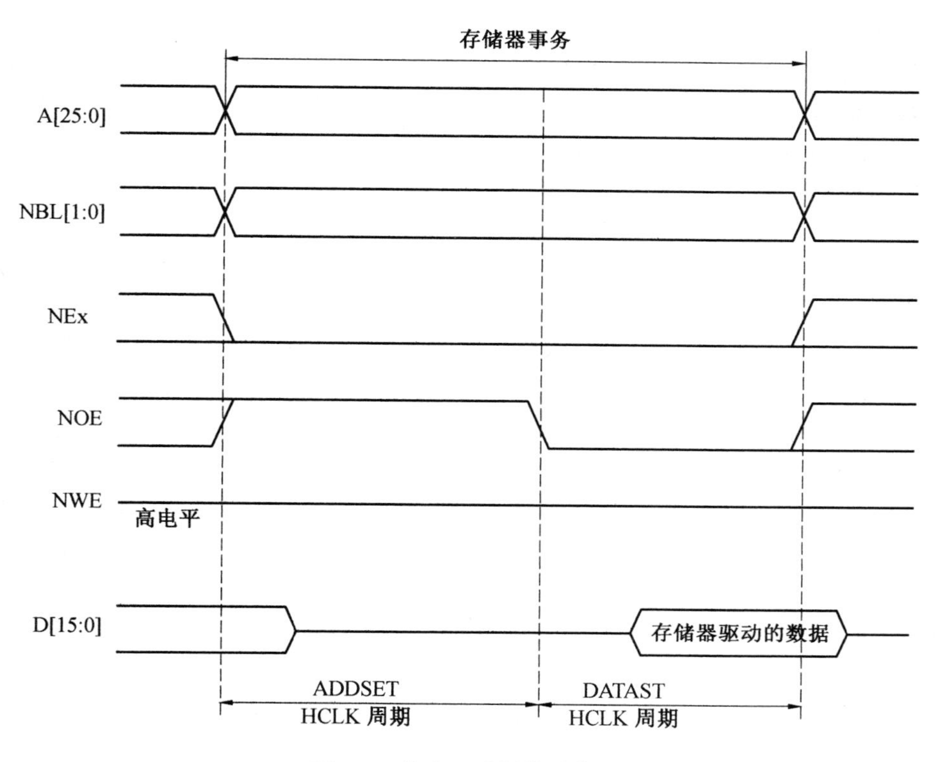

图 8.9　模式 A 读操作时序图

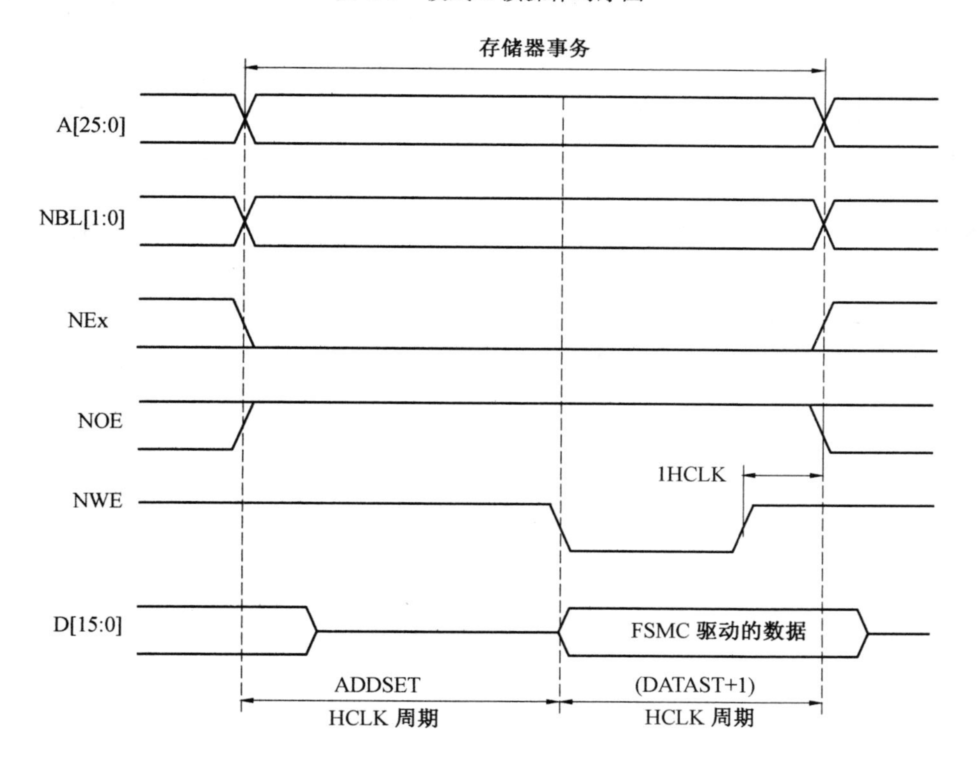

图 8.10　模式 A 写操作时序

(4)FSMC 的控制寄存器。

图 8.9 和图 8.10 中的 ADDSET 与 DATAST,是通过不同的寄存器设置的,下面介绍Bank 1 的几个控制寄存器。

①FSMC_BCRx 寄存器。SRAM/NOR 闪存片选控制寄存器:FSMC_BCRx(x=1~4),该寄存器各位描述见表 8.12。

表 8.12　FSMC_BCRx 寄存器各位描述

31	30	29	28	27	26	25	24	23	22	21	20	19	18	17	16	15	14	13	12	11	10	9	8	7	6	5	4	3	2	1	0
Reserved												CBURSTRW	Reserved			ASCYCWAIT	EXTMOD	WAITEN	WREN	WAITCFG	WRAPMOD	WAITPOL	BURSTEN	Reserved	FACCEN	MWID		MTYP		MTYP	MUXEN
												rw				rw	rw	rw	rw	rw	rw	rw	rw		rw	rw	rw	rw	rw	rw	rw

该寄存器在本节用到的位有:EXTMOD、WREN、MWID、MTYP 和 MBKEN 这几个设置,下面将逐个介绍。

EXTMOD:扩展模式使能位。即是否允许读写不同的时序,很明显,本节需要读写不同的时序,故该位需要设置为 1。

WREN:写使能位。程序控制需要向 TFTLCD 写数据,故该位必须设置为 1。

MWID[1:0]:存储器数据总线宽度。00 表示 8 位数据模式;01 表示 16 位数据模式;10 和 11 保留。

TFTLCD 是 16 位数据线,所以设置 MWID[1:0]=01。

MTYP[1:0]:存储器类型。00 表示 SRAM、ROM;01 表示 PSRAM;10 表示 NOR FLASH;11 保留。

前文提到,把 TFTLCD 当成 SRAM 用,所以需要设置 MTYP[1:0]=00。

MBKEN:存储块使能位。需要用到该存储块控制 TFTLCD,要使能存储块。

②FSMC_BTRx 寄存器。接下来看 SRAM/NOR 闪存片选时序寄存器:FSMC_BTRx(x=1~4),该寄存器各位描述见表 8.13。

表 8.13　FSMC_BTRx 寄存器各位描述

31	30	29	28	27	26	25	24	23	22	21	20	19	18	17	16	15	14	13	12	11	10	9	8	7	6	5	4	3	2	1	0
Reserved		ACCMOD		DATLAT				CLKDIV				BUSTURN				DATAST								ADDHLD				ADDSET			
		rw	rw	rw	rw	rw	rw	rw	rw	rw	rw	rw	rw	rw	rw	rw	rw	rw	rw	rw	rw	rw	rw	rw	rw	rw	rw	rw	rw	rw	rw

该寄存器包含了每个存储器块的控制信息,可以用于 SRAM、ROM 和 NOR 闪存存储器。

如果 FSMC_BCRx 寄存器中设置了 EXTMOD 位,则有两个时序寄存器分别对应读操作(本寄存器)和写操作(FSMC_BWTRx 寄存器)。因为要求读写分开时序控制,所以 EXTMOD 是使能的,也就是本寄存器是读操作时序寄存器,控制读操作的相关时序。本节要用到的设置位有:ACCMOD、DATAST 和 ADDSET 这 3 个设置。

ACCMOD[1:0]:访问模式。00 表示访问模式 A;01 表示访问模式 B;10 表示访问模式 C;11 表示访问模式 D。

本节设置用到模式 A,故设置为 00。

DATAST[3:0]:数据保持时间。0 为保留设置,其他设置则代表保持时间为:DATAST 个 HCLK 时钟周期,最大为 255 个 HCLK 周期。对 ILI9341 来说,其实就是 RD 低电平持续时间,一般为 355 ns。而一个 HCLK 时钟周期为 6 ns 左右(1/168 MHz),为了兼容其他屏,这里设置 DATAST 为 60,也就是 60 个 HCLK 周期,时间大约是 360 ns。

ADDSET[3:0]:地址建立时间。其建立时间为:ADDSET 个 HCLK 周期,最大为 15 个 HCLK 周期。对 ILI9341 来说,这里相当于 RD 高电平持续时间,为 90 ns。设置 ADDSET 为 15,即 15×6=90 ns。

③FSMC_BWTRx 寄存器。SRAM/NOR 闪写时序寄存器:FSMC_BWTRx(x=1~4),该寄存器各位描述见表 8.14。

表 8.14　FSMC_BWTRx 寄存器各位描述

31	30	29	28	27	26	25	24	23	22	21	20	19	18	17	16	15	14	13	12	11	10	9	8	7	6	5	4	3	2	1	0
Reserved		ACCMOD		DATLAT				CLKDIV				BUSTURN				DATAST								ADDHLD				ADDSET			
		rw	rw	rw	rw	rw	rw	rw	rw	rw	rw	rw	rw	rw	rw	rw	rw	rw	rw	rw	rw	rw	rw	rw	rw	rw	rw	rw	rw	rw	rw

该寄存器用作写操作时序控制寄存器,需要用到的设置同样是:ACCMOD、DATAST 和 ADDSET 这 3 个设置。这 3 个设置的方法同 FSMC_BTRx 一模一样,只是这里对应的是写操作时序,ACCMOD 设置同 FSMC_BTRx 一模一样,同样是选择模式 A,另外 DATAST 和 ADDSET 则对应低电平和高电平持续时间,对 ILI9341 来说,这两个时间只需要 15 ns 就够了,比读操作快得多。所以这里设置 DATAST 为 2,即 3 个 HCLK 周期,时间约为 18 ns。ADDSET 设置为 3,即 3 个 HCLK 周期,时间为 18 ns。

至此,对 STM32F4 的 FSMC 介绍就差不多了,通过以上的介绍,就可以开始写 LCD 的驱动代码了。不过,还需要说明,在 MDK 的寄存器定义里面,并没有定义 FSMC_BCRx、FSMC_BTRx、FSMC_BWTRx 等单独的寄存器,而是将它们进行了一些组合。

FSMC_BCRx 和 FSMC_BTRx,组合成 BTCR[8]寄存器组,它们的对应关系如下。

BTCR[0]对应 FSMC_BCR1,BTCR[1]对应 FSMC_BTR1;

BTCR[2]对应 FSMC_BCR2,BTCR[3]对应 FSMC_BTR2;

BTCR[4]对应 FSMC_BCR3,BTCR[5]对应 FSMC_BTR3;

BTCR[6]对应 FSMC_BCR4,BTCR[7]对应 FSMC_BTR4。

FSMC_BWTRx 则组合成 BWTR[7],它们的对应关系如下。

BWTR[0]对应 FSMC_BWTR1,BWTR[2]对应 FSMC_BWTR2;

BWTR[4]对应 FSMC_BWTR3,BWTR[6]对应 FSMC_BWTR4;

BWTR[1]、BWTR[3]和 BWTR[5]保留,没有用到。

通过上面对 FSMC 相关的寄存器的描述,对 FSMC 的原理有了一个初步的认识,如果还不熟悉,请一定要搜索网络资料理解 FSMC 的原理。只有理解了原理,使用库函数才可以得心应手。

(5)FSMC 的主要库函数。

在库函数中是怎么实现 FSMC 的配置的? FSMC_BCRx,FSMC_BTRx 寄存器在库函数是通过什么函数来配置的? 下面介绍 FSMC 相关的库函数。

①FSMC 初始化函数。根据前面的介绍,初始化 FSMC 主要是初始化 3 个寄存器 FSMC_BCRx、FSMC_BTRx、FSMC_BWTRx,那么在固件库中是怎么初始化这 3 个参数的?

固件库提供了 3 个 FSMC 初始化函数分别如下所示。

```
FSMC_NORSRAMInit();
FSMC_NANDInit();
FSMC_PCCARDInit();
```

这 3 个函数分别用来初始化 4 种类型存储器,根据名字就很好判断对应关系。用来初始化 NOR 和 SRAM 使用同一个函数 FSMC_NORSRAMInit();所以之后使用的 FSMC 初始化函数为 FSMC_NORSRAMInit();

下面看函数定义。

```
void FSMC_NORSRAMInit(FSMC_NORSRAMInitTypeDef * FSMC_NORSRAMInitStruct);
```

此函数只有一个入口参数,也就是 FSMC_NORSRAMInitTypeDef 类型指针变量,这个结构体的成员变量非常多,因为 FSMC 相关的配置项非常多。

```
typedef struct
{
    uint32_t FSMC_Bank;
    uint32_t FSMC_DataAddressMux;
    uint32_t FSMC_MemoryType;
    uint32_t FSMC_MemoryDataWidth;
    uint32_t FSMC_BurstAccessMode;
    uint32_t FSMC_AsynchronousWait;
    uint32_t FSMC_WaitSignalPolarity;
    uint32_t FSMC_WrapMode;
    uint32_t FSMC_WaitSignalActive;
    uint32_t FSMC_WriteOperation;
    uint32_t FSMC_WaitSignal;
    uint32_t FSMC_ExtendedMode;
    uint32_t FSMC_WriteBurst;
    FSMC_NORSRAMTimingInitTypeDef * FSMC_ReadWriteTimingStruct;
    FSMC_NORSRAMTimingInitTypeDef * FSMC_WriteTimingStruct;
```

```
} FSMC_NORSRAMInitTypeDef;
```

从这个结构体可以看出,前面有 13 个基本类型(unit32_t)的成员变量,这 13 个参数用来配置片选控制寄存器 FSMC_BCRx。最后还有两个 FSMC_NORSRAMTimingInitTypeDef 指针类型的成员变量。前文讲过,FSMC 有读时序和写时序之分,所以这里就是用来设置读时序和写时序的参数,也就是说,这两个参数是用来配置寄存器 FSMC_BTRx 和 FSMC_BWTRx,后面会讲解到。下面主要来看模式 A 下的相关配置参数。

参数 FSMC_Bank 用来设置使用到的存储块标号和区号,前文讲过,使用的是存储块 1 区 4 号,所以选择值为 FSMC_Bank1_NORSRAM4。

参数 FSMC_MemoryType 用来设置存储器类型,本次用的 TFTLCD 是 SRAM,选择值为 FSMC_MemoryType_SRAM。

参数 FSMC_MemoryDataWidth 用来设置数据宽度,可选 8 位或 16 位,本节选择是 16 位数据宽度,选择值为 FSMC_MemoryDataWidth_16b。

参数 FSMC_WriteOperation 用来设置写使能,前文讲解过要向 TFT 写数据,所以要写使能,这里选择 FSMC_WriteOperation_Enable。

参数 FSMC_ExtendedMode 是设置扩展模式使能位,也就是是否允许读写不同的时序,这里采取的读写不同时序,设置值为 FSMC_ExtendedMode_Enable。

上面的这些参数是与模式 A 相关的,下面简单介绍一下其他几个参数的意义。

参数 FSMC_DataAddressMux 用来设置地址/数据复用使能,若设置为使能,那么地址的低 16 位和数据将共用数据总线,仅对 NOR 和 PSRAM 有效,所以设置为默认值不复用,值为 FSMC_DataAddressMux_Disable。

参数 FSMC_BurstAccessMode, FSMC_AsynchronousWait, FSMC_WaitSignalPolarity, FSMC_WaitSignalActive, FSMC_WrapMode, FSMC_WaitSignal 和 FSMC_WriteBurst,这些参数在成组模式同步模式才需要设置,可以参考中文参考手册了解相关参数的含义。

接下来看设置读写时序参数的两个变量 FSMC_ReadWriteTimingStruct 和 FSMC_WriteTimingStruct,它们都是 FSMC_NORSRAMTimingInitTypeDef 结构体指针类型,这两个参数在初始化时分别用来初始化片选控制寄存器 FSMC_BTRx 和写操作时序控制寄存器 FSMC_BWTRx。下面看 FSMC_NORSRAMTimingInitTypeDef 类型的定义。

```
typedef struct
{
    uint32_t FSMC_AddressSetupTime;
    uint32_t FSMC_AddressHoldTime;
    uint32_t FSMC_DataSetupTime;
    uint32_t FSMC_BusTurnAroundDuration;
    uint32_t FSMC_CLKDivision;
    uint32_t FSMC_DataLatency;
    uint32_t FSMC_AccessMode;
} FSMC_NORSRAMTimingInitTypeDef;
```

这个结构体有 7 个参数用来设置 FSMC 读写时序。其实这些参数的含义前文在介绍 FSMC 时序的时候有提到,主要是设计地址建立保持时间,数据建立时间等等配置,对于实验

中,读写时序不一样,读写速度要求不一样,所以对于参数 FSMC_DataSetupTime 设置了不同的值。

②FSMC 使能函数。FSMC 对不同的存储器类型同样提供了不同的使能函数。

```
void FSMC_NORSRAMCmd(uint32_t FSMC_Bank, FunctionalState NewState);
void FSMC_NANDCmd(uint32_t FSMC_Bank, FunctionalState NewState);
void FSMC_PCCARDCmd(FunctionalState NewState);
```

这个就比较好理解,程序读写的是 SRAM,所以使用的是第一个函数。

3. 硬件设计

本实验用到的硬件资源有指示灯 LED0 和 TFTLCD 模块。TFTLCD 模块与 STM32F4 芯片连接的电路图如图 8.5 所示,这里介绍 TFTLCD 模块与 ALIETEK 探索者 STM32F4 开发板的连接,探索者 STM32F4 开发板底板的 LCD 接口和 ALIENTEK TFTLCD 模块直接可以对插。在硬件上,TFTLCD 模块与探索者 STM32F4 开发板的 I/O 口对应关系如下。

LCD_BL(背光控制)对应 PB0;

LCD_CS 对应 PG12 即 FSMC_NE4;

LCD _RS 对应 PF12 即 FSMC_A6;

LCD _WR 对应 PD5 即 FSMC_NWE;

LCD _RD 对应 PD4 即 FSMC_NOE;

LCD _D[15:0]则直接连接在 FSMC_D15 ~ FSMC_D0;

通过这些线的连接,探索者 STM32F4 开发板的内部已经连接完成,只需要将 TFTLCD 模块插上即可。

4. 软件设计

根据上述硬件的描述及相关的库函数,可以设计相应的程序,主要是两个文件 lcd.c 和头文件 lcd.h。同时需要调用一些库文件,FSMC 相关的库函数分布在 stm32f4xx_fsmc.c 文件和头文件 stm32f4xx_fsmc.h 中。所以在工程中要引入 stm32f4xx_fsmc.c 源文件。

在 lcd.c 里面代码比较多,这里就不详细说明了,只针对几个重要的函数进行说明。

(1)LCD_TypeDef 结构体。

本实验中用到 FSMC 驱动 LCD,TFTLCD 的 RS 接在 FSMC 的 A6 上面,CS 接在 FSMC_NE4 上,并且是 16 位数据总线。即使用的是 FSMC 存储器 1 的第 4 区,LCD 操作结构体(在 lcd.h 里面定义)定义如下。

```
//LCD 操作结构体
typedef struct
{
    vu16 LCD_REG;
    vu16 LCD_RAM;
} LCD_TypeDef;
//使用 NOR/SRAM 的 Bank 1.sector4,地址位 HADDR[27,26]=11,A6 作为数据命令区分线
//注意 16 位数据总线时,STM32 内部地址会右移一位对齐
```

```
#define LCD_BASE ((u32)(0x6C000000 | 0x0000007E))
#define LCD ((LCD_TypeDef *) LCD_BASE)
```

其中,LCD_BASE,必须根据外部电路的连接来确定,程序中使用 Bank 1. sector4 就是从地址 0X6C000000 开始,而 0X0000007E,则是 A6 的偏移量,这里不太好理解这个偏移量的概念,简单说明一下:以 A6 为例,7E 转换为二进制就是 01111110,而 16 位数据时,地址右移一位对齐,那么实际对应到地址引脚的时候,就是 A6 : A0=0111111,此时 A6 是 0,但是如果 16 位地址再加 1(注意:对应到 8 位地址是加 2,即 7E+0X02),然后右移一位,那么 A6 : A0=1000000,此时 A6 就是 1 了,即实现了对 RS 的 0 和 1 的控制。将这个地址强制转换为 LCD_TypeDef 结构体地址,那么可以得到 LCD->LCD_REG 的地址就是 0X6C00,007E,对应 A6 的状态为 0(即 RS=0),而 LCD-> LCD_RAM 的地址就是 0X6C00,0080(结构体地址自增),对应 A6 的状态为 1(即 RS=1)。

所以,有了这个定义,当要往 LCD 写命令/数据的时候,可以这样表示为如下所示。

```
LCD->LCD_REG=CMD; //写命令
LCD->LCD_RAM=DATA; //写数据
```

而读的时候反过来操作就可以了,如下所示。

```
CMD= LCD->LCD_REG;//读 LCD 寄存器
DATA = LCD->LCD_RAM;//读 LCD 数据
```

其中,CS、WR、RD 和 I/O 口方向都是由 FSMC 控制,不需要手动设置。

(2)_lcd_dev 结构体。

该结构体同样在 lcd. h 里面定义,用于保存一些 LCD 重要参数信息,例如,LCD 的长宽、LCD ID(驱动 IC 型号)、LCD 横竖屏状态等。

```
//LCD 重要参数集
typedef struct
{
  u16 width; //LCD 宽度
  u16 height; //LCD 高度
  u16lcdid; //LCD ID
  u8 dir; //横屏还是竖屏控制,0:竖屏;1:横屏
  u16 wramcmd; //开始写 gram 指令
  u16 setxcmd; //设置 x 坐标指令
  u16 setycmd; //设置 y 坐标指令
}_lcd_dev;
//LCD 参数
extern _lcd_dev lcddev; //管理 LCD 重要参数
```

这个结构体虽然占用了十几个字节的内存,但是却可以让驱动函数支持不同尺寸的 LCD,同时可以实现 LCD 横竖屏切换等重要功能,所以还是利大于弊的。

(3)LCD 的读写函数。

读写函数共有 7 个,存放在 lcd. c 文件中,函数很简单但很重要。

```
//写寄存器函数
```

```
//regval:寄存器值
void LCD_WR_REG(vu16 regval)
{
  regval=regval; //keil 使用-O2 优化的时候,必须插入的延时
  LCD->LCD_REG=regval;//写入要写的寄存器序号
}
//写 LCD 数据
//data:要写入的值
void LCD_WR_DATA(vu16 data)
{
  data=data; //keil 使用-O2 优化的时候,必须插入的延时
  LCD->LCD_RAM=data;
} //读 LCD 数据
//返回值:读到的值
u16 LCD_RD_DATA(void)
{
  vu16 ram; //防止被优化
  ram=LCD->LCD_RAM;
  return ram;
}
//写寄存器
//LCD_Reg:寄存器地址
//LCD_RegValue:要写入的数据
void LCD_WriteReg(vu16 LCD_Reg, vu16 LCD_RegValue)
{
   LCD->LCD_REG = LCD_Reg; //写入要写的寄存器序号
  LCD->LCD_RAM = LCD_RegValue; //写入数据
}
//读寄存器
//LCD_Reg:寄存器地址
//返回值:读到的数据
u16 LCD_ReadReg(vu16 LCD_Reg)
{
  LCD_WR_REG(LCD_Reg); //写入要读的寄存器序号
  delay_us(5);
  return LCD_RD_DATA(); //返回读到的值
}
//开始写 GRAM
void LCD_WriteRAM_Prepare(void)
```

```
{
  LCD->LCD_REG=lcddev.wramcmd;
}
//LCD 写 GRAM
//RGB_Code:颜色值
void LCD_WriteRAM(u16 RGB_Code)
{
  LCD->LCD_RAM = RGB_Code;//写 16 位 GRAM
}
```

因为 FSMC 自动控制了 WR/RD/CS 等信号,所以这 7 个函数实现起来都非常简单,上面有几个函数,添加了一些对 MDK-O2 优化的支持,如果去掉,在-O2 优化的时候会出问题。这些函数实现功能见函数前面的备注,通过这几个简单函数的组合,就可以对 LCD 进行各种操作了。

(4)LCD 设置坐标函数。

该函数可以设置 LCD 的坐标,该函数代码如下。

```
//设置光标位置
//Xpos:横坐标
//Ypos:纵坐标
void LCD_SetCursor(u16 Xpos, u16 Ypos)
{
  if(lcddev.lcdid==0X9341||lcddev.lcdid==0X5310)
  {
    LCD_WR_REG(lcddev.setxcmd);
    LCD_WR_DATA(Xpos>>8);
    LCD_WR_DATA(Xpos&0XFF);
    LCD_WR_REG(lcddev.setycmd);
    LCD_WR_DATA(Ypos>>8);
    LCD_WR_DATA(Ypos&0XFF);
  }else if(lcddev.lcdid==0X6804)
  {
    if(lcddev.dir==1)Xpos=lcddev.width-1-Xpos;//横屏时处理
    LCD_WR_REG(lcddev.setxcmd);
    LCD_WR_DATA(Xpos>>8);
    LCD_WR_DATA(Xpos&0XFF);
    LCD_WR_REG(lcddev.setycmd);
    LCD_WR_DATA(Ypos>>8);
    LCD_WR_DATA(Ypos&0XFF);
  }else if(lcddev.lcdid==0X5510)
  {
```

```
        LCD_WR_REG(lcddev.setxcmd);
        LCD_WR_DATA(Xpos>>8);
        LCD_WR_REG(lcddev.setxcmd+1);
        LCD_WR_DATA(Xpos&0XFF);
        LCD_WR_REG(lcddev.setycmd);
        LCD_WR_DATA(Ypos>>8);
        LCD_WR_REG(lcddev.setycmd+1);
        LCD_WR_DATA(Ypos&0XFF);
    }else
    {
        if(lcddev.dir==1)Xpos=lcddev.width-1-Xpos;//横屏其实就是调转 x、y 坐标
        LCD_WriteReg(lcddev.setxcmd, Xpos);
        LCD_WriteReg(lcddev.setycmd, Ypos);
    }
}
```

该函数实现将 LCD 的当前操作点设置到指定坐标(x,y)。因为 ILI9341/5310/6804/5510 等的设置同其他屏有些不太一样,所以进行了区别对待。

(5)LCD 画点函数。

画点函数需要调用上面的设置坐标函数,该函数实现代码如下。

```
//画点
//x、y:坐标
//POINT_COLOR:此点的颜色
void LCD_DrawPoint(u16 x,u16 y)
{
  LCD_SetCursor(x,y); //设置光标位置
  LCD_WriteRAM_Prepare(); //开始写入 GRAM
  LCD->LCD_RAM=POINT_COLOR;
}
```

该函数实现比较简单,先设置坐标,然后往坐标写颜色。其中,POINT_COLOR 是定义的一个全局变量,用于存放画笔颜色。另外一个全局变量:BACK_COLOR,该变量代表 LCD 的背景色。LCD_DrawPoint 函数虽然简单,但是至关重要,其他几乎所有上层函数,都是通过调用这个函数实现的。

(6)LCD 读点函数。

读点函数用于读取 LCD 的 GRAM,这里说明一下,为什么 OLED 模块没有读 GRAM 的函数,而这里用了。因为 OLED 模块是单色的,所需要全部 GRAM 也就 1 KB,而 TFTLCD 模块为彩色的,点数也比 OLED 模块多很多,以 16 位色计算,一款 320×240 的液晶,需要 320×240×2 个字节来存储颜色值,也就是也需要 150 KB,这对任何一款单片机来说,都不是一个小数目了。而且在图形叠加的时候,可以先读回原来的值,然后写入新的值,在完成叠加后,又恢复原

来的值。这样在做一些简单菜单的时候,是很有用的。这里读取 TFTLCD 模块数据的函数为 LCD_ReadPoint,该函数直接返回读到的 GRAM 值。该函数使用之前要先设置读取的 GRAM 地址,通过 LCD_SetCursor 函数来实现。LCD_ReadPoint 的代码如下。

```
//读取个某点的颜色值
//x、y:坐标
//返回值:此点的颜色
u16 LCD_ReadPoint(u16 x,u16 y)
{
  vu16 r=0,g=0,b=0;
  if(x>=lcddev.width||y>=lcddev.height)return 0; //超过了范围,直接返回
  LCD_SetCursor(x,y);
  if(lcddev.lcdid==0X9341||lcddev.lcdid==0X6804
  ||lcddev.lcdid==0X5310)LCD_WR_REG(0X2E);
  //ILI9341/6804/5310 发送读 GRAM 指令
  else if(lcddev.lcdid==0X5510)LCD_WR_REG(0X2E00); //5510 发送读 GRAM 指令
  else LCD_WR_REG(R34); //其他 IC 发送读 GRAM 指令
  if(lcddev.lcdid==0X9320)opt_delay(2); //如果是 9320,延时 2 μs
  LCD_RD_DATA(); //dummy Read
  opt_delay(2);
  r=LCD_RD_DATA(); //实际坐标颜色
  if(lcddev.lcdid==0X9341||lcddev.lcdid==0X5310||lcddev.lcdid==0X5510)
{  //9341/NT35310/NT35510 要分 2 次读出
  opt_delay(2);
  b=LCD_RD_DATA();
  g=r&0XFF;//9341/5310/5510 等,第一次读取的是 RG 的值,R 在前,G 在后,各占 8 位
  g<<=8;
}
if(lcddev.lcdid==0X9325||lcddev.lcdid==0X4535||lcddev.lcdid==0X4531
    ||lcddev.lcdid==0XB505||lcddev.lcdid==0XC505)
    return r; //这几种 IC 直接返回颜色值
else if(lcddev.lcdid==0X9341||lcddev.lcdid==0X5310||lcddev.lcdid==0X5510)
    return (((r>>11)<<11)|((g>>10)<<5)|(b>>11));
    //ILI9341/NT35310/NT35510 需要公式转换一下
  else return LCD_BGR2RGB(r); //其他 IC
}
```

在 LCD_ReadPoint 函数中,因为代码不止支持一种 LCD 驱动器,所以根据不同的 LCD 驱动器((lcddev.lcdid)型号,执行不同的操作,以实现对各个驱动器兼容,提高函数的通用性。

(7)LCD 字符显示函数。

字符显示函数 LCD_ShowChar,该函数的字符显示函数可以以叠加方式显示,或者以非叠

加方式显示。叠加方式显示多用于在显示的图片上再显示字符,非叠加方式一般用于普通的显示。该函数实现代码如下。

```
//在指定位置显示一个字符
//x、y:起始坐标
//num:要显示的字符:" "--->" ~ "
//size:字体大小 12/16/24
//mode:叠加方式(1)还是非叠加方式(0)
void LCD_ShowChar(u16 x,u16 y,u8 num,u8 size,u8 mode)
{
  u8 temp,t1,t; u16 y0=y;
  u8 csize=(size/8+((size%8)? 1:0)) * (size/2);
  //得到字体一个字符对应点阵集所占的字节数
  //设置窗口
  num=num-' ';//得到偏移后的值
  for(t=0;t<csize;t++)
  {
    if(size==12)temp=asc2_1206[num][t]; //调用 1206 字体
    else if(size==16)temp=asc2_1608[num][t]; //调用 1608 字体
    else if(size==24)temp=asc2_2412[num][t]; //调用 2412 字体
    else return; //没有的字库
    for(t1=0;t1<8;t1++)
    {
      if(temp&0x80)LCD_Fast_DrawPoint(x,y,POINT_COLOR);
      else if(mode==0)LCD_Fast_DrawPoint(x,y,BACK_COLOR);
      temp<<=1;
      y++;
      if(y>=lcddev.height)return; //超区域了
      if((y-y0)==size)
      {
        y=y0; x++;
        if(x>=lcddev.width)return; //超区域了
        break;
      }
    }
  }
}
```

在 LCD_ShowChar 函数里面,采用快速画点函数 LCD_Fast_DrawPoint 来画点显示字符,该函数同 LCD_DrawPoint 一样,只是带了颜色参数,且减少了函数调用的时间,详见本例程源码。该代码中用到了 3 个字符集点阵数据数组 asc2_2412、asc2_1206 和 asc2_1608,这 3 个字符集的点阵数据的提取方式不再详述,可查阅相关文献。

(8)LCD 初始化函数。

TFTLCD 模块的初始化函数 LCD_Init,该函数先初始化 STM32 与 TFTLCD 连接的 I/O 口,并配置 FSMC 控制器,然后读取 LCD 控制器的型号,根据控制 IC 的型号执行不同的初始化代码,其简化代码如下。

```
void LCD_Init(void)
{
  vu32 i=0;
  GPIO_InitTypeDef   GPIO_InitStructure;
  FSMC_NORSRAMInitTypeDef   FSMC_NORSRAMInitStructure;
  FSMC_NORSRAMTimingInitTypeDef   readWriteTiming;
  FSMC_NORSRAMTimingInitTypeDef   writeTiming;
  //GPIO、FSMC 时钟使能
  RCC_AHB1PeriphClockCmd(RCC_AHB1Periph_GPIOB|RCC_AHB1Periph_GPIOD|
  RCC_AHB1Periph_GPIOE|RCC_AHB1Periph_GPIOF|RCC_AHB1Periph_GPIOG,
  ENABLE);//使能 PD、PE、PF、PG 时钟
  RCC_AHB3PeriphClockCmd(RCC_AHB3Periph_FSMC,ENABLE);//使能 FSMC 时钟
  //GPIO 初始化设置
  GPIO_InitStructure.GPIO_Pin = GPIO_Pin_15;//PB15 推挽输出,控制背光
  GPIO_InitStructure.GPIO_Mode = GPIO_Mode_OUT;//普通输出模式
  GPIO_InitStructure.GPIO_OType = GPIO_OType_PP;//推挽输出
  GPIO_InitStructure.GPIO_Speed = GPIO_Speed_50 MHz;//100 MHz
  GPIO_InitStructure.GPIO_PuPd = GPIO_PuPd_UP;//上拉
  GPIO_Init(GPIOB, &GPIO_InitStructure);//初始化//PB15 推挽输出,控制背光
  GPIO_InitStructure.GPIO_Pin = (3<<0)|(3<<4)|(7<<8)|(3<<14);
  //PD0、1、4、5、8、9、10、14、15 AF OUT
  GPIO_InitStructure.GPIO_Mode = GPIO_Mode_AF;//复用输出
  GPIO_InitStructure.GPIO_OType = GPIO_OType_PP;//推挽输出
  GPIO_InitStructure.GPIO_Speed = GPIO_Speed_100 MHz;//100 MHz
  GPIO_InitStructure.GPIO_PuPd = GPIO_PuPd_UP;//上拉
  GPIO_Init(GPIOD, &GPIO_InitStructure);//初始化
  GPIO_InitStructure.GPIO_Pin = (0X1FF<<7);//PE7～PE15,AF OUT
  GPIO_InitStructure.GPIO_Mode = GPIO_Mode_AF;//复用输出
  GPIO_InitStructure.GPIO_OType = GPIO_OType_PP;//推挽输出
  GPIO_InitStructure.GPIO_Speed = GPIO_Speed_100 MHz;//100 MHz
  GPIO_InitStructure.GPIO_PuPd = GPIO_PuPd_UP;//上拉
  GPIO_Init(GPIOE, &GPIO_InitStructure);//初始化 GPIO_InitStructure.GPIO_Pin =
  GPIO_Pin_12;//PF12,FSMC_A6
  GPIO_InitStructure.GPIO_Mode = GPIO_Mode_AF;//复用输出
```

```
GPIO_InitStructure.GPIO_OType = GPIO_OType_PP;//推挽输出
GPIO_InitStructure.GPIO_Speed = GPIO_Speed_100 MHz;//100 MHz
GPIO_InitStructure.GPIO_PuPd = GPIO_PuPd_UP;//上拉
GPIO_Init(GPIOF, &GPIO_InitStructure);//初始化
GPIO_InitStructure.GPIO_Pin = GPIO_Pin_12;//PF12,FSMC_A6
GPIO_InitStructure.GPIO_Mode = GPIO_Mode_AF;//复用输出
GPIO_InitStructure.GPIO_OType = GPIO_OType_PP;//推挽输出
GPIO_InitStructure.GPIO_Speed = GPIO_Speed_100 MHz;//100 MHz
GPIO_InitStructure.GPIO_PuPd = GPIO_PuPd_UP;//上拉
GPIO_Init(GPIOG, &GPIO_InitStructure);//初始化
//引脚复用映射设置
GPIO_PinAFConfig(GPIOD,GPIO_PinSource0,GPIO_AF_FSMC);//PD0,AF12
GPIO_PinAFConfig(GPIOD,GPIO_PinSource1,GPIO_AF_FSMC);//PD1,AF12
GPIO_PinAFConfig(GPIOD,GPIO_PinSource4,GPIO_AF_FSMC);
GPIO_PinAFConfig(GPIOD,GPIO_PinSource5,GPIO_AF_FSMC);
GPIO_PinAFConfig(GPIOD,GPIO_PinSource8,GPIO_AF_FSMC);
GPIO_PinAFConfig(GPIOD,GPIO_PinSource9,GPIO_AF_FSMC);
GPIO_PinAFConfig(GPIOD,GPIO_PinSource10,GPIO_AF_FSMC);
GPIO_PinAFConfig(GPIOD,GPIO_PinSource14,GPIO_AF_FSMC);
GPIO_PinAFConfig(GPIOD,GPIO_PinSource15,GPIO_AF_FSMC);//PD15,AF12
GPIO_PinAFConfig(GPIOE,GPIO_PinSource7,GPIO_AF_FSMC);//PE7,AF12
GPIO_PinAFConfig(GPIOE,GPIO_PinSource8,GPIO_AF_FSMC);
GPIO_PinAFConfig(GPIOE,GPIO_PinSource9,GPIO_AF_FSMC);
GPIO_PinAFConfig(GPIOE,GPIO_PinSource10,GPIO_AF_FSMC);
GPIO_PinAFConfig(GPIOE,GPIO_PinSource11,GPIO_AF_FSMC);
GPIO_PinAFConfig(GPIOE,GPIO_PinSource12,GPIO_AF_FSMC);
GPIO_PinAFConfig(GPIOE,GPIO_PinSource13,GPIO_AF_FSMC);
GPIO_PinAFConfig(GPIOE,GPIO_PinSource14,GPIO_AF_FSMC);
GPIO_PinAFConfig(GPIOE,GPIO_PinSource15,GPIO_AF_FSMC);//PE15,AF12
GPIO_PinAFConfig(GPIOF,GPIO_PinSource12,GPIO_AF_FSMC);//PF12,AF12
GPIO_PinAFConfig(GPIOG,GPIO_PinSource12,GPIO_AF_FSMC);
//FSMC 初始化
readWriteTiming.FSMC_AddressSetupTime = 0XF; //地址建立时间为 16 个 HCLK
readWriteTiming.FSMC_AddressHoldTime = 0x00; //地址保持时间模式 A 未用到
readWriteTiming.FSMC_DataSetupTime = 24;//数据保存时间为 25 个 HCLK
readWriteTiming.FSMC_BusTurnAroundDuration = 0x00;
readWriteTiming.FSMC_CLKDivision = 0x00;
readWriteTiming.FSMC_DataLatency = 0x00;
readWriteTiming.FSMC_AccessMode = FSMC_AccessMode_A; //模式 A
```

```
writeTiming. FSMC_AddressSetupTime =8; //地址建立时间(ADDSET)为 8 个 HCLK
writeTiming. FSMC_AddressHoldTime = 0x00; //地址保持时间
writeTiming. FSMC_DataSetupTime = 8; //数据保存时间为 6 ns×9 个 HCLK=54 ns
writeTiming. FSMC_BusTurnAroundDuration = 0x00;
writeTiming. FSMC_CLKDivision = 0x00;
writeTiming. FSMC_DataLatency = 0x00;
writeTiming. FSMC_AccessMode = FSMC_AccessMode_A; //模式 A
FSMC_NORSRAMInitStructure. FSMC_Bank = FSMC_Bank1_NORSRAM4;
//这里使用 NE4,也就对应 BTCR[6]、BTCR[7]。
FSMC_NORSRAMInitStructure. FSMC_DataAddressMux=
FSMC_DataAddressMux_Disable; // 不复用数据地址
FSMC_NORSRAMInitStructure. FSMC_MemoryType =FSMC_MemoryType_SRAM;
// FSMC_MemoryType_SRAM
FSMC_NORSRAMInitStructure. FSMC_MemoryDataWidth=
FSMC_MemoryDataWidth_16b;//存储器数据宽度为 16 bit
FSMC_NORSRAMInitStructure. FSMC_BurstAccessMode=
FSMC_BurstAccessMode_Disable;// FSMC_BurstAccessMode_Disable
FSMC_NORSRAMInitStructure. FSMC_WaitSignalPolarity=
FSMC_WaitSignalPolarity_Low;
FSMC_NORSRAMInitStructure. FSMC_AsynchronousWait=
FSMC_AsynchronousWait_Disable;
FSMC_NORSRAMInitStructure. FSMC_WrapMode = FSMC_WrapMode_Disable
FSMC_NORSRAMInitStructure. FSMC_WaitSignalActive=
FSMC_WaitSignalActive_BeforeWaitState;
FSMC_NORSRAMInitStructure. FSMC_WriteOperation = FSMC_WriteOperation_Enable;
//存储器写使能
FSMC_NORSRAMInitStructure. FSMC_WaitSignal = FSMC_WaitSignal_Disable;
FSMC_NORSRAMInitStructure. FSMC_ExtendedMode = FSMC_ExtendedMode_Enable;
//读写使用不同的时序
FSMC_NORSRAMInitStructure. FSMC_WriteBurst = FSMC_WriteBurst_Disable;
FSMC_NORSRAMInitStructure. FSMC_ReadWriteTimingStruct = &readWriteTiming;
//读写时序
FSMC_NORSRAMInitStructure. FSMC_WriteTimingStruct = &writeTiming; //写时序
FSMC_NORSRAMInit(&FSMC_NORSRAMInitStructure); //初始化 FSMC 配置
//使能 FSMC
FSMC_NORSRAMCmd(FSMC_Bank1_NORSRAM4, ENABLE); // 使能 BANK1
delay_ms(50); // 延时 50 ms
lcddev. id = LCD_ReadReg(0x0000);
//不同的 LCD 驱动器不同的初始化设置
```

```
if(lcddev.lcdid<0XFF||lcddev.lcdid==0XFFFF||lcddev.lcdid==0X9300);
//ID 不正确,新增 0X9300 判断,因为 9341 在未被复位的情况下会被读成 9300
{
  //尝试 9341 ID 的读取
  LCD_WR_REG(0XD3);
  lcddev.lcdid=LCD_RD_DATA(); //第一次读无效
  lcddev.lcdid=LCD_RD_DATA(); //读到 0X00
  lcddev.lcdid=LCD_RD_DATA(); //读取 93
  lcddev.lcdid<<=8;
  lcddev.lcdid|=LCD_RD_DATA(); //读取 41
  if(lcddev.lcdid!=0X9341) //非 9341,尝试是不是 6804
  {
    LCD_WR_REG(0XBF);
    lcddev.lcdid=LCD_RD_DATA();//读无效
    lcddev.lcdid=LCD_RD_DATA();//读回 0X01
    lcddev.lcdid=LCD_RD_DATA();//读回 0XD0
    lcddev.lcdid=LCD_RD_DATA();//这里读回 0X68
    lcddev.lcdid<<=8;
    lcddev.lcdid|=LCD_RD_DATA();//这里读回 0X04
    if(lcddev.lcdid!=0X6804) //也不是 6804,尝试看看是不是 NT35310
    {
      LCD_WR_REG(0XD4);
      lcddev.lcdid=LCD_RD_DATA(); //读无效
      lcddev.lcdid=LCD_RD_DATA(); //读回 0X01
      lcddev.lcdid=LCD_RD_DATA(); //读回 0X53
      lcddev.lcdid<<=8;
      lcddev.lcdid|=LCD_RD_DATA(); //这里读回 0X10
      if(lcddev.lcdid!=0X5310) //也不是 NT35310,尝试看看是不是 NT35510
      {
        LCD_WR_REG(0XDA00);
        lcddev.lcdid=LCD_RD_DATA();//读回 0X00
        LCD_WR_REG(0XDB00);
        lcddev.lcdid=LCD_RD_DATA();//读回 0X80
        lcddev.lcdid<<=8;
        LCD_WR_REG(0XDC00);
        lcddev.lcdid|=LCD_RD_DATA();//读回 0X00
        if(lcddev.lcdid==0x8000)lcddev.lcdid=0x5510;
        //NT35510 读回的 ID 是 8000H,为方便区分,强制设置为 5510
      }
```

```
			}
		}
	}
	if(lcddev.lcdid==0X9341||lcddev.lcdid==0X5310||lcddev.lcdid==0X5510)
	{
	//如果是这三个 IC,则设置 WR 时序为最快
		//重新配置写时序控制寄存器的时序
		FSMC_Bank1E->BWTR[6]&=~(0XF<<0);//地址建立时间(ADDSET)清零
		FSMC_Bank1E->BWTR[6]&=~(0XF<<8);//数据保存时间清零
		FSMC_Bank1E->BWTR[6]|=3<<0;//地址建立时间为 3 个 HCLK =18 ns
		FSMC_Bank1E->BWTR[6]|=2<<8;//数据保存时间为 6 ns×3 个 HCLK=18 ns
	}else if(lcddev.lcdid==0X6804||lcddev.lcdid==0XC505)//6804/C505 速度上不去,得降低
	{
		//重新配置写时序控制寄存器的时序
		FSMC_Bank1E->BWTR[6]&=~(0XF<<0);//地址建立时间(ADDSET)清零
		FSMC_Bank1E->BWTR[6]&=~(0XF<<8);//数据保存时间清零
		FSMC_Bank1E->BWTR[6]|=10<<0;//地址建立时间为 10 个 HCLK =60 ns
		FSMC_Bank1E->BWTR[6]|=12<<8;//数据保存时间为 6 ns×13 个 HCLK=78 ns
	}
	printf("LCD ID:%x\r\n",lcddev.lcdid);//打印 LCD ID
	if(lcddev.lcdid==0X9341) //9341 初始化
	{
	…//9341 初始化代码
	}else if(lcddev.lcdid==0xXXXX) //其他 LCD 初始化代码
	{
	…//其他 LCD 驱动 IC,初始化代码
	}
	LCD_Display_Dir(0);//默认为竖屏显示
	LCD_LED=1;//点亮背光
	LCD_Clear(WHITE);
}
```

从初始化代码可以看出,LCD 初始化步骤分为六步。

①GPIO,FSMC 使能。

②GPIO 初始化,GPIO_Init()函数。

③设置引脚复用映射。

④FSMC 初始化,FSMC_NORSRAMInit()函数。

⑤FSMC 使能,FSMC_NORSRAMCmd()函数。

⑥不同的 LCD 驱动器的初始化代码。

该函数先对 FSMC 相关 I/O 进行初始化,然后是 FSMC 的初始化,这个在前面都有介绍,最后根据读到的 LCD ID,对不同的驱动器执行不同的初始化代码,从以上代码可以看出,这个初始化函数可以针对十多款不同的驱动 IC 执行初始化操作,这样大大提高了整个程序的通用性。

特别注意:本函数使用了 printf 来打印 LCD ID,所以,如果在主函数里面没有初始化串口,那么将导致程序死在 printf 里面。如果不想用 printf,那么请注释掉它。

(9)main 函数。

main 具体代码如下。

```
int main(void)
{
  u8 x=0;
  u8 lcd_id[12]; //存放 LCD ID 字符串
  NVIC_PriorityGroupConfig(NVIC_PriorityGroup_2);//设置系统中断优先级分组 2
  delay_init(168); //初始化延时函数
  uart_init(115200); //初始化串口波特率为 115 200
  LED_Init(); //初始化 LED
  LCD_Init(); //初始化 LCD FSMC 接口
  POINT_COLOR=RED;
  sprintf((char *)lcd_id,"LCD ID:%04X",lcddev.lcdid);//将 LCD ID 打印到 lcd_id
数组
  while(1)
  {
    switch(x)
    {
      case 0:LCD_Clear(WHITE);break;
      case 1:LCD_Clear(BLACK);break;
      case 2:LCD_Clear(BLUE);break;
      case 3:LCD_Clear(RED);break;
      case 4:LCD_Clear(MAGENTA);break;
      case 5:LCD_Clear(GREEN);break;
      case 6:LCD_Clear(CYAN);break;
      case 7:LCD_Clear(YELLOW);break;
      case 8:LCD_Clear(BRRED);break;
      case 9:LCD_Clear(GRAY);break;
      case 10:LCD_Clear(LGRAY);break;
      case 11:LCD_Clear(BROWN);break;
    }
    POINT_COLOR=RED;
    LCD_ShowString(30,40,210,24,24,"STM32F4");
```

```
        LCD_ShowString(30,70,200,16,16,"TFTLCD TEST");
        LCD_ShowString(30,90,200,16,16,"GSY@ZUT");
        LCD_ShowString(30,110,200,16,16,lcd_lcdid); //显示 LCD ID
        LCD_ShowString(30,130,200,12,12,"2022/4/8");
        x++;
        if(x==12)x=0;
        LED0=! LED0;delay_ms(1000);
    }
}
```

该部分代码将显示一些固定的字符，字体大小包括 24×12、16×8 和 12×6 等三种，同时显示 LCD 驱动 IC 的型号，然后不停地切换背景颜色，每 1 s 切换一次。而 LED0 也会不停地闪烁，指示程序已经在运行了。其中用到一个 sprintf 的函数，该函数用法同 printf，只是 sprintf 把打印内容输出到指定的内存区间上，sprintf 的详细用法，请自行查阅相关文献或求助互联网。

另外特别注意：uart_init 函数，不能去掉，因为在 LCD_Init 函数里面调用了 printf，所以一旦去掉这个初始化，就会死机。实际上，只要代码中用到 printf，就必须初始化串口，否则都会死机，即停在 usart. c 里面的 fputc 函数出不来。

思考与练习

1. 简述矩阵键盘的工作原理。
2. 为什么可以把 TFTLCD 当成 SRAM 设备用？
3. 如何实现按键的长按检测？
4. STM32F4 的 FSMC 接口都支持什么存储器？

第 9 章

STM32F4 的 DMA、ADC、DAC 原理及应用

本章将介绍 STM32F4 的 DMA、ADC、DAC 等片上外设，利用 DMA 来实现串口数据的传输；利用 ADC 外设来实现简单的数据转换；利用 ADC 和 DAC 外设来实现一个综合应用，通过实例的展示来达到学习的目的。

9.1 STM32F4 的 DMA 原理及基本特性

DMA 全称为 Direct Memory Access，即直接存储器访问。DMA 传输方式无须 CPU 直接控制传输，也没有中断处理方式那样保留现场和恢复现场的过程，通过硬件为 RAM 与 I/O 设备开辟一条直接传送数据的通道，CPU 的效率大为提高。

STM32F4 最多有 2 个 DMA 控制器（DMA1 和 DMA2），共 16 个数据流（每个控制器 8 个），每一个 DMA 控制器都用于管理一个或多个外设的存储器访问请求。每个数据流总共可以有多达 8 个通道（或称请求）。每个数据流通道都有一个仲裁器，用于处理 DMA 请求间的优先级。

STM32F4 有两个 DMA 控制器，本节仅针对 DMA2 进行介绍。STM32F4 的 DMA 控制器框图如图 9.1 所示。DMA 控制器采用 AHB 主总线，它可以控制 AHB 主总线矩阵来启动 AHB 事务，可以执行下列事务。

(1)外设到存储器的传输。

(2)存储器到外设的传输。

(3)存储器到存储器的传输。

存储器到存储器需要外设接口可以访问存储器，而只有 DMA2 的外设接口可以访问存储器，所以仅 DMA2 控制器支持存储器到存储器的传输，DMA1 不支持，这点需要注意。

每个数据流都与一个 DMA 请求相关联，此 DMA 请求可以从 8 个可能的通道请求中选出。此选择由 DMA_SxCR 寄存器中的 CHSEL[2：0]位控制，如图 9.2 所示。

从图 9.2 可以看出，DMA_SxCR 控制数据流到底使用哪一个通道，每个数据流有 8 个通道可供选择，但每次只能选择其中一个通道进行 DMA 传输，具体的选择见表 9.1。

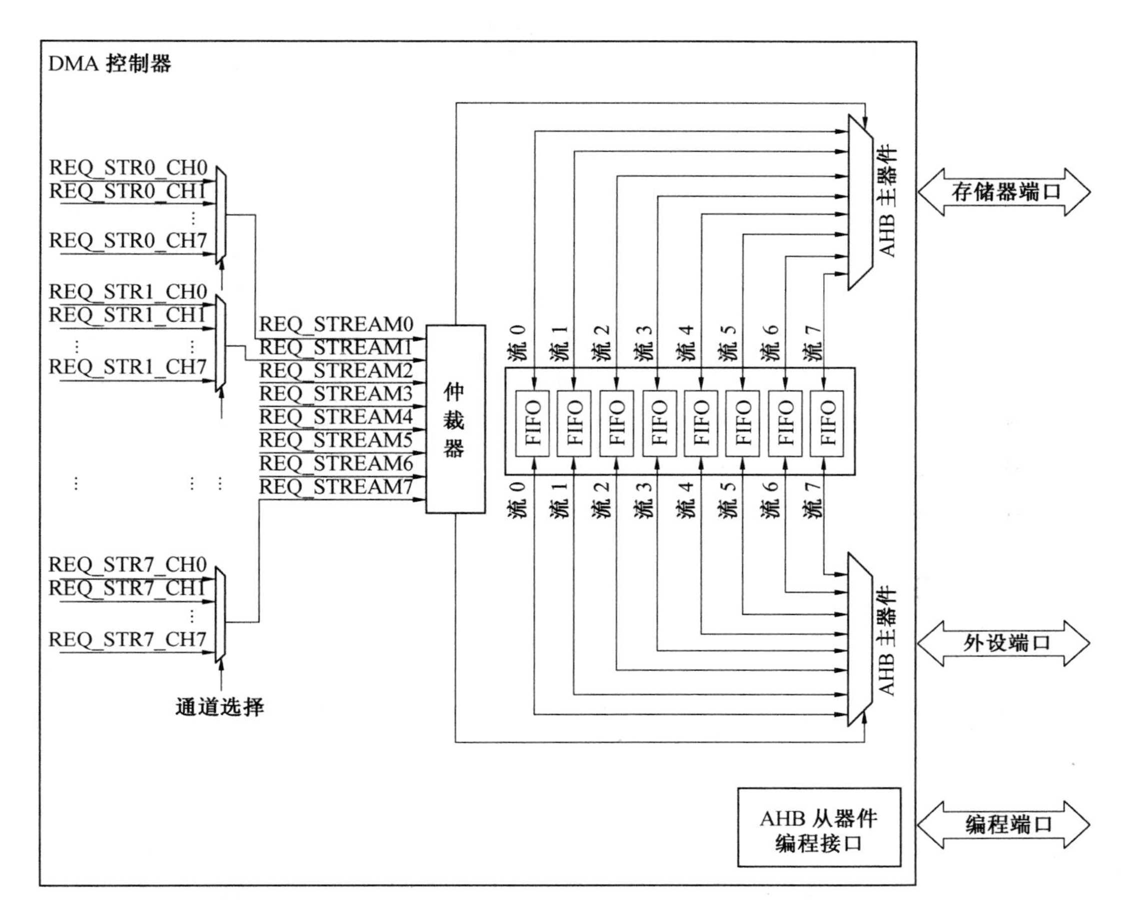

图 9.1 DMA 控制器框图

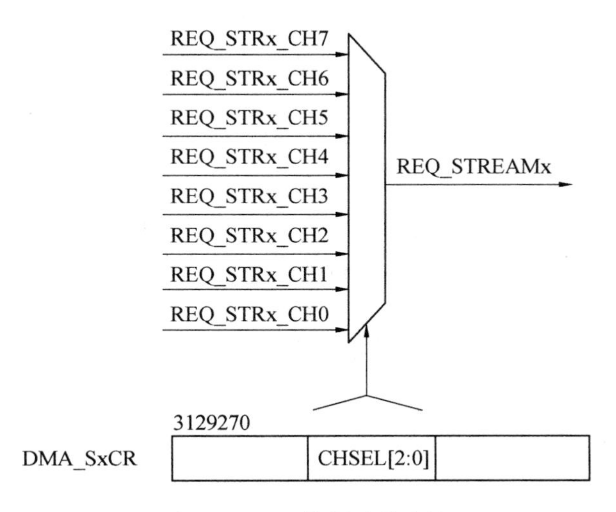

图 9.2 DMA 数据通道选择

表 9.1　DMA2 各数据流通道映射表

外设请求	数据流 0	数据流 1	数据流 2	数据流 3	数据流 4	数据流 5	数据流 6	数据流 7
通道 0	ADC1	—	TIM8_CH1 TIM8_CH2 TIM8_CH3	—	ADC1	—	TIM1_CH1 TIM1_CH2 TIM1_CH3	—
通道 1	—	DCMI	ADC2	ADC2	—	SPI6_TX(1)	SPI6_RX(1)	DCMI
通道 2	ADC3	ADC3	—	SPI5_RX(1)	SPI5_TX(1)	CRYP_OUT	CRYP_IN	HASH_IN
通道 3	SPI1_RX	—	SPI1_RX	SPI1_TX	—	SPI1_TX	—	—
通道 4	SPI4_RX(1)	SPI4_TX(1)	USART1_RX	SDIO	—	USART1_RX	SDIO	USART1_TX
通道 5	—	USART6_RX	USART6_RX	SPI4_RX(1)	SPI4_TX(1)	—	USART6_TX	USART6_TX
通道 6	TIM1_TRIG	TIM1_CH1	TIM1_CH2	TIM1_CH1	TIM1_CH4 TIM1_TRIG TIM1_COM	TIM1_UP	TIM1_CH3	—
通道 7	—	TIM8_UP	TIM8_CH1	TIM8_CH2	TIM8_CH3	SPI5_RX(1)	SPI5_TX(1)	TIM8_CH4 TIM8_TRIG TIM8_COM

(1) 这些请求在 STM32F42xxx 和 STM32F43xxx 上可用。

表 9.1 只列出了 DMA2 所有可能的选择情况,总共 64 种组合,例如,本章要实现串口 1 的 DMA 发送,即 USART1_TX,就必须选择 DMA2 的数据流 7 通道 4 来进行 DMA 传输。这里需要注意,有的外设(例如,ADC1)可能有多个通道可以选择,在使用的时候随意选择一个即可。

STM32F4 的 DMA 功能非常强大,DMA 控制器基于复杂的总线矩阵架构,将功能强大的双 AHB 主总线架构与独立的 FIFO 结合在一起,优化了系统带宽。每个数据流有单独的四级 32 位先进先出存储器缓冲区(FIFO),可用于 FIFO 模式或直接模式;DMA 数据流请求之间的优先级可用软件编程(4 个级别:非常高、高、中、低),在软件优先级相同的情况下可以通过硬件决定优先级(例如,请求 0 的优先级高于请求 1);独立的源和目标传输宽度(字节、半字、字),源和目标的数据宽度不相等时,DMA 自动封装/解封必要的传输数据来优化带宽。这个特性仅在 FIFO 模式下可用。

功能越强大使用起来就越复杂,下面通过一个实例来讲解,用 STM32 的库函数功能来实现,把看起来复杂的问题简单化,节省用户的调试时间。

9.2　STM32F4 的 DMA 应用程序实例

1. DMA 实验相关硬件资源简介

利用外部按键 KEY0 来控制 DMA 的传送,每按一次 KEY0,DMA 就传送一次数据到 USART1,然后在 TFTLCD 模块上显示进度等信息。LED0 用来作为程序运行的指示灯。本次实验需要注意 RXD 和 TXD 是否和 PA9 和 PA10 连接上,如果没有,请先连接。

2. DMA 的主要寄存器

在开始实验前,需要先介绍一下 DMA 设置相关的几个寄存器。

(1)DMA 中断状态寄存器。

该寄存器总共有 2 个:DMA_LISR 和 DMA_HISR,每个寄存器管理 4 数据流(总共 8 个),DMA_LISR 寄存器用于管理数据流 0 ~3,而 DMA_HISR 用于管理数据流 4 ~7。这两个寄存器各位描述一模一样,只是管理的数据流不一样。这里仅以 DMA_LISR 寄存器为例进行介绍,DMA_LISR 寄存器位描述见表 9.2。

表 9.2　DMA 低中断状态寄存器 DMA_LISR

31	30	29	28	27	26	25	24	23	22	21	20	19	18	17	16
Reserved				TCIF3	HTIF3	TEIF3	DMEIF3	Reserved	FEIF3	TCIF2	HTIF2	TEIF2	DMEIF2	Reserved	FEIF2
r	r	r	r	r	r	r	r		r	r	r	r	r		r

15	14	13	12	11	10	9	8	7	6	5	4	3	2	1	0
Reserved				TCIF1	HTIF1	TEIF1	DMEIF1	Reserved	FEIF1	TCIF0	HTIF0	TEIF0	DMEIF0	Reserved	FEIF0
r	r	r	r	r	r	r	r		r	r	r	r	r		r

位 31 : 28、15 : 12 保留,必须保持复位值。

位 27、21、11、5 TCIFx:数据流 x 传输完成中断标志(Stream x Transfer Complete Interrupt Flag)(x= 3 ~0)此位将由硬件置 1,由软件清零,软件只需将 1 写入 DMA_LIFCR 寄存器的相应位。

0:数据流 x 上无传输完成事件。

1:数据流 x 上发生传输完成事件。

位 26、20、10、4 HTIFx:数据流 x 半传输中断标志(Stream x Half Transfer Interrupt Flag)(x=3 ~0)此位将由硬件置 1,由软件清零,软件只需将 1 写入 DMA_LIFCR 寄存器的相应位。

0:数据流 x 上无半传输事件。

1:数据流 x 上发生半传输事件。

位 25、19、9、3 TEIFx:数据流 x 传输错误中断标志 (Stream x Transfer Error Interrupt Flag)(x=3 ~0)此位将由硬件置 1,由软件清零,软件只需将 1 写入 DMA_LIFCR 寄存器的相应位。

0:数据流 x 上无传输错误。

1:数据流 x 上发生传输错误。

位 24、18、8、2 DMEIFx:数据流 x 直接模式错误中断标志 (Stream x Direct Mode Error Interrupt Flag) (x=3 ~0)此位将由硬件置 1,由软件清零,软件只需将 1 写入 DMA_LIFCR 寄

存器的相应位。

0:数据流 x 上无直接模式错误。

1:数据流 x 上发生直接模式错误。

位 23、17、7、1 保留,必须保持复位值。

位 22、16、6、0FEIFx:数据流 x FIFO 错误中断标志(Stream x FIFO Error Interrupt Flag)(x=3~0)此位将由硬件置 1,由软件清零,软件只需将 1 写入 DMA_LIFCR 寄存器的相应位。

0:数据流 x 上无 FIFO 错误事件。

1:数据流 x 上发生 FIFO 错误事件。

如果开启了 DMA_LISR 中这些位对应的中断,则在达到条件后就会跳到中断服务函数,即使没开启,也可以通过查询这些位来获得当前 DMA 传输的状态。这里常用的是 TCIFx 位,即数据流 x 的 DMA 传输是否完成标志。此寄存器为只读寄存器,所以在这些位被置位之后,只能通过其他的操作来清除。DMA_HISR 寄存器各位描述和 DMA_LISR 寄存器各位描述完全一样,只是对应数据流 4~7。

(2)DMA 中断标志清除寄存器。

该寄存器同样有 2 个:DMA_LIFCR 和 DMA_HIFCR,同样是每个寄存器控制 4 个数据流,DMA_LIFCR 寄存器用于管理数据流 0~3,而 DMA_HIFCR 用于管理数据流 4~7。这两个寄存器各位描述一模一样,只是管理的数据流不一样。这里仅以 DMA_LIFCR 寄存器为例进行介绍,DMA_LIFCR 各位描述见表 9.3。

表 9.3 DMA 中断标志清除寄存器 DMA_LIFCR

31	30	29	28	27	26	25	24	23	22	21	20	19	18	17	16
Reserved				CTCIF3	CHTIF3	CTEIF3	CDMEIF3	Reserved	CFEIF3	CTCIF2	CHTIF2	CTEIF2	CDMEIF2	Reserved	CFEIF2
				w	w	w	w		w	w	w	w	w		w

15	14	13	12	11	10	9	8	7	6	5	4	3	2	1	0
Reserved				CTCIF1	CHTIF1	CTEIF1	CDMEIF1	Reserved	CFEIF1	CTCIF0	CHTIF0	CTEIF0	CDMEIF0	Reserved	CFEIF0
				w	w	w	w		w	w	w	w	w		w

位 31:28、15:12 保留,必须保持复位值。

位 27、21、11、5 CTCIFx:数据流 x 传输完成中断标志清零(Stream x Clear Transfer Complete Interrupt Flag)(x = 3~0)将 1 写入此位时,DMA_LISR 寄存器中相应的 TCIFx 标志将清零。

位 26、20、10、4 CHTIFx:数据流 x 半传输中断标志清零(Stream x Clear Half Transfer Interrupt Flag)(x = 3~0)将 1 写入此位时,DMA_LISR 寄存器中相应的 HTIFx 标志将清零。

位 25、19、9、3 CTEIFx：数据流 x 传输错误中断标志清零（Stream x Clear Transfer Error Interrupt Flag）(x = 3 ~0)将 1 写入此位时，DMA_LISR 寄存器中相应的 TEIFx 标志将清零。

位 24、18、8、2 CDMEIFx：数据流 x 直接模式错误中断标志清零（Stream x Clear Direct Mode Error Interrupt Flag）（x = 3 ~0）将 1 写入此位时，DMA_LISR 寄存器中相应的 DMEIFx 标志将清零。

位 23、17、7、1 保留，必须保持复位值。

位 22、16、6、0 CFEIFx：数据流 x FIFO 错误中断标志清零（Stream x Clear FIFO Error Interrupt Flag）（x = 3 ~0）将 1 写入此位时，DMA_LISR 寄存器中相应的 CFEIFx 标志将清零。

DMA_LIFCR 的各位是用来清除 DMA_LISR 的对应位的，通过写 1 清除。在 DMA_LISR 被置位后，必须通过向该寄存器对应的位写入 1 来清除。DMA_HIFCR 的使用和 DMA_LIFCR 类似，不再赘述。

(3) DMA 数据流 x 配置寄存器。

DMA 数据流 x 配置寄存器(DMA_SxCR)(x=0 ~7，下同)的具体参数见《STM32F4xx 中文参考手册》相关章节。该寄存器控制着 DMA 的很多相关信息，包括数据宽度、外设及存储器的宽度、优先级、增量模式、传输方向、中断允许、使能等都是通过该寄存器来设置的。所以 DMA_SxCR 是 DMA 传输的核心控制寄存器。

(4) DMA 数据流 x 数据项数目寄存器。

DMA 数据流 x 数据项数目寄存器(DMA_SxNDTR)控制 DMA 数据流 x 的每次传输所要传输的数据量。其设置范围为 0 ~65 535。并且该寄存器的值会随着传输的进行而减少，当该寄存器的值为 0 的时候代表此次数据传输已经全部发送完成。所以，可以通过这个寄存器的值来知道当前 DMA 传输的进度。这里指的是数据项数目，而不是字节数。例如，设置数据位宽为 16 位，那么传输一次(一个项)就是 2 个字节。

(5) DMA 数据流 x 外设地址寄存器。

DMA 数据流 x 的外设地址寄存器(DMA_SxPAR)用来存储 STM32F4 外设的地址，例如，使用串口 1，那么该寄存器必须写入 0x40011004(其实就是 &USART1_DR)。如果使用其他外设，修改成相应外设地址就行了。

(6) DMA 数据流 x 存储器地址寄存器。

DMA 数据流 x 的存储器地址寄存器，由于 STM32F4 的 DMA 支持双缓存，所以，存储器地址寄存器有两个：DMA_SxM0AR 和 DMA_SxM1AR，其中，DMA_SxM1AR 仅在双缓冲模式下才有效。本节没用到双缓冲模式，所以存储器地址寄存器就是 DMA_SxM0AR，该寄存器和 DMA_CPARx差不多，但是是用来放存储器的地址的。例如，使用 SendBuf[8200]数组来做存储器，那么在 DMA_SxM0AR 中写入 &SendBuff 就可以了。

DMA 相关寄存器的详细描述，请参考《STM32F4xx 中文参考手册》。

3. DMA 库函数和使用方法

本节要用到串口 1 的 DMA 发送，属于 DMA2 的数据流 7 通道 4，接下来介绍下使用库函数的配置步骤和方法。首先这里需要指出的是，DMA 相关的库函数支持在文件 stm32f4xx_dma. c，以及对应的头文件 stm32f4xx_dac. h 中。具体步骤如下。

(1) 使能 DMA2 时钟，并等待数据流可配置。

DMA 的时钟使能是通过 AHB1ENR 寄存器来控制的，这里要先使能时钟，才可以配置

DMA 相关寄存器,所以先要使能 DMA2 的时钟。另外要对配置寄存器(DMA_SxCR)进行设置,必须先等待其最低位为 0(即 DMA 传输禁止),才可以进行配置。

库函数使能 DMA2 时钟的方法如下。

```
RCC_AHB1PeriphClockCmd(RCC_AHB1Periph_DMA2,ENABLE);//DMA2 时钟使能
```

等待 DMA 可配置,也就是等待 DMA_SxCR 寄存器最低位为 0 的方法如下。

```
while (DMA_GetCmdStatus(DMA_Streamx) != DISABLE){};//等待 DMA 可配置
```

(2)初始化 DMA2 数据流 7,包括配置通道、外设地址、存储器地址、传输数据量等。

DMA 的某个数据流各种配置参数初始化是通过 DMA_Init 函数实现的。

```
void DMA_Init(DMA_Stream_TypeDef * DMAy_Streamx,DMA_InitTypeDef * DMA_InitStruct);
```

函数的第一个参数是指定初始化 DMA 的数据流编号,入口参数范围为:DMAx_Stream0 ~ DMAx_Stream7(x=1,2)。下面主要看第二个参数,跟其他外设一样,同样是通过初始化结构体成员变量值来达到初始化的目的。DMA_InitTypeDef 结构体的定义如下。

```
typedef struct
{
  uint32_t DMA_Channel;
  uint32_t DMA_PeripheralBaseAddr;
  uint32_t DMA_Memory0BaseAddr;
  uint32_t DMA_DIR;
  uint32_t DMA_BufferSize;
  uint32_t DMA_PeripheralInc;
  uint32_t DMA_MemoryInc;
  uint32_t DMA_PeripheralDataSize;
  uint32_t DMA_MemoryDataSize;
  uint32_t DMA_Mode;
  uint32_t DMA_Priority;
  uint32_t DMA_FIFOMode;
  uint32_t DMA_FIFOThreshold;
  uint32_t DMA_MemoryBurst;
  uint32_t DMA_PeripheralBurst;
}DMA_InitTypeDef;
```

这个结构体的成员比较多,但是每个成员变量的意义前文基本都已经讲解过,这里再一一进行简要的介绍。

第 1 个参数 DMA_Channel 用来设置 DMA 数据流对应的通道。前文已经讲解过,可供每个数据流选择的通道请求多达 8 个,取值范围为 DMA_Channel_0 ~ DMA_Channel_7。

第 2 个参数 DMA_PeripheralBaseAddr 用来设置 DMA 传输的外设基地址,例如,要进行串口 DMA 传输,那么外设基地址为串口接收发送数据存储器 USART1->DR 的地址,表示方法为 &USART1->DR。

第 3 个参数 DMA_Memory0BaseAddr 为内存基地址,也就是存放 DMA 传输数据的内存

地址。

第 4 个参数 DMA_DIR 用来设置数据传输方向，决定是从外设读取数据到内存还是从内存读取数据发送到外设，也就是外设是源地址还是目的地址，这里设置为从内存读取数据发送到串口，所以外设就是目的地址，故选择值为 DMA_DIR_PeripheralDST。

第 5 个参数 DMA_BufferSize 设置一次传输数据量的大小。

第 6 个参数 DMA_PeripheralInc 设置传输数据的外设地址是不变还是递增。如果设置为递增，那么下一次传输的时候地址加 1，本例是一直往固定外设地址 &USART1->DR 发送数据，所以地址不递增，值为 DMA_PeripheralInc_Disable。

第 7 个参数 DMA_MemoryInc 设置传输数据时内存地址是否递增。这个参数和 DMA_PeripheralInc 意思接近，只不过针对的是内存。本例中是将内存中连续存储单元的数据发送到串口，所以内存地址是需要递增的，故值为 DMA_MemoryInc_Enable。

第 8 个参数 DMA_PeripheralDataSize 用来设置外设的数据长度是为字节传输（8 bits）、半字传输（16 bits）还是字传输（32 bits），这里是 8 位字节传输，所以值设置为 DMA_PeripheralDataSize_Byte。

第 9 个参数 DMA_MemoryDataSize 是用来设置内存的数据长度，和第 8 个参数意思接近，故设置为字节传输 DMA_MemoryDataSize_Byte。

第 10 个参数 DMA_Mode 用来设置 DMA 模式是否循环采集，例如，要从内存中采集 64 个字节发送到串口，如果设置为循环采集，那么它会在 64 个字节采集完成之后继续从内存的第一个地址采集，如此循环。这里设置为一次连续采集完成之后不再循环，所以设置值为 DMA_Mode_Normal。在下面的实验中，如果设置此参数为循环采集，会看到串口不停地打印数据，不会中断，在实验中可以修改这个参数测试一下。

第 11 个参数 DMA_Priority 用来设置 DMA 通道的优先级，有低、中、高、超高四种模式，这个在前文介绍过，本例设置优先级别为中级，所以值为 DMA_Priority_Medium，优先级可以随便设置，因为只有一个数据流被开启了。假设有多个数据流开启（最多 8 个），那么就要设置优先级了，DMA 仲裁器将根据这些优先级的设置来决定先执行那个数据流的 DMA。优先级越高，越早执行，当优先级相同时，根据硬件上的编号来决定哪个先执行（编号越小越优先）。

第 12 个参数 DMA_FIFOMode 用来设置是否开启 FIFO 模式。这里不开启所以选择 DMA_FIFOMode_Disable。

第 13 个参数 DMA_FIFOThreshold 用来选择 FIFO 阈值。根据前文所述可以为 FIFO 容量的 1/4、1/2、3/4 以及 1 倍。这里实际并没有开启 FIFO 模式，所以可以不关心。

第 14 个参数 DMA_MemoryBurst 用来配置存储器突发传输配置。可以选择为 4 个节拍的增量突发传输 DMA_MemoryBurst_INC4，8 个节拍的增量突发传输 DMA_MemoryBurst_INC8，16 个节拍的增量突发传输 DMA_MemoryBurst_INC16 以及单次传输 DMA_MemoryBurst_Single。

第 15 个参数 DMA_PeripheralBurst 用来配置外设突发传输配置。和前面一个参数 DMA_MemoryBurst 作用类似，只不过一个针对的是存储器，一个是外设。本例选择单次传输 DMA_PeripheralBurst_Single。

参数含义的具体详细配置，可以参考中文参考手册相关寄存器配置更加详细的了解含义。上面场景的实例代码如下。

```
/* 配置 DMA Stream */
```

```
DMA_InitStructure.DMA_Channel = chx; //通道选择
DMA_InitStructure.DMA_PeripheralBaseAddr = par;//DMA 外设地址
DMA_InitStructure.DMA_Memory0BaseAddr = mar;//DMA 存储器 0 地址
DMA_InitStructure.DMA_DIR = DMA_DIR_MemoryToPeripheral;//存储器到外设模式
DMA_InitStructure.DMA_BufferSize = ndtr;//数据传输量
DMA_InitStructure.DMA_PeripheralInc = DMA_PeripheralInc_Disable;
//外设非增量模式
DMA_InitStructure.DMA_MemoryInc = DMA_MemoryInc_Enable; //存储器增量模式
DMA_InitStructure.DMA_PeripheralDataSize = DMA_PeripheralDataSize_Byte;
//外设数据长度:8 位
DMA_InitStructure.DMA_MemoryDataSize = DMA_MemoryDataSize_Byte;
//存储器数据长度:8 位
DMA_InitStructure.DMA_Mode = DMA_Mode_Normal; // 使用普通模式
DMA_InitStructure.DMA_Priority = DMA_Priority_Medium; //中等优先级
DMA_InitStructure.DMA_FIFOMode = DMA_FIFOMode_Disable;
DMA_InitStructure.DMA_FIFOThreshold = DMA_FIFOThreshold_Full;
DMA_InitStructure.DMA_MemoryBurst = DMA_MemoryBurst_Single;//单次传输
DMA_InitStructure.DMA_PeripheralBurst = DMA_PeripheralBurst_Single;
//外设突发单次传输
DMA_Init(DMA_Streamx, &DMA_InitStructure);//初始化 DMA Stream
```

(3)使能串口 1 的 DMA 发送。

进行 DMA 配置之后,就可以开启串口的 DMA 发送功能,使用的函数如下。

```
USART_DMACmd(USART1,USART_DMAReq_Tx,ENABLE); //使能串口 1 的 DMA 发送
```

如果要使能串口 DMA 接收,那么第二个参数修改为 USART_DMAReq_Rx 即可。

(4)使能 DMA2 数据流 7,启动传输。

使能 DMA 数据流的函数如下。

```
void DMA_Cmd(DMA_Stream_TypeDef * DMAy_Streamx, FunctionalState NewState);
```

使能 DMA2_Stream7,启动传输的方法如下。

```
DMA_Cmd (DMA2_Stream7,ENABLE) ;
```

通过以上 4 步设置,就可以启动一次 USART1 的 DMA 传输了。

(5)查询 DMA 传输状态。

在 DMA 传输过程中,需要查询 DMA 传输通道的状态,使用的函数如下。

```
FlagStatus DMA_GetFlagStatus(uint32_t DMAy_FLAG);
```

例如,查询 DMA 数据流 7 传输是否完成,方法如下。

```
DMA_GetFlagStatus(DMA2_Stream7,DMA_FLAG_TCIF7);
```

这里还有一个比较重要的函数就是获取当前剩余数据量大小的函数。

```
uint16_t DMA_GetCurrDataCounter(DMA_Stream_TypeDef * DMAy_Streamx);
```

例如,要获取 DMA 数据流 7 还有多少个数据没有传输,方法如下。

```
DMA_GetCurrDataCounter(DMA1_Channel4);
```

同样也可以设置对应的DMA数据流传输的数据量大小，函数如下。

void DMA_SetCurrDataCounter(DMA_Stream_TypeDef * DMAy_Streamx, uint16_t Counter);

DMA相关的库函数可以查看固件库中文手册详细了解。

4. 软件设计

根据上述硬件的描述，可以设计相应的程序，需要调用一些库文件，如stm32f4xx_dma.c、stm32f4xx_dma.h等。当然还需要自己编写相应的程序，如dma.c以及对应头文件dma.h用来存放dma相关的函数和定义。

(1)具体的dma.c的代码。

```
//DMAx的各通道配置
//这里的传输形式是固定的,这点要根据不同的情况来修改
//从存储器->外设模式/8位数据宽度/存储器增量模式
//DMA_Streamx:DMA数据流,DMA1_Stream0~7/DMA2_Stream0~7
//chx:DMA通道选择,@ref DMA_channel DMA_Channel_0~DMA_Channel_7
//par:外设地址,mar:存储器地址,ndtr:数据传输量
void YOUDMA_Config(DMA_Stream_TypeDef *DMA_Streamx,u32 chx,u32 par,u32 mar,
u16 ndtr)
{
    DMA_InitTypeDef  DMA_InitStructure;
    if((u32)DMA_Streamx>(u32)DMA2);//得到当前stream是属于DMA2还是DMA1
    {
      RCC_AHB1PeriphClockCmd(RCC_AHB1Periph_DMA2,ENABLE);
      //DMA2时钟使能
    }else
    {
      RCC_AHB1PeriphClockCmd(RCC_AHB1Periph_DMA1,ENABLE);
      //DMA1时钟使能
    }
    DMA_DeInit(DMA_Streamx);
    while (DMA_GetCmdStatus(DMA_Streamx) != DISABLE){}//等待DMA可配置
    /* 配置DMA Stream */
    DMA_InitStructure.DMA_Channel = chx;  //通道选择
    DMA_InitStructure.DMA_PeripheralBaseAddr = par;//DMA外设地址
    DMA_InitStructure.DMA_Memory0BaseAddr = mar;//DMA存储器0地址
    DMA_InitStructure.DMA_DIR = DMA_DIR_MemoryToPeripheral;//存储器到外设模式
    DMA_InitStructure.DMA_BufferSize = ndtr;//数据传输量
    DMA_InitStructure.DMA_PeripheralInc = DMA_PeripheralInc_Disable;
    //外设非增量模式
    DMA_InitStructure.DMA_MemoryInc = DMA_MemoryInc_Enable;//存储器增量模式
    DMA_InitStructure.DMA_PeripheralDataSize = DMA_PeripheralDataSize_Byte;
```

```
    //外设数据长度:8 位
    DMA_InitStructure.DMA_MemoryDataSize = DMA_MemoryDataSize_Byte;
    //存储器数据长度:8 位
    DMA_InitStructure.DMA_Mode = DMA_Mode_Normal;// 使用普通模式
    DMA_InitStructure.DMA_Priority = DMA_Priority_Medium;//中等优先级
    DMA_InitStructure.DMA_FIFOMode = DMA_FIFOMode_Disable;//FIFO 模式禁止
    DMA_InitStructure.DMA_FIFOThreshold = DMA_FIFOThreshold_Full;//FIFO 阈值
    DMA_InitStructure.DMA_MemoryBurst = DMA_MemoryBurst_Single;
    //存储器突发单次传输
    DMA_InitStructure.DMA_PeripheralBurst = DMA_PeripheralBurst_Single;
    //外设突发单次传输
    DMA_Init(DMA_Streamx, &DMA_InitStructure);//初始化 DMA Stream
}
//开启一次 DMA 传输
//DMA_Streamx:DMA 数据流,DMA1_Stream0~7/DMA2_Stream0~7
//ndtr:数据传输量
void YOUDMA_Enable(DMA_Stream_TypeDef *DMA_Streamx,u16 ndtr)
{
    DMA_Cmd(DMA_Streamx, DISABLE);//关闭 DMA 传输
    while (DMA_GetCmdStatus(DMA_Streamx) != DISABLE){}
    //确保 DMA 可以被设置
    DMA_SetCurrDataCounter(DMA_Streamx,ndtr);//数据传输量
    DMA_Cmd(DMA_Streamx, ENABLE);//开启 DMA 传输
}
```

dma.c 中的代码只有 2 个函数,YOUDMA_Config 函数基本上就是按照上面介绍的步骤来初始化 DMA 的,该函数是一个通用的 DMA 配置函数,DMA1/DMA2 的所有通道,都可以利用该函数配置,不过有些固定参数可能要适当修改(例如,位宽、传输方向等)。该函数在外部只能修改 DMA 及数据流编号、通道号、外设地址、存储器地址(SxM0AR)传输数据量等几个参数,更多的其他设置需要在该函数内部修改。YOUDMA_Enable 函数就是设置 DMA 缓存大小并且使能 DMA 数据流。对照前面的配置步骤的详细讲解看看这部分代码即可。

dma.h 头文件内容比较简单,主要是函数声明,这里不再赘述。

(2)main 函数。

```
/*发送数据长度,最好等于 sizeof(TEXT_TO_SEND)+2 的整数倍*/
#define SEND_BUF_SIZE 8200
u8 SendBuff[SEND_BUF_SIZE];//发送数据缓冲区
const u8 TEXT_TO_SEND[]={"ALIENTEK Explorer STM32F4 DMA 串口实验"};
int main(void)
{
  u16 i;
```

```
    u8 t=0,j,mask=0;
    float pro=0;//进度
    NVIC_PriorityGroupConfig(NVIC_PriorityGroup_2);//设置系统中断优先级分组
    delay_init(168);//初始化延时函数
    uart_init(115200);//初始化串口波特率为 115 200
    LED_Init();//初始化 LED
    LCD_Init();//LCD 初始化
    KEY_Init(); //按键初始化
    /* DMA2、STEAM7、CH4 外设为串口 1,存储器为 SendBuff,长度为:SEND_BUF_
SIZE */
    YOUDMA_Config(DMA2_Stream7,DMA_Channel_4,(u32)&USART1->DR,
                            (u32)SendBuff,SEND_BUF_SIZE);
    POINT_COLOR=RED;
    LCD_ShowString(30,50,200,16,16,"Explorer STM32F4");
    LCD_ShowString(30,70,200,16,16,"DMA TEST");
    LCD_ShowString(30,90,200,16,16,"GSY@ ZUT");
    LCD_ShowString(30,110,200,16,16,"2022/4/6");
    LCD_ShowString(30,130,200,16,16,"KEY0:Start");
    POINT_COLOR=BLUE;//设置字体为蓝色
    //显示提示信息
    j=sizeof(TEXT_TO_SEND);
    for(i=0;i<SEND_BUF_SIZE;i++)//填充 ASCII 字符集数据
  {
    if(t>=j)//加入换行符
    {
      if(mask)
      {
        SendBuff[i]=0x0a;t=0;
      }else
      {
        SendBuff[i]=0x0d;mask++;
      }
    }else //复制 TEXT_TO_SEND 语句
    {
      mask=0;
      SendBuff[i]=TEXT_TO_SEND[t];t++;
    }
  }
  POINT_COLOR=BLUE;//设置字体为蓝色
```

```
i=0;
while(1)
{
  t=KEY_Scan(0);
  if(t==KEY0_PRES)   //KEY0 按下
  {
    printf("\r\nDMA DATA:\r\n");
    LCD_ShowString(30,150,200,16,16,"Start Transimit...");
    LCD_ShowString(30,170,200,16,16,"    %");//显示百分号
    USART_DMACmd(USART1,USART_DMAReq_Tx,ENABLE);
    //使能串口 1 的 DMA 发送
    YOUDMA_Enable(DMA2_Stream7,SEND_BUF_SIZE); //开始一次 DMA 传输
    //等待 DMA 传输完成,此时来做另外一些事,点灯
    //实际应用中,传输数据期间,可以执行另外的任务
    while(1)
    {
      if(DMA_GetFlagStatus(DMA2_Stream7,DMA_FLAG_TCIF7)!=RESET)
      //等待 DMA2_Steam7 传输完成
      {
        DMA_ClearFlag(DMA2_Stream7,DMA_FLAG_TCIF7);//清除传输完成标志
        break;
      }
      pro=DMA_GetCurrDataCounter(DMA2_Stream7);//得到当前剩余数据数
      pro=1-pro/SEND_BUF_SIZE;//得到百分比
      pro*=100;//扩大 100 倍
      LCD_ShowNum(30,170,pro,3,16);
    }
      LCD_ShowNum(30,170,100,3,16);//显示 100%
      LCD_ShowString(30,150,200,16,16,"Transimit Finished!");
    }
    i++;
    delay_ms(10);
    if(i==20)
    {
      LED0=!LED0;//提示系统正在运行
      i=0;
    }
  }
}
```

通过上面的代码可以看出,main 函数的流程大致是:先初始化内存 SendBuff 的值,然后通过 KEY0 开启串口 DMA 发送,在发送过程中,通过 DMA_GetCurrDataCounter( )函数获取当前还剩余的数据量来计算传输百分比,最后在传输结束之后清除相应标志位,提示已经传输完成。这里还有一点要注意,因为是使用的串口 1 的 DMA 发送,所以代码中使用 USART_DMACmd 函数开启串口的 DMA 发送。

USART_DMACmd(USART1,USART_DMAReq_Tx,ENABLE); //使能串口 1 的 DMA 发送

至此,DMA 串口传输的软件设计就完成了,具体的实现效果可以在实验板上测试观察。

9.3 STM32F4 的 ADC 的基本特性

1. STM32F4 的 ADC 概述

STM32F4xx 系列有 3 个 ADC,这些 ADC 可以独立使用,也可以使用双重/三重模式(提高采样率)。STM32F4 的 ADC 是 12 位逐次逼近型的模拟数字转换器。它有 19 个通道,可测量 16 个外部源、2 个内部源和 V_{BAT}通道的信号。这些通道的 A/D 转换可以单次、连续、扫描或间断模式执行。ADC 的结果可以左对齐或右对齐方式存储在 16 位数据寄存器中。模拟看门狗特性允许应用程序检测输入电压是否超出用户定义的高/低阈值。

STM32F407ZGT6 包含有 3 个 ADC。STM32F4 的 ADC 最大的转换速率为 2.4 MHz,也就是转换时间为 0.41 μs(在 ADCCLK = 36 MHz,采样周期为 3 个 ADC 时钟下得到),ADC 的时钟频率不能超过 36 MHz,否则将导致结果准确度下降。

STM32F4 将 ADC 的转换分为 2 个通道组:规则通道组和注入通道组。规则通道组相当于正常运行的程序,而注入通道组就相当于中断。在程序正常执行的时候,中断是可以打断正常执行程序的。同这个类似,注入通道组的转换可以打断规则通道组的转换,在注入通道组被转换完成之后,规则通道组才得以继续转换。

下面通过一个形象的例子说明:假如在一个仓库内放了 5 个温度传感器,室外放了 3 个温度传感器;正常情况下只需要时刻监视仓库内的温度即可,但偶尔想看看仓库外的温度,因此可以使用规则通道组循环扫描仓库内的 5 个传感器并显示 A/D 转换结果,当想看仓库外的温度时,通过一个按钮启动注入转换组(3 个室外传感器)并暂时显示室外温度,当放开这个按钮后,系统又会回到规则通道组继续检测仓库内的温度。从系统设计上,测量并显示室外温度的过程中断了测量并显示室外温度的过程,但程序设计上可以在初始化阶段分别设置好不同的转换组,系统运行中不必再变更循环转换的配置,从而达到两个任务互不干扰和快速切换的结果。可以设想一下,如果没有规则通道组和注入通道组的划分,当按下按钮后,需要重新配置 A/D 循环扫描的通道,然后在释放按钮后需再次配置 A/D 循环扫描的通道。

上述例子因为速度较慢,不能完全体现这样区分(规则通道组和注入通道组)的好处,但在工业应用领域中有很多检测和监视探头需要较快地处理,这样对 A/D 转换的分组将大大简化事件处理的程序并提高事件处理的速度。

STM32F4 的 ADC 的规则通道组最多包含 16 个转换,而注入通道组最多包含 4 个转换。关于这两个通道组的详细介绍,请参考《STM32F4xx 中文参考手册》。STM32F4 的 ADC 可以进行很多种不同的转换模式,这些模式在《STM32F4xx 中文参考手册》也都有详细介绍,这里就不再一一列举了。本节仅介绍如何使用规则通道组的单次转换模式。

STM32F4 的 ADC 在单次转换模式下，只执行一次转换，该模式可以通过 ADC_CR2 寄存器的 ADON 位(只适用于规则通道)启动，也可以通过外部触发启动(适用于规则通道和注入通道)，这时 CONT 位为 0。

2. ADC 的主要寄存器

执行 ADC 转换，需要用到 ADC 寄存器。以规则通道组为例，一旦所选择的通道转换完成，转换结果将被存在 ADC_DR 寄存器中，EOC(转换结束)标志将被置位，如果设置了 EOCIE，则会产生中断。然后 ADC 将停止，直到下次启动。

(1)ADC 控制寄存器。

ADC 控制寄存器有两个：ADC_CR1 和 ADC_CR2。ADC_CR1 寄存器各位描述见表 9.4。

表 9.4　ADC_CR1 寄存器各位描述

31	30	29	28	27	26	25	24	23	22	21	20	19	18	17	16
Reserved					OVRIE	RES		AWDEN	JAWDEN	Reserved					
					rw	rw	rw	rw	rw						

15	14	13	12	11	10	9	8	7	6	5	4	3	2	1	0
DISCNUM[2 : 0]			JDISCEN	DISCEN	JAUTO	AWDSGL	SCAN	JEOCIE	AWDIE	EOCIE	AWDCH[4 : 0]				
rw	rw	rw	rw	rw	rw	rw	rw	rw	rw	rw	rw	rw	rw	rw	rw

每个位的含义不再详细介绍，重点介绍几个本节要用到的位，详细的进行说明及介绍，请参考《STM32F4xx 中文参考手册》。

ADC_CR1 的 SCAN 位，该位用于设置扫描模式，由软件设置和清除，如果设置为 1，则使用扫描模式；如果设置为 0，则关闭扫描模式。在扫描模式下，由 ADC_SQRx 或 ADC_JSQRx 寄存器选中的通道被转换。如果设置了 EOCIE 或 JEOCIE，只在最后一个通道转换完毕后才会产生 EOC 或 JEOC 中断。

ADC_CR1[25 : 24]用于设置 ADC 的分辨率，详细的对应关系如下所示。

位 25:24RES[1 : 0]：分辨率 (Resolution)

通过软件写入这些位可选择转换的分辨率。

00:12 位(15 ADCCLK 周期)

01:10 位(13 ADCCLK 周期)

10:8 位(11 ADCCLK 周期)

11:6 位(9 ADCCLK 周期)

本节使用 12 位分辨率，所以设置这两个位为 0 即可。下面介绍 ADC_CR2，该寄存器的各位描述见表 9.5。

表 9.5　ADC_CR2 寄存器各位描述

31	30	29	28	27	26	25	24	23	22	21	20	19	18	17	16
Reserved	SWSTART	EXTEN		EXTSEL[3:0]				Reserved	JSWSTART	JEXTEN		JEXTSEL[3:0]			
	rw	rw	rw	rw	rw	rw	rw		rw	rw	rw	rw	rw	rw	rw

15	14	13	12	11	10	9	8	7	6	5	4	3	2	1	0
Reserved				ALIGN	EOCS	DDS	DMA	Reserved						CONT	ADON
				rw	rw	rw	rw							rw	rw

该寄存器也只针对性的介绍一些位：ADON 位用于开关 A/D 转换器。而 CONT 位用于设置是否进行连续转换，本次使用单次转换，所以 CONT 位必须为 0。ALIGN 用于设置数据对齐，本次使用右对齐，该位设置为 0。

EXTEN[1:0]用于规则通道组的外部触发使能设置，详细的设置关系如下所示。

位 29 : 28 EXTEN：规则通道组的外部触发使能（External Trigger Enable for Regular Channels）通过软件将这些位置 1 和清零，可以选择外部触发极性和使能规则组的触发。

00：禁止触发检测。

01：上升沿上的触发检测。

10：下降沿上的触发检测。

11：上升沿和下降沿上的触发检测。

这里使用的是软件触发，即不使用外部触发，所以设置这 2 个位为 0 即可。ADC_CR2 的 SWSTART 位用于开始规则通道组的转换，每次转换（单次转换模式下）都需要向该位写 1。

（2）ADC 通用控制寄存器。

ADC 通用控制寄存器（ADC_CCR），该寄存器各位描述见表 9.6。

表 9.6　ADC_CCR 寄存器各位描述

31	30	29	28	27	26	25	24	23	22	21	20	19	18	17	16
Reserved								TSVREFE	VBATE	Reserved				ADCPRE	
								rw	rw					rw	rw

15	14	13	12	11	10	9	8	7	6	5	4	3	2	1	0
DMA[1:0]		DDS	Reserved	DELAY[3:0]				Reserved			MULTI[4:0]				
rw	rw	rw		rw	rw	rw	rw				rw	rw	rw	rw	rw

针对该寄存器只介绍一些用到的位：TSVREFE 位是内部温度传感器和 V_{ref}Int 通道使能位，这里直接设置为 0。ADCPRE[1:0]用于设置 ADC 输入时钟分频，00～11 分别对应 2/4/6/8 分频，STM32F4 的 ADC 最大工作频率是 36 MHz，而 ADC 时钟（ADCCLK）来自 APB2，

APB2 频率一般是 84 MHz，所以一般设置 ADCPRE = 01，即 4 分频，这样得到 ADCCLK 频率为 21 MHz。MULTI[4 : 0]用于多重 ADC 模式选择，详细的设置关系如下。

位 4 : 0MULTI[4 : 0]：多重 ADC 模式选择（Multi ADC Mode Selection）。

通过软件写入这些位可选择操作模式，所有 ADC 均独立。

00000：独立模式。

00001 到 01001：双重模式，ADC1 和 ADC2 一起工作，ADC3 独立。

00001：规则同时 + 注入同时组合模式。

00010：规则同时 + 交替触发组合模式。

00011：Reserved。

00101：仅注入同时模式。

00110：仅规则同时模式。

00111：仅交错模式。

01001：仅交替触发模式。

10001 到 11001：三重模式：ADC1、ADC2 和 ADC3 一起工作。

10001：规则同时 + 注入同时组合模式。

10010：规则同时 + 交替触发组合模式。

10011：Reserved。

10101：仅注入同时模式。

10110：仅规则同时模式。

10111：仅交错模式。

11001：仅交替触发模式。

其他所有组合均需保留且不允许编程。

本节仅用了 ADC1（独立模式），并没用到多重 ADC 模式，所以设置这 5 个位为 0 即可。

(3) ADC 采样时间寄存器。

ADC 采样时间寄存器（ADC_SMPR1 和 ADC_SMPR2），这两个寄存器用于设置通道 0 ~ 18 的采样时间，每个通道占用 3 个位。ADC_SMPR1 的各位描述见表 9.7。

表 9.7 ADC_SMPR1 寄存器各位描述

31	30	29	28	27	26	25	24	23	22	21	20	19	18	17	16
Reserved					SMP18[2 : 0]			SMP17[2 : 0]			SMP16[2 : 0]			SMP15[2 : 1]	
					rw	rw	rw	rw	rw	rw	rw	rw	rw	rw	rw

15	14	13	12	11	10	9	8	7	6	5	4	3	2	1	0
SMP 15_0	SMP14[2 : 0]			SMP13[2 : 0]			SMP12[2 : 0]			SMP11[2 : 0]			SMP10[2 : 0]		
rw	rw	rw	rw	rw	rw	rw	rw	rw	rw	rw	rw	rw	rw	rw	rw

位 26 : 0SMPx[2 : 0]:通道 x 采样时间选择（Channel x Sampling Time Selection）

通过软件写入这些位可分别为各个通道选择采样时间。在采样周期期间，通道选择位必须保持不变。

000:3 个周期。

001:15 个周期。

010:28 个周期。

011:56 个周期。

100:84 个周期。

101:112 个周期。

110:144 个周期。

111:480 个周期。

ADC_SMPR2 的各位描述和 ADC_SMPR1 类似，分别对应通道 0 ~ 通道 9 的采用周期选择，不再赘述。

对于每个要转换的通道，采样时间建议尽量长一点，以获得较高的准确度，但是这样会降低 ADC 的转换速率。ADC 的转换时间可以由以下公式计算。

$$T_{\text{covn}}=\text{采样时间}+12\ \text{个周期}$$

式中，T_{covn} 为总转换时间，采样时间是根据每个通道的 SMP 位的设置来决定的。例如，当 ADCCLK=21 MHz 的时候，并设置 15 个周期的采样时间，则

$$T_{\text{covn}}=15+12=27\ \text{个周期}=27/21\ \mu\text{s}\approx 1.29\ \mu\text{s}$$

（4）ADC 规则序列寄存器。

ADC 规则序列寄存器（ADC_SQR1 ~3），该寄存器共有 3 个，这 3 个寄存器的功能都差不多，这里仅介绍程序中用到的 ADC_SQR3，该寄存器的各位描述见表 9.8。

表 9.8　ADC_SQR3 寄存器各位描述

31	30	29	28	27	26	25	24	23	22	21	20	19	18	17	16
Reserved		SQ6[4 : 0]					SQ5[4 : 0]					SQ4[4 : 1]			
		rw	rw	rw	rw	rw	rw	rw	rw	rw	rw	rw	rw	rw	rw

15	14	13	12	11	10	9	8	7	6	5	4	3	2	1	0
SQ4_0	SQ3[4 : 0]					SQ2[4 : 0]					SQ1[4 : 0]				
rw	rw	rw	rw	rw	rw	rw	rw	rw	rw	rw	rw	rw	rw	rw	rw

位 31 : 30 保留，必须保持复位值。

位 29 : 25 SQ6[4 : 0]:规则序列中的第 6 次转换（6th Conversion in Regular Sequence）。通过软件写入这些位，并将通道编号（0 ~ 18）分配为序列中的第 6 次转换。

位 24 : 20 SQ5[4 : 0]:规则序列中的第 5 次转换（5th Conversion in Regular Sequence）。

位 19 : 15 SQ4[4 : 0]:规则序列中的第 4 次转换（4th Conversion in Regular Sequence）。

位 14 : 10 SQ3[4 : 0]:规则序列中的第 3 次转换（3rd Conversion in Regular Sequence）。

位 9 : 5 SQ2[4 : 0]:规则序列中的第 2 次转换（2nd Conversion in Regular Sequence）。

位 4 : 0 SQ1[4 : 0]:规则序列中的第 1 次转换（1st Conversion in Regular Sequence）。

ADC_SQR1 寄存器中的位 23：20 规定了规则通道组序列长度。

位 23：20 L[3：0]:通过软件写入这些位定义规则通道组转换序列中的转换总数。

0000:1 次转换

0001:2 次转换

...

1111:16 次转换

SQ1 ~6 存储了规则序列中第 1 ~6 个通道的编号(0 ~18)。本次实验选择的是单次转换,所以只有一个通道在规则序列里面,这个序列就是 SQ1,至于 SQ1 里面哪个通道,完全由用户自己设置。另外两个规则序列寄存器同 ADC_SQR3 大同小异,这里就不再介绍了,要说明一点的是:ADC_SQR1 中的 L[3：0]用于存储规则序列的长度,这里只用了 1 个,故设置为 0000。

(5)ADC 规则数据寄存器。

ADC 规则数据寄存器(ADC_DR)。规则序列中的 AD 转化结果都将被存在这个寄存器里面,而注入通道组的转换结果被保存在 ADC_JDRx 里面。ADC_DR 的各位描述见表 9.9。

表 9.9　ADC_JDRx 寄存器各位描述

31	30	29	28	27	26	25	24	23	22	21	20	19	18	17	16
Reserved															

15	14	13	12	11	10	9	8	7	6	5	4	3	2	1	0
DATA[15：0]															
r	r	r	r	r	r	r	r	r	r	r	r	r	r	r	r

位 31：16 保留,必须保持复位值。

位 15：0DATA[15：0]:规则数据（Regular Data）这些位为只读。它们包括来自规则通道的转换结果。数据有左对齐和右对齐两种方式。

另外注意,该寄存器的数据可以通过 ADC_CR2 的 ALIGN 位设置左对齐还是右对齐。在读取数据的时候要特别注意。

(6)ADC 状态寄存器。

ADC 状态寄存器(ADC_SR),该寄存器保存了 ADC 转换时的各种状态。该寄存器的各位描述见表 9.10。

表 9.10　ADC_SR 寄存器各位描述

31	30	29	28	27	26	25	24	23	22	21	20	19	18	17	16
Reserved															

15	14	13	12	11	10	9	8	7	6	5	4	3	2	1	0
Reserved										OVR	STRT	JSTRT	JEOC	EOC	AWD
										rc_w0	rc_w0	rc_w0	rc_w0	rc_w0	rc_w0

这里仅介绍将要用到的 EOC 位，通过判断该位来决定是否此次规则通道的 A/D 转换已经完成，如果该位为 1，则表示转换完成，就可以从 ADC_DR 中读取转换结果，否则等待转换完成。

至此，本节要用到的 ADC 相关寄存器全部介绍完毕了，对于未介绍的部分，请参考《STM32F4xx 中文参考手册》相关章节。

9.4　STM32F4 的 ADC 的程序流程与编程要点

通过 9.3 节介绍，了解了 STM32F4 的单次转换模式下的相关设置，接下来介绍使用库函数来设置 ADC1 的通道 5 来进行 A/D 转换的步骤。这里需要说明一下，使用到的库函数分布在 stm32f4xx_adc. c 文件和 stm32f4xx_adc. h 文件中。下面讲解其详细设置步骤。

(1)开启 PA 口时钟和 ADC1 时钟，设置 PA5 为模拟输入。

STM32F407ZGT6 的 ADC1 通道 5 在 PA5 上，所以先要使能 GPIOA 的时钟，然后设置 PA5 为模拟输入。同时要把 PA5 复用为 ADC，故要使能 ADC1 时钟。

这里特别要注意，对于 I/O 口复用为 ADC 时，要设置模式为模拟输入，而不是复用功能，也不需要调用 GPIO_PinAFConfig 函数来设置引脚映射关系。

使能 GPIOA 时钟和 ADC1 时钟都很简单，具体方法如下。

```
RCC_AHB1PeriphClockCmd(RCC_AHB1Periph_GPIOA, ENABLE);//使能 GPIOA 时钟
RCC_APB2PeriphClockCmd(RCC_APB2Periph_ADC1, ENABLE); //使能 ADC1 时钟
```

初始化 GPIOPA5 为模拟输入，方法也多次讲解，关键代码如下。

```
GPIO_InitStructure.GPIO_Mode = GPIO_Mode_AN;//模拟输入
```

这里需要说明一下，ADC 的通道与引脚的对应关系在 STM32F4 的数据手册可以查到，这里把 ADC1 ~ ADC3 的引脚与通道对应关系列出来，16 个外部源的对应关系见表 9.11。

表 9.11　ADC1 ~ ADC3 引脚对应关系表

通道	ADC1	ADC2	ADC3
通道 0	PA0	PA0	PA0
通道 1	PA1	PA1	PA1
通道 2	PA2	PA2	PA2
通道 3	PA3	PA3	PA3
通道 4	PA4	PA4	PF6
通道 5	PA5	PA5	PF7
通道 6	PA6	PA6	PF8
通道 7	PA7	PA7	PF9
通道 8	PB0	PB0	PF10
通道 9	PB1	PB1	PF3
通道 10	PC0	PC0	PC0
通道 11	PC1	PC1	PC1

续表 9.11

	ADC1	ADC2	ADC3
通道 12	PC2	PC2	PC2
通道 13	PC3	PC3	PC3
通道 14	PC4	PC4	PF4
通道 15	PC5	PC5	PF5

(2)设置 ADC 的通用控制寄存器 CCR,配置 ADC 输入时钟分频,模式为独立模式等。

在库函数中,初始化 CCR 寄存器是通过调用 ADC_CommonInit 来实现的。

void ADC_CommonInit(ADC_CommonInitTypeDef * ADC_CommonInitStruct)

这里不再赘述初始化结构体成员变量,而是直接看实例。初始化实例如下。

ADC_CommonInitStructure. ADC_Mode = ADC_Mode_Independent;//独立模式

ADC_CommonInitStructure. ADC_TwoSamplingDelay = ADC_TwoSamplingDelay_5Cycles;

ADC_CommonInitStructure. ADC_DMAAccessMode = ADC_DMAAccessMode_Disabled;

ADC_CommonInitStructure. ADC_Prescaler = ADC_Prescaler_Div4;

ADC_CommonInit(&ADC_CommonInitStructure);//初始化

第 1 个参数 ADC_Mode 用来设置是独立模式还是多重模式,这里选择独立模式。

第 2 个参数 ADC_TwoSamplingDelay 用来设置两个采样阶段之间的延迟周期数取值范围如下。

ADC_TwoSamplingDelay_5Cycles ~ ADC_TwoSamplingDelay_20Cycles;

第 3 个参数 ADC_DMAAccessMode 是 DMA 模式禁止或者使能相应 DMA 模式。

第 4 个参数 ADC_Prescaler 用来设置 ADC 预分频器。这个参数非常重要,这里设置分频系数为 4 分频 ADC_Prescaler_Div4,保证 ADC1 的时钟频率不超过 36 MHz。

(3)初始化 ADC1 参数,设置 ADC1 的转换分辨率、转换方式、对齐方式,以及规则序列等相关信息。

在设置完通用控制参数之后,就可以开始 ADC1 的相关参数配置了,设置单次转换模式、触发方式选择、数据对齐方式等都在这一步实现。具体的使用函数如下。

void ADC_Init(ADC_TypeDef * ADCx, ADC_InitTypeDef * ADC_InitStruct)

初始化实例如下。

ADC_InitStructure. ADC_Resolution = ADC_Resolution_12b;//12 位模式

ADC_InitStructure. ADC_ScanConvMode = DISABLE;//非扫描模式

ADC_InitStructure. ADC_ContinuousConvMode = DISABLE;//关闭连续转换

ADC_InitStructure. ADC_ExternalTrigConvEdge = ADC_ExternalTrigConvEdge_None;

//禁止触发检测,使用软件触发

ADC_InitStructure. ADC_DataAlign = ADC_DataAlign_Right;//右对齐

ADC_InitStructure. ADC_NbrOfConversion = 1;//1 个转换在规则序列中

ADC_Init(ADC1, &ADC_InitStructure);//ADC 初始化

第 1 个参数 ADC_Resolution 用来设置 ADC 转换分辨率。取值范围为:ADC_Resolution_

6b，ADC_Resolution_8b，ADC_Resolution_10b 和 ADC_Resolution_12b。

第 2 个参数 ADC_ScanConvMode 用来设置是否打开扫描模式。这里设置单次转换所以不打开扫描模式，值为 DISABLE。

第 3 个参数 ADC_ContinuousConvMode 用来设置是单次转换模式还是连续转换模式。这里是单次，所以关闭连续转换模式，值为 DISABLE。

第 4 个参数 ADC_ExternalTrigConvEdge 用来设置外部通道的触发使能和检测方式。这里直接禁止触发检测，使用软件触发。还可以设置为上升沿触发检测，下降沿触发检测以及上升沿和下降沿都触发检测。

第 5 个参数 ADC_DataAlign 用来设置数据对齐方式。取值范围为右对齐 ADC_DataAlign_Right 和左对齐 ADC_DataAlign_Left。

第 6 个参数 ADC_NbrOfConversion 用来设置规则序列的长度，这里是单次转换，所以值为 1 即可。

实际上还有 1 个参数 ADC_ExternalTrigConv 是用来为规则组选择外部事件。因为前面配置的是软件触发，所以这里可以不用配置。如果选择其他触发方式，这里就需要配置。

（4）开启 A/D 转换器。

在设置完以上信息后，就可以开启 A/D 转换器了（通过 ADC_CR2 寄存器控制）。

```
ADC_Cmd(ADC1, ENABLE);//开启 A/D 转换器
```

（5）读取 ADC 值。

在上面的步骤完成后，ADC 就算准备好了。接下来要做的就是设置规则序列 1 里面的通道，然后启动 ADC 转换。在转换结束后，读取转换结果值。设置规则序列通道组以及采样周期的函数如下。

```
void ADC_RegularChannelConfig(ADC_TypeDef * ADCx, uint8_t ADC_Channel,
uint8_t Rank, uint8_t ADC_SampleTime);
```

这里是规则序列通道组中的第 1 个转换，同时采样周期为 480，所以设置如下。

```
ADC_RegularChannelConfig(ADC1, ADC_Channel_5, 1, ADC_SampleTime_480Cycles);
```

（6）软件开启 ADC 转换的方法。

```
ADC_SoftwareStartConvCmd(ADC1);//使能指定的 ADC1 的软件转换启动功能
```

开启转换之后，就可以获取转换 ADC 转换结果数据，方法如下。

```
ADC_GetConversionValue(ADC1);
```

同时在 A/D 转换中，还要根据状态寄存器的标志位来获取 A/D 转换的各个状态信息。库函数获取 A/D 转换的状态信息的函数如下。

```
FlagStatus ADC_GetFlagStatus(ADC_TypeDef * ADCx, uint8_t ADC_FLAG);
```

例如，要判断 ADC1 的转换是否结束，方法如下。

```
while(! ADC_GetFlagStatus(ADC1, ADC_FLAG_EOC ));//等待转换结束
```

这里还需要说明一下 ADC 的参考电压，探索者 STM32F4 开发板使用的是 STM32F407ZGT6，该芯片只有 V_{ref+} 参考电压引脚，V_{ref+} 的输入范围为：1.8 ~ VDDA。探索者 STM32F4 开发板通过 P7 端口，来设置 V_{ref+} 的参考电压，默认的是通过跳线帽将 V_{ref+} 接到 V_{DDA}，参考电压就是 3.3 V。如果想设置其他参考电压，可以将参考电压接在 V_{ref+} 上即可（注意要共地）。另外，对于还有 V_{ref-} 引脚的 STM32F4 芯片，直接就近将 V_{ref-} 接 VSSA 即可。本节

参考电压设置的是 3.3 V。

通过以上几个步骤的设置，就能正常的使用 STM32F4 的 ADC1 来执行 A/D 转换操作了。

9.5 A/D 转换的实例

A/D 转换的实例需要用到之前讲过的资源，如指示灯 LED0、TFTLCD 模块，如图 4.16 和图 8.5 所示。而 ADC 属于 STM32F4 内部资源，只需要软件设置就可以正常工作，不过需要在外部连接其端口到被测电压上面。本节通过 ADC1 的通道 5(PA5)来读取外部电压值，探索者 STM32F4 开发板没有设计参考电压源在上面，但是板上有几个可以提供测试的地方：3.3 V 电源、GND、后备电池等。不能接到板上 5 V 电源上去测试，这可能会烧坏 ADC。

因为要连接到其他地方测试电压，所以需要 1 根杜邦线，或者其他的连接线也可以，一头插在多功能端口 P12 的 ADC 插针上(与 PA5 连接)，另外一头就接要测试的电压点(确保该电压不大于 3.3 V 即可)。

通过上述硬件和部分库函数的介绍，只需在 FWLIB 分组下面新增 stm32f4xx_adc.c 源文件，同时引入对应的头文件 stm32f4xx_adc.h。ADC 相关的库函数和宏定义都分布在这两个文件中。另外在 HARDWARE 分组下面新建 adc.c，也引入了对应的头文件 adc.h。这两个文件是编写 ADC 相关的初始化函数和操作函数。

1. ADC 的代码

```
//初始化 ADC
//这里仅以规则通道组为例
void Adc_Init(void)
{
  GPIO_InitTypeDef GPIO_InitStructure;
  ADC_CommonInitTypeDef ADC_CommonInitStructure;
  ADC_InitTypeDef ADC_InitStructure;
  //①开启 ADC 和 GPIO 相关时钟和初始化 GPIO
  RCC_AHB1PeriphClockCmd(RCC_AHB1Periph_GPIOA, ENABLE);//使能 GPIOA 时钟
  RCC_APB2PeriphClockCmd(RCC_APB2Periph_ADC1, ENABLE); //使能 ADC1 时钟
  //先初始化 ADC1 通道 5 I/O 口
  GPIO_InitStructure.GPIO_Pin = GPIO_Pin_5;//PA5 通道 5
  GPIO_InitStructure.GPIO_Mode = GPIO_Mode_AN;//模拟输入
  GPIO_InitStructure.GPIO_PuPd = GPIO_PuPd_NOPULL ;//不带上下拉
  GPIO_Init(GPIOA, &GPIO_InitStructure);//初始化
  RCC_APB2PeriphResetCmd(RCC_APB2Periph_ADC1,ENABLE); //ADC1 复位
  RCC_APB2PeriphResetCmd(RCC_APB2Periph_ADC1,DISABLE); //复位结束
  //②初始化通用配置
  ADC_CommonInitStructure.ADC_Mode = ADC_Mode_Independent;//独立模式
  ADC_CommonInitStructure.ADC_TwoSamplingDelay =
  ADC_TwoSamplingDelay_5Cycles;//两个采样阶段之间的延迟 5 个时钟
```

```
    ADC_CommonInitStructure. ADC_DMAAccessMode =
    ADC_DMAAccessMode_Disabled; //DMA 失能
    ADC_CommonInitStructure. ADC_Prescaler = ADC_Prescaler_Div4;//预分频 4 分频。
    //ADCCLK=PCLK2/4=84/4=21 MHz,ADC 时钟最好不要超过 36 MHz
    ADC_CommonInit(&ADC_CommonInitStructure);//初始化
    //③初始化 ADC1 相关参数
    ADC_InitStructure. ADC_Resolution = ADC_Resolution_12b;//12 位模式
    ADC_InitStructure. ADC_ScanConvMode = DISABLE;//非扫描模式
    ADC_InitStructure. ADC_ContinuousConvMode = DISABLE;//关闭连续转换
    ADC_InitStructure. ADC_ExternalTrigConvEdge = ADC_ExternalTrigConvEdge_None;
    //禁止触发检测,使用软件触发
    ADC_InitStructure. ADC_DataAlign = ADC_DataAlign_Right;//右对齐
    ADC_InitStructure. ADC_NbrOfConversion = 1;//1 个转换在规则序列中
    ADC_Init(ADC1, &ADC_InitStructure);//ADC 初始化
    //④开启 ADC 转换
    ADC_Cmd(ADC1, ENABLE);//开启 A/D 转换器
}
//获得 ADC 值
//ch:通道值 0~16, ch: @ ref ADC_channels
//返回值:转换结果
u16 Get_Adc(u8 ch)
{
    //设置指定 ADC 的规则组通道,一个序列,采样时间
    ADC_RegularChannelConfig(ADC1, ch, 1, ADC_SampleTime_480Cycles );
    ADC_SoftwareStartConv(ADC1); //使能指定的 ADC1 的软件转换启动功能
    while(! ADC_GetFlagStatus(ADC1, ADC_FLAG_EOC ));//等待转换结束
    return ADC_GetConversionValue(ADC1); //返回最近一次 ADC1 规则组的转换结果
}
//获取通道 ch 的转换值,取 times 次,然后平均
//ch:通道编号,times:获取次数
//返回值:通道 ch 的 times 次转换结果平均值
u16 Get_Adc_Average(u8 ch,u8 times)
{
    u32 temp_val=0; u8 t;
    for(t=0;t<times;t++)
    {
        temp_val+=Get_Adc(ch); delay_ms(5);
    }
    return temp_val/times;
```

```
}
```

此部分代码只有 3 个函数,Adc_Init 函数用于初始化 ADC1。这里基本上是按上面的步骤来初始化的,用标号①~④标示出来步骤。这里仅开通了 1 个通道,即通道 5。第二个函数 Get_Adc,用于读取某个通道的 ADC 值,例如,读取通道 5 上的 ADC 值,就可以通过 Get_Adc(ADC_Channel_5)得到。最后一个函数 Get_Adc_Average,用于多次获取 ADC 值取平均值,提高准确度。

2. main 函数

```
int main(void)
{
  u16 adcx; float temp;
  NVIC_PriorityGroupConfig(NVIC_PriorityGroup_2);//设置系统中断优先级分组 2
  delay_init(168); //初始化延时函数
  uart_init(115200); //初始化串口波特率为 115 200
  LED_Init(); //初始化 LED
  LCD_Init(); //初始化 LCD 接口
  Adc_Init(); //初始化 ADC
  POINT_COLOR=RED;
  LCD_ShowString(30,50,200,16,16,"STM32F4");
  LCD_ShowString(30,70,200,16,16,"ADC TEST");
  LCD_ShowString(30,90,200,16,16,"GSY@ZUT");
  LCD_ShowString(30,110,200,16,16,"2022/4/16");
  POINT_COLOR=BLUE;//设置字体为蓝色
  LCD_ShowString(30,130,200,16,16,"ADC1_CH5_VAL:");
  LCD_ShowString(30,150,200,16,16,"ADC1_CH5_VOL:0.000V"); //这里显示了小数点
  while(1)
  {
    adcx=Get_Adc_Average(ADC_Channel_5,20);//获取通道 5 的转换值,20 次取平均
    LCD_ShowxNum(134,130,adcx,4,16,0); //显示 ADC 采样后的原始值
    temp=(float)adcx*(3.3/4096); //获取计算后的带小数的实际电压值,例如,3.1026
    adcx=temp; //赋值整数部分给 adcx 变量,因为 adcx 为 u16 整型
    LCD_ShowxNum(134,150,adcx,1,16,0); //显示电压值的整数部分
    temp-=adcx; //把已经显示的整数部分去掉,留下小数部分,比如 3.1026-3=0.1026
    temp*=1000;//小数部分乘以 1 000,例如,0.1026 就转换为 102.6,保留三位小数
    LCD_ShowxNum(150,150,temp,3,16,0X80); //显示小数部分
    LED0=!LED0; delay_ms(250);
  }
```

}

此部分代码，在 TFTLCD 模块上显示一些提示信息后，将每隔 250 ms 读取一次 ADC 通道 5 的值，并显示读到的 ADC 值（数字量），以及其转换为模拟量后的电压值。同时控制 LED0 闪烁，以提示程序正在运行。关于最后的 ADC 值的显示说明一下，首先在液晶固定位置显示小数点，在后面计算步骤中，先计算出整数部分在小数点前面显示，然后计算出小数部分，在小数点后面显示。这样就在液晶上面显示转换结果的整数和小数部分。

需要特别注意的是 STM32F4 的 ADC 精度貌似不怎么好，ADC 引脚直接接 GND，都可以读到十几的数值，相比 STM32F103 来说，要差一些，在使用的时候，请注意这个问题。

通过这一节的学习，了解了 STM32F4 ADC 的使用，但这仅仅是 STM32F4 强大的 ADC 功能的一小点应用。STM32F4 的 ADC 在很多地方都可以用到，其 ADC 的 DMA 功能是很不错的，建议读者深入研究下 STM32F4 的 ADC，相信会给以后的开发带来方便。

9.6　STM32F4 的 DAC 简介

STM32F4 的 DAC 模块（数字/模拟转换模块）是 12 位数字输入，电压输出型的 DAC。DAC 可以配置为 8 位或 12 位模式，也可以与 DMA 控制器配合使用。DAC 工作在 12 位模式时，数据可以设置成左对齐或右对齐。DAC 模块有 2 个输出通道，每个通道都有单独的转换器。在双 DAC 模式下，2 个通道可以独立地进行转换，也可以同时进行转换并同步地更新 2 个通道的输出。DAC 可以通过引脚输入参考电压 V_{ref+}（和 ADC 共用）以获得更精确的转换结果。

STM32F4 的 DAC 模块主要特点如下。

(1)2 个 DAC 转换器，每个转换器对应 1 个输出通道。

(2)8 位或者 12 位单调输出。

(3)12 位模式下数据左对齐或者右对齐。

(4)同步更新功能。

(5)噪声波形生成。

(6)三角波形生成。

(7)双 DAC 通道同时或者分别转换。

(8)每个通道都有 DMA 功能。

DAC 通道模块框图如图 9.3 所示。

图 9.3 中 V_{DDA} 和 V_{SSA} 为 DAC 模块模拟部分的供电，而 V_{ref+} 则是 DAC 模块的参考电压。DAC_OUTx 是 DAC 的输出通道（对应 PA4 或者 PA5 引脚）。

从图 9.3 可以看出，DAC 输出是受 DORx 寄存器直接控制的，但不能直接往 DORx 寄存器写入数据，而是通过 DHRx 间接地传给 DORx 寄存器，实现对 DAC 输出的控制。STM32F4 的 DAC 支持 8/12 位模式，8 位模式的时候是固定的右对齐的，而 12 位模式又可以设置左对齐或右对齐。单 DAC 通道 x，总共有 3 种情况。

(1)8 位数据右对齐：用户将数据写入 DAC_DHR8Rx[7：0]位（实际存入 DHRx[11：4]位）。

(2)12 位数据左对齐：用户将数据写入 DAC_DHR12Lx[15：4]位（实际存入 DHRx[11：

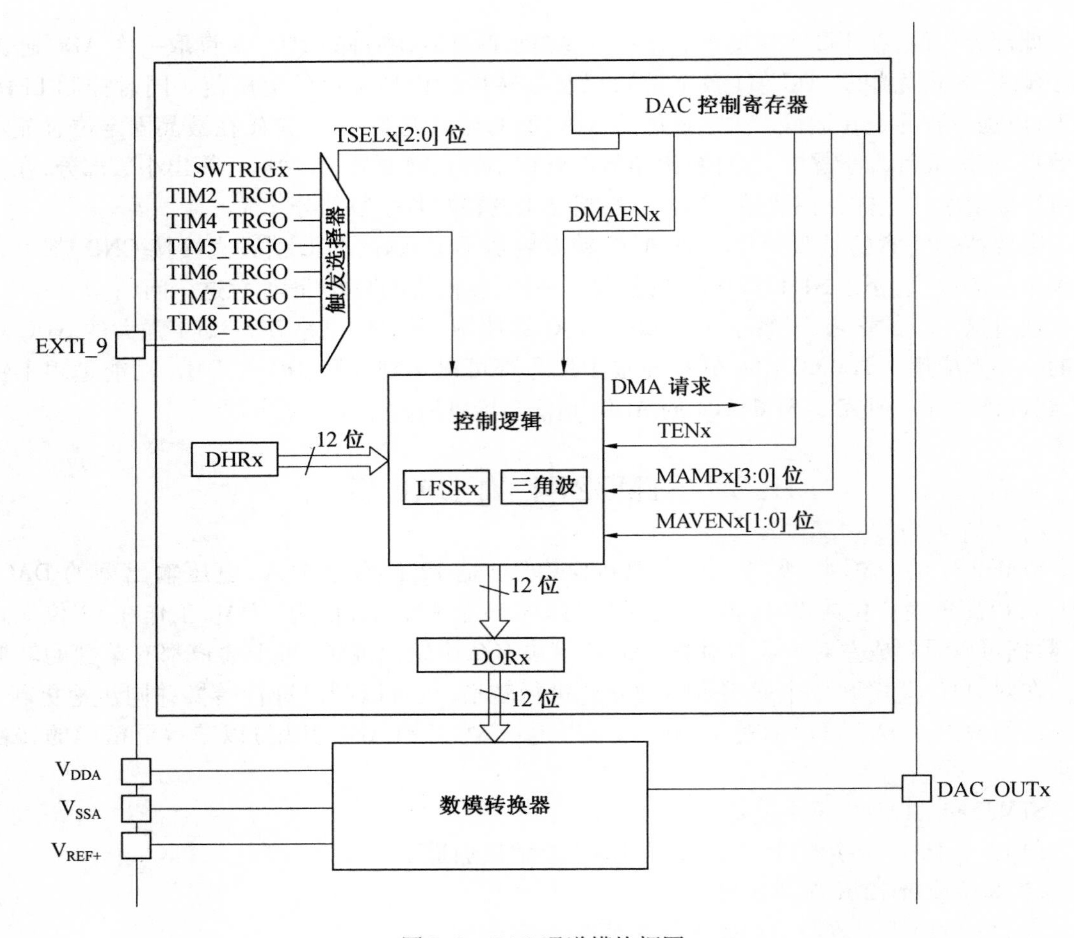

图 9.3　DAC 通道模块框图

0]位)。

(3)12 位数据右对齐:用户将数据写入 DAC_DHR12Rx[11:0]位(实际存入 DHRx[11:0]位)。

本节使用的是单 DAC 通道 1,采用 12 位右对齐格式,所以采用第 3 种情况。如果没有选中硬件触发(寄存器 DAC_CR1 的 TENx 位置 0),存入寄存器 DAC_DHRx 的数据会在一个 APB1 时钟周期后自动传至寄存器 DAC_DORx。如果选中硬件触发(寄存器 DAC_CR1 的 TENx 位置 1),数据传输在触发发生以后 3 个 APB1 时钟周期后完成。一旦数据从 DAC_DHRx 寄存器装入 DAC_DORx 寄存器,在经过 $t_{SETTLING}$时间之后,输出即有效,这段时间的长短依电源电压和模拟输出负载的不同会有所变化。通过 STM32F407ZGT6 的数据手册查到的典型值为 3 μs,最大是 6 μs,所以 DAC 的转换速度最快是 333 kHz 左右。

本节将不使用硬件触发(TEN=0),其转换的时间框图如图 9.4 所示。

当 DAC 的参考电压为 V_{ref+} 的时候,DAC 的输出电压是线性的,从 0 ~ V_{ref+},12 位模式下 DAC 输出电压与 V_{ref+} 以及 DORx 的计算公式如下。

$$\text{DACx 输出电压} = V_{ref} * (\text{DORx}/4\ 095)$$

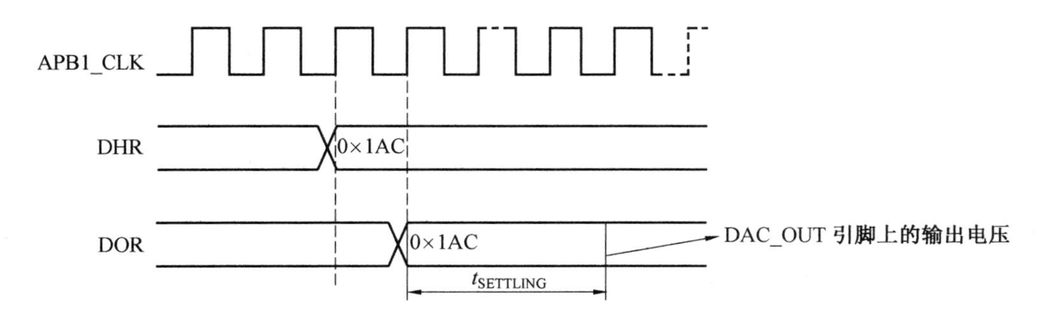

图 9.4　TEN=0 时 DAC 模块转换时间框图

9.7　DAC 的配置要领

1. DAC 的主要寄存器

要实现 DAC 的通道输出，需要用到相关的寄存器，采用库函数配置寄存器实现功能，在配置之前需要了解下 DAC 的主要寄存器。

(1) DAC 控制寄存器。

DAC 控制寄存器 DAC_CR，该寄存器的各位描述见表 9.12。

表 9.12　寄存器 DAC_CR 各位描述

31	30	29	28	27	26	25	24	23	22	21	20	19	18	17	16
Reserved		DMAUDRIE2	DMAEN2	MAMP2[3:0]				WAVE2[1:0]		TSEL2[2:0]			TEN2	BOFF2	EN2
		rw	rw	rw	rw	rw	rw	rw	rw	rw	rw	rw	rw	rw	rw

15	14	13	12	11	10	9	8	7	6	5	4	3	2	1	0
Reserved		DMAUDRIE1	DMAEN1	MAMP1[3:0]				WAVE1[1:0]		TSEL1[2:0]			TEN1	BOFF1	EN1
rw	rw	rw	rw	rw	rw	rw	rw	rw	rw	rw	rw	rw	rw	rw	rw

DAC_CR 的低 16 位用于控制通道 1，而高 16 位用于控制通道 2，这里仅列出比较重要的最低 8 位的详细描述。

位 7 : 6 WAVE1[1 : 0]：DAC 1 通道噪声/三角波生成使能 (DAC Channel1 Noise/Triangle Wave Generation Enable)。这些位将由软件置 1 和清零。

00：禁止生成波。

01：使能生成噪声波。

1x：使能生成三角波。

注意：只在位 TEN1 = 1(使能 DAC 1 通道触发)时使用。

位 5 : 3 TSEL1[2 : 0]:DAC 1 通道触发器选择（DAC Channel1 Trigger Selection）。

这些位用于选择 DAC 1 通道的外部触发事件。

000:定时器 6 TRGO 事件。

001:定时器 8 TRGO 事件。

010:定时器 7 TRGO 事件。

011:定时器 5 TRGO 事件。

100:定时器 2 TRGO 事件。

101:定时器 4 TRGO 事件。

110:外部中断线 9。

111:软件触发。

注意:只在位 TEN1 = 1(使能 DAC 1 通道触发)时使用。

位 2 TEN1:DAC 1 通道触发使能（DAC Channel1 Trigger Enable）。

此位由软件置 1 和清零,以使能/禁止 DAC 1 通道触发。

0:禁止 DAC 1 通道触发,写入 DAC_DHRx 寄存器的数据在 1 个 APB1 时钟周期之后转移到 DAC_DOR1 寄存器。

1:使能 DAC 1 通道触发,写入 DAC_DHRx 寄存器的数据在 3 个 APB1 时钟周期之后转移到 DAC_DOR1 寄存器。

注意:如果选择软件触发,DAC_DHRx 寄存器的内容只需一个 APB1 时钟周期即可转移到 DAC_DOR1 寄存器。

位 1 BOFF1:DAC 1 通道输出缓冲器禁止（DAC Channel1 Output Buffer Disable）。

此位由软件置 1 和清零,以使能/禁止 DAC 1 通道输出缓冲器。

0:使能 DAC 1 通道输出缓冲器。

1:禁止 DAC 1 通道输出缓冲器。

位 0 EN1:DAC 1 通道使能（DAC Channel1 Enable）。

此位由软件置 1 和清零,以使能/禁止 DAC 1 通道。

0:禁止 DAC 1 通道。

1:使能 DAC 1 通道。

DAC 通道 1 使能位(EN1),该位用来控制 DAC 通道 1 使能,本节就是用的 DAC 通道 1,所以该位设置为 1。

关闭 DAC 通道 1 输出缓存控制位(BOFF1),这里 STM32F4 的 DAC 输出缓存做得不好,如果使能,虽然输出能力强一点,但是输出没法到 0,这是个很严重的问题。所以本节不使用输出缓存,即设置该位为 1。

DAC 通道 1 触发使能位(TEN1),该位用来控制是否使用触发,这里不使用触发,所以设置该位为 0。

DAC 通道 1 触发选择位(TSEL1[2 : 0]),这里没用到外部触发,所以设置这几个位为 0 就行了。

DAC 通道 1 噪声/三角波生成使能位(WAVE1[1 : 0]),这里同样没用到波形发生器,故也设置为 0 即可。

DAC 通道 1 屏蔽/复制选择器(MAMP[3 : 0]),这些位仅在使用了波形发生器的时候有

用,本节没有用到波形发生器,故设置为 0 即可。

DAC 通道 1 DMA 使能位(DMAEN1),本节没有用到 DMA 功能,故设置为 0。

通道 2 的情况和通道 1 一模一样,这里不再详细描述。在 DAC_CR 设置好之后,DAC 就可以正常工作了,仅需要再设置 DAC 的数据保持寄存器的值,就可以在 DAC 输出通道得到想要的电压了(对应 I/O 口设置为模拟输入)。

(2)DAC 数据保持寄存器。

本节用的是 DAC 通道 1 的 12 位右对齐数据保持寄存器:DAC_DHR12R1,该寄存器各位描述见表 9.13。

表 9.13　寄存器 DAC_DHR12R1 各位描述

31	30	29	28	27	26	25	24	23	22	21	20	19	18	17	16
Reserved															

15	14	13	12	11	10	9	8	7	6	5	4	3	2	1	0
Reserved				DACC1DHR[11:0]											
				rw	rw	rw	rw	rw	rw	rw	rw	rw	rw	rw	rw

位 31 : 12 保留,必须保持复位值。

位 11 : 0 DACC1DHR[11 : 0]:DAC1 通道 12 位右对齐数据(DAC Channel1 12-bit Right-Aligned Data)这些位由软件写入,用于为 DAC1 通道指定 12 位数据。

该寄存器用来设置 DAC 输出,通过写入 12 位数据到该寄存器,就可以在 DAC 输出通道 1(PA4)得到所要的结果。

2. DAC 初始化步骤

通过以上介绍,了解了 STM32F4 实现 DAC 输出的相关设置,本节将使用 DAC 模块的通道 1 来输出模拟电压。这里用到的库函数以及相关定义分布在文件 stm32f4xx_dac.c 以及头文件 stm32f4xx_dac.h 中。实现上面功能的详细设置步骤如下。

(1)开启 PA 口时钟,设置 PA4 为模拟输入。

STM32F407ZGT6 的 DAC 通道 1 是接在 PA4 上的,所以先要使能 GPIOA 的时钟,然后设置 PA4 为模拟输入。这里需要特别说明一下,虽然 DAC 引脚设置为输入,但是 STM32F4 内部会连接在 DAC 模拟输出上,这在第 4 章有讲解。

```
RCC_AHB1PeriphClockCmd(RCC_AHB1Periph_GPIOA, ENABLE);//使能 GPIOA 时钟
GPIO_InitStructure.GPIO_Pin = GPIO_Pin_4;
GPIO_InitStructure.GPIO_Mode = GPIO_Mode_AN;//模拟输入
GPIO_InitStructure.GPIO_PuPd = GPIO_PuPd_DOWN;//下拉
GPIO_Init(GPIOA, &GPIO_InitStructure);//初始化
```

对于 DAC 通道引脚对应关系,在 STM32F4 的数据手册引脚表上有列出见表 9.14。

表 9.14　DAC 通道引脚对应关系

PA4	I/O	TTa	(4)	SPI1_NSS / SPI3_NSS / USART2_CK / DCMI_HSYNC / OTG_HS_SOF/ I2S3_WS/ EVENTOUT	ADC12_IN4 /DAC1_OUT
PA5	I/O	TTa	(4)	SPI1_SCK/ OTG_HS_ULPI_CK / TIM2_CH1_ETR/ TIM8_CHIN/ EVENTOUT	ADC12_IN5 /DAC2_OUT

(2)使能 DAC1 时钟。

要想使用 DAC,必须先开启相应的时钟。STM32F4 的 DAC 模块时钟是由 APB1 提供的,所以要在通过调用函数 RCC_APB1PeriphClockCmd 来使能 DAC1 时钟。

```
RCC_APB1PeriphClockCmd(RCC_APB1Periph_DAC, ENABLE);//使能 DAC 时钟
```

(3)初始化 DAC,设置 DAC 的工作模式。

该部分设置全部通过 DAC_CR 设置实现,包括:DAC 通道 1 使能、DAC 通道 1 输出缓存关闭、不使用触发、不使用波形发生器等设置。这里 DAC 初始化是通过函数 DAC_Init 完成的。

```
void DAC_Init(uint32_t DAC_Channel, DAC_InitTypeDef * DAC_InitStruct);
```

和前面一样,首先来看参数设置结构体类型 DAC_InitTypeDef 的定义。

```
typedef struct
{
  uint32_t DAC_Trigger;
  uint32_t DAC_WaveGeneration;
  uint32_t DAC_LFSRUnmask_TriangleAmplitude;
  uint32_t DAC_OutputBuffer;
} DAC_InitTypeDef;
```

这个结构体的定义还是比较简单的,只有 4 个成员变量,下面一一讲解。

第 1 个参数 DAC_Trigger 用来设置是否使用触发功能,前文讲解过,这里不使用触发功能,所以值为 DAC_Trigger_None。

第 2 个参数 DAC_WaveGeneration 用来设置是否使用波形发生,前文讲解过不使用。所以值为 DAC_WaveGeneration_None。

第 3 个参数 DAC_LFSRUnmask_TriangleAmplitude 用来设置屏蔽/幅值选择器,这个变量只在使用波形发生器的时候才有用,这里设置为 0 即可,值为 DAC_LFSRUnmask_Bit0。

第 4 个参数 DAC_OutputBuffer 用来设置输出缓存控制位,前文讲解过,不使用输出缓存,所以值为 DAC_OutputBuffer_Disable。

实例代码如下。

```
DAC_InitTypeDef DAC_InitType;
```

DAC_InitType. DAC_Trigger = DAC_Trigger_None; //不使用触发功能 TEN1 = 0

DAC_InitType. DAC_WaveGeneration = DAC_WaveGeneration_None;//不使用波形发生

DAC_InitType. DAC_LFSRUnmask_TriangleAmplitude = DAC_LFSRUnmask_Bit0;

DAC_InitType. DAC_OutputBuffer = DAC_OutputBuffer_Disable ; //DAC1 输出缓存关闭

DAC_Init(DAC_Channel_1,&DAC_InitType); //初始化 DAC 通道 1

(4)使能 DAC 转换通道。

初始化 DAC 之后,理所当然要使能 DAC 转换通道,库函数方法如下。

DAC_Cmd(DAC_Channel_1, ENABLE); //使能 DAC 通道 1

(5)设置 DAC 的输出值。

通过前面 4 个步骤的设置,DAC 就可以开始工作了,使用 12 位右对齐数据格式,所以通过设置 DHR12R1,就可以在 DAC1 输出引脚(PA4)得到不同的电压值了。设置 DHR12R1 的库函数如下。

DAC_SetChannel1Data(DAC_Align_12b_R, 0); //12 位右对齐数据格式设置 DAC 值

第 1 个参数设置对齐方式,可以为 12 位右对齐 DAC_Align_12b_R,12 位左对齐 DAC_Align_12b_L 以及 8 位右对齐 DAC_Align_8b_R 方式。

第 2 个参数就是 DAC 的输入值了,这个很好理解,初始化设置为 0。

这里,还可以读出 DAC 对应通道最后一次转换的数值,函数如下。

DAC_GetDataOutputValue(DAC_Channel_1);

设置和读出一一对应很好理解,这里就不多讲解了。最后再次提醒,本例程使用的是 3.3 V的参考电压,即 V_{ref+} 连接 V_{DDA}。通过以上几个步骤的设置,就能正常地使用 STM32F4 的 DAC 通道 1 来输出不同的模拟电压了。

9.8　ADC、DAC 综合应用实例

1. 实例用到的硬件资源

本节综合应用 ADC 和 DAC,使用 DAC 通道 1 输出模拟电压,然后通过 ADC1 的通道 1 对该输出电压进行读取,并显示在 LCD 模块上面,DAC 的输出电压,通过按键进行设置。TFTLCD 的原理图如图 8.5 所示。

本节用到的硬件资源如下。

(1)指示灯 LED0。

(2)KEY_UP 和 KEY1 按键。

(3)串口。

(4)TFTLCD 模块。

(5)ADC。

(6)DAC。

2. 硬件电路图

由于需要用到 ADC 采集 DAC 的输出电压,所以需要在硬件上把它们短接起来。ADC、DAC 与 STM32F4 连接示意图如图 9.5 所示。

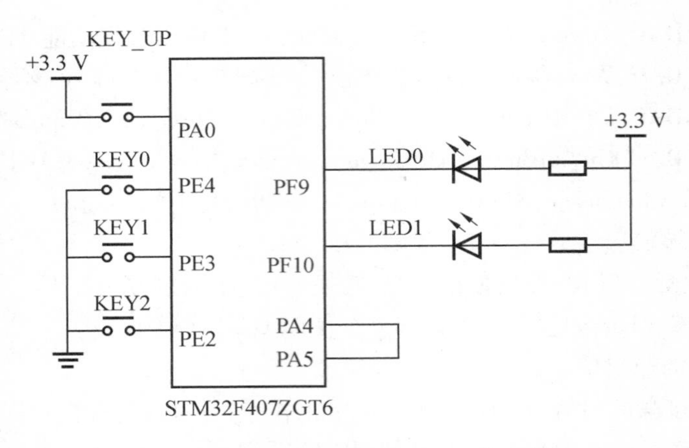

图 9.5　ADC、DAC 与 STM32F4 连接示意图

在实物开发板上需要通过跳线帽短接插座 P12 的 ADC 和 DAC，就可以开始做本节实验了，硬件连接示意图如图 9.6 所示。

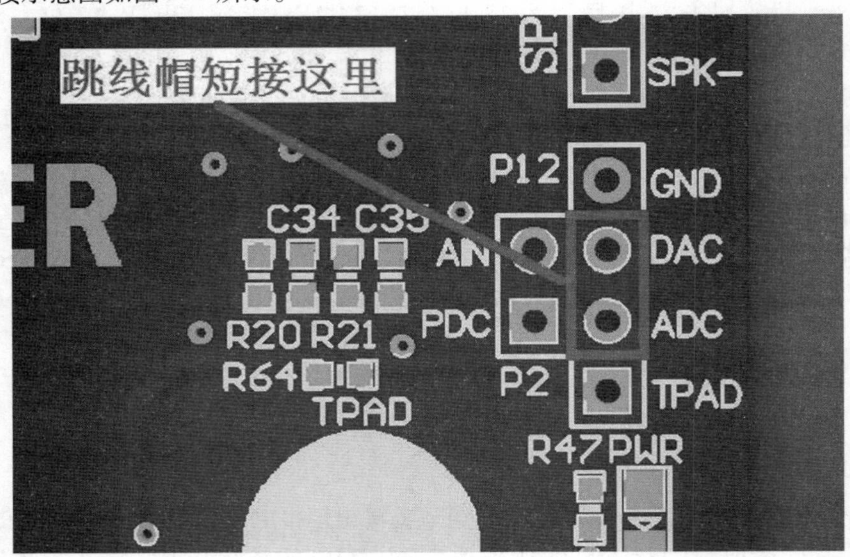

图 9.6　硬件连接示意图

3. 程序代码

打开本节实验工程可以发现，对比 ADC 实验例程，可以发现在库函数中主要是添加了 DAC 支持的相关文件 stm32f4xx_dac.c 以及头文件 stm32f4xx_dac.h。同时在 HARDWARE 分组下面新建了 dac.c 源文件以及包含对应的头文件 dac.h，这两个文件用来存放自己编写的 DAC 相关函数和定义。打开 dac.c，代码如下。

```
//DAC 通道 1 输出初始化
void Dac1_Init(void)
{
  GPIO_InitTypeDef GPIO_InitStructure;
  DAC_InitTypeDef DAC_InitType;
```

```
    RCC_AHB1PeriphClockCmd(RCC_AHB1Periph_GPIOA, ENABLE);//使能 PA 时钟
    RCC_APB1PeriphClockCmd(RCC_APB1Periph_DAC, ENABLE);//使能 DAC 时钟
    GPIO_InitStructure.GPIO_Pin = GPIO_Pin_4;
    GPIO_InitStructure.GPIO_Mode = GPIO_Mode_AN;//模拟输入
    GPIO_InitStructure.GPIO_PuPd = GPIO_PuPd_DOWN;//下拉
    GPIO_Init(GPIOA, &GPIO_InitStructure);//初始化 GPIO
    DAC_InitType.DAC_Trigger=DAC_Trigger_None; //不使用触发功能 TEN1=0
    DAC_InitType.DAC_WaveGeneration=DAC_WaveGeneration_None;//不使用波形发生
    DAC_InitType.DAC_LFSRUnmask_TriangleAmplitude=DAC_LFSRUnmask_Bit0;
    //屏蔽、幅值设置
    DAC_InitType.DAC_OutputBuffer=DAC_OutputBuffer_Disable ;/输出缓存关闭
    DAC_Init(DAC_Channel_1,&DAC_InitType); //初始化 DAC 通道 1
    DAC_Cmd(DAC_Channel_1, ENABLE); //使能 DAC 通道 1
    DAC_SetChannel1Data(DAC_Align_12b_R, 0); //12 位右对齐数据格式
}
//设置通道 1 输出电压
//vol:0~3300,代表 0~3.3 V
void Dac1_Set_Vol(u16 vol)
{
    double temp=vol;
    temp/=1000;
    temp=temp*4096/3.3;
    DAC_SetChannel1Data(DAC_Align_12b_R,temp);//12 位右对齐数据格式
}
```

此部分代码只有 2 个函数,第 1 个函数 Dac1_Init 函数用于初始化 DAC 通道 1。这里基本上是按上面的步骤来初始化的。经过这个初始化之后,就可以正常使用 DAC 通道 1 了。第 2 个函数 Dac1_Set_Vol,用于设置 DAC 通道 1 的输出电压,实际就是将电压值转换为 DAC 输入值。

其他头文件代码就比较简单,这里不做过多讲解,接下来看主函数代码。

```
int main(void)
{
    u16 adcx;
    float temp;
    u8 t=0, key;
    u16 dacval=0;
    NVIC_PriorityGroupConfig(NVIC_PriorityGroup_2);//设置系统中断优先级分组 2
    delay_init(168); //初始化延时函数
    uart_init(115200); //初始化串口波特率为 115 200
    LED_Init(); //初始化 LED
```

```
LCD_Init( ); //LCD 初始化
Adc_Init( ); //adc 初始化
KEY_Init( ); //按键初始化
Dac1_Init( ); //DAC 通道 1 初始化
POINT_COLOR=RED;
LCD_ShowString(30,50,200,16,16,"Explorer STM32F4");
LCD_ShowString(30,70,200,16,16,"DAC TEST");
LCD_ShowString(30,90,200,16,16,"GSY@ZUT");
LCD_ShowString(30,110,200,16,16,"2022/5/6");
LCD_ShowString(30,130,200,16,16,"WK_UP:+ KEY1:-");
POINT_COLOR=RED;//设置字体为红色
LCD_ShowString(30,150,200,16,16,"DAC VAL:");
LCD_ShowString(30,170,200,16,16,"DAC VOL:0.000 V");
LCD_ShowString(30,190,200,16,16,"ADC VOL:0.000 V");
DAC_SetChannel1Data(DAC_Align_12b_R,dacval);//初始值为 0
while(1)
{
  t++;
  key=KEY_Scan(0);
  if(key==WKUP_PRES)
  {
    if(dacval<4 000)dacval+=200
    DAC_SetChannel1Data(DAC_Align_12b_R, dacval);//设置 DAC 值
  }else if(key==2)
  {
    if(dacval>200)dacval-=200
    else dacval=0
    DAC_SetChannel1Data(DAC_Align_12b_R, dacval);//设置 DAC 值
  }
  if(t==10||key==KEY1_PRES||key==WKUP_PRES)
  //KEY1/WKUP 按下了,或者定时时间到了
  {
    adcx=DAC_GetDataOutputValue(DAC_Channel_1);//读取前面设置 DAC 的值
    LCD_ShowxNum(94,150,adcx,4,16,0); //显示 DAC 寄存器值
    temp=(float)adcx*(3.3/4096); //得到 DAC 电压值
    adcx=temp;
    LCD_ShowxNum(94,170,temp,1,16,0); //显示电压值整数部分
    temp-=adcx;
    temp*=1000;
```

```
            LCD_ShowxNum(110,170,temp,3,16,0X80); //显示电压值的小数部分
            adcx=Get_Adc_Average(ADC_Channel_5,10); //得到 ADC 转换值
            temp=(float)adcx*(3.3/4096); //得到 ADC 电压值
            adcx=temp;
            LCD_ShowxNum(94,190,temp,1,16,0); //显示电压值整数部分
            temp-=adcx;
            temp*=1000;
            LCD_ShowxNum(110,190,temp,3,16,0X80); //显示电压值的小数部分
            LED0=!LED0;
            t=0;
        }
        delay_ms(10);
    }
}
```

此部分代码,先对需要用到的模块进行初始化,然后显示一些提示信息,本节通过 KEY_UP(WKUP 按键)和 KEY1(也就是上下键)来实现对 DAC 输出的幅值控制。按下 KEY_UP 增加,按下 KEY1 减小。同时在 LCD 上面显示 DHR12R1 寄存器的值、DAC 设计输出电压以及 ADC 采集到的 DAC 输出电压。

思考与练习

1. 启用 DMA 的流程是什么?
2. STM32F4 的 ADC 采样频率最高是多少?
3. 如果使 DAC1 输出信号,应如何设置 GPIO?
4. 如果使 DAC1 输出三角波,应如何设置相关寄存器?

第 10 章

STM32F4 的 FPU 及 DSP 库的使用

STM32F4xx 属于 Cortex-M4F 架构,带有 32 位的单精度硬件(Float Point Unit,FPU),支持多种指令集(Digital Signal Processing,DSP),相对比 M0 和 M3 架构,浮点运算性能高出数十倍甚至上百倍。ST 公司还提供了一整套 DSP 库方便在工程中开发应用。本章介绍 DSP 库测试环境搭建;介绍 DSP 库中的几个基本数学功能函数,并通过 FFT 快速傅里叶变换函数进行简单的应用。

10.1 硬件 FPU 的开启

1. 通过修改代码实现

默认情况下,STM32F4xx 的 FPU 是禁用的,可以通过设置协处理器控制寄存器(CPACR)来开启硬件 FPU。在 Keil 编程环境下,可以通过定义全局宏定义标识符 -_FPU_PRESENT 和 -_FPU_USED 都为 1 来开启硬件 FPU。其中,宏定义标识-_FPU_PRESENT 用来确认处理是否带有 FPU 功能,标识符-_FPU_USED 用来确定是否开启 FPU 功能。实际上,因为 STM32F4 是带有 FPU 功能的,所以在 stm32f4xx. h 头文件中,默认定义-_FPU_PRESENT 为 1。可以在文件 stm32f4xx. h 中找到如图 10. 1 所示的定义。

```
159 /**
160   * @brief Configuration of the Cortex-M4 Processor and Core Peripherals
161   */
162 #define __CM4_REV                 0x0001  /*!< Core revision r0p1                              */
163 #define __MPU_PRESENT             1       /*!< STM32F4XX provides an MPU                       */
164 #define __NVIC_PRIO_BITS          4       /*!< STM32F4XX uses 4 Bits for the Priority Levels */
165 #define __Vendor_SysTickConfig    0       /*!< Set to 1 if different SysTick Config is used  */
166 #define __FPU_PRESENT             1       /*!< FPU present                                     */
167
```

图 10. 1 默认定义_FPU_PRESENT

若要开启 FPU 还需要在头文件 stm32f4xx. h 中定义标示符_FPU_USED 的值为 1。即在刚才的宏定义下边添加一个宏定义,如图 10. 2 所示。

```
159 /**
160   * @brief Configuration of the Cortex-M4 Processor and Core Peripherals
161   */
162 #define __CM4_REV                 0x0001  /*!< Core revision r0p1                              */
163 #define __MPU_PRESENT             1       /*!< STM32F4XX provides an MPU                       */
164 #define __NVIC_PRIO_BITS          4       /*!< STM32F4XX uses 4 Bits for the Priority Levels */
165 #define __Vendor_SysTickConfig    0       /*!< Set to 1 if different SysTick Config is used  */
166 #define __FPU_PRESENT             1       /*!< FPU present                                     */
167
```

图 10. 2 添加一个宏定义

2. 通过软件设置实现

处理器有 FPU 是不够的,还需要开启 FPU 功能。开启 FPU 有两种方法,第一种是直接在头文件 stm32f4xx. h 中定义宏定义标识符_FPU_USED 的值为 1。也可以直接在 MDK 编译器上面设置,在 MDK5 编译器里面,点击按钮,然后在 Target 选项卡里面,设置 Floating Point Hardware 为 Use Single Precision,如图 10. 3 所示。

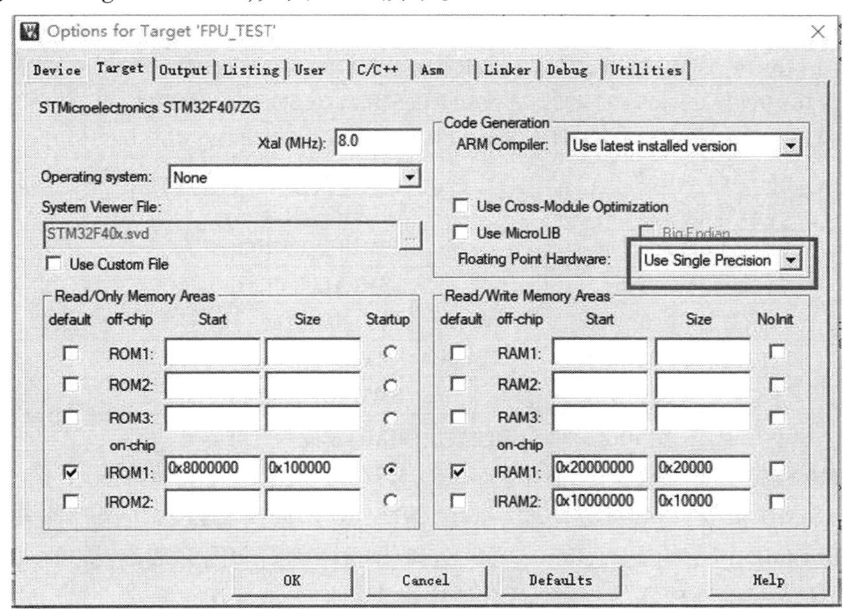

图 10. 3　编译器开启硬件 FPU 选型

通过这个设置,编译器会自动加入标识符_FPU_USED 为 1。这样遇到浮点运算就会使用硬件 FPU 相关指令,执行浮点运算,从而大大减少计算时间。

3. STM32F4 硬件 FPU 使用的要点

(1)设置 CPACR 寄存器 bit20 ~ 23 为 1,使能硬件 FPU。

(2)MDK 编译器 Code Generation 里面设置:UseFPU。

经过这两步设置,在编写浮点运算代码时,就可以使用STM32F4 的硬件 FPU 了,大大加快浮点运算速度。

10.2　STM32F4 DSP 简介

STM32F4 采用 Cortex-M4 内核,相比 Cortex-M3 系列除了内置硬件 FPU 单元,在数字信号处理方面还增加了 DSP 指令集,支持诸如单周期乘加指令(MAC)、优化的单指令多数据指令(SIMD)、饱和算数等多种数字信号处理指令集。相比于 Cortex-M3,Cortex-M4 在数字信号处理能力方面得到了大大的提升。Cortex-M4 执行所有的 DSP 指令集都可以在单周期内完成,而 Cortex-M3 需要多个指令和多个周期才能完成同样的功能。

1. 两个 DSP 指令:MAC 指令(32 位乘法累加)和 SIMD 指令

32 位乘法累加(MAC)单元包括新的指令集,能够在单周期内完成一个 $32\times32+64\rightarrow64$ 的操作或两个 16×16 的操作,其计算能力如图 10.4 所示。

计算	指令	周期
16×16=32	SMULBB,SMULBT,SMULTB,SMULTT	1
16×16+32=32	SMULBB,SMULBT,SMULTB,SMULTT	1
16×16+64=64	SMLALBB,SMULBT,SMULTB,SMULTT	1
16×32=32	SMULWB,SMULWT	1
(16×16)±32=32	SMLAWB,SMLAWT	1
(16×16)±(16×16)=32	SMUAD,SMUADX,SMUSD,SMUSDX	1
(16×16)±(16×16)+32=32	SMLAD,SMLADX,SMLSD,SMLSDX	1
(16×16)±(16×16)+64=64	SMLALD,SMLALDX,SMLSLD,SMLSLDX	1
32×32=32	MUL	1
32±(32×32)=32	MLA,MLS	1
32×32=64	SMULL,UMULL	1
(32×32)+64=64	SMLAL,UMLAL	1
(32×32)+32+32=64	UMAAL	1
2±(32×32)=32(上)	SMMLA,SMMLAR,SMMLS,SMMLSR	1
(32×32)=32(上)	SMMUL,SMMULR	1

图 10.4　32 位乘法累加(MAC)单元的计算能力

Cortex-M4 支持 SIMD 指令集,这在 Cortex-M3/M0 系列是不可用的。上述图 10.4 的指令,有的属于 SIMD 指令,与硬件乘法器一起工作(MAC),使所有这些指令都能在单个周期内执行。受益于 SIMD 指令的支持,Cortex-M4 处理器能在单周期内完成高达 32×32+64→64 的运算,为其他任务释放处理器的带宽,而不是被乘法和加法消耗运算资源。

例如,一个比较复杂的运算:两个 16×16 乘法加上一个 32 位加法,如图 10.5 所示。

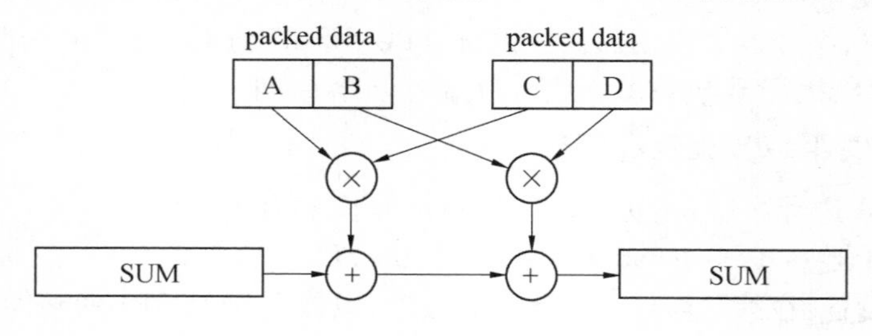

图 10.5　SUM 运算过程

图 10.5 所示的运算,即:SUM=SUM+(A×C)+(B×D),在 STM32F4 上面,可以被编译成由一条单周期指令完成。

2. STM32F4 的 DSP 库

上面简单地介绍了 Cortex-M4 的 DSP 指令,接下来介绍 STM32F4 的 DSP 库。STM32F4 的 DSP 库源码和测试实例在 ST 提供的标准库 stm32f4_dsp_stdperiph_lib. zip 里面就有(该文件可以在:http://www. st. com/web/en/catalog/tools/FM147/CL1794/SC961/SS1743/PF257901 下载,文件名:STSW-STM32065),该文件在: STM32 参考资料→STM32F4xx 固件库文件夹里面,解压该文件,即可找到 ST 提供的 DSP 库,详细路径为:STM 参考资料→STM32F4xx 固件库→STM32F4xx_DSP_StdPeriph_Lib_V1. 4. 0→Libraries→CMSIS→DSP_Lib,该文件夹下目录结

构如图 10.6 所示。

图 10.6　DSP_Lib 目录结构

DSP_Lib 源码包的 Source 文件夹是所有 DSP 库的源码，Examples 文件夹是相对应的一些测试实例。这些测试实例都是带 main 函数的，拿到工程中可以直接使用。

3. DSP 库的功能

下面介绍一下 Source 源码文件夹下面的子文件夹包含的 DSP 库的功能。

(1) BasicMathFunctions：基本数学函数。提供浮点数的各种基本运算函数，如向量加、减、乘、除等运算。

(2) CommonTables：文件提供位翻转或相关参数表。

(3) ComplexMathFunctions：复杂数学功能。如向量处理，求模运算。

(4) ControllerFunctions：控制功能函数。包括正弦余弦、PID 电机控制、矢量 Clarke 变换、矢量 Clarke 逆变换等。

(5) FastMathFunctions：快速数学功能函数。提供了一种快速的近似正弦，余弦和平方根等相比 CMSIS 计算库要快的数学函数。

(6) FilteringFunctions：滤波函数功能，主要为 FIR 和 LMS(最小均方根)等滤波函数。

(7) MatrixFunctions：矩阵处理函数。包括矩阵加法、矩阵初始化、矩阵反、矩阵乘法、矩阵

规模、矩阵减法、矩阵转置等函数。

(8)StatisticsFunctions:统计功能函数。如求平均值、最大值、最小值、计算均方根 RMS、计算方差/标准差等。

(9)SupportFunctions:支持功能函数。如数据拷贝,Q 格式和浮点格式相互转换,Q 任意格式相互转换。

(10)TransformFunctions:变换功能。包括复数 FFT(CFFT)/复数 FFT 逆运算(CIFFT)、实数 FFT(RFFT)/实数 FFT 逆运算(RIFFT)、DCT(离散余弦变换)和配套的初始化函数。

4. lib 文件函数的源码

所有这些 DSP 库代码合在一起是比较多的,因此,都是. lib 格式的文件,方便使用。这些. lib 文件就是由 Source 文件夹下的源码编译生成的,如果想看某个函数的源码,可以在 Source 文件夹下面查找。. lib 格式文件路径:STM32 参考资料→STM32F4xx 固件库→STM32F4xx_StdPeriph_Lib_V1.4.0→Libraries→CMSIS→Lib→ARM,总共有 8 个. lib 文件,具体如下。

①arm_cortexM0b_math. lib(Cortex-M0 大端模式)。

②arm_cortexM0l_math. lib(Cortex-M0 小端模式)。

③arm_cortexM3b_math. lib(Cortex-M3 大端模式)。

④arm_cortexM3l_math. lib(Cortex-M3 小端模式)。

⑤arm_cortexM4b_math. lib(Cortex-M4 大端模式)。

⑥arm_cortexM4l_math. lib(Cortex-M4 小端模式)。

⑦arm_cortexM4bf_math. lib(浮点 Cortex-M4 大端模式)。

⑧arm_cortexM4lf_math. lib(浮点 Cortex-M4 小端模式)。

如果要使用该文件,需要根据所用 MCU 内核类型以及端模式来选择符合要求的. lib 文件,本节所用的 STM32F4 属于 CortexM4F 内核,小端模式,应选择 arm_cortexM4lf_math. lib(浮点 Cortex-M4 小端模式)。

对于 DSP_Lib 的子文件夹 Examples 下面存放的文件,是 ST 官方提供的一些 DSP 测试代码,提供简短的测试程序,方便上手,有兴趣的读者可以根据需要自行测试。

10.3　DSP 库运行环境搭建

本节将介绍如何搭建 DSP 库运行环境,只要运行环境搭建好了,使用 DSP 库里面的函数来做相关处理就非常简单了。

在 MDK 里面搭建 STM32F4 的 DSP 运行环境(使用. lib 方式)是很简单的,分为 3 个步骤。

(1)添加文件。

首先,在例程工程目录下新建:DSP_LIB 文件夹,存放将要添加的文件:arm_cortexM4lf_math. lib 和相关头文件,如图 10.7 所示。

图 10.7　DSP_LIB 文件夹添加文件

其中，arm_cortexM4lf_math. lib 的由来，在简介中已经介绍过了。Include 文件夹是直接拷贝：STM32F4xx_DSP_StdPeriph_Lib_V1. 4. 0→Libraries→CMSIS→Include 这个 Include 文件夹，里面包含了可能要用到的相关头文件。然后，打开 Project，新建 DSP_LIB 分组，并将 arm_cortexM4lf_math. lib 添加到工程里面，如图 10.8 所示。

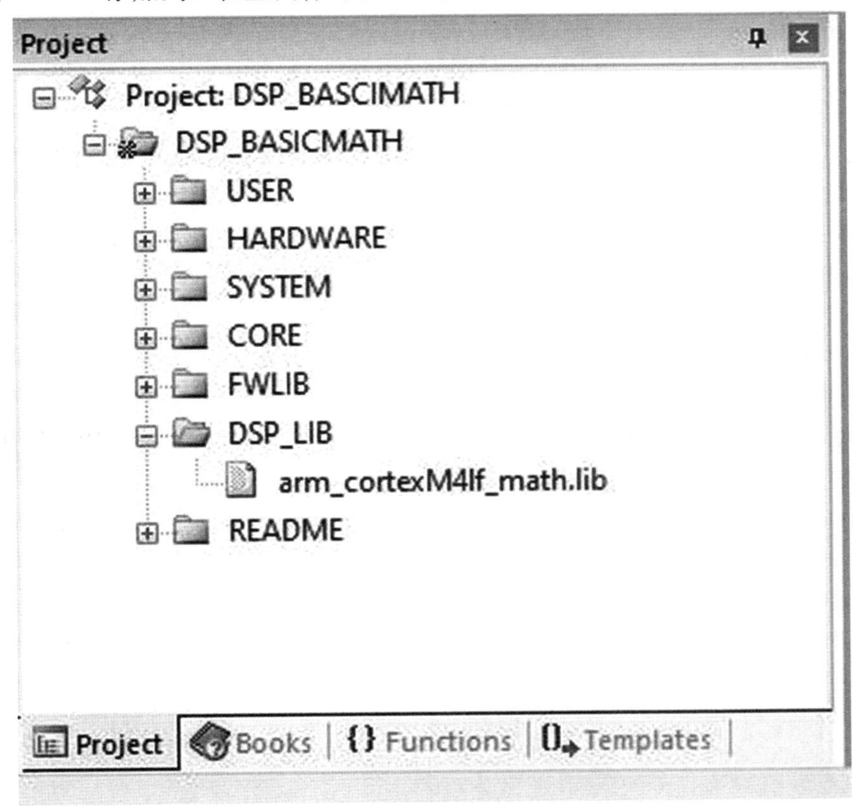

图 10.8　添加. lib 文件

这样,添加文件就结束了(只添加了一个.lib 文件)。

(2)添加头文件包含路径。

添加好.lib 文件后,要添加头文件包含路径,将第一步拷贝的 Include 文件夹和 DSP_LIB 文件夹,加入头文件包含路径,如图 10.9 所示。

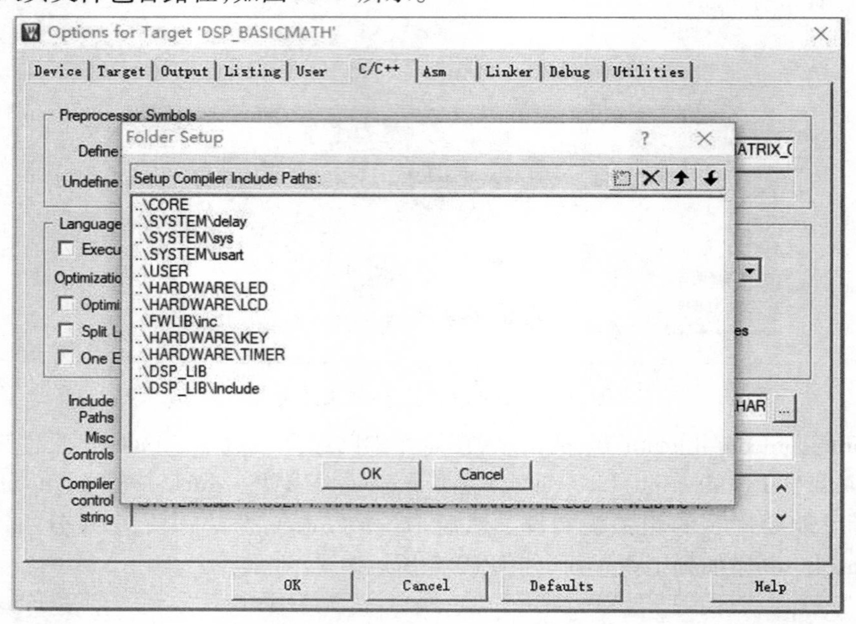

图 10.9　添加相关头文件包含路径

(3)添加全局宏定义。

最后,为了使用 DSP 库的所有功能,还需要添加几个全局宏定义。

①__FPU_USED。

②__FPU_PRESENT。

③ARM_MATH_CM4。

④__CC_ARM。

⑤ARM_MATH_MATRIX_CHECK。

⑥ARM_MATH_ROUNDING。

添加方法:点击→C/C++选项卡,然后在 Define 里面进行设置,如图 10.10 所示。

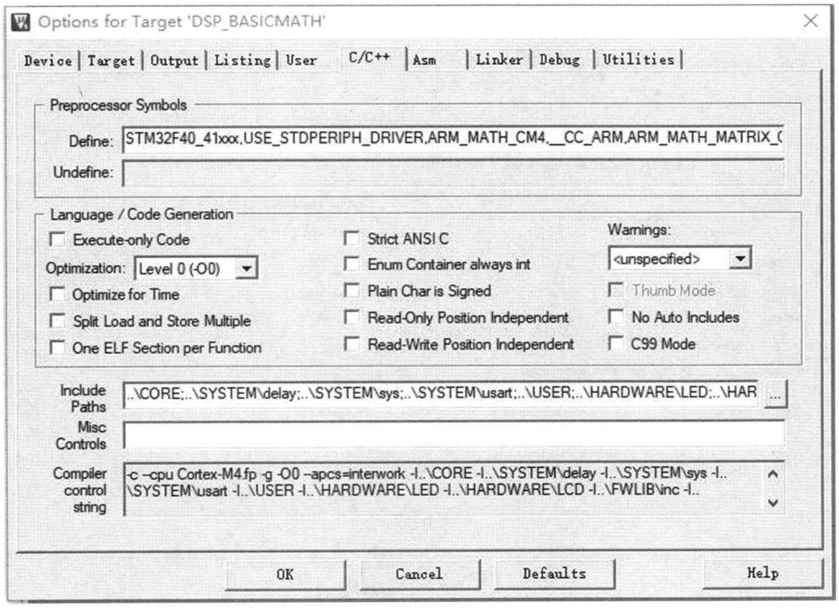

图 10.10　DSP 库支持全局宏定义设置

这里，两个宏之间用“,”隔开。上面的全局宏里面，没有添加__FPU_USED，因为这个宏定义在 Target 选项卡设置 Code Generation 时（第 9 章有介绍），选择“UseFPU”（如果没有设置 Use FPU，则必须设置），故 MDK 会自动添加这个全局宏定义，因此不需要手动添加。同时__FPU_PRESENT 全局宏定义 FPU 实验已经讲解，这个宏定义在 stm32f4xx.h 头文件里面已经定义。这样在 Define 处要输入的所有宏定义为：STM32F40_41xxx，USE_STDPERIPH_DRIVER，ARM_MATH_CM4，__CC_ARM，ARM_MATH_MATRIX_CHECK，ARM_MATH_ROUNDING 共 6 个。

至此，STM32F4 的 DSP 库运行环境就搭建完成了。

特别注意，为了方便调试，本节例程将 MDK 的优化设置为-O0 优化，以得到最好的调试效果。

10.4　DSP 库应用实例

测试环境：单片机，STM32F407ZGT6IDE，Keil5.20.0.0，固件库版本：STM32F4xx_DSP_StdPeriph_Lib_V1.4.0。

第一部分：使用源码文件的方式，使用 void arm_cfft_radix4_f32（constarm_cfft_radix4_instance_f32 * S，float32_t * pSrc）函数进行 FFT 运算。

准备新工程，配置 Keil 环境，使能 STM32F4 的 FPU 单元。开启硬件浮点运算，等效于在 C/C++->define 中定义__FPU_USED，__FPU_PRESENT 两个宏定义，如图 10.11 所示。

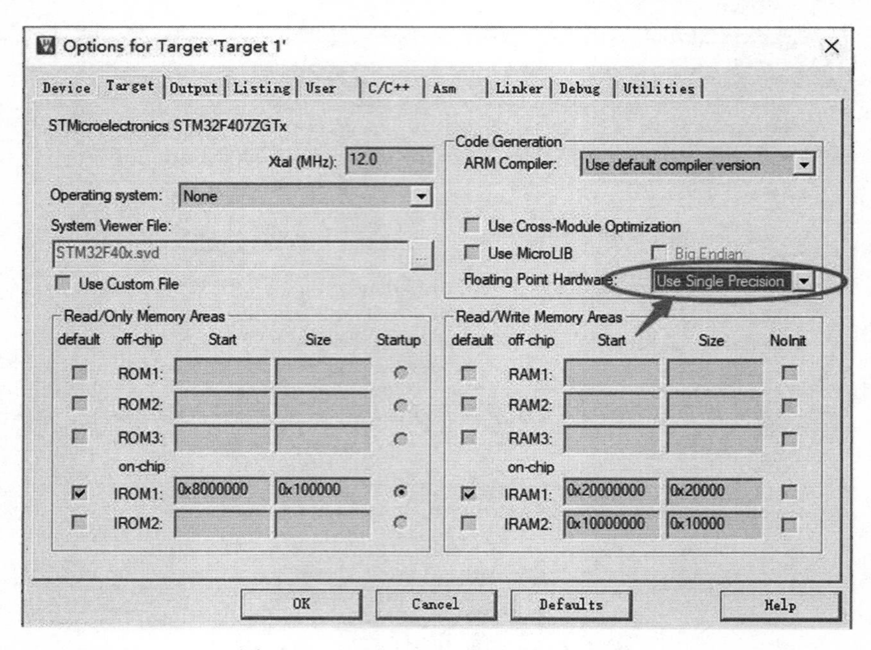

图 10.11 Floating Point Hardware 设置

添加全局宏定义,使能 DSP 库所有的功能,如图 10.12 所示。图 10.12 中 STM32F4XX, USE_STDPERIPH_DRIVER 是新建工程都会用到的配置宏,新建工程参考:http://blog.csdn.net/qianrushi_jinxifeng/article/details/19673755,其他宏:ARM_MATH_CM4,ARM_MATH_MATRIX_CHECK,ARM_MATH_ROUNDING 请参考:http://blog.csdn.net/desert187/article/details/20527921。

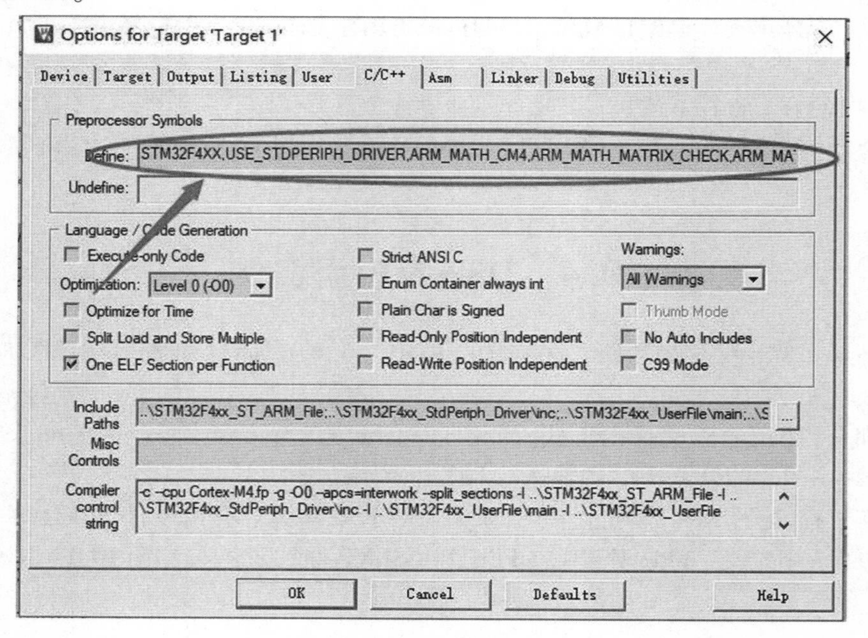

图 10.12 添加全局宏定义

向工程中添加使用到的 DSP 库源码在 stm32f4_dsp_stdperiph_lib\STM32F4xx_DSP_

StdPeriph_Lib_V1.4.0\Libraries\CMSIS\DSP_Lib\Source 目录下会有如下目录，都是 DSP 函数库，如图 10.13 所示。

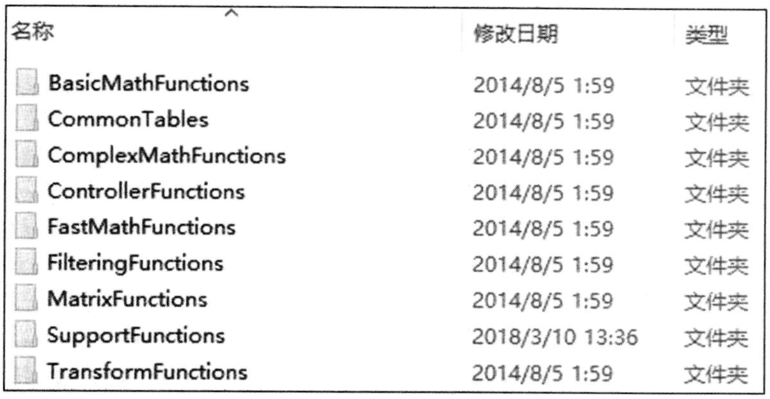

名称	修改日期	类型
BasicMathFunctions	2014/8/5 1:59	文件夹
CommonTables	2014/8/5 1:59	文件夹
ComplexMathFunctions	2014/8/5 1:59	文件夹
ControllerFunctions	2014/8/5 1:59	文件夹
FastMathFunctions	2014/8/5 1:59	文件夹
FilteringFunctions	2014/8/5 1:59	文件夹
MatrixFunctions	2014/8/5 1:59	文件夹
SupportFunctions	2018/3/10 13:36	文件夹
TransformFunctions	2014/8/5 1:59	文件夹

图 10.13　DSP 函数库

工程需要将 CommonTables 和 TransformFunctions 文件夹下的部分文件添加到工程中，如图 10.14 所示。另外需要包含相应的头文件路径，所需头文件在 STM32F4xx_DSP_StdPeriph_Lib_V1.4.0\Libraries\CMSIS\Include 路径下可以找到。

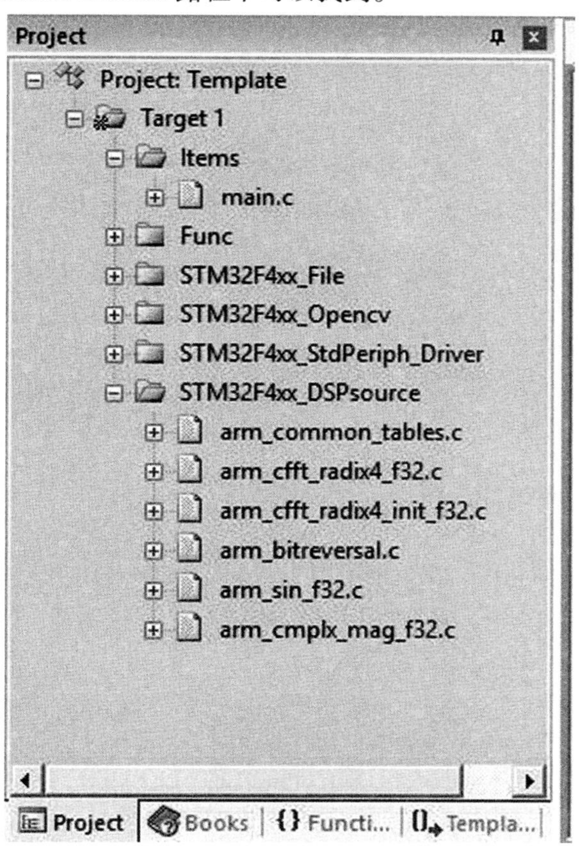

图 10.14　工程目录

编写 main()函数。

```
#include"stm32f4xx_conf.h"
//位带操作
#include"sys.h"
#include"delay.h"
#include"usart.h"
//LCD 显示屏功能
#include"Nick_lcd.h"
#include"Nick_keys.h"
#include"arm_math.h"
#define FFT_LENGTH1024;//FFT 长度,默认是 1024 点 FFT
floatfft_inputbuf[FFT_LENGTH * 2];//FFT 输入输出数组,此数组为 arm_cfft_radix4_f32
的输入输出数组,前一个元素为实部,后一个元素为虚部,每两个元素代表一个点
floatfft_outputbuf[FFT_LENGTH];//arm_cmplx_mag_f32()幅度输出数组
arm_cfft_radix4_instance_f32scfft;
intmain(void)
{
delay_init(168);
lcd_init(0);//初始化 LCD
key_init();
uart_init(115200);//初始化串口波特率为 115200
arm_cfft_radix4_init_f32(&scfft,FFT_LENGTH,0,1);//初始化 scfft 结构体,设定 FFT 相关
参数
while(1)
{
u32 keyval=(u32)keys_scan(0);
if(keyval==1)
{
for(inti=0;i<FFT_LENGTH;i++);//生成信号序列
{
fft_inputbuf[2 * i]=15+10 * arm_sin_f32(2 * PI * i * 100/FFT_LENGTH)+
5.5 * arm_sin_f32(2 * PI * i * 150/FFT_LENGTH);//生成实部
fft_inputbuf[2 * i+1]=0;//虚部全部为 0
}
arm_cfft_radix4_f32(&scfft,fft_inputbuf);//FFT 计算(基 4)
arm_cmplx_mag_f32(fft_inputbuf,fft_outputbuf,FFT_LENGTH);//把运算结果复数求模得
幅值
printf("FFTResult:\r\n");
for(inti=0;i<FFT_LENGTH;i++)
```

```
{
printf("%f\r\n",fft_outputbuf[i]);
}
}
delay_ms(60);
}
}
```

代码分析：如代码所示，利用 arm_sin_f32 函数产生了一个基波幅度为 15，频率为 100 Hz 时幅度为 10、频率 150 Hz 时幅度为 5.5 的信号。

经过 FFT 运算后，用 arm_cmplx_mag_f32( )函数求出赋值，并通过串口打印出来。编译运行程序如图 10.15 所示。

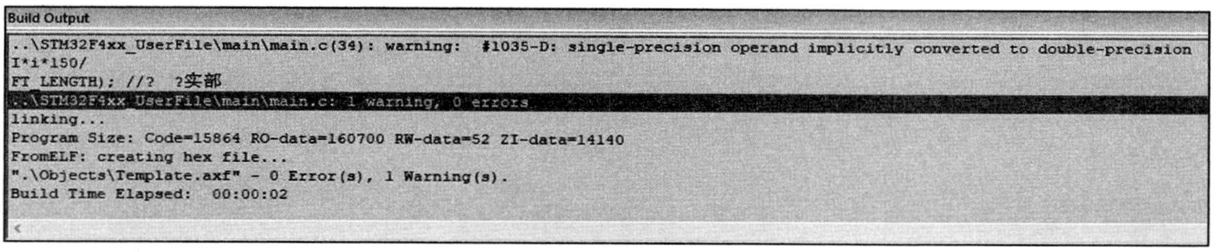

```
Build Output
..\STM32F4xx_UserFile\main\main.c(34): warning:  #1035-D: single-precision operand implicitly converted to double-precision
I*i*150/
FT_LENGTH); //?  ?实部
..\STM32F4xx_UserFile\main\main.c: 1 warning, 0 errors.
linking...
Program Size: Code=15864 RO-data=160700 RW-data=52 ZI-data=14140
FromELF: creating hex file...
".\Objects\Template.axf" - 0 Error(s), 1 Warning(s).
Build Time Elapsed:  00:00:02
```

图 10.15　编译运行程序

结果分析，对串口收到的数据用 Matlab 绘图，如图 10.16 所示。

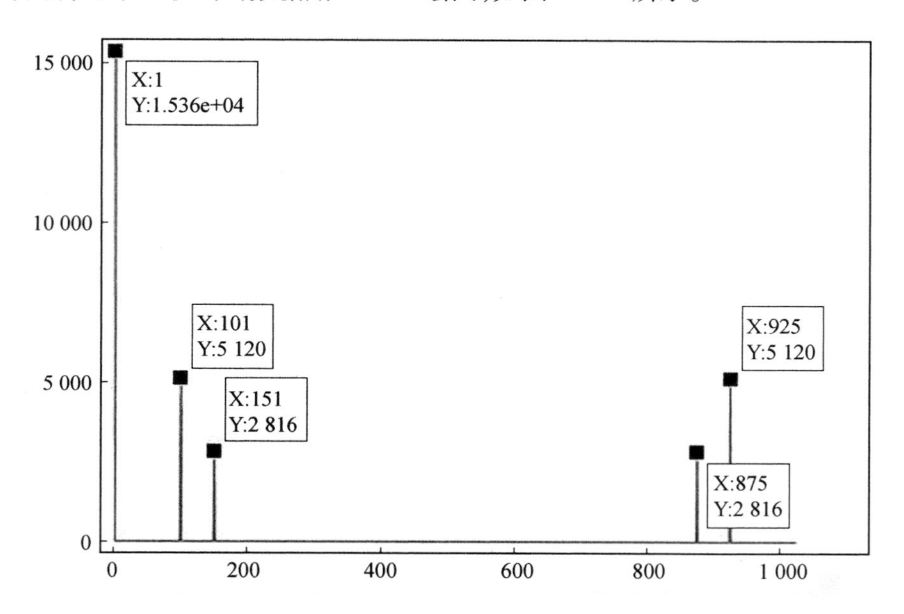

图 10.16　MATLAB 绘图

由图 10.16 可知，基波幅度为 15 360/1 024 = 15；

100 Hz 成分幅度为 5 120×2/1 024 = 10；

150 Hz 成分幅度为 2 816×2/1 024 = 5.5；

因此所得的结果是正确的。

思考与练习

1. 什么是 STM32 的 FPU,如何开启硬件 FPU?
2. 常用的 DSP 库函数有哪些?

第 11 章

STM32F4 的 I^2C 总线接口

11.1 I^2C 简介

I^2C(Inter-Integrated Circuit)总线是一种由 PHILIPS 公司开发的两线式半双工同步串行通信方式，主要用于小数据量、传输距离短的场合，如微控制器与 AD/DA、EEPROM、数字传感器、OLED 屏等外围设备的数据传输。它是由数据线 SDA 和时钟 SCL 构成的串行总线，采用主从方式实现多机分时双向发送和接收数据，具有总线仲裁机制。I^2C 通信速率可以支持0 ~ 5 MHz 的设备，常用的波特率包括：100 kHz 普通模式、400 kHz 快速模式、1 MHz 快速模式、3.4 MHz高速模式和 5 MHz 超高速模式。

1. I^2C 物理层

在 I^2C 通信总线上，可连接多个 I^2C 通信设备，支持多个通信主机和多个通信从机。I^2C 通信只需要 2 条双向总线，一条数据线 SDA(Serial Data Line，串行数据线)和一条时钟线 SCL (Serial Clock Line，串行时钟线)。

每一个 I^2C 总线器件内部的 SDA、SCL 引脚电路结构都是一样的，引脚的输出驱动与输入缓冲连在一起。其中，输出为漏极开路的场效应管，输入缓冲为一只高输入阻抗的同相器。I^2C 总线在物理连接上非常简单，分别由 SDA 和 SCL 及上拉电阻组成。通信原理是通过对 SCL 和 SDA 高低电平时序的控制，来产生 I^2C 总线协议所需要的信号进行数据的传递。每个连接到总线的设备都有一个独立的地址，主机可以利用这个地址进行不同设备之间的访问。在总线空闲状态时，SCL 和 SDA 被上拉电阻 R_p 拉高，使 SDA 和 SCL 都保持高电平，如图 11.1 所示。

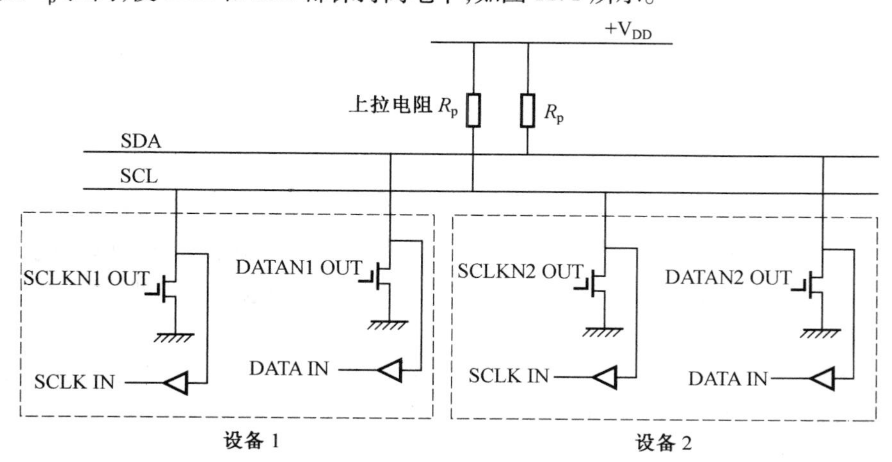

图 11.1 I^2C 物理层图

由于 SDA、SCL 为漏极开路结构，借助于外部的上拉电阻可实现信号的“线与”逻辑。引脚在输出信号的同时还对引脚上的电平进行检测，检测是否与刚才输出一致，为“时钟同步”和“总线仲裁”提供硬件基础。

2. I²C 协议层

I²C 总线在通信过程中，一帧完整的数据包按照传输的先后顺序分别是：开始信号、从机地址、读写控制位、器件内部存储器访问地址、数据、应答信号和结束信号。

(1)开始信号。

开始信号也称启动信号，SCL 为高电平时，SDA 由高电平向低电平跳变，开始传送数据，如图 11.2 所示。

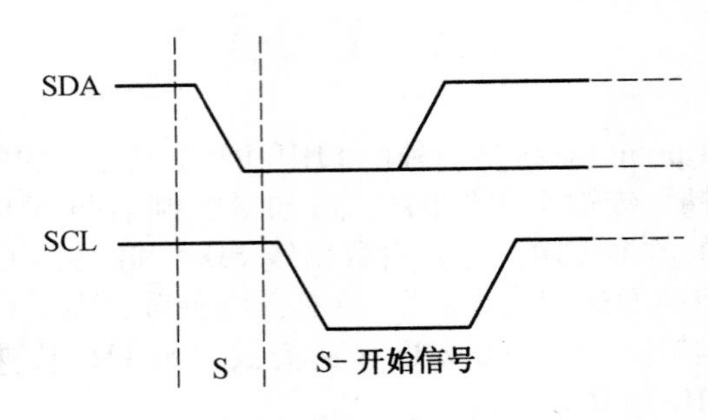

图 11.2　I²C 开始信号

(2)结束信号。

结束信号也称停止信号，SCL 为高电平时，SDA 由低电平向高电平跳变，结束传送数据，如图 11.3 所示。

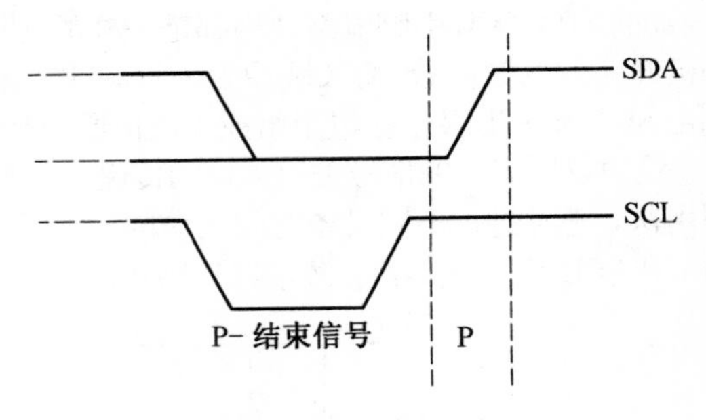

图 11.3　I²C 结束信号

(3)应答信号。

发送器每发送一个字节，就在时钟脉冲 9 期间释放数据线，由接收器反馈一个应答信号。应答信号为低电平时，规定为有效应答位（ACK 简称应答位），表示接收器已经成功地接收了该字节；应答信号为高电平时，规定为非应答位（NACK），一般表示接收器接收该字节没有成功，如图 11.4 所示。

对于反馈有效应答位 ACK 的要求是，接收器在第 9 个时钟脉冲之前的低电平期间将 SDA 拉低，并且确保在该时钟的高电平期间为稳定的低电平。如果接收器是主控器，则在它收到最后一个字节后发送一个 NACK 信号，以通知被控发送器结束数据发送，并释放 SDA，以便主控接收器发送一个结束信号 P。

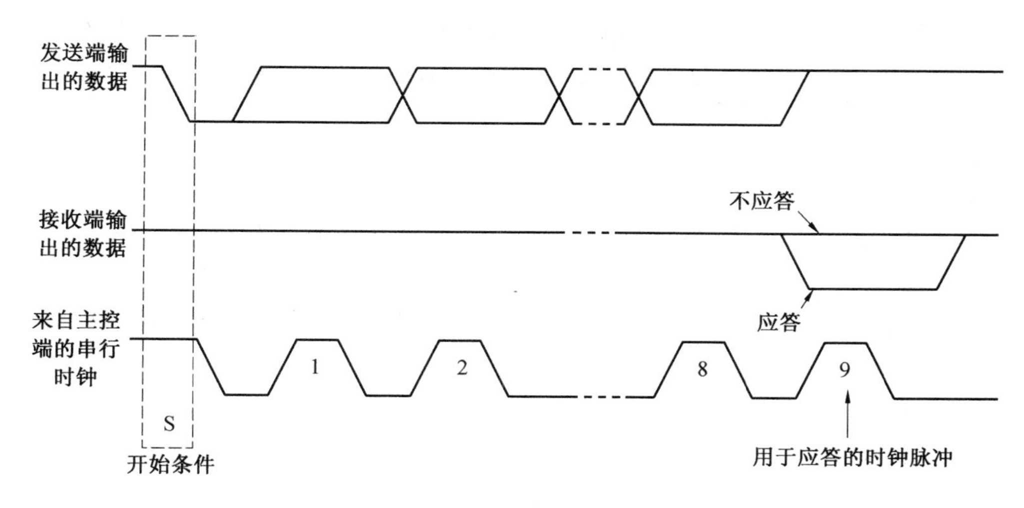

图 11.4　I^2C 应答信号

(4)从机地址及读写控制位。

由从机地址与读写控制位组成地址帧。在开始信号 S 之后由主机发送地址帧,通常包括 7 位的从机地址(MSB 在前)和最后 1 位的读写控制位(1 表示读,0 表示写),如图 11.5 所示。

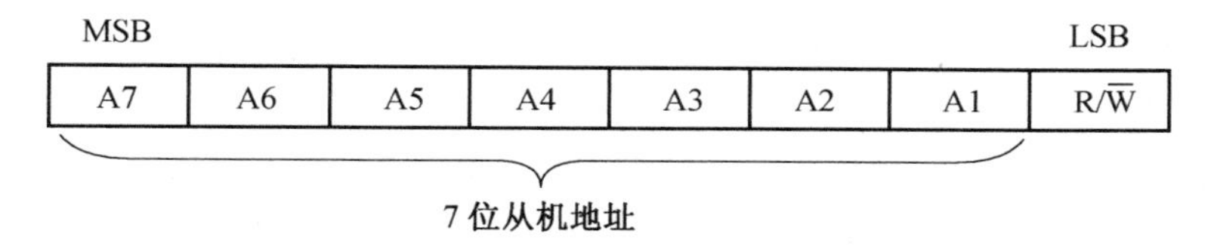

图 11.5　7 位从机地址的地址帧

I^2C 也支持 10 位从机地址,需要 2 个地址帧完成地址的传输,图 11.6 所示为 10 位从机地址的地址帧。图 11.6 中 A0 ~ A9 为从机地址,分布在两个地址帧中,第 1 地址帧的前 5 位自动填充为 11110b,7 位从机地址的高 5 位则禁止出现这种逻辑值。

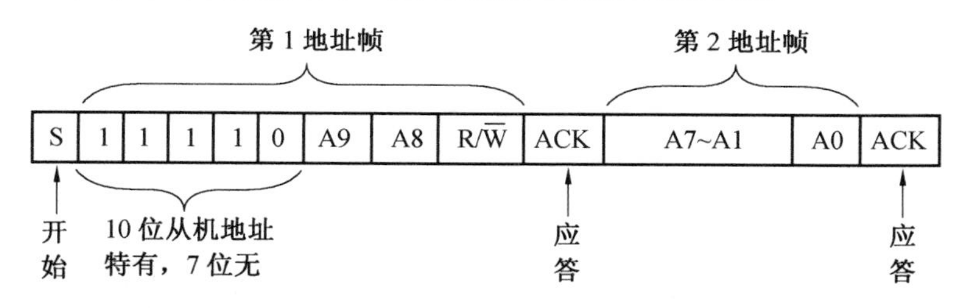

图 11.6　10 位从机地址的地址帧

(5)器件内部存储器访问地址。

器件内部存储器访问地址也称为子地址,指的是所要读/写访问的数据在器件内部的目标地址,本质上是用于表示的数据。

(6)数据。

I^2C 传输的有效数据,按字节传输,高位在前,每次传输数据的字节数没有限制,直到产生结束条件。当 SCL 为高电平时,SDA 必须保持稳定电平,SDA 上传输 1 位数据,否则 SDA 电平变化表示开始或者结束。因此,当 SCL 为低电平时,SDA 才可以改变电平。如果从机要完成

一些其他功能后(例如,一个内部中断服务程序)才能接收或发送下一个完整的数据字节,可以使时钟线 SCL 保持低电平,迫使主机进入等待状态,当从机准备好接收下一个数据字节并释放时钟线 SCL 后继续数据传输。

(7)主机发送数据流程。

主机发送数据流程如图 11.7 所示。

①主机在检测到总线为“空闲状态”(即 SDA、SCL 均为高电平)时,发送一个启动信号“S”,开始一次通信。

②主机接着发送一个命令字节。该字节由 7 位的外围器件地址和 1 位读写控制位 $R/\overline{W}$ 组成($R/\overline{W}=0$ 代表写,$R/\overline{W}=1$ 代表读)。

例如,根据 EEPROM 芯片 AT24C02 的数据手册,AT24C02 一共有七位地址码,前四位已经固定为 1010,三个引脚 A0、A1、A2 的电平状态决定剩余的三位地址,其完整的地址规则为:1010(A0)(A1)(A2)($R/\overline{W}$)。假设 A0、A1 和 A2 均接地,若给 AT24C02 写数据,$R/\overline{W}=0$,则地址为 10100000(0xA0)。

③相对应的从机接收到命令字节后向主机回馈应答信号 ACK(ACK=0 有效)。

④主机接收到从机的应答信号后开始发送第一个字节的数据。

⑤从机接收到数据后返回一个应答信号 ACK。

⑥主机接收到应答信号后再发送下一个字节数据,返回第⑤步,直至发送完最后一个字节数据。

⑦当主机发送最后一个数据字节并接收到从机的 ACK 后,通过向从机发送一个结束信号 P,结束本次通信并释放总线。从机接收到 P 信号后也退出与主机之间的通信。

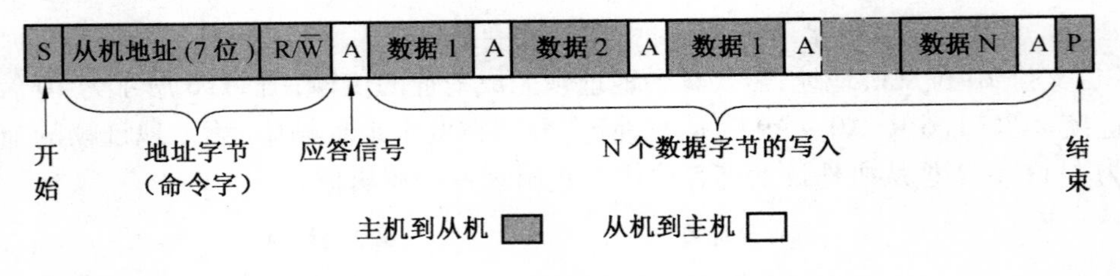

图 11.7　主机发送数据流程图

(8)主机接收数据流程。

主机接收数据流程如图 11.8 所示。

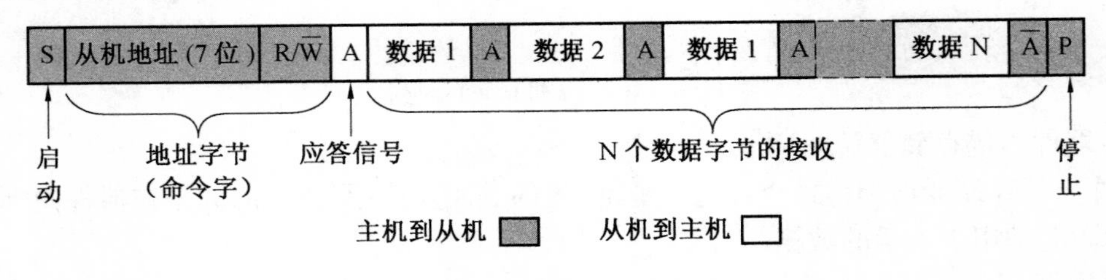

图 11.8　主机接收数据流程图

①主机发送启动信号后,接着发送命令字节(其中,$R/\overline{W}=1$)。例如,读 AT24C02 的数据,则地址为 10100001(0xA1)。

②对应的从机接收到地址字节后，返回一个应答信号并向主机发送数据。

③主机接收到数据后向从机反馈一个应答信号。

④从机接收到应答信号后再向主机发送下一个数据，返回第③步，直至发送完最后一个字节数据。

⑤当主机完成接收数据后，向从机发送一个“非应答信号(ACK=1)”，从机接收到 ASK=1 的非应答信号后便结束发送。

⑥主机发送非应答信号后，再发送一个结束信号，释放总线结束通信。

(9)主机发送和接收复合流程。

I²C 通信除了基本的发送和接收，有时主机设备需要在一次通信中进行多次方向变化的数据交换(例如，切换读/写操作等)，并且不希望其他主机设备干扰，这时可以使用重复开始条件。在一次通信中，主机设备可以产生多次开始条件来完成多次信息交换，最后产生一个结束条件结束整个通信过程。由主机控制的发送和接收复合流程如图 11.9 所示。

该传输过程有两次起始信号(S)。一般在第一次传输中，主机通过从机地址寻找到从设备后，发送一段“数据”，这段数据通常用于表示从设备内部的寄存器或存储器地址；在第二次的传输中，对该地址的内容进行读或写。也就是说，第一次通信是告诉从机读/写地址，第二次则是读/写的实际内容。

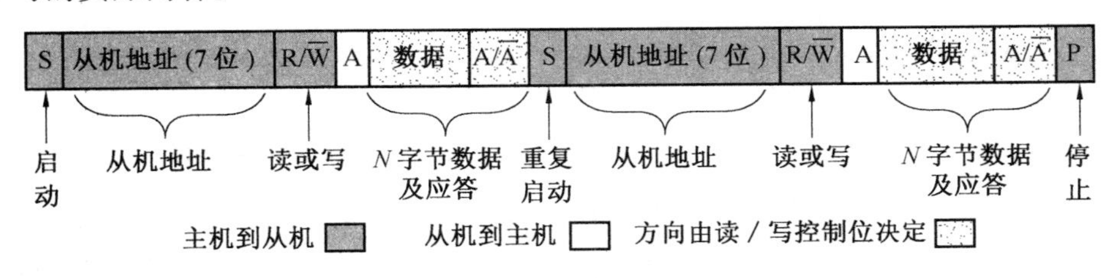

图 11.9　发送和接收复合流程时序图

(10)仲裁。

当系统有多个主机设备时，两个主机可以在总线上生成一个有效的传输启动条件，然后仲裁程序决定哪一个主设备可以获得总线的控制权完成它的传输。I²C 总线的控制权完全取决于竞争主机发送的地址和数据，因此没有中央主机设备，总线上也没有任何优先级顺序。

在 SCL 为高的每一个比特位期间，每个主机设备检查 SDA 的电平是否与它所发送的相匹配。如果传输的数据是完全相同的，则这个主机设备可以继续发送下一比特位。当某时刻一个主机发送高，而另一主机发送低时，由于 SDA 在物理层具有“线与”逻辑，发送高的主机会检测到与自身发送不相符的低电平，这时会关闭该主机设备的 SDA 传输驱动，另一个主机设备会继续完成传输，即先发送低电平的主机设备赢得对总线的控制权。

11.2　STM32F4 的 I²C 硬件架构

STM32F407ZGT6 具有 3 个 I²C 端口，可用作通信的主机及从机，支持 100 kbit/s 和 400 kbit/s的速率，支持 7 位、10 位设备地址，支持中断控制和 DMA 数据传输，并具有数据校验功能。STM32F4 的所有 I²C 端口内部硬件结构如图 11.10 所示，其中的 SMBA 用于 SMBus 的警告信号(SMBus 协议与 I²C 协议类似，可用于部分设备的电池管理中，本文不展开说明，感兴

趣的读者可以参考《SMBus2.0》了解）。

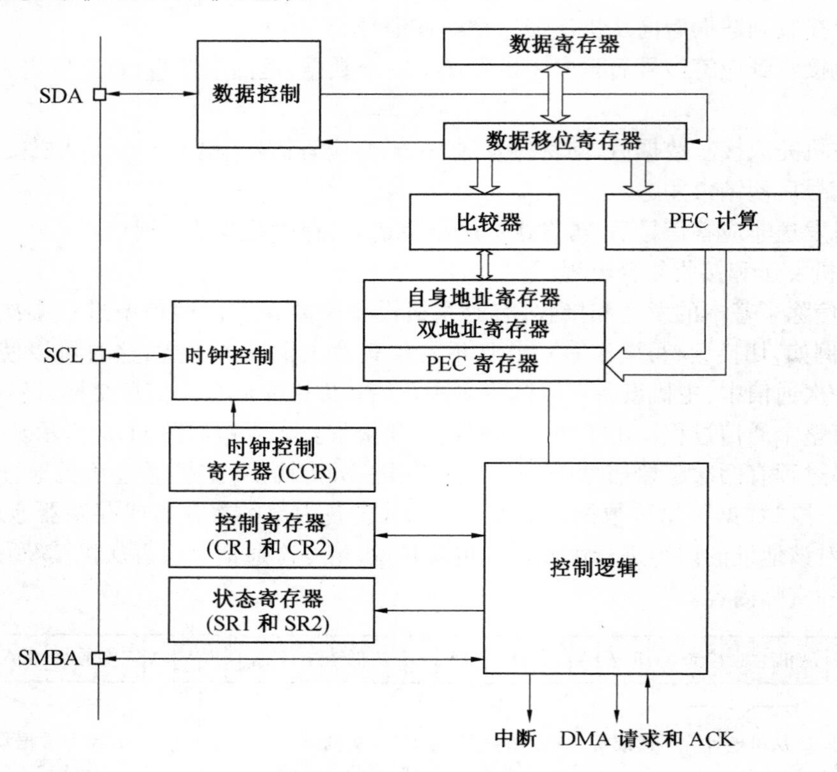

图 11.10　STM32F4 内部 I^2C 接口结构图

I^2C 的 9 个寄存器主要功能为控制寄存器 I2C_CR1 主要用于产生开始、结束、应答等使能控制；I2C_CR2 主要用于配置时钟频率、中断和 DMA 的使能位；状态寄存器 I2C_SR1 主要是超时、接收期间的 PEC 校验结果、溢出、应答、仲裁、结束位、数据寄存器为空等事件的标志位；状态寄存器 I2C_SR2 主要是数据包错误校验结果、MSL（主/从模式）、TRA（发送/接收器）和 BUSY（总线忙碌）的标志位；数据寄存器 I2C_DR 用于存储数据，时钟控制寄存器 I2C_CCR 和上升沿时间寄存器 I2C_TRISE 主要用于时钟设置，自有地址寄存器 I2C_OAR1 和 I2C_OAR2 主要用于地址匹配。

1. I^2C 端口引脚

STM32F407ZGT6 的 I^2C 通信信号可配置到不同的指定 GPIO 引脚上，使用时必须先通过复用功能寄存器（AFRL 和 AFRH，详见第 4 章 GPIO 原理及应用）根据硬件电路接线关系来配置，STM32F407ZGT6 的 3 个 I^2C 端口引脚的复用功能分配见表 11.1。

表 11.1　STM32F407ZGT6 的 I^2C 端口复用功能配置表

I^2C 端口号	信号线	可配置引脚	复用功能配置
I2C1	I2C1_SCL	PB6、PB8	AFRL:0～7 号引脚； AFRH:8～15 号引脚； AF4 功能为 I2C1～3； AF4:0100B
	I2C1_SDA	PB7、PB9	
I2C2	I2C2_SCL	PB10、PF1、PH4	
	I2C2_SDA	PB11、PF0、PH5	
I2C3	I2C3_SCL	PA8、PH7	
	I2C3_SDA	PC9、PH8	

注意：上述复用管脚配置中 GPIO_InitStructure. GPIO_PuPd 一般应配置为 GPIO_PuPd_NOPULL 或 GPIO_PuPd_UP，若配置为 GPIO_PuPd_DOWN，I^2C 总线会一直繁忙，导致总线出错，检测不到 I^2C 从机。

2. 时钟控制逻辑

时钟信号线 SCL 由 I^2C 接口的时钟控制寄存器(CCR)控制，见表 11.2。该寄存器直接通过一些硬件逻辑信号线与 SCL 引脚相连控制 SCL。CCR 可配置 SCL 的模式(标准模式 100 kHz，快速模式 400 kHz)、速度、占空比等参数。

表 11.2　CCR 寄存器图

15	14	13	12	11	10	9	8	7	6	5	4	3	2	1	0
F/S	DUTY	Reserved		CCR[11:0]											
rw	rw			rw	rw	rw	rw	rw	rw	rw	rw	rw	rw	rw	rw

位 15 F/S：I^2C 主模式选择(I^2C Master Mode Selection)。0：标准模式 I^2C。1：快速模式 I^2C。

位 14 DUTY：快速模式占空比(Fast Mode Duty Cycle)。0：快速模式 $T_{low}/T_{high}=2$。1：快速模式 $T_{low}/T_{high}=16/9$(参见 CCR)。

位 13～12：保留，必须保持复位值。

位 11～0：CCR[11:0]，快速/标准模式下的时钟控制寄存器，控制主模式下的 SCL 时钟。

标准模式：$T_{high}=CCR\times T_{PCLK1}$，$T_{low}=CCR\times T_{PCLK1}$

快速模式：如果 DUTY＝0：$T_{high}=CCR\times T_{PCLK1}$，$T_{low}=2\times CCR\times T_{PCLK1}$

如果 DUTY＝1：$T_{high}=9\times CCR\times T_{PCLK1}$，$T_{low}=16\times CCR\times T_{PCLK1}$

例如，当 $F_{PCLK1}=42$ MHz，若要配置 400 kbit/s 的速率，计算方式如下：PCLK 时钟周期：$T_{PCLK1}=1/42\ 000\ 000$，目标 SCL 时钟周期：$T_{SCL}=1/400\ 000$，SCL 时钟周期内的高电平时间：$T_{high}=T_{SCL}/3$，SCL 时钟周期内的低电平时间：$T_{low}=2T_{SCL}/3$，计算 CCR 的值：$CCR=T_{high}/T_{PCLK1}=35$。

3. 数据控制逻辑

数据信号线 SDA 连接在数据移位寄存器上，按通信过程中所处的发送和接收阶段，数据移位寄存器的数据来源及目标是数据寄存器(DR)、地址寄存器(OAR)。

(1)数据寄存器(DR)。

当向外发送数据的时候,数据移位寄存器以"数据寄存器"为数据源,把数据一位一位地通过 SDA 信号线发送出去,见表 11.3。

当从外部接收数据的时候,数据移位寄存器把 SDA 信号线采样到的数据一位一位地存储到"数据寄存器"中。

表 11.3　数据寄存器(DR)

15	14	13	12	11	10	9	8	7	6	5	4	3	2	1	0
Reserved								CCR[7:0]							
								rw	rw	rw	rw	rw	rw	rw	rw

位 15 ~ 8:保留,必须保持复位值。

位 7 ~ 0:DR[7:0],8 位数据寄存器,用于接收的字节或者要发送到总线的字节。

①发送模式。在 DR[7:0]中写入第一个字节时自动开始发送字节。如果在启动传送(TxE=1)后立即将下一个要传送的数据置于 DR 中,则可以保持连续的传送流。

②接收模式。将接收到的字节数据复制到 DR[7:0]中(RxNE=1)。如果在接收下一个数据字节(RxNE=1)之前读取 DR[7:0],则可保持连续的传送流。

在从模式下,地址并不会复制到 DR 中。硬件不对写冲突进行管理(TxE=0 时也可对 DR 执行写操作)。如果发出 ACK 脉冲时出现 ARLO 事件,则不会将接收到的字节复制到 DR 寄存器,因而也无法读取字节。

(2)自有地址寄存器(OAR1 和 OAR2)。

当 STM32F4 的 I²C 工作在从机模式的时候,接收到从机地址信号时,数据移位寄存器会把接收到的地址与 STM32F4 自身的"I²C 地址寄存器"的值做比较,以便响应主机的寻址。STM32 自身的 I²C 地址可通过"自身地址寄存器"修改,支持同时使用两个 I²C 设备地址,两个地址分别存储在 OAR1(表 11.4)和 OAR2 中。在从机模式下 STM32F4 支持双寻址模式,可对 2 个 7 位从机地址应答,OAR2 用于使能及配置第二个 7 位自身地址,应用较少不再介绍。

表 11.4　地址寄存器(OARI)

15	14	13	12	11	10	9	8	7	6	5	4	3	2	1	0
ADD MODE	Reserved					ADD[9:8]		ADD[7:1]							ADDO
rw						rw	rw	rw	rw	rw	rw	rw	rw	rw	rw

位 15,ADDMODE:寻址模式(Addressingmode)(从模式)。

0:7 位从地址(无法应答 10 位地址)。

1:10 位从地址(无法应答 7 位地址)。

位 14 应通过软件始终保持为 1。

位 13 ~ 10:保留,必须保持复位值。

位 9 ~ 8,ADD[9:8]:10 位寻址模式时接口地址第 9 ~ 8 位,7 位寻址模式时无意义。

位 7 ~ 1,ADD[7:1]:接口地址的第 7:1 位。

位 0,ADD0:10 位寻址模式时接口地址第 0 位,7 位寻址模式时无意义。

4. 整体控制逻辑

整体控制逻辑包含控制寄存器 CR1、CR2 和状态寄存器 SR1、SR2。在外设工作时,控制逻辑会根据外设的工作状态修改 SR1 和 SR2,只要读取这些寄存器相关的标识位,就可以确定 I^2C的工作状态。常使用到 SR2 中的 BUSY 标志位来判断总线是否忙碌。控制逻辑还根据 CR1、CR2 产生 I^2C 中断信号、DMA 请求及各种 I^2C 的通信信号(开始、停止、应答信号等)。PECERR 位在 I^2C 状态寄存器(SR1)的第 12 位,若使能了数据校验,接收到的数据会经过 PCE 计算器运算,运算结果存储在 PECERR 中。下面简单介绍这四个寄存器在主机模式下的功能。

(1)CR1 控制寄存器。

表 11.5　控制寄存器 CR1

15	14	13	12	11	10	9	8	7	6	5	4	3	2	1	0
SWRST	Reserved	ALERT	PEC	POS	ACK	STOP	START	NO STRE-TCH	ENGC	ENPEC	ENARP	SMB TYPE	Resered	SMBus	PE
rw		rw	rw	rw	rw	rw	rw	rw	rw	rw	rw	rw		rw	rw

位 10 ACK:应答使能(Acknowledge Enable)。

0:不返回应答。

1:在接收一个字节(匹配地址或数据)之后返回应答位,软件置 1 和清零,并可在 PE=0 时由硬件清零。

位 9 STOP:生成停止位。在主模式下:

0:不生成停止位。

1:在传输当前字节或发送当前起始位后生成停止位,软件置 1 和清零,也可在检测到停止位(超时错误)时由硬件清零(置 1)。

位 8 START:生成起始位。在主模式下:

0:不生成起始位。

1:生成重复起始位。

由软件置 1 和清零,并可在起始位发送完成后或 PE=0 时由硬件清零。

(2)CR2 控制寄存器。

表 11.6　控制寄存器 CR2

15	14	13	12	11	10	9	8	7	6	5	4	3	2	1	0
Reserved			LAST	DMA EN	ITBUF EN	ITEVT EN	ITERR EN	Reserved		FREQ[5:0]					
			rw	rw	rw	rw	rw			rw	rw	rw	rw	rw	rw

位 12 LAST:最后一次 DMA 传输(DMA Last Transfer)。

0:下一个 DMA EOT 不是最后一次传输。

1:下一个 DMA EOT 是最后一次传输。

注意：此位用于主接收模式，可对最后接收的数据生成 NACK。

位 11 DMAEN：DMA 请求使能（DMA Requests Enable）。

0：禁止 DMA 请求。

1：当 TxE=1 或 RxNE=1 时使能 DMA 请求。

位 10 ITBUFEN：缓冲中断使能（Buffer Interrupt Enable）。

0：TxE=1 或 RxNE=1 时不生成任何中断。

1：TxE=1 或 RxNE=1 时生成事件中断（与 DMAEN 状态无关）。

位 9 ITEVTEN：事件中断使能（Event Interrupt Enable）。

0：禁止事件中断。

1：使能事件中断。

相关中断的产生在后文介绍。

位 8 ITERREN：错误中断使能（Error Interrupt Enable）。

0：禁止出错中断。

1：允许出错中断。

相关中断的产生在后文介绍。

（3）SR1 状态寄存器。

表 11.7　状态寄存器 SR1

15	14	13	12	11	10	9	8	7	6	5	4	3	2	1	0
SMB ALERT	TIME OUT	Reserved	PEC ERR	OVR	AF	ARLO	BERR	TxE	RxNE	Reserved	STOPF	ADD10	BTF	ADDR	SB
re_w0	re_w0		re_w0	re_w0	re_w0	re_w0	re_w0	r	r		r	r	r	r	r

位 12 PECERR：接收期间 PEC 错误（PEC Error in Reception）。

0：无 PEC 错误。接收器在接收 PEC 后返回 ACK（如果 ACK=1）。

1：PEC 错误。接收器在接收 PEC 后返回 NACK（无论 ACK 什么值）。

软件清零或 PE=0 时硬件清零。注意：此位在 PEC=1 时有效。

位 11 OVR：上溢/下溢（Overrun/Underrun）。

0：未发生上溢/下溢。

1：上溢或下溢。

软件清零，或 PE=0 时硬件清零。

位 10 AF：应答失败（Acknowledge Failure）。

0：未发生应答失败。

1：应答失败。

无应答返回时硬件置 1。软件清零或在 PE=0 时由硬件清零。

位 9 ARLO：仲裁丢失（Arbitration Lost）（主模式）。

0：未检测到仲裁丢失。

1：检测到仲裁丢失。

位 8 BERR：总线错误（Bus Error）。

0:无误放的起始或停止位。

1:存在误放的起始或停止位。

硬件置 1。由软件清零或在 PE=0 时由硬件清零。

位 7 TxE:数据寄存器为空(Data Register Empty)(发送器)。

0:数据寄存器非空。

1:数据寄存器为空。

TxE 不会在地址阶段置 1。软件清零或在出现起始、停止位或者 PE=0 时由硬件清零。如果接收到 NACK 或要发送的下一个字节为 PEC(PEC=1),TxE 将不会置 1。

注意:写入第一个要发送的数据或在 BTF 置 1 时写入数据都无法将 TxE 清零,因为这两种情况下数据寄存器仍为空。

位 6 RxNE:数据寄存器非空(Data Register Not Empty)(接收器)。

0:数据寄存器为空。

1:数据寄存器非空。

RxNE 不会在地址阶段置 1。软件清零或在 PE=0 时由硬件清零。发生 ARLO 事件时 RxNE 不会置 1。

注意:BTF 置 1 时无法通过读取数据将 RxNE 清零,因为此时数据寄存器仍为满。

位 4 STOPF:停止位检测(Stop Detection)(从模式)。

0:未检测到停止位。

1:检测到停止位。

从设备检测到停止位时,由硬件置 1。软件清零或在 PE=0 时由硬件清零。

注意:收到 NACK 后 STOPF 位不会置 1。

位 3 ADD10:发送 10 位头(主模式)。

0:未发生 ADD10 事件。

1:主器件已发送第一个地址字节(头)。

主器件在此模式下已发送第一个字节时由硬件置 1。由软件在读取 SR1 寄存器后在 DR 寄存器中写入第二个地址字节来清零,或在 PE=0 时由硬件清零。

注意:收到 NACK 后 ADD10 位不会置 1。

位 2 BTF:字节传输完成(Byte Transfer Finished)。

0:数据字节传输未完成。

1:数据字节传输成功完成。

由硬件置 1,由软件清零,或在发送过程中出现起始或停止位后由硬件清零,也可以在 PE=0时由硬件清零。

注意:收到 NACK 后 BTF 位不会置 1,如果下一个要发送的字节为 PEC(I2C_SR2 寄存器中的 TRA=1,I2C_CR1 寄存器中的 PEC=1),则 BTF 位不会置 1。

位 1 ADDR:地址已发送(主模式)/地址匹配(从模式)(这里仅介绍主模式)。

0:地址发送未结束。

1:地址发送结束。

软件清零或在 PE=0 时硬件清零。在 10 位寻址模式下,接收到第二个地址字节的 ACK 后该位置 1。在 7 位寻址模式下,接收到地址字节的 ACK 后该位置 1。

注意:收到 NACK 后 ADDR 位不会置 1。

位 0 SB:起始位(Start Bit)(主模式)。

0:无起始位。

1:起始位已经发送。

启动时置 1。由软件清零,或在 PE=0 时由硬件清零。

(4)SR2 状态寄存器。

表 11.8　状态寄存器 SR2

15	14	13	12	11	10	9	8	7	6	5	4	3	2	1	0
PEC[7:0]								DUALF	SMB HOST	SMBDE FAULT	GEN CALL	Reserved	TRA	BUSY	MSL
r	r	r	r	r	r	r	r	r	r	r	r		r	r	r

位 15:8 PEC[7:0]:数据包错误校验寄存器。

ENPEC=1 时,此寄存器包含内部 PEC。

位 7 DUALF:双标志(Dual Flag)(从模式)。

0:接收到的地址与 OAR1 匹配。

1:接收到的地址与 OAR2 匹配。

出现停止位、重复起始位或 PE=0 时由硬件清零。

位 2 TRA:发送器/接收器(Transmitter/Receiver)。

0:接收器。

1:发送器。

根据地址字节的 R/W 位状态进行置位。同样,检测到停止位(STOPF=1)、重复起始位、总线仲裁丢失(ARLO=1)或当 PE=0 时该位也由硬件清零。

位 1 BUSY:总线忙碌(Bus Busy)。

0:总线上无通信。

1:总线正在进行通信。

反映总线上是否正在进行通信。即使禁止接口(PE=0)后此信息也会更新。

位 0 MSL:主/从模式(Master/Slave)。

0:从模式。

1:主模式。

进入主模式时(SB=1)由硬件置 1。检测到总线上的停止位、仲裁丢失(ARLO=1)或当 PE=0 时由硬件清零。

11.3　I²C 标准库函数

1. I²C 初始化

跟其他外设一样,STM32 标准库提供了 I²C 初始化结构体及初始化函数来配置 I²C 外设。初始化结构体及函数定义在库文件“stm32f4xx_I2C. h”及“stm32f4xx_I2C. c”中,编程时可以结合这两个文件内的注释使用或参考标准库帮助文档。用于 I^2C 初始化的结构体定义如下。

```
typedef struct {
uint32_t I2C_ClockSpeed; //设置 SCL 时钟频率,此值要低于 400 000
uint16_t I2C_Mode; //指定工作模式,可选 I²C 模式及 SMBUS 模式
uint16_t I2C_DutyCycle; //指定时钟占空比,可选 low/high = 2:1 及 16:9 模式
uint16_t I2C_OwnAddress1; //指定自身的 I²C 设备地址
uint16_t I2C_Ack; //使能或关闭响应(一般都要使能)
uint16_t I2C_AcknowledgedAddress; //指定地址的长度,可为 7 位及 10 位
} I2C_InitTypeDef;
```

结构体 I2C_InitTypeDef 的各成员变量定义如下。

(1) I2C_ClockSpeed。

本成员设置的是 I^2C 的传输速率,在调用初始化函数时,函数会根据输入的数值经过运算后把时钟因子写入到 I^2C 的时钟控制寄存器 CCR。而写入的这个参数值不得高于 400 kHz。由于 CCR 寄存器不能写入小数类型的时钟因子,固件库计算 CCR 值时会向下取整,影响到 SCL 的实际频率可能会低于本成员设置的参数值,这时除了通信稍慢以外,不会对 I^2C 的标准通信造成其他影响。

(2) I2C_Mode。

本成员是选择 I^2C 的使用方式,有 I^2C 模式(I2C_Mode_I2C)和 SMBus 主、从模式(I2C_Mode_SMBusHost、I2C_Mode_SMBusDevice)。I^2C 不需要在此处区分主从模式,直接设置 I2C_Mode_I2C 即可。

(3) I2C_DutyCycle。

本成员设置的是 I^2C 的 SCL 线时钟的占空比(低电平比高电平)。该配置有两个选择:2:1(I2C_DutyCycle_2)和 16:9(I2C_DutyCycle_16_9)。

(4) I2C_OwnAddress1。

本成员配置的是 STM32 的 I^2C 设备自己的地址,每个连接到 I^2C 总线上的设备都要有一个自己的地址,作为主机也不例外。地址可设置为 7 位或 10 位(由下面 I2C_Acknowledged Address 成员决定),只要该地址是 I^2C 总线上唯一的即可。STM32 的 I^2C 外设可同时使用两个地址,即同时对两个地址做出响应,这个结构成员 I2C_OwnAddress1 配置的是默认的 OAR1 寄存器存储的地址,若需要设置第二个地址寄存器 OAR2,可使用 I2C_OwnAddress2Confifig 函数来配置,OAR2 不支持 10 位地址。

(5) I2C_Ack_Enable。

本成员是关于 I^2C 应答设置,设置为使能则可以发送响应信号。该成员值一般配置为允许应答(I2C_Ack_Enable),这是绝大多数遵循 I^2C 标准设备的通信要求,改为禁止应答(I2C_Ack_Disable)往往会导致通信错误。

(6) I2C_Acknowledged Address。

本成员选择 I^2C 的寻址模式是 7 位还是 10 位地址。这需要根据实际连接到 I^2C 总线上设备的地址进行选择,这个成员的配置也影响到 I2C_OwnAddress1 成员,只有这里设置成 10 位模式时,I2C_OwnAddress1 才支持 10 位地址。

按结构体指定的参数初始化 I2Cx 端口(x 可为 1、2 或 3)的函数如下。

void I2C_Init(I2C_TypeDef * I2Cx, I2C_InitTypeDef * I2C_InitStruct)

其中 I2C_TypeDef 为 I^2C 端口地址,初始化 I2C1 的函数调用示例如下。

I2C_Init(I2C1, &I2C_InitStructure);

完整的 I^2C 端口初始化过程示例如下。

```
static void I2C_Mode_Config( void)
{
    I2C_InitTypeDef I2C_InitStructure; //声明 I²C 初始化结构体变量
    I2C_InitStructure. I2C_Mode = I2C_Mode_I2C; //I²C 模式
    I2C_InitStructure. I2C_DutyCycle = I2C_DutyCycle_2; //占空比
    I2C_InitStructure. I2C_OwnAddress1 =I2C_OWN_ADDRESS7; //I²C 自身地址
    I2C_InitStructure. I2C_Ack = I2C_Ack_Enable ; //使能应答
    /* I²C 的寻址模式 */
    I2C_InitStructure. I2C_AcknowledgedAddress = I2C_AcknowledgedAddress_7bit;
    I2C_InitStructure. I2C_ClockSpeed = I2C_Speed; //通信速率
    I2C_Init( I2C1, &I2C_InitStructure); //写入配置
    I2C_Cmd( I2C1, ENABLE); //使能 I²C
}
```

2. I^2C 其他常用库函数

在库文件“stm32f4xx_I2C. h”中常用的函数如下。

(1) void I2C_Cmd(I2C_TypeDef * I2Cx, FunctionalState NewState)。

功能:使能 I^2C 外设。

用法:例如, I2C_Cmd(I2C1, ENABLE);

(2) void I2C_DMACmd(I2C_TypeDef * I2Cx, FunctionalState NewState)。

功能:使能或者失能指定 I^2C 的 DMA 请求。

例如, I2C_DMACmd(I2C1, ENABLE);

用法:

(3) void I2C_DMALastTransferCmd(I2C_TypeDef * I2Cx, FunctionalState NewState)。

功能:指定下一个 DMA 传输是否为最后一个。

用法:例如, I2C_DMALastTransferCmd(I2C1, ENABLE);

(4) void I2C_GenerateSTART(I2C_TypeDef * I2Cx, FunctionalState NewState)。

功能:生成 I^2Cx 通信起始信号。

用法:例如, I2C_GenerateSTART(I2C1, ENABLE);

(5) void I2C_GenerateSTOP(I2C_TypeDef * I2Cx, FunctionalState NewState)。

功能:生成 I^2Cx 通信停止信号。

用法:例如, I2C_GenerateSTOP(I2C1, ENABLE);

(6) void I2C_AcknowledgeConfig(I2C_TypeDef * I2Cx, FunctionalState NewState)。

功能:使能或者失能指定的 I^2C 应答功能。

用法:例如, I2C_AcknowledgeConfig(I2C1, ENABLE);

(7) void I2C_ITConfig(I2C_TypeDef * I2Cx, uint16_t I2C_IT, FunctionalState NewState)。

功能:使能或者失能指定的 I^2C 中断。

用法:例如,I2C_ITConfig(I2C1,I2C_IT_EVT|I2C_IT_BUF,ENABLE);

(8) void I2C_OwnAddress2Config(I2C_TypeDef * I2Cx,uint8_t Address)。

功能:配置指定的 I^2C 自身地址 2。

用法:例如,I2C_OwnAddress2Config(I2C1,0x7F);

(9) void I2C_SendData(I2C_TypeDef * I2Cx,uint8_t Data)。

功能:通过 I^2Cx 外设发送数据字节。

用法:例如,I2C_SendData(I2C1,0x01);

(10) uint8_t I2C_ReceiveData(I2C_TypeDef * I2Cx)。

功能:获取 I^2Cx 外设最近接收的数据。

用法:例如,Data=I2C_ReceiveData(I2C1);

(11) void I2C_Send7bitAddress(I2C_TypeDef * I2Cx,uint8_t Address,uint8_t I2C_Direction)。

功能:发送地址以选中从机设备。

用法:例如,I2C_Send7bitAddress(I2C1,0xA0,I2C_Direction_Transmitter);

(12) uint16_t I2C_ReadRegister(I2C_TypeDef * I2Cx,uint8_t I2C_Register)。

功能:读取指定的 I^2C 寄存器并返回其值。

用法:例如,Register=I2C_ReadRegister(I2C1,I2C_Register_CR1);

(13) uint32_t I2C_GetLastEvent(I2C_TypeDef * I2Cx)。

功能:返回最后一个 I^2Cx 事件。

用法:例如,event = I2C_GetLastEvent(I2C1);

(14) ErrorStatus I2C_CheckEvent(I2C_TypeDef * I2Cx, uint32_t I2C_EVENT)。

功能:检查最后一个 I^2Cx 事件是否等于作为参数传递的事件。

用法:例如,I2C_CheckEvent(I2Cx, I2C_EVENT_MASTER_MODE_SELECT) ! = SUCCESS;

(15) void I2C_NACKPositionConfig(I2C_TypeDef * I2Cx, uint16_t I2C_NACKPosition)。

功能:在主接收模式下选择指定的 I^2C NACK 位置。

用法:例如,I2C_NACKPositionConfig(I2C1 , I2C_NACKPosition_Next);

11.4　I^2C 接口工作模式

I^2C 接口具有四种工作模式,即主发送器、主接收器、从发送器和从接收器。

默认情况下,I^2C 接口以从模式工作。接口在生成起始位后会自动由从模式切换为主模式,并在出现仲裁丢失或生成停止位时从主模式切换为从模式,从而实现多主模式功能。

在主模式下,I^2C 接口会启动数据传输并生成时钟信号。串行数据传输始终是在出现起始位时开始,在出现停止位时结束。起始位和停止位均在主模式下由软件生成。在从模式下,该接口能够识别其自身地址(7 或 10 位)以及广播呼叫地址,广播呼叫地址检测可由软件使能或禁止。使用 I^2C 外设通信时,在通信的不同阶段会对状态寄存器(SR1 和 SR2)的不同数据位写入参数,读取这些状态标志位可以确定通信状态。

1. 主模式

(1)主发送器传输序列。

作为 I^2C 通信的主机端向外发送数据的通信过程如图 11.11 所示。

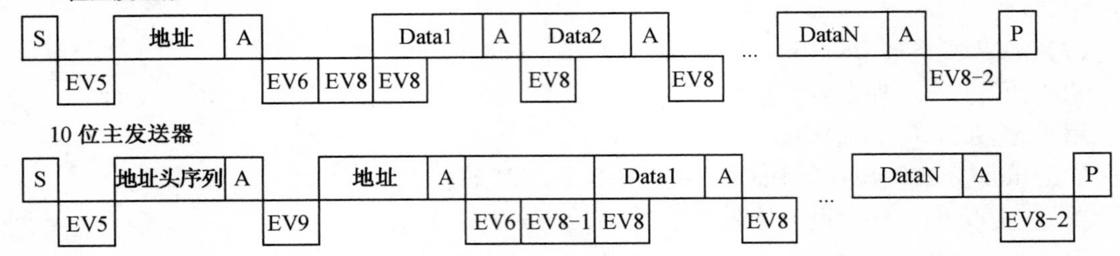

图 11.11　I^2C 主发送器传输序列图

其中,S:起始位;Sr:重复起始位;P:停止位;A:应答;EVx:事件(如果 ITEVFEN=1,则出现中断)。

EV5:SB=1,通过先读取 SR1 寄存器再将地址写入 DR 寄存器来清零。

EV6:ADDR=1,通过先读取 SR1 寄存器再读取 SR2 寄存器来清零。

EV8-1:TxE=1,移位寄存器为空,数据寄存器为空,在 DR 中写入 Data1。

EV8:TxE=1,移位寄存器非空,数据寄存器为空,该位通过对 DR 寄存器执行写操作清零。

EV8-2:TxE=1,BTF=1,程序停止请求。TXE 和 BTF 由硬件通过停止条件清零。

EV9:ADD10=1,通过先读取 SR1 寄存器再写入 DR 寄存器来清零。

主发送器接收流程及事件说明如下。

①控制产生起始信号(S),当发生起始信号后,它产生事件 EV5,并会对 SR1 寄存器的 SB 位置 1,表示起始信号已经发送。

②紧接着发送设备地址并等待应答信号,若有从机应答,则产生事件 EV6 及 EV8,这时 SR1 寄存器的 ADDR 位及 TXE 位被置 1,ADDR 为 1 表示地址已经发送,TXE 为 1 表示数据寄存器为空。

③以上步骤正常执行并对 ADDR 位清零后,再往 I^2C 的数据寄存器 DR 写入要发送的数据,这时 TXE 位会被重置 0,表示数据寄存器非空,I^2C 外设通过 SDA 信号线一位一位地把数据发送出去后,又会产生 EV8 事件,即 TXE 位被置 1,重复这个过程,即可发送多个字节数据。

④当发送数据完成后,控制 I^2C 设备产生一个停止信号(P),这个时候会产生 EV2 事件,SR1 的 TXE 位及 BTF 位都被置 1,表示通信结束。

如果使能了 I^2C 中断,以上所有事件产生时,都会产生 I^2C 中断信号,进入同一个中断服务函数,到 I^2C 中断服务程序后,再通过检查寄存器位来了解是哪一个中断事件。

具体库函数代码参考如下:I2C_GenerateSTART(I2Cx, ENABLE);//产生起始信号

```
/* 检测 EV5 事件 */
while( I2C_CheckEvent(I2Cx, I2C_EVENT_MASTER_MODE_SELECT) ! = SUCCESS );
/* 发送 7 位从机地址 */
I2C_Send7bitAddress(I2Cx, EEPROM_ADDR, I2C_Direction_Transmitter);
/* 检测 EV6 事件 */
```

while(I2C_CheckEvent(I2Cx, I2C_EVENT_MASTER_TRANSMITTER_MODE_SELECTED) ! = SUCCESS);

I2C_SendData(I2Cx, addr);//发送要写入数据的地址

while(I2C_CheckEvent(I2Cx, I2C_EVENT_MASTER_BYTE_TRANSMITTING) ! = SUCCESS);//检测 EV8 事件

I2C_SendData(I2Cx, data);//发送要写入的数据

while(I2C_CheckEvent(I2Cx, I2C_EVENT_MASTER_BYTE_TRANSMITTED) ! = SUCCESS);//检测 EV8_2 事件

I2C_GenerateSTOP(I2Cx, ENABLE);//产生停止信号

I2C_AcknowledgeConfig(I2Cx, ENABLE);//重新使能 ACK

(2)主接收器传输序列。

作为 I^2C 通信的主机端从外部接收数据的过程如图 11.12 所示。

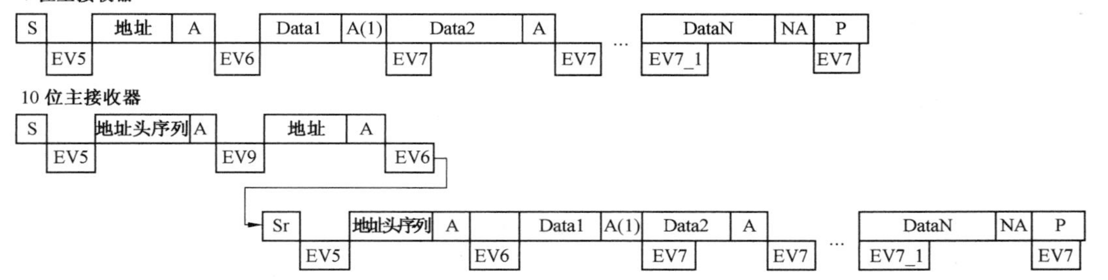

图 11.12　I^2C 主接收器传输序列图

其中,S:起始位;Sr:重复起始位;P:停止位;A:应答;NA:非应答;EVx:事件(如果 ITEVFEN=1,则出现中断)。

EV5:SB=1,通过先读取 SR1 寄存器再写入 DR 寄存器来清零。

EV6:ADDR=1,通过先读取 SR1 寄存器再读取 SR2 寄存器来清零。在 10 位主接收器模式下,执行此序列后应在 SART =1 的情况下写入 CR2。

如果接收 1 个字节,则必须在 EV6 事件期间(即将 ADDR 标志清零之前)禁止应答。

EV7:RxNE=1,通过读取 DR 寄存器来清零。

EV7_1:RxNE=1,通过读取 DR 寄存器、设定 ACK=0 和 STOP 请求来清零。

EV9:ADD10=1,通过先读取 SR1 寄存器再写入 DR 寄存器来清零。

主接收器接收流程及事件说明如下。

①同主发送流程,起始信号(S)是由主机端产生的,控制发生起始信号后,它产生事件 EV5,并会对 SR1 寄存器的 SB 位置 1,表示起始信号已经发送。

②紧接着发送设备地址并等待应答信号,若有从机应答,则产生事件 EV6,这时 SR1 寄存器的 ADDR 位被置 1,表示地址已经发送。

③从机端接收到地址后,开始向主机端发送数据。当主机接收到这些数据后,会产生 EV7 事件,SR1 寄存器的 RXNE 被置 1,表示接收数据寄存器非空,读取该寄存器后,可对数据寄存器清空,以便接收下一次数据。此时可以控制 I^2C 发送应答信号(ACK)或非应答信号

(NACK),若应答,则重复以上步骤接收数据,若非应答,则停止传输。

④发送非应答信号后,产生停止信号(P),结束传输。

具体库函数代码参考如下。

```
I2C_GenerateSTART(I2Cx, ENABLE);//产生第一次起始信号
/* 检测 EV5 事件 */
while(I2C_CheckEvent(I2Cx, I2C_EVENT_MASTER_MODE_SELECT) ! = SUCCESS );
/* 发送 7 位从机地址 */
I2C_Send7bitAddress(I2Cx, EEPROM_ADDR, I2C_Direction_Transmitter);
/* 检测 EV6 事件 */
while ( I2C _ CheckEvent ( I2Cx, I2C _ EVENT _ MASTER _ TRANSMITTER _ MODE _
SELECTED ) ! = SUCCESS );
I2C_SendData(I2Cx, addr);//发送要读取数据的地址
while( I2C _ CheckEvent ( I2Cx, I2C _ EVENT _ MASTER _ BYTE _ TRANSMITTING ) ! =
SUCCESS );//检测 EV8 事件
I2C_GenerateSTART(I2Cx, ENABLE);//产生第二次起始信号
/* 检测 EV5 事件 */
while(I2C_CheckEvent(I2Cx, I2C_EVENT_MASTER_MODE_SELECT) ! = SUCCESS );
/* 发送 7 位从机地址 */
I2C_Send7bitAddress(I2Cx, EEPROM_ADDR, I2C_Direction_Receiver);
/* 检测 EV6 事件 */
while(I2C_CheckEvent(I2Cx, I2C_EVENT_MASTER_RECEIVER_MODE_SELECTED)! =
SUCCESS );
/* 检测 EV7 事件 */
while ( I2C _ CheckEvent ( I2Cx, I2C _ EVENT _ MASTER _ BYTE _ RECEIVED ) ! =
SUCCESS );
data = I2C_ReceiveData(I2Cx);//读取数据寄存器中的数据
I2C_GenerateSTOP(I2Cx, ENABLE);//产生停止信号
I2C_AcknowledgeConfig(I2Cx, ENABLE);//重新使能 ACK
```

2. 从模式

(1)从发送器传输序列。

作为 I^2C 通信的从机端向外发送数据的通信过程如图 11.13 所示。

其中,S:起始位;Sr :重复起始位;P:停止位;A:应答;NA:非应答;EVx:事件(如果 ITEVFEN=1 则发生中断)。

EV1:ADDR=1,通过先读取 SR1 再读取 SR2 来清零。

EV3-1:TxE=1,移位寄存器为空,数据寄存器为空,在 DR 中写入 Data1。

EV3:TxE=1,移位寄存器非空,数据寄存器为空,通过对 DR 执行写操作来清零。

EV3-2:AF=1,通过在 SR1 寄存器的 AF 位写入“0”将 AF 清零。

(2)从接收器传输序列。

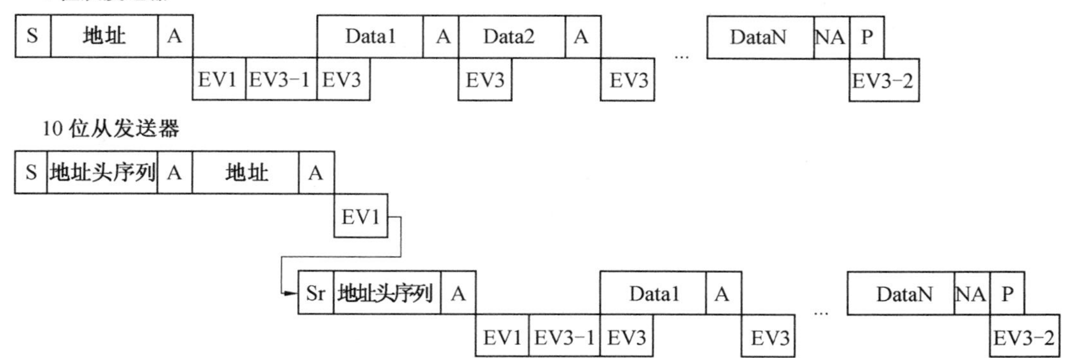

图 11.13　I^2C 从发送器传输序列图

作为 I^2C 通信的从机端从外部接收数据的过程如图 11.14 所示。

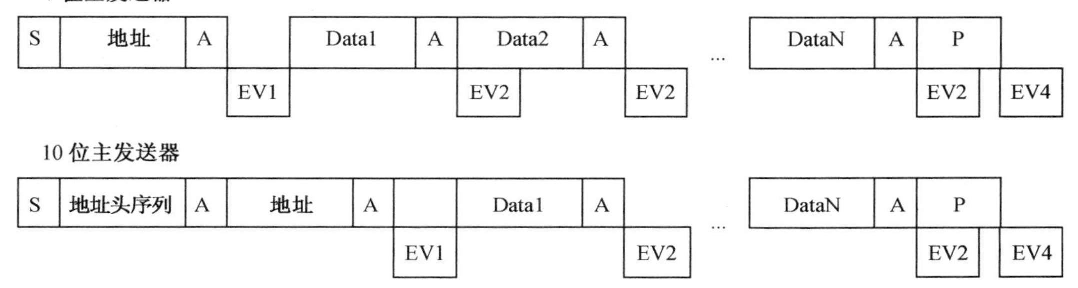

图 11.14　I^2C 从接收器传输序列图

其中，S：起始位；Sr：重复起始位；P：停止位；A：应答；EVx：事件（如果 ITEVFEN=1 则发生中断）。

EV1：ADDR=1，通过先读取 SR1 再读取 SR2 来清零。

EV2：RxNE=1，通过读取 DR 寄存器清零。

EV4：STOPF=1，通过先读取 SR1 寄存器再写入 CR1 寄存器来清零。

3. DMA 传输

DMA 传输（当被使能时）仅用于作为主机时的数据。发送时数据寄存器 DR 变空或接收时数据寄存器 DR 变满，则产生 DMA 传输请求。DMA 请求必须在当前字节传输结束之前被响应。当为相应 DMA 通道设置的数据传输量已经完成时，DMA 控制器发送传输结束信号 ETO 到 I^2C 接口，并且在中断允许时产生一个传输完成中断。

主发送器：在 EOT 中断服务程序中，需禁止 DMA 请求，然后在等到 BTF 事件后设置停止条件。

主接收器：当要接收的数据数目大于或等于 2 时，DMA 控制器发送一个硬件信号 EOT_1，它对应 DMA 传输（字节数-1）。如果在 I2C_CR2 寄存器中设置了 LAST 位，硬件在发送完 EOT_1 后的下一个字节，将自动发送 NACK。在中断允许的情况下，用户可以在 DMA 传输完成的中断服务程序中产生一个停止条件。

(1)DMA 发送。

通过设置 I2C_CR2 寄存器中的 DMAEN 位可以激活 DMA 模式。只要 TxE 位被置位,数据将由 DMA 从预置的存储区装载进 I2C_DR 寄存器。为 I^2C 分配一个 DMA 通道用于发送,须执行以下步骤(x 是通道号)。

①在 DMA_CPARx 寄存器中设置 I2C_DR 寄存器地址。数据将在每个 TxE 事件后从存储器传送至这个地址。

②在 DMA_CMARx 寄存器中设置存储器地址。数据在每个 TxE 事件后从该地址传送至 I2C_DR。

③在 DMA_CNDTRx 寄存器中设置所需的传输字节数。在每个 TxE 事件后,此值将被递减。

④利用 DMA_CCRx 寄存器中的 PL[0∶1]位配置通道优先级。

⑤设置 DMA_CCRx 寄存器中的 DIR 位,并根据应用要求可以配置在整个传输完成一半或全部完成时发出中断请求。

⑥通过设置 DMA_CCTx 寄存器上的 EN 位激活通道。

当 DMA 控制器中设置的数据传输数目已经完成时,DMA 控制器给 I^2C 接口发送一个传输结束的 EOT/ EOT_1 信号。在中断允许的情况下,将产生一个 DMA 中断。在使用 DMA 进行发送时,不需要设置 I2C_CR2 寄存器的 ITBUFEN 位。

(2)DMA 接收。

通过设置 I2C_CR2 寄存器中的 DMAEN 位可以激活 DMA 接收模式。每次接收到数据字节时,将由 DMA 把 I2C_DR 寄存器的数据传送到设置的存储区(参考 DMA 说明)。设置 DMA 通道进行 I^2C 接收,须执行以下步骤(x 是通道号)。

①在 DMA_CPARx 寄存器中设置 I2C_DR 寄存器的地址。数据将在每次 RxNE 事件后从此地址传送到存储区。

②在 DMA_CMARx 寄存器中设置存储区地址。数据将在每次 RxNE 事件后从 I2C_DR 寄存器传送到此存储区。

③在 DMA_CNDTRx 寄存器中设置所需的传输字节数。在每个 RxNE 事件后,此值将被递减。

④用 DMA_CCRx 寄存器中的 PL[0∶1]配置通道优先级。

⑤清除 DMA_CCRx 寄存器中的 DIR 位,根据应用要求可以设置在数据传输完成一半或全部完成时发出中断请求。

⑥设置 DMA_CCRx 寄存器中的 EN 位激活该通道。

当 DMA 控制器中设置的数据传输数目已经完成时,DMA 控制器给 I2C 接口发送一个传输结束的 EOT/ EOT_1 信号。在中断允许的情况下,将产生一个 DMA 中断。当使用 DMA 进行接收时,不要设置 I2C_CR2 寄存器的 ITBUFEN 位。

4. 中断控制

STM32F4XX 的每个 I^2C 端口有 2 个中断向量 I2Cx_EV 和 I2Cx_ER(x=1,2,3),分别是对应端口的事件中断和错误中断,当相应的中断请求发生时,相应的标志位置 1,如果使能了该中断,则会执行相应的中断服务程序。I^2C 外设的中断请求事件见表 11.9。

表 11.9　I^2C 外设的中断请求事件

中断事件	事件标志	使能控制位	中断向量
发送起始位(主模式)	SB	ITEVFEN	I2Cx_EV (x=1,2,3)
地址已发送(主模式)或地址匹配(从模式)	ADDR		
10 位地址的头段已发送(主模式)	ADD10		
已收到停止位(从模式)	STOPF		
完成数据字节传输	BTF		
接收缓冲区非空	RxNE	ITEVFEN 和 ITBUFEN	
发送缓冲区为空	TxE		
总线错误	BERR	ITERREN	I2Cx_ER (x=1,2,3)
仲裁丢失(主模式)	ARLO		
应答失败	AF		
上溢/下溢	OVR		
PEC 错误	PECERR		
超时/Tlow 错误	TIMEOUT		
SMBus 报警	SMBALERT		

I^2C 中断请求事件被连接到两个中断向量,如图 11.15 所示。这两个中断源一个由各种中断事件触发,另一个由各种通信出错触发,因此,进入中断服务程序后,应该首先判断是哪个中断事件,然后执行相应的程序。

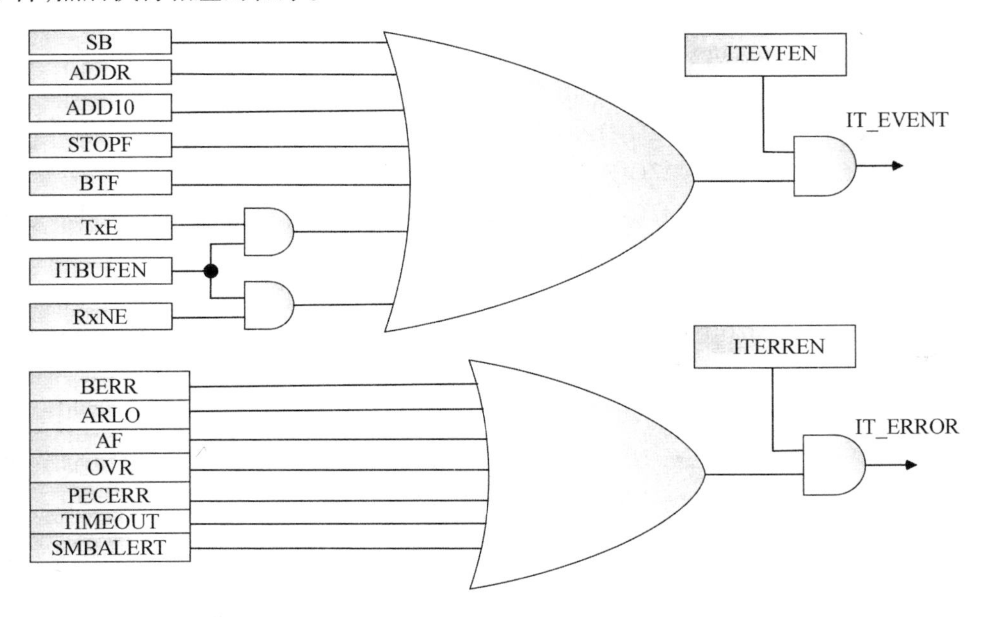

图 11.15　I^2C 中断请求事件连接图

①发送期间。发送完成、清除以发送或发送数据寄存器为空中断。

②接收期间。空闲线路检测、上溢错误、接收数据寄存器不为空、奇偶校验错误、LIN 断路检测、噪声标志(仅限多缓冲区通信)和帧错误(仅限多缓冲区通信)。

采用库函数配置 I2C1 作为从机,并使能中断事件的代码参考如下。

```
void I2C1_Init(void)
{
        GPIO_InitTypeDefGPIO_InitStructure;
        I2C_InitTypeDef I2C_InitStructure;
        NVIC_InitTypeDefNVIC_InitStructure;
        /*时钟使能*/
        RCC_APB1PeriphClockCmd(RCC_APB1Periph_I2C1, ENABLE);
        RCC_AHB1PeriphClockCmd(RCC_AHB1Periph_GPIOB, ENABLE);
        GPIO_InitStructure.GPIO_Pin = GPIO_Pin_6 | GPIO_Pin_7;
        GPIO_InitStructure.GPIO_Speed = GPIO_Speed_50 MHz;
        GPIO_PinAFConfig(GPIOB, GPIO_PinSource6, GPIO_AF_I2C1);
        GPIO_PinAFConfig(GPIOB, GPIO_PinSource7, GPIO_AF_I2C1);
        GPIO_InitStructure.GPIO_Mode = GPIO_Mode_AF;
        //I²C 必须开漏输出,线与逻辑
        GPIO_InitStructure.GPIO_OType=GPIO_OType_OD;
        GPIO_Init(GPIOB, &GPIO_InitStructure);
        /*I²C 结构体初始化*/
        I2C_InitStructure.I2C_ClockSpeed = 100000; // configure I²C1
        I2C_InitStructure.I2C_Mode = I2C_Mode_I2C;
        I2C_InitStructure.I2C_DutyCycle = I2C_DutyCycle_2;
        //I²C 占空比,低/高电平值为 2
        I2C_InitStructure.I2C_OwnAddress1 = I2C_Slave_ADDRESS;
        I2C_InitStructure.I2C_Ack = I2C_Ack_Enable;
        I2C_InitStructure.I2C_AcknowledgedAddress= I2C_AcknowledgedAddress_7bit;
        I2C_Init(I2C1, &I2C_InitStructure);
        /*I²C 中断初始化*/
        I2C_ITConfig(I2C1, I2C_IT_ERR | I2C_IT_EVT | I2C_IT_BUF, ENABLE);
        NVIC_PriorityGroupConfig(NVIC_PriorityGroup_1);
        NVIC_InitStructure.NVIC_IRQChannel= I2C1_EV_IRQn;
        NVIC_InitStructure.NVIC_IRQChannelPreemptionPriority = 1;//抢占优先级 1
        NVIC_InitStructure.NVIC_IRQChannelSubPriority = 0;//响应优先级 0
        NVIC_InitStructure.NVIC_IRQChannelCmd = ENABLE;
        NVIC_Init(&NVIC_InitStructure);
        /*I²C 使能*/
        I2C_Cmd(I2C1, ENABLE);
```

```
}
```

I2C1 作为从机的中断服务函数代码参考如下。

```
/ * 中断处理函数 * /
/ * 事件中断 * /
U8 I2C1_Buffer_Rx[5];
Const u8 I2C1_Buffer_Tx[5];
void I2C1_EV_IRQHandler(void)
{
  static u8   Tx_Idx,Rx_Idx;
      switch(I2C_GetLastEvent(I2C1));//检查最近一次 I²C 事件是否是输入的事件
      {              //接收
        case I2C_EVENT_SLAVE_RECEIVER_ADDRESS_MATCHED://EV1
          break;
        case I2C_EVENT_SLAVE_BYTE_RECEIVED://EV2 从接收
      I2C1_Buffer_Rx[Rx_Idx++]=I2C_ReciveData(I2C1);
          break;
        case I2C_EVENT_SLAVE_STOP_DETECTED://End of receive,EV4
            I2C_Cmd(I2C1,ENABLE);
      Rx_Idx=0;
          break;//发送
            case I2C_EVENT_SLAVE_BYTE_TRANSMITTED:
            I2C_SendData(I2C1,I2C1_Buffer_Tx[Tx_Idx++]);
          break;
            case I2C_EVENT_SLAVE_BYTE_TRANSMITTING://EV3 发送完一个字节
            I2C_SendData(I2C1,I2C1_Buffer_Tx[Tx_Idx++]);
          break;
               }
}
```

11.5　AT24C02 的 I^2C 接口应用实例

本例程通过测试程序检验写入 EEPROM 芯片 AT24C02 的数据与读出的数据是否一致，其中，数据读写通过 I^2C 总线通信实现。

1. 软件模拟协议和硬件协议

STM32F407 实现 I^2C 总线通信可以采用软件模拟协议和硬件协议两种方式实现。

(1)软件模拟协议。

任意两个 GPIO 引脚均可采用软件模拟协议实现 I^2C 总线通信。若直接控制微控制器的任意两个 GPIO 引脚的时序，分别用作 SCL 及 SDA，按照 I^2C 总线的时序要求，直接控制引脚

的输出就可以实现 I^2C 通信。由于直接控制 GPIO 引脚电平产生通信时序时,需要由 CPU 控制每个时刻,这两个 GPIO 引脚的状态称之为软件模拟协议方式。这种方式的优点是引脚配置灵活,不受芯片型号的限制,因而软件可移植性好;缺点是占用了大量 CPU 资源,不易实现 I^2C 总线中断和 DMA 工作方式,多用于主发送工作模式。

(2)硬件协议。

硬件协议方式是通过 STM32F407ZGT6 的 I^2C 片上外设专门负责实现 I^2C 通信协议,只要配置好该 I^2C 外设的寄存器,就会自动根据 I^2C 协议要求产生通信信号,收发数据并缓存起来,CPU 只要检测该外设的状态和访问数据寄存器,就能完成数据收发。这种由硬件外设处理 I^2C 协议的方式减轻了 CPU 的负担。STM32F407ZGT6 的 I^2C 外设有 3 组,见表 11.1,可用作通信的主机及从机,支持 100 kbit/s、400 kbit/s 的速率,支持发送接收中断,支持 7 位、10 位设备地址,支持 DMA 数据传输,并具有数据校验功能。这种方式的优点是不占用大量 CPU 资源,实时性强,可工作在中断和 DMA 方式;缺点是可配置的端口受限,软件可移植性差,因而多用于实时性要求高、数据传输量大的场合。

2. AT24C02 芯片介绍及硬件电路

AT24C02 是一款 EEPROM 芯片,该芯片的总容量是 256 个字节,微控制器可通过 I^2C 总线对其读写,实现非易失数据的存储。

AT24C02 的 SCL 和 SDA 分别连在 STM32F4 的 PB8 和 PB9 上,如图 11.16 所示。结合上拉电阻,构成了 I^2C 通信总线,它们通过 I^2C 通信总线交互。EEPROM 芯片的设备地址一共有 7 位,其中,高 4 位固定为:1010b,低 3 位则由 A0/A1/A2 信号线的电平决定,EEPROM 设备地址,图 11.6 中的 $R/\overline{W}$ 是读写方向位,与地址无关。

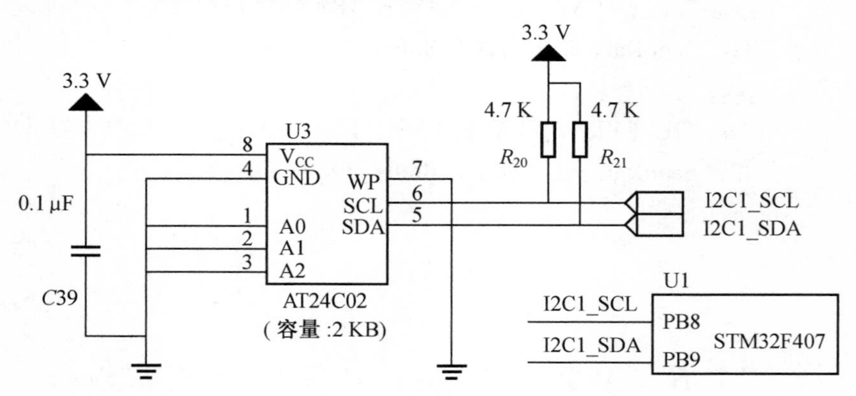

图 11.16　24C02 连接图

按照电路图连接方式,A0/A1/A2 均为 0,所以 AT24C02 的 7 位设备地址是:101 0000b,即 0x50。由于 I^2C 通信时,常常是地址跟读写方向连在一起构成一个 8 位数,且当 R/W 位为 0 时,表示写方向,所以加上 7 位地址,其值为 0xA0,常称该值为 I^2C 设备的写地址;当 R/W 位为 1 时,表示读方向,加上 7 位地址,其值为 0xA1,常称该值为读地址。

AT24C02 芯片中还有一个 WP 引脚,具有写保护功能,当该引脚电平为高时,禁止写入数据,当引脚为低电平时,可写入数据,此处直接接地,不使用写保护功能。根据表 11.1 可知 STM32F407 可配置 3 组硬件 I^2C 接口,本例中将 PB8 和 PB9 分别配置为 I2C1 的 SCL 和 SDA。

3. I^2C 软件驱动实现

用软件模拟 I^2C 最大的好处就是方便移植，同一个代码兼容所有 MCU，任何一个单片机只要有 I/O 口，就可以很快的移植过去，而且不需要特定的 I/O 口。I^2C 软件驱动代码实现包括 I/O 口的初始化、I^2C 开始、I^2C 结束、ACK、I^2C 读写等函数，在其他函数里面，只需要调用相关的 I^2C 函数就可以和外部 I^2C 器件通信，软件驱动代码可以用在任何内核的微处理器设备上。经典的 8051 单片机不具有 I^2C 接口，只能通过软件驱动实现，相关参考书介绍的较多，本书不再详细介绍。

4. I^2C 硬件驱动实现

（1）I^2C 的 GPIO 引脚及时钟配置。

作为 I^2C 外设使用的 GPIO 引脚初始化流程与作为一般输入输出接口的初始化类似，主要区别是引脚为复用模式，且为开漏模式。函数执行流程如下。

①使用 GPIO_InitTypeDef 定义 GPIO 初始化结构体变量，以便端口配置。

②调用库函数 RCC_APB1PeriphClockCmd 使能 I^2C 外设时钟，调用 RCC_AHB1PeriphClockCmd 来使能 I^2C 引脚使用的 GPIO 端口时钟，调用时可以使用“|”操作同时配置两个引脚。

③向 GPIO 初始化结构体赋值，把引脚初始化成复用开漏模式，要注意 I^2C 的引脚必须使用这种模式。

④使用以上初始化结构体的配置，调用 GPIO_Init 函数向寄存器写入参数，完成 GPIO 的初始化。

代码如下。

```
static voidI2C_GPIO_Config(void)
{
    GPIO_InitTypeDefGPIO_InitStructure;
    /* 使能 I2C 外设时钟 */
    RCC_APB1PeriphClockCmd(EEPROM_I2C_CLK, ENABLE);
    /* 使能 I2C 引脚的 GPIO 时钟 */
    RCC_AHB1PeriphClockCmd(EEPROM_I2C_SCL_GPIO_CLK | EEPROM_I2C_SDA_GPIO_CLK, ENABLE);
    /* 连接引脚源 PXx 到 I2C_SCL */
    GPIO_PinAFConfig(EEPROM_I2C_SCL_GPIO_PORT, EEPROM_I2C_SCL_SOURCE, EEPROM_I2C_SCL_AF);
    /* 连接引脚源 PXx 到 I2C_SDA */
    GPIO_PinAFConfig(EEPROM_I2C_SDA_GPIO_PORT, EEPROM_I2C_SDA_SOURCE, EEPROM_I2C_SDA_AF);
    /* 配置 SCL 引脚 */
    GPIO_InitStructure.GPIO_Pin = EEPROM_I2C_SCL_PIN;
    GPIO_InitStructure.GPIO_Mode = GPIO_Mode_AF;
    GPIO_InitStructure.GPIO_Speed = GPIO_Speed_50 MHz;
```

```
    GPIO_InitStructure. GPIO_OType= GPIO_OType_OD;
    GPIO_InitStructure. GPIO_PuPd= GPIO_PuPd_NOPULL;
    GPIO_Init(EEPROM_I2C_SCL_GPIO_PORT, &GPIO_InitStructure);
    /*配置 SDA 引脚*/
    GPIO_InitStructure. GPIO_Pin= EEPROM_I2C_SDA_PIN;
    GPIO_Init(EEPROM_I2C_SDA_GPIO_PORT, &GPIO_InitStructure);
}
```

本示例把 I^2C 硬件相关的配置都以宏的形式定义到“bsp_I2C_ee. h”文件中,以上代码根据硬件连接把与 EEPROM 通信使用的 I^2C 号、引脚号、引脚源以及复用功能映射都以宏的形式封装起来,并且定义了自身的 I^2C 地址及通信速率,以便配置模式的时候使用。I^2C 硬件配置相关的宏定义如下。

```
/* STM32 I2C 速率*/
#defineI2C_Speed 400000
/* STM32 自身的 I²C 地址,只要与 STM32 外挂的 I²C 器件地址不一样即可*/
#defineI2C_OWN_ADDRESS7 0X0A
/*I²C 接口*/
#define EEPROM_I2C I2C1
#define EEPROM_I2C_CLK RCC_APB1Periph_I2C1
#define EEPROM_I2C_SCL_PIN GPIO_Pin_8
#define EEPROM_I2C_SCL_GPIO_PORT GPIOB
#define EEPROM_I2C_SCL_GPIO_CLK RCC_AHB1Periph_GPIOB
#define EEPROM_I2C_SCL_SOURCE GPIO_PinSource8
#define EEPROM_I2C_SCL_AF GPIO_AF_I2C1
#define EEPROM_I2C_SDA_PIN GPIO_Pin_9
#define EEPROM_I2C_SDA_GPIO_PORT GPIOB
#define EEPROM_I2C_SDA_GPIO_CLK RCC_AHB1Periph_GPIOB
#define EEPROM_I2C_SDA_SOURCE GPIO_PinSource9
#define EEPROM_I2C_SDA_AF GPIO_AF_I2C1
```

(2)I^2C 工作模式配置。

首先把 I^2C 外设通信时钟 SCL 的低/高电平比设置为 2,使能响应功能,使用 7 位地址I2C_OWN_ADDRESS7 以及速率配置为 I2C_Speed。最后调用库函数 I2C_Init 把这些配置写入寄存器,并调用 I2C_Cmd 函数使能外设。代码如下。

```
static voidI2C_Mode_Config(void)
{
    I2C_InitTypeDef I2C_InitStructure;
    /* I²C 配置*/
    I2C_InitStructure. I2C_Mode = I2C_Mode_I2C; //I²C 模式
    I2C_InitStructure. I2C_DutyCycle = I2C_DutyCycle_2; //占空比
    I2C_InitStructure. I2C_OwnAddress1 =I2C_OWN_ADDRESS7; //I²C 自身地址
```

```
    I2C_InitStructure.I2C_Ack = I2C_Ack_Enable; //使能响应
    /* I²C 的寻址模式 */
    I2C_InitStructure.I2C_AcknowledgedAddress = I2C_AcknowledgedAddress_7bit;
    I2C_InitStructure.I2C_ClockSpeed = I2C_Speed; //通信速率
    I2C_Init(EEPROM_I2C, &I2C_InitStructure); //写入配置
    I2C_Cmd(EEPROM_I2C, ENABLE); //使能 I²C
}
```

(3)向 AT24C02 写入一个字节的数据。

AT24C02 的单字节数据写入时序规定如图 11.17 所示,第一个字节为内存地址,第二个字节是要写入的数据内容。在通信过程中,STM32F4 实际上通过 I^2C 向 AT24C02 发送了两个数据,第一个数据为 AT24C02 的内存地址,第二个为要写入的数据。命令、地址的本质都是数据,对数据的解释不同,就有不同的功能。

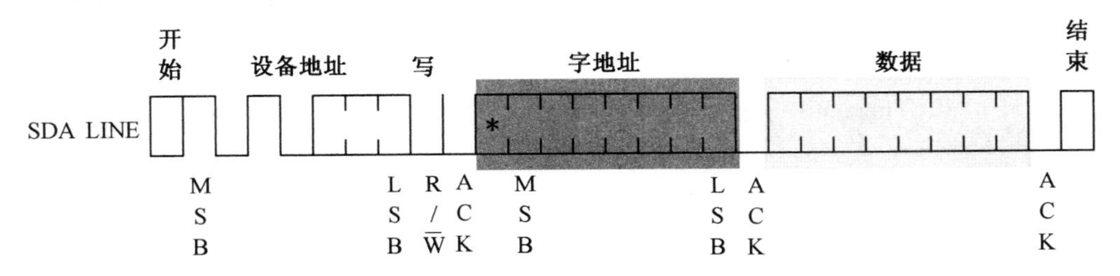

图 11.17　AT24C02 单字节数据写入时序图

①使用库函数 I2C_GenerateSTART 产生 I^2C 起始信号,其中的 EEPROM_I2C 宏是前面硬件定义相关的 I^2C 编号。

②对 I2CTimeout 变量赋值为宏 I2CT_FLAG_TIMEOUT,这个变量在下面的 while 循环中每次循环减 1,该循环通过调用库函数 I2C_CheckEvent 检测事件,若检测到事件,则进入通信的下一阶段,若未检测到事件则停留在此处一直检测,当检测 I2CT_FLAG_TIMEOUT 次都还没等待到事件则认为通信失败,调用 I2C_TIMEOUT_UserCallback 输出调试信息,并退出通信。

③调用库函数 I2C_Send7bitAddress 发送 EEPROM 的设备地址,并把数据传输方向设置为 I2C_Direction_Transmitter(即发送方向),这个数据传输方向就是通过设置 I^2C 通信中紧跟地址后面的 R/W 位实现的。发送地址后以同样的方式检测 EV6 标志。

④调用库函数 I2C_SendData 向 EEPROM 发送要写入的内部地址,该地址是 I2C_EE_ByteWrite 函数的输入参数,发送完毕后等待 EV8 事件。要注意这个内部地址跟上面的 EEPROM 地址不一样,上面的是指 I^2C 总线设备的独立地址,而此处的内部地址是指 EEPROM 内数据组织的地址,也可理解为 EEPROM 内存的地址或 I^2C 设备的寄存器地址。

⑤调用库函数 I2C_SendData 向 EEPROM 发送要写入的数据,该数据是 I2C_EE_ByteWrite 函数的输入参数,发送完毕后等待 EV8 事件。

⑥一个 I^2C 通信过程完毕,调用 I2C_GenerateSTOP 发送停止信号。

代码如下。

```
uint32_tI2C_EE_ByteWrite(u8 * pBuffer, u8 WriteAddr)
{
```

```
I2C_GenerateSTART(EEPROM_I2C, ENABLE); //产生 I²C 起始信号
I2CTimeout = I2CT_FLAG_TIMEOUT;//设置超时等待时间
/*检测 EV5 事件并清除标志*/
while(! I2C_CheckEvent(EEPROM_I2C, I2C_EVENT_MASTER_MODE_SELECT))
{
  if((I2CTimeout--) == 0) return I2C_TIMEOUT_UserCallback(0);
}
I2C_Send7bitAddress(EEPROM_I2C, EEPROM_ADDRESS,
I2C_Direction_Transmitter);
I2CTimeout = I2CT_FLAG_TIMEOUT;
/*检测 EV6 事件并清除标志*/
while(! I2C_CheckEvent(EEPROM_I2C,
I2C_EVENT_MASTER_TRANSMITTER_MODE_SELECTED))
{
    if ((I2CTimeout--) == 0) return I2C_TIMEOUT_UserCallback(1);
}
/*发送要写入的 EEPROM 内部地址(即 EEPROM 内部存储器的地址) */
I2C_SendData(EEPROM_I2C, WriteAddr);
I2CTimeout = I2CT_FLAG_TIMEOUT;
/*检测 EV8 事件并清除标志*/
while(! I2C_CheckEvent(EEPROM_I2C,
I2C_EVENT_MASTER_BYTE_TRANSMITTED))
{
    if ((I2CTimeout--) == 0) return I2C_TIMEOUT_UserCallback(2);
}
I2C_SendData(EEPROM_I2C, *pBuffer); //发送一字节要写入的数据
I2CTimeout = I2CT_FLAG_TIMEOUT;
/*检测 EV8 事件并清除标志*/
while(! I2C_CheckEvent(EEPROM_I2C,
I2C_EVENT_MASTER_BYTE_TRANSMITTED))
{
    if ((I2CTimeout--) == 0) return I2C_TIMEOUT_UserCallback(3);
}
/*发送停止信号*/
I2C_GenerateSTOP(EEPROM_I2C, ENABLE);
return1;
}
```

(4)从 EEPROM 读取一个字节的数据。

从 EEPROM 读取一个字节的数据与写入一个字节数据的函数类似,在读的过程中接收数据时,需要使用库函数 I2C_ReceiveData 来读取。响应信号则通过 I2C_AcknowledgeConfifig 来发送,DISABLE 时为非响应信号,ENABLE 为响应信号。代码如下。

```
uint8_tI2C_EE_BufferRead(uint8_t * pBuffer, uint8_t ReadAddr, u16 NumByteToRead)
{
  I2CTimeout = I2CT_LONG_TIMEOUT;
  while(I2C_GetFlagStatus(EEPROM_I2C, I2C_FLAG_BUSY))
  {
    if ((I2CTimeout--) = = 0) return I2C_TIMEOUT_UserCallback(9);
  }
  /* 产生 I2C 起始信号 */
  I2C_GenerateSTART(EEPROM_I2C, ENABLE);
  I2CTimeout = I2CT_FLAG_TIMEOUT;
  /* 检测 EV5 事件并清除标志 */
  while(! I2C_CheckEvent(EEPROM_I2C, I2C_EVENT_MASTER_MODE_SELECT))
  {
      if ((I2CTimeout--) = = 0) return I2C_TIMEOUT_UserCallback(10);
  }
  /* 发送 EEPROM 设备地址 */
  I2C_Send7bitAddress(EEPROM_I2C,EEPROM_ADDRESS,I2C_Direction_Transmitter;
  I2CTimeout = I2CT_FLAG_TIMEOUT;
  /* 检测 EV6 事件并清除标志 */
  while(! I2C_CheckEvent(EEPROM_I2C,
  I2C_EVENT_MASTER_TRANSMITTER_MODE_SELECTED))
  {
      if ((I2CTimeout--) = = 0) return I2C_TIMEOUT_UserCallback(11);
  }
  /* 通过重新设置 PE 位清除 EV6 事件 */
  I2C_Cmd(EEPROM_I2C, ENABLE);
  /* 发送要读取的 EEPROM 内部地址(即 EEPROM 内部存储器的地址) */
  I2C_SendData(EEPROM_I2C, ReadAddr);
  I2CTimeout = I2CT_FLAG_TIMEOUT;
  /* 检测 EV8 事件并清除标志 */
  while(! I2C_CheckEvent(EEPROM_I2C,I2C_EVENT_MASTER_BYTE_TRANSMIT-
TED))
  {
      if ((I2CTimeout--) = = 0) return I2C_TIMEOUT_UserCallback(12);
  }
  /* 产生第二次 I2C 起始信号 */
  I2C_GenerateSTART(EEPROM_I2C, ENABLE);
```

```
    I2CTimeout = I2CT_FLAG_TIMEOUT;
    /* 检测 EV5 事件并清除标志 */
    while(! I2C_CheckEvent(EEPROM_I2C, I2C_EVENT_MASTER_MODE_SELECT))
    {
        if ((I2CTimeout--) == 0) return I2C_TIMEOUT_UserCallback(13);
    }
    /* 发送 EEPROM 设备地址 */
    I2C_Send7bitAddress(EEPROM_I2C, EEPROM_ADDRESS, I2C_Direction_Receiver);
    I2CTimeout = I2CT_FLAG_TIMEOUT;
    /* 检测 EV6 事件并清除标志 */
    while(! I2C_CheckEvent(EEPROM_I2C,
    I2C_EVENT_MASTER_RECEIVER_MODE_SELECTED))
    {
        if ((I2CTimeout--) == 0) return I2C_TIMEOUT_UserCallback(14);
    }
    /* 读取 NumByteToRead 个数据 */
    while(NumByteToRead)
    {
    /* 若 NumByteToRead=1,表示已经接收到最后一个数据了,发送非应答信号,结束传
输 */
      if(NumByteToRead== 1)
      {
        I2C_AcknowledgeConfig(EEPROM_I2C, DISABLE); //发送非应答信号
        I2C_GenerateSTOP(EEPROM_I2C, ENABLE); //发送停止信号
      }
      I2CTimeout = I2CT_LONG_TIMEOUT;
      while(I2C_CheckEvent(EEPROM_I2C, I2C_EVENT_MASTER_BYTE_RECEIVED)==
0)
      {
        if ((I2CTimeout--) == 0) return I2C_TIMEOUT_UserCallback(3);
      }

      * pBuffer= I2C_ReceiveData(EEPROM_I2C);//从 I²C 从设备中读取一个字节数据
      pBuffer++; //存储数据的指针指向下一个地址
      NumByteToRead--; //接收数据自减
    }
    /* 使能应答,方便下一次 I²C 传输 */
    I2C_AcknowledgeConfig(EEPROM_I2C, ENABLE);
    return1;
  }
```

(5)主程序的实现。

①AT24C02 数据校验测试函数。一个数组的内容为 1,2,3,⋯,*N*,把这个数组的内容按顺序先写入到 AT24C02 中,写入时采用单字节写入的方式。写入完毕后再从 AT24C02 的地址中读取数据,把读取得到的与写入的数据进行校验,若一致说明读写正常,否则说明 I^2C 总线通信有问题或者 AT24C02 芯片工作不正常。其中代码用到的 EEPROM_INFO 和 EEPROM_ERROR 宏类似,都是对 printf 函数的封装,可把它直接当成 printf 函数即可,程序运行中输出调试信息,具体的宏定义在"bsp_I2C_ee. h"文件中。

数据校验测试函数代码如下。

```
uint8_tI2C_Test(void)
{
  u16 i;
  EEPROM_INFO("写入的数据");
  for( i=0; i<=255; i++ ) //填充缓冲
  {
    I2C_Buf_Write[i] = i;
    printf("0x%02X ", I2C_Buf_Write[i]);
    if(i%16 == 15)
    printf("\n\r");
  }
  //将 I2C_Buf_Write 中顺序递增的数据写入 EERPOM 中,字节写入方式
  I2C_EE_ByetsWrite( I2C_Buf_Write, EEP_Firstpage, 256);
  EEPROM_INFO("写结束");
  EEPROM_INFO("读出的数据");
  //将 EEPROM 读出数据顺序保持到 I2C_Buf_Read 中
  I2C_EE_BufferRead(I2C_Buf_Read, EEP_Firstpage, 256);
  //将 I2C_Buf_Read 中的数据通过串口打印
  for(i=0; i<256; i++)
  {
    if(I2C_Buf_Read[i] ! = I2C_Buf_Write[i])
    {
      printf("0x%02X ", I2C_Buf_Read[i]);
      EEPROM_ERROR("错误:I2C EEPROM 写入与读出的数据不一致");
      return0;
    }
    printf("0x%02X ", I2C_Buf_Read[i]);
    printf("\n\r");
  }
  EEPROM_INFO("I2C(AT24C02) 读写测试成功");
  return1;
}
```

②main 函数。main 函数首先初始化 LED、串口、I^2C 外设,然后调用上面的 I2C_Test 函数进行读写测试,数据校验,若成功 LED 绿灯亮,否则 LED 红灯亮。

```
intmain( void)
{
  LED_GPIO_Config( );
  LED_BLUE;
  Debug_USART_Config( );
  printf( " \r\n 欢迎使用 STM32 F407 开发板。\r\n" );
  printf( " \r\n 这是一个 I²C 外设( AT24C02) 读写测试例程\r\n" );
  / * I²C 外设( AT24C02) 初始化 * /
  I2C_EE_Init( );
  if( I2C_Test( ) = =1)
  {
    LED_GREEN;
  }
  else
  {
    LED_RED;
  }
  while( 1) ;
}
```

程序编译下载到目标板运行后,在串口调试助手看到的输出信息如图 11.18 所示。

图 11.18　AT24C02 单字节数据读写实例运行结果

思考与练习

1. I^2C 通信中一帧完整的数据包按照传输的先后顺序分别是什么?

2. I^2C 接口为什么具有线与逻辑?

3. 简要介绍 I^2C 主机发送数据的流程。

4. 简要介绍 I^2C 协议的仲裁机制。

5. 软件和硬件实现 I^2C 通信各有什么优缺点?

6. 改写示例程序,采用软件模拟协议的方式实现 AT24C02 单字节读写数据并校验,并将结果通过串口调试工具显示在电脑上。

7. 熟悉并测试常用的 I^2C 外设,例如 MPU6050,并总结其特点。

8. STM32F407 硬件协议实现 I^2C 总线通信的步骤是什么?

9. 简述 STM32F4 的 I^2C 中断控制机制。

10. 编程实现两个 STM32F407 之间的 I^2C 总线通信,一个为主机,一个为从机。主机循环发送 0 ~ 255 单字节数据,从机启用事件中断接收数据并通过串口输出。

11. 简述 STM32F4 的控制寄存器和状态寄存器功能。

12. 简述以 STM32F4 硬件协议标注库函数实现 I^2C 端口初始化的步骤。

第 12 章

STM32F4 的 SPI 总线接口

12.1 SPI 协议简介

12.1.1 SPI 简介

SPI 是 Serial Peripheral Interface 的缩写，即串行外部设备接口。SPI 是 Motorola 首先在其 MC68HCXX 系列处理器上定义的。

SPI 是一种高速的全双工、同步的通信总线，并且在芯片的管脚上只占用四根线，节约了芯片的管脚，同时为 PCB 的布局上节省空间，提供方便，主要应用在 EEPROM、FLASH、实时时钟、A/D 转换器，以及应用于数字信号处理器和数字信号解码器等。

STM32F4 的 SPI 接口提供两个主要功能，支持 SPI 协议或 I^2S 音频协议。默认情况下，选择的是 SPI 功能。可通过软件将接口从 SPI 切换到 I^2S。

串行外设接口(SPI)可以与外部器件进行半双工/全双工的同步串行通信。该接口可配置为主模式，在这种情况下，它可为外部从器件提供通信时钟（SCK)。该接口还能够在多主模式配置下工作。

它可用于多种用途，包括基于双线的单工同步传输，其中一条可作为双向数据线，或使用 CRC 校验实现可靠通信。

I^2S 也是同步串行通信接口。它可满足四种不同音频标准的要求，包括 I^2S Philips 标准、MSB 和 LSB 对齐标准，以及 PCM 标准。它可在全双工模式(使用 4 个引脚)或半双工模式(使用 3 个引脚)下作为从器件或主器件工作。当 I^2S 配置为通信主模式时，该接口可以向外部从器件提供主时钟。

本章重点介绍 SPI 协议，I^2S 音频协议请参考其他资料。

12.1.2 SPI 特性

(1)基于三条线的全双工同步传输。

(2)基于双线的单工同步传输，其中一条可作为双向数据线。

(3)8 位或 16 位传输帧格式选择。

(4)主模式或从模式操作。

(5)多主模式功能。

(6)8 个主模式波特率预分频器(最大值为 $f_{PCLK}/2$)。

(7)从模式频率(最大值为 $f_{PCLK}/2$)。

(8)对于主模式和从模式都可实现更快的通信。

(9)对于主模式和从模式都可通过硬件或软件进行 NSS 管理。

(10)可编程的时钟极性和相位。

(11)可编程的数据顺序,最先移位 MSB 或 LSB。
(12)可触发中断的专用发送和接收标志。
(13)SPI 总线忙状态标志。
(14)SPI TI 模式。
(15)用于确保可靠通信的硬件 CRC 功能。
①在发送模式下可将 CRC 值作为最后一个字节发送。
②根据收到的最后一个字节自动进行 CRC 错误校验。
(16)可触发中断的主模式故障、上溢和 CRC 错误标志。
(17)具有 DMA 功能的 1 字节发送和接收缓冲器,发送和接收请求。

12.2　SPI 结构与工作原理

12.2.1　SPI 结构

1. SPI 结构

STM32F4 芯片有多个 SPI 外设,其结构包括 SPI 通信信号的引脚(GPIO 复用功能,使用时必须配置到指定的引脚),分别是 MISO、MOSI、SCK 及 NSS;时钟控制逻辑,由波特率发生器根据“控制寄存器 CR1”中的 BR[0∶2]位控制;数据控制逻辑,SPI 的 MOSI 及 MISO 都连接到数据移位寄存器上,数据移位寄存器的数据来源于接收缓冲区及发送缓冲区;控制逻辑,在外设工作时,控制逻辑会根据外设的工作状态修改状态寄存器(SR),只要读取状态寄存器相关的寄存器位,就可以了解 SPI 的工作状态了。除此之外,控制逻辑还根据要求,负责控制产生 SPI 中断信号、DMA 请求及控制 NSS 信号线。SPI 结构图如图 12.1 所示。

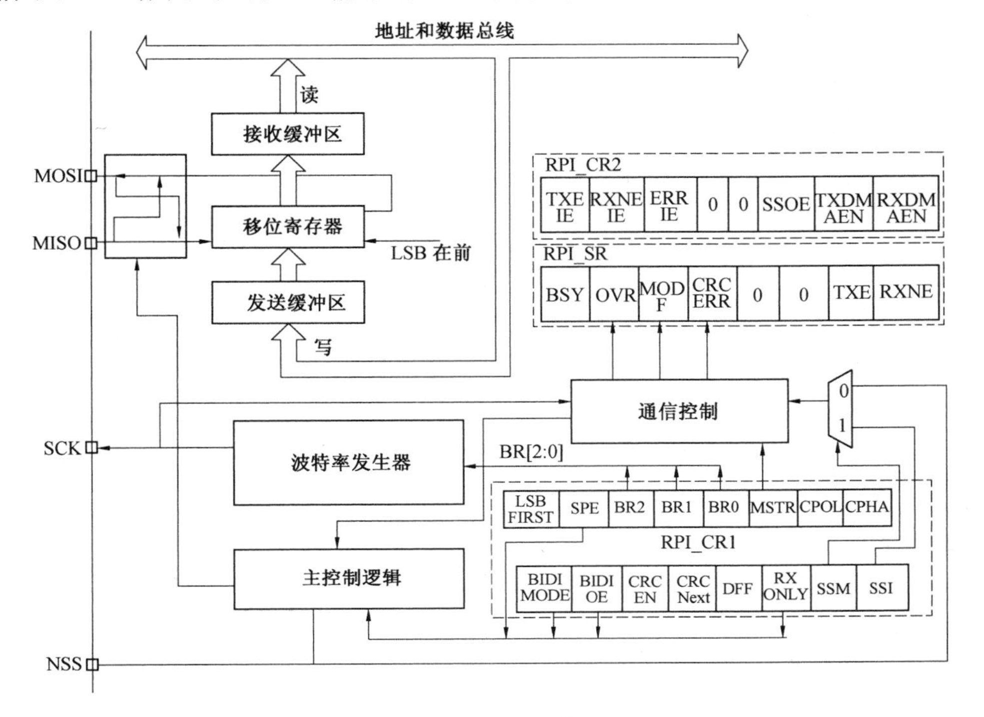

图 12.1　SPI 结构图

2. SPI 的 4 个引脚及外部器件连接

(1)MISO:主输入/从输出数据。此引脚可用于在从模式下发送数据和在主模式下接收数据。

(2)MOSI:主输出/从输入数据。此引脚可用于在主模式下发送数据和在从模式下接收数据。

(3)SCK:用于 SPI 主器件的串行时钟输出以及 SPI 从器件的串行时钟输入。

(4)NSS:从器件选择。这是用于选择从器件的可选引脚。此引脚用作“片选”,可让 SPI 主器件与从器件进行单独通信,从而并避免数据线上的竞争。从器件的 NSS 输入可由主器件上的标准 I/O 端口驱动。NSS 引脚在使能(SSOE 位)时还可用作输出,并可在 SPI 处于主模式配置时驱动为低电平。通过这种方式,只要器件配置成 NSS 硬件管理模式,所有连接到该主器件 NSS 引脚的其他器件 NSS 引脚都将呈现低电平,并因此可作为从器件。当配置为主模式,且 NSS 配置为输入(MSTR=1 且 SSOE=0)时,如果 NSS 拉至低电平,SPI 将进入主模式故障状态,MSTR 位自动清零,并且器件配置为从模式。

图 12.2 所示为单个主器件/单个从器件应用电路图。MOSI 引脚连接在一起,MISO 引脚连接在一起。通过这种方式,主器件和从器件之间以串行方式传输数据(最高有效位在前)。

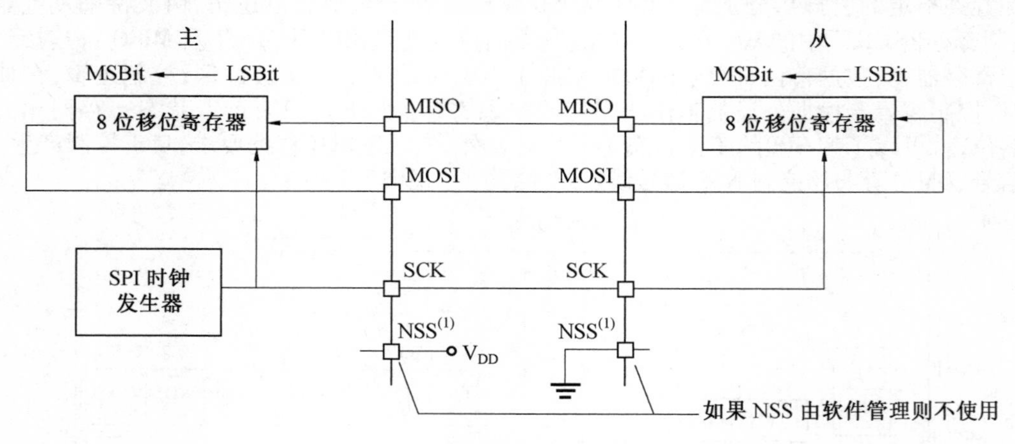

图 12.2 单个主器件/单个从器件应用

通信始终由主器件发起。当主器件通过 MOSI 引脚向从器件发送数据时,从器件同时通过 MISO 引脚做出响应。这是一个数据输出和数据输入都由同一时钟进行同步的全双工通信过程。

3. 从器件选择(NSS)引脚管理

可以使用 SPI_CR1 寄存器中的 SSM 位设置硬件或软件管理从器件选择。

(1)软件管理 NSS (SSM = 1)。

从器件选择信息在内部由 SPI_CR1 寄存器中的 SSI 位的值驱动。外部 NSS 引脚空闲,可供其他应用使用。

(2)硬件管理 NSS (SSM = 0)。

根据 NSS 输出配置(SPI_CR1 寄存器中的 SSOE 位),硬件管理 NSS 有两种模式。

① NSS 输出使能(SSM = 0,SSOE = 1)。

仅当器件在主模式下工作时才使用此配置。当主器件开始通信时,NSS 信号驱动为低电平,并保持到 SPI 被关闭为止。

② NSS 输出禁止(SSM = 0,SSOE = 0)。

对于在主模式下工作的器件,此配置允许多主模式功能。对于设置为从模式的器件,NSS 引脚用作传统 NSS 输入。在 NSS 为低电平时片选该从器件,在 NSS 为高电平时取消对它的片选。

4. 时钟相位和时钟极性

通过 SPI_CR1 寄存器中的 CPOL 和 CPHA 位,可以用软件选择 4 种可能的时序关系。CPOL(时钟极性)位控制不传任何数据时的时钟电平状态。此位对主器件和从器件都有作用。如果复位 CPOL,SCK 引脚在空闲状态处于低电平。如果将 CPOL 置 1,SCK 引脚在空闲状态处于高电平。时钟相位和时钟极性见表 12.1。

表 12.1　时钟相位和时钟极性

CPHA	CPOL	SCK	时序图
1	1	第二个边沿(上升沿)传输一位数据(空闲状态 SCK=1)	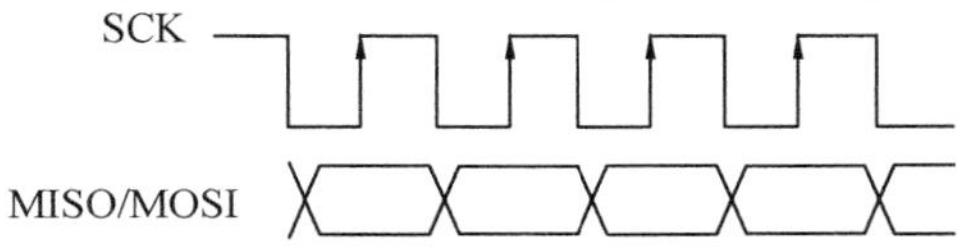 SCK MISO/MOSI
1	0	第二个边沿(下降沿)传输一位数据(空闲状态 SCK=0)	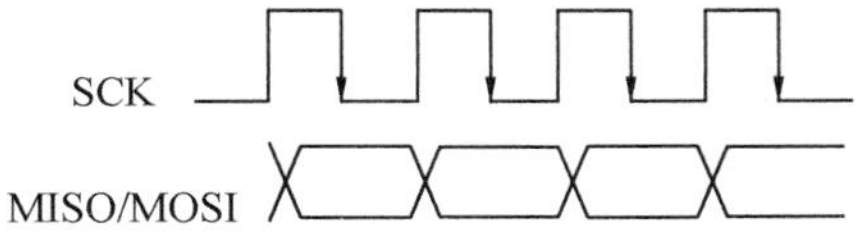 SCK MISO/MOSI
0	1	第一个边沿(下降沿)传输一位数据(空闲状态 SCK=1)	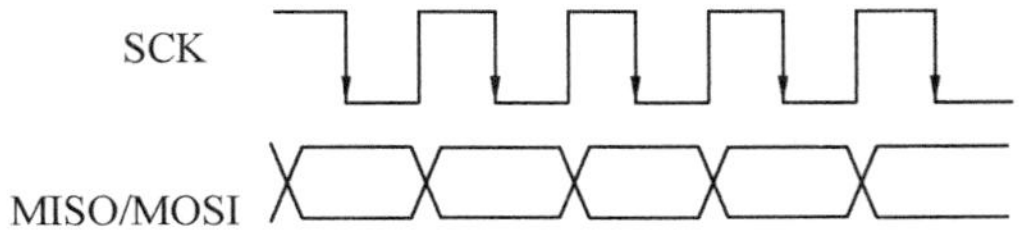 SCK MISO/MOSI
0	0	第一个边沿(上升沿)传输一位数据(空闲状态 SCK=0)	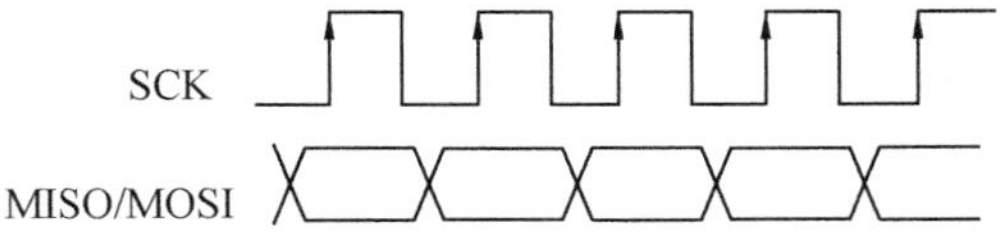 SCK MISO/MOSI

5. 数据帧格式

移出数据时 MSB 在前还是 LSB 在前取决于 SPI_CR1 寄存器中 LSBFIRST 位的值。每个数据帧的长度均为 8 位或 16 位,具体取决于使用 SPI_CR1 寄存器中的 DFF 位。所选的数据帧格式适用于发送或接收。

12.2.2　SPI 的工作原理

SPI 可以配置成从器件的收发、主器件的收发、进行半双工通信等工作方式,以及各种模式下的 CRC 计算、DMA 进行 SPI 通信和 SPI 中断等功能。

1. SPI 配置成从器件

在从模式配置中,从 SCK 引脚上接收主器件的串行时钟。SPI_CR1 寄存器的 BR[2：0]

位中设置的值不会影响数据传输率。

注意：建议在主器件发送时钟前使能 SPI 从器件。否则，数据传输可能会不正常。在主时钟的第一个边沿到来之前或者正在进行的通信结束之前，从器件的数据寄存器就需要准备就绪。在使能从器件和主器件之前，必须将通信时钟的极性设置为空闲时的时钟电平。

(1) SPI 配置成从模式的步骤。

①设置 DFF 位，以定义 8 或 16 位数据帧格式。

②选择 CPOL 位和 CPHA 位，以定义数据传输和串行时钟之间的关系（四种关系中的一种）。要实现正确的数据传输，必须以相同方式在从器件和主器件中配置 CPOL 和 CPHA 位。如果通过 SPI_CR2 寄存器中的 FRF 位选择 TI 模式，则不需要此步骤。

③帧格式（MSB 在前或 LSB 在前，取决于 SPI_CR1 寄存器中 LSBFIRST 位的值）必须与主器件的帧格式相同。如果选择 TI 模式，则不需要此步骤。

④在硬件模式下，NSS 引脚在整个字节发送序列期间都必须连接到低电平。在 NSS 软件模式下，将 SPI_CR1 寄存器中的 SSM 位置 1，将 SSI 位清零。如果选择 TI 模式，则不需要此步骤。

⑤将 SPI_CR2 寄存器中的 FRF 位置 1，以选择 TI 模式协议进行串行通信。

⑥将 MSTR 位清零，并将 SPE 位置 1（两个位均在 SPI_CR1 寄存器中）。

在此配置中，MOSI 引脚为数据输入，MISO 引脚为数据输出。

(2) SPI 从模式下的发送过程。

数据字节在写周期内被并行加载到发送缓冲区中。

当从器件在其 MOSI 引脚上接收到时钟信号和数据的最高有效位时，发送序列开始。其余位（8 位数据帧格式中的 7 个位，16 位数据帧格式中的 15 个位）将加载到移位寄存器中。SPI_SR 寄存器中的 TXE 标志在数据从发送缓冲区传输到移位寄存器时置 1，并且在 SPI_CR2 寄存器中的 TXEIE 位置 1 时将生成中断。

(3) SPI 从模式下的接收过程。

对于接收器，在数据传输完成时如下。

①移位寄存器中的数据将传输到接收缓冲区，并且 RXNE 标志（SPI_SR 寄存器）置 1。

②如果 SPI_CR2 寄存器中的 RXNEIE 位置 1，则生成中断。

在出现最后一个采样时钟边沿后，RXNE 位置 1，移位寄存器中接收的数据字节被复制到接收缓冲区中。当读取 SPI_DR 寄存器时，SPI 外设将返回此缓冲值。通过读取 SPI_DR 寄存器将 RXNE 位清零。

2. SPI 配置成主器件

在主模式配置下，在 SCK 引脚上输出串行时钟。

(1) SPI 配置成主模式的步骤。

①设置 BR[2：0]位以定义串行时钟波特率（参见 SPI_CR1 寄存器）。

②选择 CPOL 和 CPHA 位，以定义数据传输和串行时钟之间的关系（4 种关系中的 1 种）。如果选择 TI 模式，则不需要此步骤。

③设置 DFF 位，以定义 8 或 16 位数据帧格式。

④配置 SPI_CR1 寄存器中的 LSBFIRST 位以定义帧格式。如果选择 TI 模式，则不需要此步骤。

⑤如果 NSS 引脚配置成输入，在 NSS 硬件模式下，NSS 引脚在整个字节发送序列期间都连接到高电平信号；在 NSS 软件模式下，将 SPI_CR1 寄存器中的 SSM 位和 SSI 位置 1。如果 NSS 引脚配置成输出，只应将 SSOE 位置 1。如果选择 TI 模式，则不需要此步骤。

⑥将 SPI_CR2 中的 FRF 位置 1，以选择 TI 协议进行串行通信。

⑦MSTR 和 SPE 位必须置 1（仅当 NSS 引脚与高电平信号连接时，这两个位才保持置 1）。

在此配置中，MOSI 引脚为数据输出，MISO 引脚为数据输入。

（2）SPI 主模式下的发送过程。

在发送缓冲区中写入字节时，发送序列开始。

在第一个位传输期间，数据字节（从内部总线）并行加载到移位寄存器中，然后以串行方式移出到 MOSI 引脚，至于是 MSB 在前还是 LSB 在前，则取决于 SPI_CR1 寄存器中的 LSBFIRST 位。TXE 标志在数据从发送缓冲区传输到移位寄存器时置 1，并且在 SPI_CR2 寄存器中的 TXEIE 位置 1 时将生成中断。

（3）SPI 主模式下的接收过程。

对于接收器，在数据传输完成时：

①移位寄存器中的数据将传输到接收缓冲区，并且 RXNE 位置 1。

②如果 SPI_CR2 寄存器中的 RXNEIE 位置 1，则生成中断。

在出现最后一个采样时钟边沿时，RXNE 位置 1，移位寄存器中接收的数据字节被复制到接收缓冲区中。当读取 SPI_DR 寄存器时，SPI 外设将返回此缓冲值。通过读取 SPI_DR 寄存器将 RXNE 位清零。

如果在发送开始后将要发送的下一个数据置于发送缓冲区，则可保持连续的发送流。请注意，仅当 TXE 标志为 1 时，才可以对发送缓冲区执行写操作。

注意：如果与之通信的从器件需要在每个字节传输之间拉低片选信号，必须将该主器件的 NSS 配置成 GPIO，或使用另外的 GPIO，通过软件控制从器件的片选。

从模式、主模式 SPI 接口与 TI 公司的协议兼容。可以使用 SPI_CR2 寄存器的 FRF 位来配置主（或从）SPI 串行通信，以兼容此协议。配置过程请参考相关参考文献。

3. SPI 配置为半双工通信

SPI 能够在 1 个时钟和 1 条双向数据线或 1 个时钟和 1 条单向数据线（只接收或只发送）这两种配置中以半双工模式工作。

（1）1 个时钟和 1 条双向数据线（BIDIMODE = 1）。

可将 SPI_CR1 寄存器中的 BIDIMODE 位置 1 来使能此模式。在此模式下，SCK 用于时钟，MOSI（主模式下）或 MISO（从模式下）用于数据通信。通过 SPI_CR1 寄存器中的 BIDIOE 位来选择传输方向（输入/输出）。当该位置 1 时，数据线为输出，否则为输入。

（2）1 个时钟和 1 条单向数据线（BIDIMODE = 0）。

在此模式下，应用程序可使用 SPI 的只发送或只接收模式。

①只发送模式。类似于全双工模式（BIDIMODE = 0、RXONLY = 0）。在发送引脚（主模式下的 MOSI 或从模式下的 MISO）上发送数据，接收引脚（主模式下的 MISO 或从模式下的 MOSI）可用作通用 I/O。在这种情况下，应用程序只需要忽略接收缓冲区（即使读取数据寄存器，它也不包含接收值）。

②只接收模式。应用程序可将 SPI_CR2 寄存器中的 RXONLY 位置 1 来关闭 SPI 输出功

能。在这种情况下，发送 I/O 引脚（主模式下的 MOSI 或从模式下的 MISO）可用于其他用途。

4. 数据发送、接收过程及启动

（1）接收和发送缓冲区。

在接收过程中，数据收到后，先存储到内部接收缓冲区中；而在发送过程中，先将数据存储到内部发送缓冲区中，然后发送数据。

对 SPI_DR 寄存器的读访问将返回接收缓冲值，而对 SPI_DR 寄存器的写访问会将写入的数据存储到发送缓冲区中。

（2）在主模式下启动通信过程。

① 在全双工模式下（BIDIMODE=0 且 RXONLY=0）。

将数据写入到 SPI_DR 寄存器（发送缓冲区）时，通信序列启动。随后在第一个位的发送期间，将数据从发送缓冲区并行加载到 8 位移位寄存器中，然后以串行方式将其移出到 MOSI 引脚。同时，将 MISO 引脚上接收的数据以串行方式移入 8 位移位寄存器，然后并行加载到 SPI_DR 寄存器（接收缓冲区）中。

②在单向只接收模式下（BIDIMODE=0 且 RXONLY=1）。

只要 SPE=1，通信序列就立即开始。只有接收器激活，并且在 MISO 引脚上接收的数据以串行方式移入 8 位移位寄存器，然后并行加载到 SPI_DR 寄存器（接收缓冲区）中。

③ 在双向模式下，进行发送时（BIDIMODE=1 且 BIDIOE=1）。

将数据写入到 SPI_DR 寄存器（发送缓冲区）时，通信序列启动。随后在第一个位的发送期间，将数据从发送缓冲区并行加载到 8 位移位寄存器中，然后以串行方式将其移出到 MOSI 引脚。此时不接收任何数据。

④在双向模式下，进行接收时（BIDIMODE=1 且 BIDIOE=0）。

只要 SPE=1 且 BIDIOE=0，通信序列就立即开始。在 MOSI 引脚上接收的数据以串行方式移入 8 位移位寄存器，然后并行加载到 SPI_DR 寄存器（接收缓冲区）中。发送器没有激活，因此不会有数据以串行方式移出 MOSI 引脚。

（3）在从模式下启动通信过程。

① 在全双工模式下（BIDIMODE=0 且 RXONLY=0）。

当从器件在其 MOSI 引脚上接收到时钟信号和数据的第一个位时，通信序列开始。其余 7 个位将加载到移位寄存器中。同时，在第一个位的发送期间，将数据从发送缓冲区并行加载到 8 位移位寄存器中，然后以串行方式将其移出到 MISO 引脚。在 SPI 主器件启动传输前，软件必须要把从器件发送的数据写入发送缓冲区。

②在单向只接收模式下（BIDIMODE=0 且 RXONLY=1）。

当从器件在其 MOSI 引脚上接收到时钟信号和数据的第一个位时，通信序列开始。其余 7 个位将加载到移位寄存器中。发送器没有激活，因此不会有数据以串行方式移出 MISO 引脚。

③在双向模式下，进行发送时（BIDIMODE=1 且 BIDIOE=1）。

当从器件接收到时钟信号，并将发送缓冲区中的第一个位在 MISO 引脚上发送时，通信序列开始。随后在第一个位的发送期间，将数据从发送缓冲区并行加载到 8 位移位寄存器中，然后以串行方式将其移出到 MISO 引脚。在 SPI 主器件启动传输前，软件必须要把从器件发送的数据写入发送缓冲区。此时不接收任何数据。

④在双向模式下，进行接收时（BIDIMODE＝1 且 BIDIOE＝0）。

当从器件在其 MISO 引脚上接收到时钟信号和数据的第一个位时，通信序列开始。在 MISO 引脚上接收的数据以串行方式移入 8 位移位寄存器，然后并行加载到 SPI_DR 寄存器（接收缓冲区）中。发送器没有激活，因此不会有数据以串行方式移出 MISO 引脚。

（4）发送与接收的数据处理。

将数据从发送缓冲区传输到移位寄存器时，TXE 标志（发送缓冲区为空）置 1。该标志表示内部发送缓冲区已准备好加载接下来的数据。如果 SPI_CR2 寄存器中的 TXEIE 位置 1，可产生中断。通过对 SPI_DR 寄存器执行写操作将 TXE 位清零。

注意：软件必须确保在尝试写入发送缓冲区之前 TXE 标志已置 1。否则，将覆盖之前写入发送缓冲区的数据。

将数据从移位寄存器传输到接收缓冲区时，RXNE 标志（接收缓冲区非空）会在最后一个采样时钟边沿置 1。它表示已准备好从 SPI_DR 寄存器中读取数据。如果 SPI_CR2 寄存器中的 RXNEIE 位置 1，可产生中断。通过读取 SPI_DR 寄存器将 RXNE 位清零。

对于某些配置，可以在最后一次数据传输期间使用 BSY 标志来等待传输完成。

（5）主模式或从模式下的全双工发送和接收过程。

在 BIDIMODE＝0 且 RXONLY＝0（在连续传输的情况下）时，主模式和从模式下的全双工发送和接收过程分别如图 12.3 和图 12.4 所示。

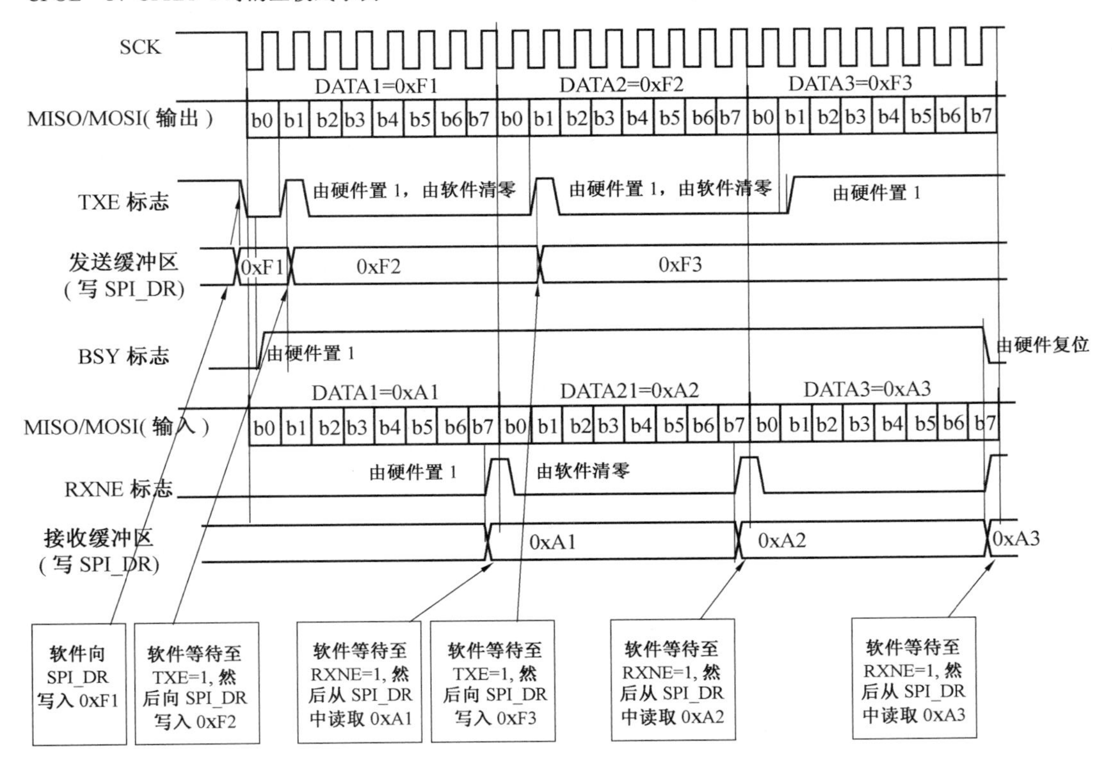

图 12.3　主 SPI/全双工模式下传输时序（在连续传送的情况下）

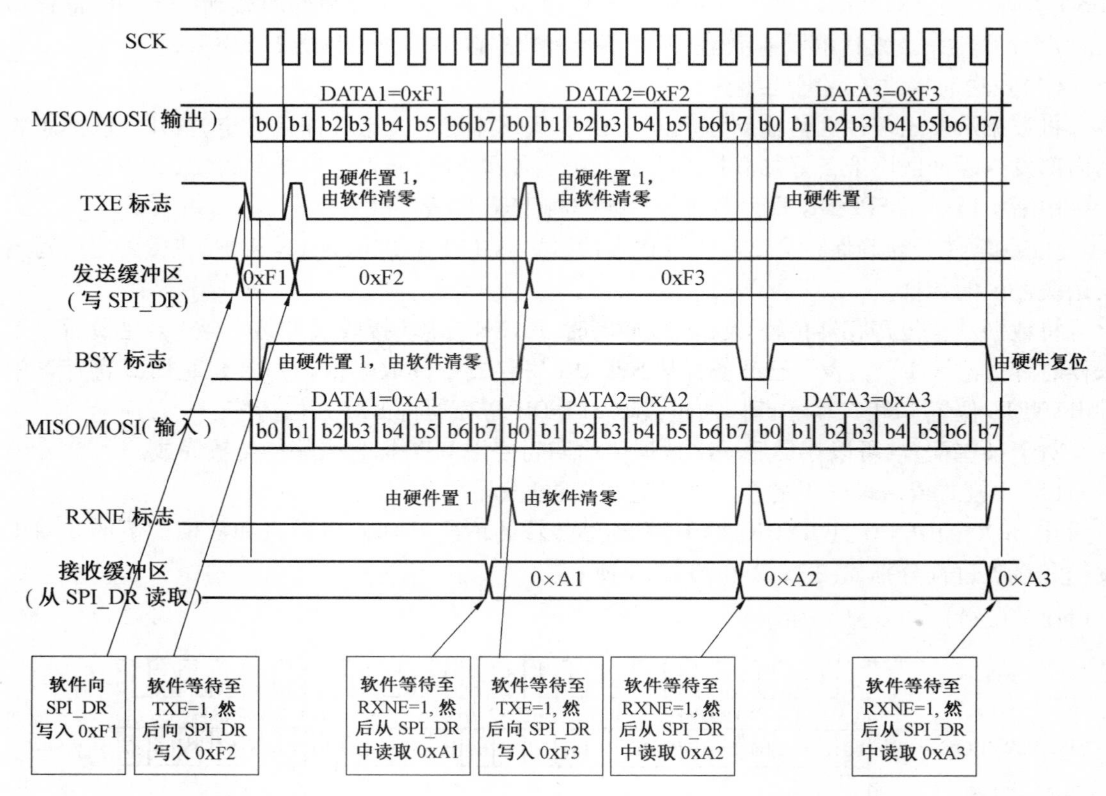

图 12.4　从 SPI/全双工模式下传输时序(在连续传送的情况下)

软件必须遵循以下步骤来发送和接收数据。

①通过将 SPE 位置 1 来使能 SPI。

②将第一个要发送的数据项写入 SPI_DR 寄存器(此操作会将 TXE 标志清零)。

③等待至 TXE=1,然后写入要发送的第二个数据项。然后等待至 RXNE=1,读取 SPI_DR 以获取收到的第一个数据项(此操作会将 RXNE 位清零)。对每个要发送/接收的数据项重复此操作,直到第 $n-1$ 个接收的数据为止。

④等待至 RXNE=1,然后读取最后接收的数据。

⑤等待至 TXE=1,然后等待至 BSY=0,再关闭 SPI。

此外,还可以使用在 RXNE 或 TXE 标志所产生的中断对应的各个中断子程序来实现该过程。

只发送模式下的数据发送过程(BIDIMODE=0、RXONLY=0),可以是上面所述的简化过程,并且可使用 BSY 位等待发送完成。

单线双向模式下的发送过程(BIDIMODE=1 且 BIDIOE=1),与只发送模式下的过程相似,除了在使能 SPI 前必须将 SPI_CR2 寄存器中的 BIDIMODE 位和 BIDIOE 位均置 1。

其他单向只接收过程(BIDIMODE=0 且 RXONLY=1)、单线双向模式下的接收过程(BIDIMODE=1 和 BIDIOE=0)的收发过程,请参考相关文献。

12.2.3　SPI 的 CRC 校验

为确保通信的可靠性,SPI 模块实现了硬件 CRC 功能。针对发送的数据和接收的数据分别实现 CRC 计算。使用可编程的多项式对每个位来计算 CRC。在由 SPI_CR1 寄存器中的 CPHA 位和 CPOL 位定义的采样时钟边沿采样每个位来进行计算。SPI 模块提供两种 CRC 计算标准,具体取决于为发送或接收选择的数据帧格式:8 位数据采用 CR8,16 位数据采用 CRC16。

通过将 SPI_CR1 寄存器中的 CRCEN 位置 1 来使能 CRC 的计算。此操作将复位 CRC 寄存器(SPI_RXCRCR 和 SPI_TXCRCR)。

在全双工或只发送模式下,如果传输由软件(CPU 模式)管理,则在将最后传输的数据写入 SPI_DR 后,必须立即对 CRCNEXT 位执行写操作。最后一次数据传输结束时,将发送 SPI_TXCRCR 值。

在只接收模式下,如果传输由软件(CPU 模式)管理,则在接收到倒数第二个数据后,必须对 CRCNEXT 位执行写操作。在收到最后一个数据后会收到 CRC,然后执行 CRC 校验。

如果传输过程中出现数据损坏,则在数据和 CRC 传输结束时,SPI_SR 寄存器中的 CRCERR 标志将置 1。

如果发送缓冲区中存在数据,则只有在发送数据字节后才会发送 CRC 值。在 CRC 发送期间,CRC 计算器处于关闭状态且寄存器值保持不变。

可通过以下步骤使用 CRC 进行 SPI 通信。

(1)对 CPOL、CPHA、LSBFirst、BR、SSM、SSI 和 MSTR 值进行编程。

(2)对 SPI_CRCPR 寄存器中的多项式进行编程。

(3)通过将 SPI_CR1 寄存器中的 CRCEN 位置 1 来使能 CRC 计算。此操作还会将 SPI_RXCRCR 和 SPI_TXCRCR 寄存器清零。

(4)通过将 SPI_CR1 寄存器中的 SPE 位置 1 使能 SPI。

(5)启动并维持通信,直到只剩下一个字节或半字未发送或接收。

在全双工或只发送模式下,如果传输由软件管理,则在向发送缓冲区写入最后一个字节或半字后,将 SPI_CR1 寄存器中的 CRCNEXT 位置 1,以表示在发送完最后 一个字节后将发送 CRC。

在只接收模式下,在接收倒数第二个数据后,立即将 CRCNEXT 位置 1,以便使 SPI 准备好在接收完最后一个数据后进入 CRC 阶段。在 CRC 传输期间,CRC 计算将冻结。

(6)传输完最后一个字节或半字后,SPI 进入 CRC 传输和校验阶段。在全双工模式或只接收模式下,将接收的 CRC 与 SPI_RXCRCR 值进行比较。如果两个值不匹配,则 SPI_SR 中的 CRCERR 标志将置 1,并且在 SPI_CR2 寄存器中的 ERRIE 位置 1 时会产生中断。

12.2.4　关闭 SPI

传输终止时,应用可通过关闭 SPI 外设来停止通信。这通过将 SPE 位清零来完成。

对于某些配置,在传输进行时关闭 SPI 并进入停止模式会导致当前传输受损,并且 BSY 标志可能不可靠。

为避免上述后果,建议在关闭 SPI 时按以下步骤操作。

(1)主模式或全双工从模式(BIDIMODE=0 、RXONLY=0)。

①等待 RXNE=1 以接收最后的数据。

②等待 TXE=1。

③然后等待 BSY=0。

④关闭 SPI(SPE=0),最后进入停止模式(或关闭外设时钟)。

(2)主模式或单向只发送从模式(BIDIMODE = 0 、RXONLY = 0)或双向通信发送模式(BIDIMODE=1 、BIDIOE=1),在最后的数据写入 SPI_DR 寄存器后,执行以下操作。

①等待 TXE=1。

②然后等待 BSY=0。

③关闭 SPI(SPE=0),最后进入停止模式(或关闭外设时钟)。

(3)单向只接收主模式(MSTR = 1、BIDIMODE = 0、RXONLY = 1)或双向通信接收模式(MSTR=1、BIDIMODE=1、BIDIOE=0)。

①等待倒数第 2 个数据(第 n-1 个)对应的 RXNE 标志置位。

②然后等待一个 SPI 时钟周期(使用软件循环),才能关闭 SPI(SPE=0)。

③再等待最后的 RXNE=1,然后进入停止模式(或关闭外设时钟)。

(4)只接收从模式(MSTR = 0 、BIDIMODE = 0 、RXONLY = 1)或双向通信接收模式(MSTR=0、BIDIMODE=1、BIDOE=0)。

①可以随时关闭 SPI(写入 SPE=0)。当前传输完成后,SPI 才被真正关闭。

②如果要进入停止模式,则必须首先等待至 BSY= 0,然后才能进入停止模式(或关闭外设时钟)。

12.2.5 使用 DMA(直接存储器寻址)进行 SPI 通信

要以最大速度工作,需要给 SPI 不断提供要发送的数据,并及时读取接收缓冲区中的数据,以避免上溢。为加速传输,SPI 提供 DMA 功能,以实现简单的请求/应答协议。

1. 使用 DMA 进行 SPI 通信过程

当使能 SPI_CR2 寄存器中的使能位时,将请求 DMA 访问。发送缓冲区和接收缓冲区会发出各自的 DMA 请求(参见图 12.5 和图 12.6)。

①在发送过程中,每次 TXE 位置 1 都会发出 DMA 请求。DMA 随后对 SPI_DR 寄存器执行写操作(此操作会将 TXE 标志清零)。

②在接收过程中,每次 RXNE 位置 1 都会发出 DMA 请求。DMA 随后对 SPI_DR 寄存器执行读操作(此操作会将 RXNE 标志清零)。

当 SPI 仅用于发送数据时,可以只使能 SPI 的 Tx DMA(发送)通道。在这种情况下,OVE 标志会置 1,因为未读取接收的数据。

当 SPI 仅用于接收数据时,可以只使能 SPI 的 Rx DMA(接收)通道。

在发送模式下,DMA 完成所有要发送数据的传输(DMA_ISR 寄存器中的 TCIF 标志置 1)后,可以对 BSY 标志进行监控,以确保 SPI 通信已完成。在关闭 SPI 或进入停止模式前必须执行此步骤,以避免损坏最后一次数据的发送。软件必须首先等待 TXE=1,再等待 BSY=0。

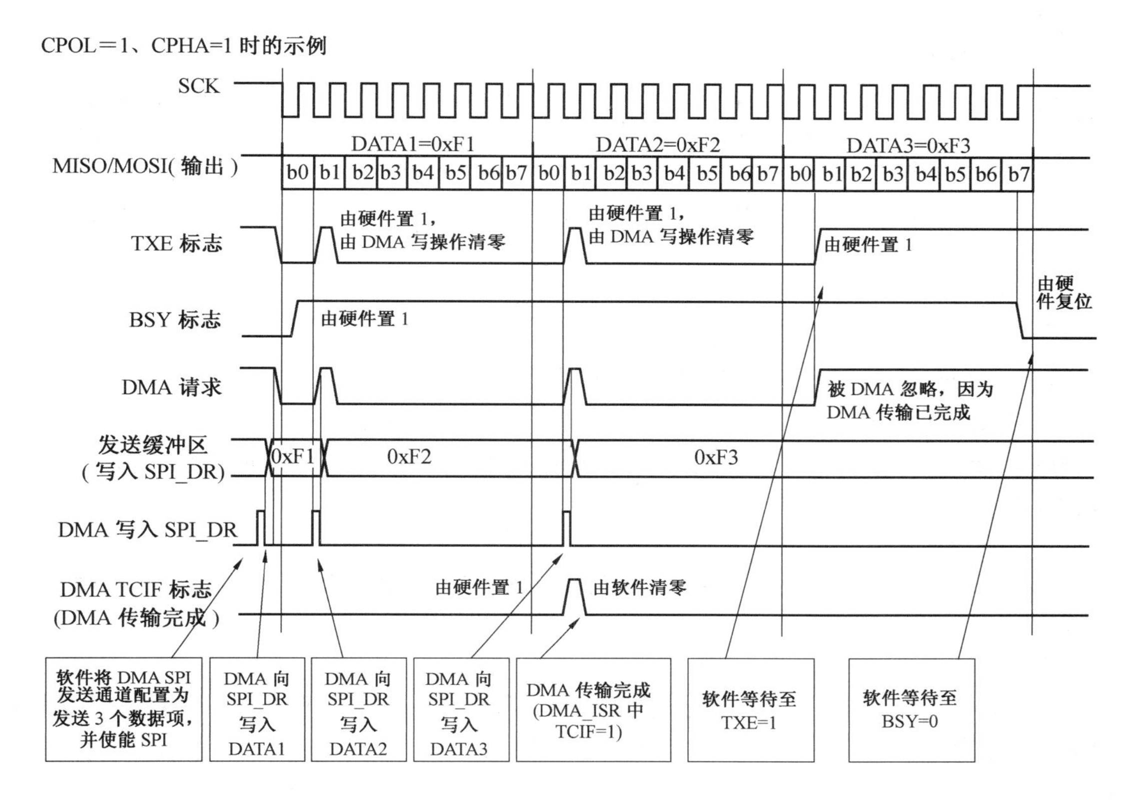

图 12.5　使用 DMA 进行发送

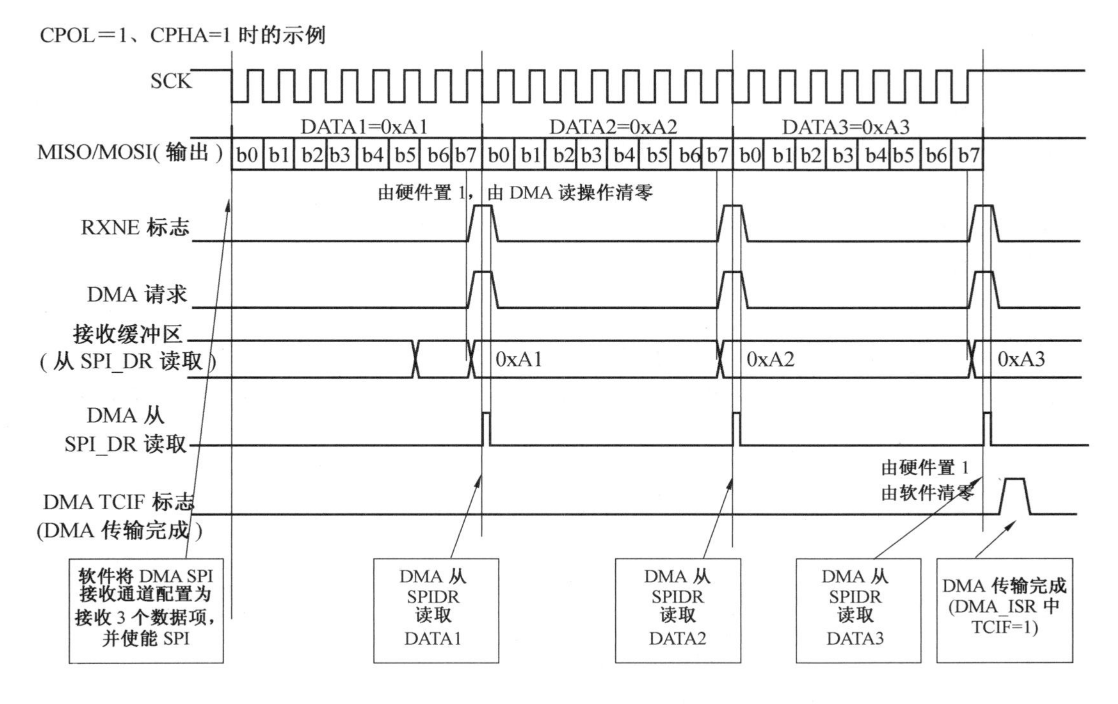

图 12.6　使用 DMA 进行接收

2. DMA 功能与 CRC

当使能的 SPI 通信支持 CRC 通信和 DMA 模式时,在通信结束时会自动发送和接收 CRC,无须使用 CRCNEXT 位。接收 CRC 后,必须在 SPI_DR 寄存器中读取 CRC,以将 RXNE 标志清零。

如果传输过程中出现损坏,则在数据和 CRC 传输结束时,SPI_SR 寄存器中的 CRCERR 标志将置 1。

12.2.6 SPI 的状态标志

应用可通过三种状态标志监控 SPI 总线的状态。

(1)发送缓冲区为空(TXE)。

此标志置 1 时,表示发送缓冲区为空,可以将待发送的下一个数据加载到缓冲区中。对 SPI_DR 寄存器执行写操作时,将清零 TXE 标志。

(2)接收缓冲区非空(RXNE)。

此标志置 1 时,表示接收缓冲区中存在有效的已接收数据。读取 SPI_DR 时,将清零该标志。

(3)BSY。

BSY 标志由硬件置 1 和清零(对此标志执行写操作没有任何作用)。BSY 标志用于指示 SPI 通信的状态。BSY 标志还可用于避免在多主模式系统中发生写冲突。传输开始时,BSY 标志将置 1。BSY 置 1 时,表示 SPI 正忙于通信。在主模式下的双向通信接收模式(MSTR=1,BDM=1,BDOE=0)有一个例外情况,BSY 标志在接收过程中保持低电平。

如果软件要关闭 SPI 并进入停止模式(或关闭外设时钟),可使用 BSY 标志检测传输是否结束以避免破坏最后一个数据的传输。

在以下情况硬件将清零该标志。

①传输完成时(主模式下的连续通信除外)。

②关闭 SPI 时。

③发生主模式故障时(MODF=1)。

当通信不连续时,BSY 标志在各通信之间处于低电平。

当通信连续时,在主模式下,BSY 标志在所有传输期间均保持高电平;在从模式下,BSY 标志在各传输之间的一个 SPI 时钟周期内变为低电平。

注意:请勿使用 BSY 标志处理每次数据发送或接收,最好改用 TXE 标志和 RXNE 标志。

12.2.7 SPI 的错误标志

1. 主模式故障(MODF)

当主器件的 NSS 引脚拉低(NSS 硬件模式下)或 SSI 位为 0(NSS 软件模式下)时,会发生主模式故障,这会自动将 MODF 位置 1。

(1)主模式故障会在以下几方面影响 SPI 外设。

①如果 ERRIE 位置 1,MODF 位将置 1,并生成 SPI 中断。

②SPE 位清零,这将关闭器件的所有输出,并关闭 SPI 接口。

③MSTR 位清零,从而强制器件进入从模式。

(2)使用以下软件序列将 MODF 位清零。

①在 MODF 位置 1 时,对 SPI_SR 寄存器执行读或写访问。

②然后,对 SPI_CR1 寄存器执行写操作。

为避免包含多个 MCU 的系统中发生多从模式冲突,必须在 MODF 位清零序列期间将 NSS 引脚拉高。在该清零序列后,可以将 SPE 和 MSTR 位恢复到原始状态。硬件不允许在 MODF 位置 1 时将 SPE 和 MSTR 位置 1。

在从器件中,不能将 MODF 位置 1。但是,在多主模式配置中,器件可在 MODF 位置 1 时处于从模式。在这种情况下,MODF 位指示系统控制可能存在多主模式冲突。可使用中断程序从此状态完全恢复,方法是执行复位或返回到默认状态。

2. 溢出错误

当主器件发送完数据字节,而从器件尚未将上一个收到的数据所产生的 RXNE 位清零时,将出现溢出错误。

出现溢出错误时,OVR 位置 1 并在 ERRIE 位置 1 时生成一个中断。在这种情况下,接收器缓冲区内容不会被来自主器件的新数据更新。读取 SPI_DR 寄存器将返回此字节,主器件后续发送的所有其他字节均将丢失。

依次读取 SPI_DR 寄存器和 SPI_SR 寄存器可将 OVR 清除。

3. CRC 错误

当 SPI_CR1 寄存器中的 CRCEN 位置 1 时,此标志用于验证接收数据的有效性。如果移位寄存器中接收的值与 SPI_RXCRCR 的值不匹配,SPI_SR 寄存器中的 CRCERR 标志将置 1。

4. TI 模式帧格式错误

如果 SPI 在从模式下工作,并配置为符合 TI 模式协议,则在持续通信期间出现 NSS 脉冲时,将检测到 TI 模式帧格式错误。出现此错误时,SPI_SR 寄存器中的 FRE 标志将置 1。发生错误时不会关闭 SPI,但会忽略 NSS 脉冲,并且 SPI 会等待至下一个 NSS 脉冲,然后再开始新的传输。由于错误检测可能导致丢失两个数据字节,因此数据可能会损坏。

读取 SPI_SR 寄存器时,将清零 FRE 标志。如果 ERRIE 位置 1,则检测到帧格式错误时将产生中断。在这种情况下,由于无法保证数据的连续性,应关闭 SPI,并在重新使能从 SPI 后,由主器件重新发起通信。

12.2.8　SPI 的中断

STM32F407 的 SPI 中断请求标志一般有 6 个,见表 12.2。

表 12.2　SPI 中断请求

中断事件	事件标志	中断使能控制位
发送缓冲区为空	TXE	TXEIE
接收缓冲区非空	RXNE	RXNEIE

续表 12.2

中断事件	事件标志	中断使能控制位
主模式故障	MODF	ERRIE
溢出错误	OVR	
CRC 错误	CRCERR	
TI 帧格式错误	FRE	ERRIE

12.2.9 SPI 的引脚配置(3 个 SPI)

哪些引脚可以复用为 SPIx 的相应功能引脚,需要查数据手册。

STM32F407ZGT6 有三个 SPI 接口,分别是 SPI1、SPI2、SPI3。SPI 引脚复用配置见表 12.3。

表 12.3 SPI 引脚复用配置

外设	SPI1	SPI2	SPI3
总线	APB2	APB1	APB1
MOSI	PA7/PB5	PB15/PC3/PI3	PB5/PC12
SIMO	PA6/PB4	PB14/PC2/PI2	PB4/PC11
SCKL	PA5/PB3	PB10/PB13/PI1	PB3/PC10
NSS	PA4/ PA15	PB9/PB12/PI0	PA4/PA15

注:PB3、PB4、PA15 引脚还与 JTAG 调试引脚相关。

12.3 SPI 库函数使用说明

1. 初始化 SPI

void SPI_Init(SPI_TypeDef * SPIx, SPI_InitTypeDef * SPI_InitStruct);

设置 SPI 工作模式等参数。以 SPI1 为例,设置 SPI1 为主机模式,设置数据格式为 8 位,然后通过 CPOL 位和 CPHA 位来设置 SCK 时钟极性及采样方式,并设置 SPI1 的时钟频率(最大 37.5 MHz),以及数据的格式等。

与其他外设初始化一样,第一个参数是 SPI 标号,这里使用的是 SPI1。下面说明第二个参数结构体类型 SPI_InitTypeDef 的定义。

```
typedef struct
{
uint16_t SPI_Direction;
uint16_t SPI_Mode;
uint16_t SPI_DataSize;
uint16_t SPI_CPOL;
uint16_t SPI_CPHA;
uint16_t SPI_NSS;
```

```
uint16_t SPI_BaudRatePrescaler;
uint16_t SPI_FirstBit;
uint16_t SPI_CRCPolynomial;
}SPI_InitTypeDef;
```

结构体成员变量比较多,下面简单介绍一下。

第 1 个参数:SPI_Direction 是用来设置 SPI 的通信方式,可以选择为半双工模式、全双工模式以及串行发模式和串行收模式,例如,选择全双工模式 SPI_Direction_2Lines_FullDuplex。

第 2 个参数:SPI_Mode 用来设置 SPI 的主从模式,例如,设置为主机模式 SPI_Mode_Master,当然也可以选择为从机模式 SPI_Mode_Slave。

第 3 个参数:SPI_DataSiz 为 8 位或 16 位帧格式选择项,这里是 8 位传输,选择 SPI_DataSize_8b。

第 4 个参数:SPI_CPOL 用来设置时钟极性,如果设置串行同步时钟的空闲状态为高电平,所以选择 SPI_CPOL_High。

第 5 个参数 SPI_CPHA 用来设置时钟相位,也就是选择在串行同步时钟的第几个跳变沿(上升或下降)数据被采样,可以为第 1 个或者第 2 个跳边沿采集,如果选择第 2 个跳变沿,则选择 SPI_CPHA_2Edge。

第 6 个参数:SPI_NSS 设置 NSS 信号由硬件(NSS 管脚)还是软件控制,如果通过软件控制 NSS ,而不是硬件自动控制,所以选择 SPI_NSS_Soft。

第 7 个参数:SPI_BaudRatePrescaler 很关键,是设置 SPI 波特率预分频值也就是决定 SPI 的时钟的参数,从 2 分频到 256 分频的 8 个数值可选值,初始化的时候选择 256 分频值 SPI_BaudRatePrescaler_256, 传输速度为 84 MHz/256=328.125 kHz。

第 8 个参数:SPI_FirstBit 设置数据传输顺序是 MSB 位在前还是 LSB 位在前,这里选择 SPI_FirstBit_MSB,高位在前。

第 9 个参数:SPI_CRCPolynomial 是用来设置 CRC 校验多项式,提高通信可靠性,大于 1 即可。

上面 9 个参数设置完毕后,即初始化 SPI 外设。初始化的范例格式如下。

```
SPI_InitTypeDef SPI_InitStructure;
SPI_InitStructure. SPI_Direction = SPI_Direction_2Lines_FullDuplex;//双线双向全双工
SPI_InitStructure. SPI_Mode = SPI_Mode_Master; //主 SPI
SPI_InitStructure. SPI_DataSize = SPI_DataSize_8b; // SPI 发送接收 8 位帧结构
SPI_InitStructure. SPI_CPOL = SPI_CPOL_High;//串行同步时钟的空闲状态为高电平
SPI_InitStructure. SPI_CPHA = SPI_CPHA_2Edge;//第 2 个跳变沿数据被采样
SPI_InitStructure. SPI_NSS = SPI_NSS_Soft; //NSS 信号由软件控制
SPI_InitStructure. SPI_BaudRatePrescaler = SPI_BaudRatePrescaler_256;//预分频 256
SPI_InitStructure. SPI_FirstBit = SPI_FirstBit_MSB; //数据传输从 MSB 位开始
SPI_InitStructure. SPI_CRCPolynomial = 7; //CRC 值计算的多项式
SPI_Init(SPI1, &SPI_InitStructure); //根据指定的参数初始化外设 SPIx
```

2. 使能 SPI

```
void SPI_Cmd(SPI_TypeDef * SPIx, FunctionalState NewState);
```

这一步通过 SPI1_CR1 的 bit6 来设置,以启动 SPI1,在启动之后,就可以开始 SPI 通信了。库函数使能 SPI1 的方法如下。

SPI_Cmd(SPI1, ENABLE); //使能 SPI1 外设

3. SPI 传输数据

通信接口需要有发送数据和接收数据的函数。

(1)固件库提供的发送数据函数。

void SPI_I2S_SendData(SPI_TypeDef * SPIx, uint16_t Data);

这个函数很好理解,在 SPIx 数据寄存器写入数据 Data,从而实现发送。

(2)固件库提供的接收数据函数。

uint16_t SPI_I2S_ReceiveData(SPI_TypeDef * SPIx) ;

这个函数也很好理解,从 SPIx 数据寄存器读出接收到的数据。

4. SPI 传输状态标志及清除

FlagStatus SPI_I2S_GetFlagStatus(SPI_TypeDef * SPIx, uint16_t SPI_I2S_FLAG);

void SPI_I2S_ClearFlag(SPI_TypeDef * SPIx, uint16_t SPI_I2S_FLAG);

ITStatus SPI_I2S_GetITStatus(SPI_TypeDef * SPIx, uint8_t SPI_I2S_IT);

void SPI_I2S_ClearITPendingBit(SPI_TypeDef * SPIx, uint8_t SPI_I2S_IT);

在 SPI 传输过程中,经常要判断数据是否传输完成、发送区是否为空、中断标志等状态,这些可以通过以上函数来实现。

5. SPI 中断使能

void SPI_I2S_ITConfig(SPI_TypeDef * SPIx, uint8_t SPI_I2S_IT, FunctionalState NewState);

6. DMA 使能

void SPI_I2S_DMACmd(SPI_TypeDef * SPIx, uint16_t SPI_I2S_DMAReq, FunctionalState NewState);

12.4 SPI 接口应用实例

1. 程序配置过程

(1)使能 SPIx 和 I/O 口时钟。

RCC_AHBxPeriphClockCmd() / RCC_APBxPeriphClockCmd();

(2)初始化 I/O 口为复用功能。

void GPIO_Init(GPIO_TypeDef * GPIOx, GPIO_InitTypeDef * GPIO_InitStruct);

(3)设置引脚复用映射。

GPIO_PinAFConfig();

(4)初始化 SPIx,设置 SPIx 工作模式。

void SPI_Init(SPI_TypeDef * SPIx, SPI_InitTypeDef * SPI_InitStruct);

(5)使能 SPIx。

void SPI_Cmd(SPI_TypeDef * SPIx, FunctionalState NewState);

(6)SPI 传输数据。

void SPI_I2S_SendData(SPI_TypeDef * SPIx, uint16_t Data);

uint16_t SPI_I2S_ReceiveData(SPI_TypeDef * SPIx) ;

(7)查看 SPI 传输状态。

SPI_I2S_GetFlagStatus(SPI2, SPI_I2S_FLAG_RXNE);

2. 基于 W25Q128(容量为 16 M 字节的 FLASH)的访问

(1)W25Q128 简介。

W25Q128 是华邦公司推出的大容量 SPI FLASH 产品,该系列还有 W25Q80/16/32/64 等。本实例所选择的 W25Q128 容量为 128 Mbit,也就是 16 MB。

W25Q128 将 16 MB 的容量分为 256 个块(Block),每个块大小为 64 KB,每个块又分为 16 个扇区(Sector),每个扇区 4 KB。W25Q128 的最小擦除单位为一个扇区,也就是每次必须擦除 4 KB。这样需要给 W25Q128 开辟一个至少 4 KB 的缓存区,这样对 SRAM 要求比较高,要求芯片必须有 4 KB 以上的 SRAM 才能很好地操作。

W25Q128 的擦写周期多达 10 万次,具有 20 年的数据保存期限,支持电压为 2.7~3.6V, W25Q128 支持标准的 SPI,还支持双输出/四输出的 SPI,SPI 传输最大时钟可以到 80 MHz(双输出时相当于 160 MHz,四输出时相当于 320 MHz)。更多的 W25Q128 的介绍,请参考 W25Q128 的芯片手册(DATASHEET)。

本实例是利用 SPI 简单访问 W25Q128 的实例。要求把若干个字符写到 W25Q128 中,并读出显示。KEY1 键按下,写入字符;KEY0 键按下,读出字符并显示。

(2)硬件电路。

STM32F407 与 W25Q128 连接硬件电路如图 12.7 所示。LCD 显示电路,请参阅本书第 8 章。

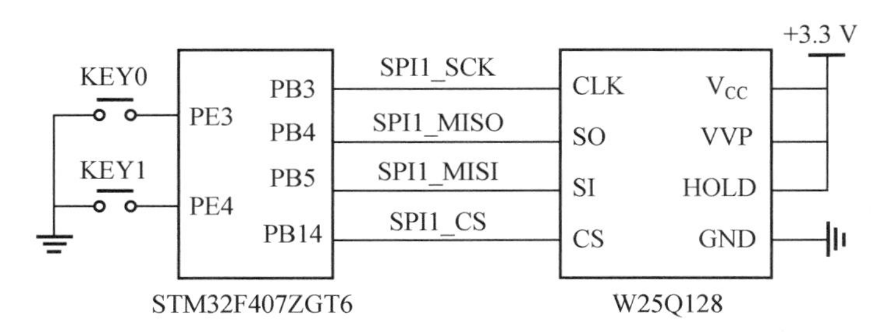

图 12.7　STM32F407 与 W25Q128 连接硬件电路

(3)程序清单。

```
//主函数
const u8 TEXT_Buffer[ ] = {"Explorer STM32F4 SPI TEST"};//要写入到 W25Q16 的字符串数组
#define SIZE sizeof(TEXT_Buffer)//写入的字节数
u8 rece_data[SIZE];//接收到的数据
u32 adress=16 * 1024 * 1024-100;//从 W25Q128 倒数 256 处写入
u16 sector;
```

```
int main(void)
{
    u8 key;
    NVIC_PriorityGroupConfig(NVIC_PriorityGroup_2);//设置系统中断优先级分组 2
    delay_init(168); //初始化延时函数
    uart_init(115200);//初始化串口波特率为 115 200
    LCD_Init();//LCD 初始化
    KEY_Init();//按键初始化
    W25QXX_Init();//W25QXX 初始化
    POINT_COLOR=RED;
    LCD_ShowString(50,100,400,30,24,"KEY1:Write   KEY0:Read");//显示提示信息
    while(1)
  {
    key=KEY_Scan(0);
    if(key==KEY1_PRES)//KEY1 按下,写入 W25Q128
    {
        sector=adress/256/16;
        W25QXX_Erase_Sector(sector);
        W25QXX_Write_Page((u8 *)TEXT_Buffer,adress,SIZE);
        //从倒数第 100 个地址处开始,写入 SIZE 长度的数据
        LCD_ShowString(50,200,400,30,24,"W25Q128 Write Finished!");
        //提示传送完成
    }
    if(key==KEY0_PRES)//KEY0 按下,读取字符串并显示
    {
        W25QXX_Read(rece_data,adress,SIZE);
        //从倒数第 100 个地址处开始,读出 SIZE 个字节
        LCD_ShowString(50,200,400,30,24,"The Data Readed Is:");
        //提示传送完成
        LCD_ShowString(50,250,400,30,24,rece_data);//显示读到的字符串
    }
    delay_ms(10);
  }
}

//初始化 SPI
void SPI1_Init(void)
{
  GPIO_InitTypeDef   GPIO_InitStructure;
  SPI_InitTypeDef   SPI_InitStructure;
```

```
    RCC_AHB1PeriphClockCmd(RCC_AHB1Periph_GPIOB, ENABLE);//使能 GPIOB 时钟
    RCC_APB2PeriphClockCmd(RCC_APB2Periph_SPI1, ENABLE);//使能 SPI1 时钟
    //GPIOFB3,4,5 初始化设置
    GPIO_InitStructure.GPIO_Pin = GPIO_Pin_3|GPIO_Pin_4|GPIO_Pin_5;
    //PB3~5 复用功能
    GPIO_InitStructure.GPIO_Mode = GPIO_Mode_AF;//复用功能
    GPIO_InitStructure.GPIO_OType = GPIO_OType_PP;//推挽输出
    GPIO_InitStructure.GPIO_Speed = GPIO_Speed_100 MHz;//100 MHz
    GPIO_InitStructure.GPIO_PuPd = GPIO_PuPd_UP;//上拉
    GPIO_Init(GPIOB, &GPIO_InitStructure);//初始化 IO
    GPIO_PinAFConfig(GPIOB,GPIO_PinSource3,GPIO_AF_SPI1); //PB3 复用为 SPI1
    GPIO_PinAFConfig(GPIOB,GPIO_PinSource4,GPIO_AF_SPI1); //PB4 复用为 SPI1
    GPIO_PinAFConfig(GPIOB,GPIO_PinSource5,GPIO_AF_SPI1); //PB5 复用为 SPI1
      //这里只针对 SPI 口初始化
    RCC_APB2PeriphResetCmd(RCC_APB2Periph_SPI1,ENABLE);//复位 SPI1
    RCC_APB2PeriphResetCmd(RCC_APB2Periph_SPI1,DISABLE);//停止复位 SPI1
    SPI_InitStructure.SPI_Direction = SPI_Direction_2Lines_FullDuplex;
    //设置 SPI 单向或者双向的数据模式:SPI 设置为双线双向全双工
    SPI_InitStructure.SPI_Mode = SPI_Mode_Master;//设置 SPI 工作模式,设置为主 SPI
    SPI_InitStructure.SPI_DataSize = SPI_DataSize_8b;
    //设置 SPI 的数据大小,SPI 发送接收 8 位帧结构
    SPI_InitStructure.SPI_CPOL = SPI_CPOL_High;//串行同步时钟的空闲状态为高电平
    SPI_InitStructure.SPI_CPHA = SPI_CPHA_2Edge;
    //串行同步时钟的第 2 个跳变沿(上升或下降)数据被采样
    SPI_InitStructure.SPI_NSS = SPI_NSS_Soft;
    //NSS 信号由硬件(NSS 管脚)还是软件(使用 SSI 位)管理,内部 NSS 信号由 SSI 位
控制
    SPI_InitStructure.SPI_BaudRatePrescaler = SPI_BaudRatePrescaler_256;
    //定义波特率预分频的值:波特率预分频值为 256
    SPI_InitStructure.SPI_FirstBit = SPI_FirstBit_MSB;
    //指定数据传输从 MSB 位还是 LSB 位开始:数据传输从 MSB 位开始
    SPI_InitStructure.SPI_CRCPolynomial = 7;//CRC 值计算的多项式
    SPI_Init(SPI1, &SPI_InitStructure);//根据指定的参数初始化外设 SPI1 寄存器
    SPI_Cmd(SPI1, ENABLE); //使能 SPI 外设
    SPI1_ReadWriteByte(0xff);//启动传输
  }
  //使用到的 SPI 及 W25Q128 常用的函数
  //SPI1 速度设置函数
  //SPI 速度=fAPB2/分频系数
  //fAPB2 时钟一般为 84 MHz:
```

```
void SPI1_SetSpeed(u8 SPI_BaudRatePrescaler)
{
  assert_param(IS_SPI_BAUDRATE_PRESCALER(SPI_BaudRatePrescaler));
  //判断有效性
    SPI1->CR1&=0XFFC7;//位 3 ~5 清零,用来设置波特率
    SPI1->CR1|=SPI_BaudRatePrescaler;//设置 SPI1 速度
    SPI_Cmd(SPI1,ENABLE); //使能 SPI1
}
//SPI1:读写一个字节
//TxData:要写入的字节
//返回值:读取到的字节
u8 SPI1_ReadWriteByte(u8 TxData)
{
  while (SPI_I2S_GetFlagStatus(SPI1, SPI_I2S_FLAG_TXE) == RESET){}
  //等待发送区空
    SPI_I2S_SendData(SPI1, TxData); //通过外设 SPIx 发送一个 byte 数据
  while (SPI_I2S_GetFlagStatus(SPI1, SPI_I2S_FLAG_RXNE) == RESET){}
  //等待接收完一个 byte
    return SPI_I2S_ReceiveData(SPI1); //返回通过 SPIx 最近接收的数据
}
//4 KB 为一个 Sector
//16 个扇区为 1 个 Block
//W25Q128
//容量为 16 M 字节,共有 256 个 Block,4 096 个 Sector

//初始化 SPI FLASH 的 I/O 口
void W25QXX_Init(void)
{
  GPIO_InitTypeDef  GPIO_InitStructure;
  RCC_AHB1PeriphClockCmd(RCC_AHB1Periph_GPIOB, ENABLE);//使能 GPIOB 时钟
  RCC_AHB1PeriphClockCmd(RCC_AHB1Periph_GPIOG, ENABLE);//使能 GPIOG 时钟
  //GPIOB14
  GPIO_InitStructure.GPIO_Pin = GPIO_Pin_14;//PB14
  GPIO_InitStructure.GPIO_Mode = GPIO_Mode_OUT;//输出
  GPIO_InitStructure.GPIO_OType = GPIO_OType_PP;//推挽输出
  GPIO_InitStructure.GPIO_Speed = GPIO_Speed_100 MHz;//100 MHz
  GPIO_InitStructure.GPIO_PuPd = GPIO_PuPd_UP;//上拉
  GPIO_Init(GPIOB, &GPIO_InitStructure);//初始化

  GPIO_InitStructure.GPIO_Pin = GPIO_Pin_7;//PG7
```

```
  GPIO_Init(GPIOG, &GPIO_InitStructure);//初始化
  GPIO_SetBits(GPIOG,GPIO_Pin_7);//PG7 输出 1,防止 NRF 干扰 SPI FLASH 的通信
    W25QXX_CS=1;//SPI FLASH 不选中
    SPI1_Init(); //初始化 SPI
    SPI1_SetSpeed(SPI_BaudRatePrescaler_4);//设置为 21 MHz 时钟
}

//读取 W25QXX 的状态寄存器
//BIT7  6   5   4   3   2   1   0
//SPR   RV  TB BP2 BP1 BP0 WEL BUSY
//SPR:默认 0,状态寄存器保护位,配合 WP 使用
//TB,BP2,BP1,BP0:FLASH 区域写保护设置
//WEL:写使能锁定
//BUSY:忙标记位(1,忙;0,空闲)
//默认:0x00
u8 W25QXX_ReadSR(void)
{
    u8 byte=0;
    W25QXX_CS=0;//使能器件
    SPI1_ReadWriteByte(W25X_ReadStatusReg);//发送读取状态寄存器命令
    byte=SPI1_ReadWriteByte(0Xff);//读取一个字节
    W25QXX_CS=1;//取消片选
    return byte;
}
//W25QXX 写使能
//将 WEL 置位
void W25QXX_Write_Enable(void)
{
    W25QXX_CS=0;//使能器件
    SPI1_ReadWriteByte(W25X_WriteEnable);//发送写使能
    W25QXX_CS=1;//取消片选
}

//W25QXX 写禁止
//将 WEL 清零
void W25QXX_Write_Disable(void)
{
    W25QXX_CS=0;//使能器件
    SPI1_ReadWriteByte(W25X_WriteDisable);//发送写禁止指令
    W25QXX_CS=1;//取消片选
```

```
}

//读取 SPI FLASH
//在指定地址开始读取指定长度的数据
//pBuffer:数据存储区
//ReadAddr:开始读取的地址(24 bit)
//NumByteToRead:要读取的字节数(最大 65 535)
void W25QXX_Read(u8 * pBuffer,u32 ReadAddr,u16 NumByteToRead)
{
    u16 i;
    W25QXX_CS=0;//使能器件
    SPI1_ReadWriteByte(W25X_ReadData);//发送读取命令
    SPI1_ReadWriteByte((u8)((ReadAddr)>>16));//发送 24 bit 地址
    SPI1_ReadWriteByte((u8)((ReadAddr)>>8));
    SPI1_ReadWriteByte((u8)ReadAddr);
    for(i=0;i<NumByteToRead;i++)
    {
        pBuffer[i]=SPI1_ReadWriteByte(0XFF);//循环读数
    }
    W25QXX_CS=1;
}
//SPI 在一页(0~65 535)内写入少于 256 个字节的数据
//在指定地址开始写入最大 256 字节的数据
//pBuffer:数据存储区
//WriteAddr:开始写入的地址(24 bit)
//NumByteToWrite:要写入的字节数(最大为 256),该数不应该超过该页的剩余字节数
void W25QXX_Write_Page(u8 * pBuffer,u32 WriteAddr,u16 NumByteToWrite)
{
    u16 i;
    W25QXX_Write_Enable();//SET WEL
    W25QXX_CS=0;//使能器件
    SPI1_ReadWriteByte(W25X_PageProgram);//发送写页命令
    SPI1_ReadWriteByte((u8)((WriteAddr)>>16));//发送 24 bit 地址
    SPI1_ReadWriteByte((u8)((WriteAddr)>>8));
    SPI1_ReadWriteByte((u8)WriteAddr);
    for(i=0;i<NumByteToWrite;i++)SPI1_ReadWriteByte(pBuffer[i]);//循环写数
    W25QXX_CS=1;//取消片选
    W25QXX_Wait_Busy();//等待写入结束
}
//擦除一个扇区
```

```
//Dst_Addr:扇区地址,根据实际容量设置
//擦除一个扇区的最少时间:150 ms
void W25QXX_Erase_Sector(u32 Dst_Addr)
{
    //监测 falsh 擦除情况,用于测试
    printf("fe:%x\r\n",Dst_Addr);
    Dst_Addr * =4096;
    W25QXX_Write_Enable();//SET WEL
    W25QXX_Wait_Busy();
    W25QXX_CS=0;//使能器件
    SPI1_ReadWriteByte(W25X_SectorErase);//发送扇区擦除指令
    SPI1_ReadWriteByte((u8)((Dst_Addr)>>16));//发送 24 bit 地址
    SPI1_ReadWriteByte((u8)((Dst_Addr)>>8));
    SPI1_ReadWriteByte((u8)Dst_Addr);
    W25QXX_CS=1;//取消片选
    W25QXX_Wait_Busy();//等待擦除完成
}
//等待空闲
void W25QXX_Wait_Busy(void)
{
    while((W25QXX_ReadSR()&0x01)= =0x01);// 等待 BUSY 位清空
}
```

(4)实验结果。

SPI 访问 FLASH 结果如图 12.8 所示。

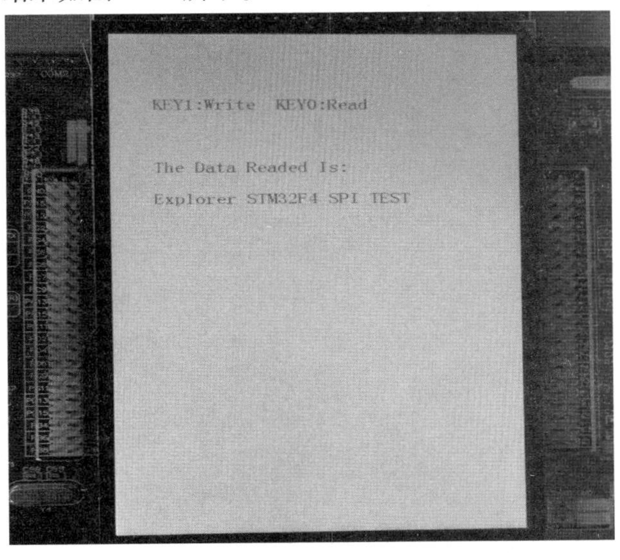

图 12.8　SPI 访问 FLASH 结果

思考与练习

1. 在 SPI 多机通信中主机如何区别各个从机?
2. 简述 CPOL 和 CPHA 相位的组合方式。
3. 根据 SPI 结构,简述 SPI 如何实现写操作,并绘制相应的数据传输流程图。
4. 编写程序,向 W25Q128 连续写 200 字节的数据,起始地址为 0X100。

第 13 章

STM32F4 的控制器局域网络(CAN)

13.1　CAN 总线简介

CAN 总线是 Controller Area Network(控制器局域网)的简称,是 20 世纪 80 年代由德国 Bosch 公司开发的有效支持分布式实时控制的总线式串行通信网络。它已得到 ISO、IEC 等众多标准组织的认可,成为一个开放、免费、标准化、规范化的协议,因而在汽车电子、工业控制、电力系统、医疗仪器、工程车辆、船舶设备、楼宇自动化等领域得到了非常广泛的应用。

1. CAN 总线的网络拓扑结构

CAN 控制器根据两根线上的电位差来判断总线电平。总线电平分为显性电平和隐性电平,二者必居其一。发送方使总线电平发生变化,将消息发送给接收方。与 RS232 和 RS485 一样, CAN 作为总线技术,它也有总线电平的概念。

(1)CAN2.0A/B 标准规定。

①线空闲时。CAN_H 和 CAN_L 上的电压为 2.5 V。

②在数据传输时,显性电平(逻辑 0)。CAN_H 3.5 V,CAN_L1.5 V。

③隐性电平(逻辑 1)。CAN_H2.5 V, CAN_L 2.5 V。

(2)CAN 总线的两种电平信号之间的关系。

①若隐性电平相遇,则总线表现为隐性电平。

②若显性电平相遇,则总线表现为显性电平。

③若隐性电平和显性电平相遇,则总线表现为显性电平。

CAN 的总线拓扑图如图 13.1 所示。

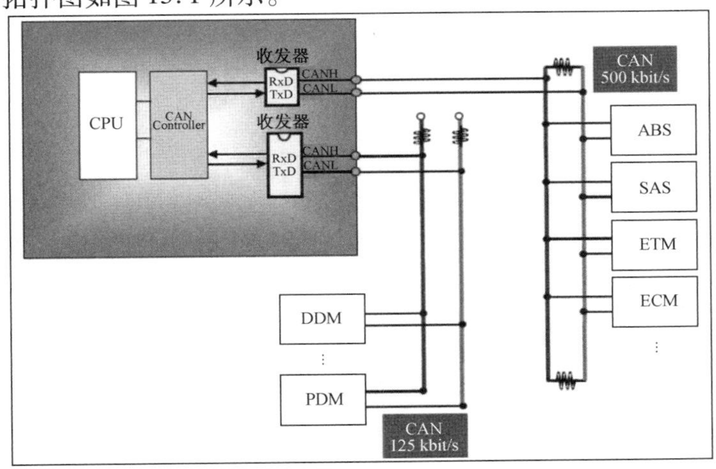

图 13.1　CAN 的总线拓扑图

2. CAN 总线帧的种类

CAN 协议是通过 5 种类型的帧进行通信的。这 5 种类型的帧分别是:数据帧、遥控帧、错误帧、过载帧和间隔帧。另外,数据帧和遥控帧有标准格式和扩展格式两种格式。标准格式有 11 位的标识符(ID),扩展格式有 29 位的标识符(ID)。CAN 协议各种帧及用途见表 13.1。

表 13.1　CAN 协议各种帧及用途

帧类型	帧用途
数据帧	用于发送单元向接收单元传送数据的帧
遥控帧	用于接收单元向具有相同 ID 的发送单元请求效据的帧
错误帧	用于当检测出错误时间其他单元通知请误的帧
过载帧	用于接收单元通知其尚未做好接收准备的帧
间隔帧	用于将数据帧及遥控帧与前面的值分离开来的帧

13.2　STM32F4 的 CAN

1. bxCAN 简介

STM32F4 自带的是 bxCAN,即基本扩展 CAN,可与 CAN 网络进行交互。该外设支持2.0A 和 2.0B 版本的 CAN 协议,以最少的 CPU 负载高效管理大量的传入消息,并可按需要的优先级实现消息发送。

它的设计目标是以最小的 CPU 负荷来高效处理大量收到的报文。它也支持报文发送的优先级要求(优先级特性可软件配置)。对于安全关键的应用,bxCAN 提供所有支持时间触发通信模式所需的硬件功能。

2. STM32F4 的 bxCAN 的主要特点

(1)支持 CAN 协议 2.0A 和 2.0B 主动模式。

(2)波特率最高达 1 Mbit/s。

(3)支持时间触发通信。

(4)三个发送邮箱。

(5)可配置的发送优先级。

(6)SOF 发送时间戳。

(7)两个具有三级深度的接收 FIFO。

(8)可调整的筛选器组。

(9)标识符列表功能。

(10)可配置的 FIFO 上溢。

(11)SOF 接收时间戳。

(12)禁止自动重发送模式。

(13)位自由运行定时器。

(14)在最后两个数据字节发送时间戳。

(15)可屏蔽中断。

(16)在唯一地址空间通过软件实现高效的邮箱映射。

(17)CAN 1 是主 bxCAN,用于管理 bxCAN 与 512 字节 SRAM 存储器之间的通信。

(18)CAN 2 是从 bxCAN,无法直接访问 SRAM 存储器。

(19)两个 bxCAN 单元共享 512 字节 SRAM 存储器。

STM32 的 CAN 外设架构图如图 13.2 所示。从图 13.2 中可以看出两个 CAN 都分别拥有自己的发送邮箱和接收 FIFO,但是它们共用 28 个滤波器。通过 CAN_FMR 寄存器的设置,可以设置滤波器的分配方式。

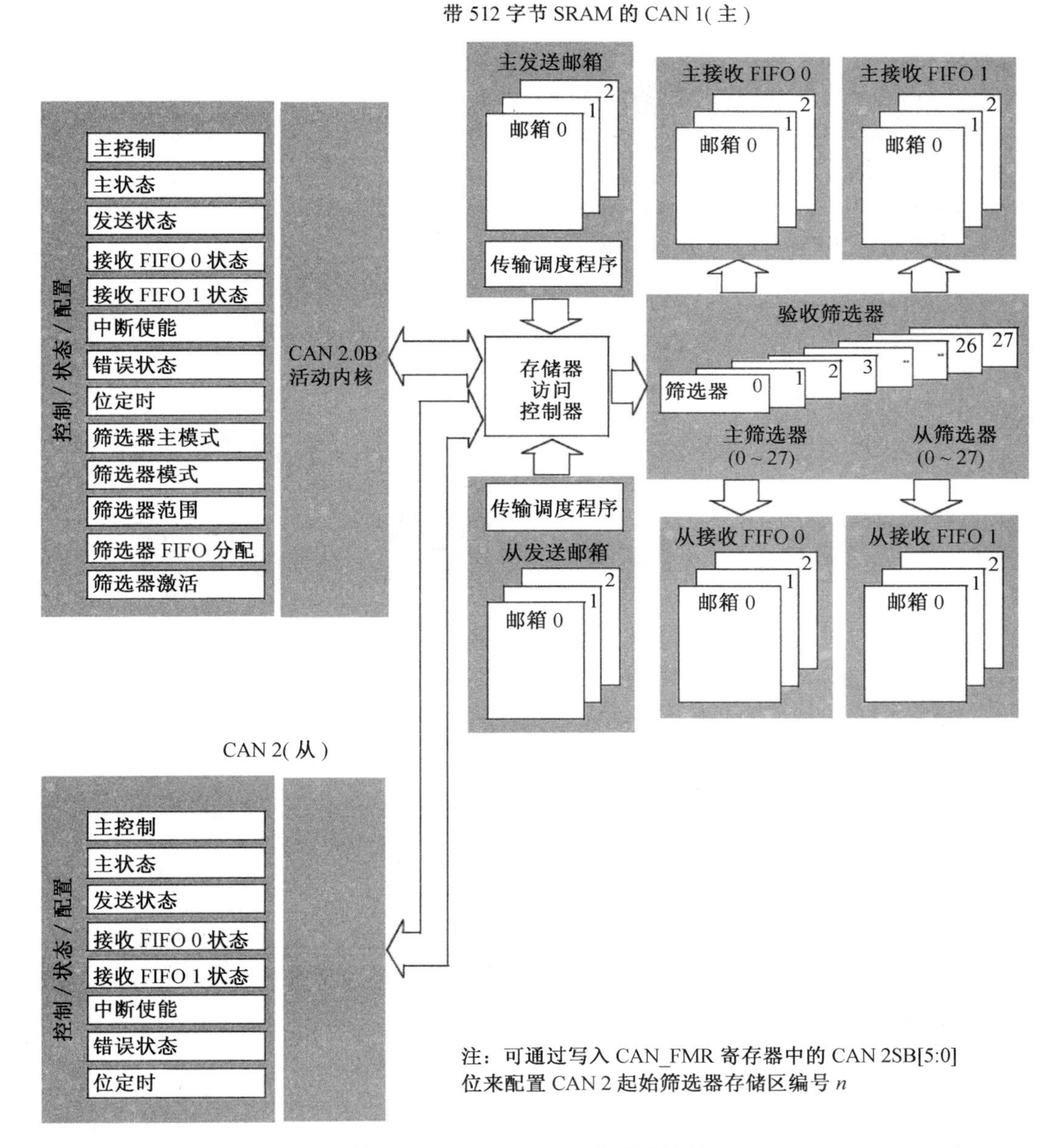

图 13.2　STM32 的 CAN 外设架构图

3. STM32 bxCAN 的功能

(1)屏蔽滤波器(筛选器)。

CAN 控制的每个过滤器都具备一个寄存器,简称屏蔽寄存器。其中标识符寄存器的每一位都与屏蔽寄存器的每一位相对应,事实上也对应着 CAN 标准数据帧中的标识符段。

①屏蔽位模式。在屏蔽位模式下,标识符寄存器和屏蔽寄存器一起,指定报文标识符的任何一位,应该按照“必须匹配”或“不用关心”处理。

②标识符列表模式。在标识符列表模式下,屏蔽寄存器也被当作标识符寄存器用。因此,不是使用一个标识符加一个屏蔽位的方式,而是使用两个标识符寄存器。接收报文标识符的每一位都必须和过滤器标识符相同。

为了过滤出一组标识符,应该设置过滤器组工作在屏蔽位模式。为了过滤出一个标识符,应该设置过滤器组工作在标识符列表模式。

(2)CAN 的发送处理。

CAN 发送流程为:程序选择一个空置的邮箱(TME=1)设置标识符(ID),数据长度和发送数据设置 CAN_TIxR 的 TXRQ 位为 1,请求发送邮箱挂号(等待成为最高优先级)预定发送(等待总线空闲)发送邮箱空置,如图 13.3 所示。

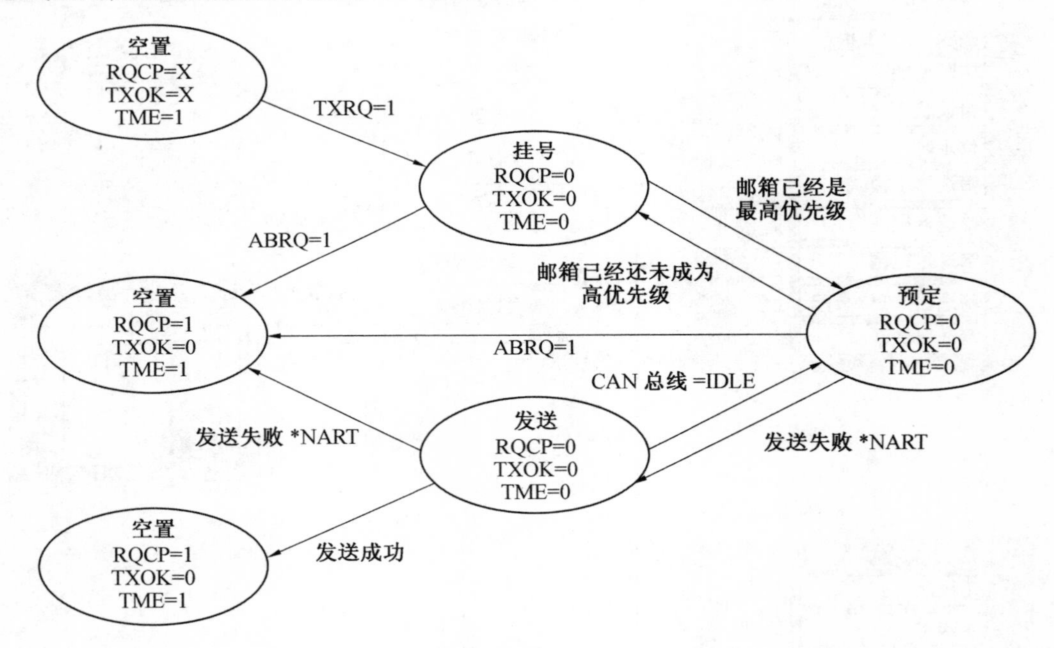

图 13.3　发送邮箱

CAN 的发送优先级是由标识符决定的,当有超过一个发送邮箱在挂号时,发送顺序由邮箱中报文的标识符决定。根据 CAN 协议,标识符数值最低的报文具有最高的优先级。如果标识符的值相等,那么邮箱号小的报文先被发送。

(3) CAN 的接收管理。

接收到的报文被存储在 3 级邮箱深度的 FIFO 中。FIFO 完全由硬件来管理,从而节省了 CPU 的处理负荷,简化了软件并保证了数据的一致性。应用程序只能通过读取 FIFO 输出邮箱,来读取 FIFO 中最先收到的报文,如图 13.4 所示。根据 CAN 协议,当报文被正确接收(直到 EOF 域的最后一位都没有错误),且通过了标识符过滤,那么该报文被认为是有效报文。

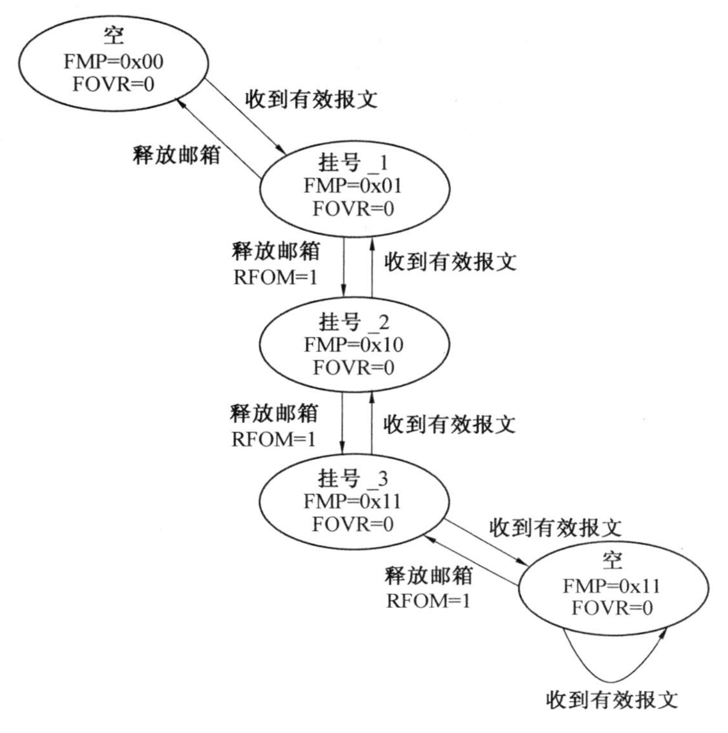

图 13.4　FIFO 接收报文

(4)CAN 波特率计算。

位时间特性逻辑通过采样来监测串行的 CAN 总线,并且通过与帧起始位的边沿进行同步,及通过与后面的边沿进行重新同步来调整其采样点。它的操作可以简单解释为,如下所述把名义上的每位时间分为 3 段。

①同步段(SYNC_ SEG)。通常期望位的变化发生在该时间段内。

②时间段 1(BS1)。定义采样点的位置。它包含 CAN 标准里的 PROP_SEG 和 PHASE_SEG1。其值可以编程为 1 ~16 个时间单元,但也可以被自动延长,以补偿因为网络中不同节点的频率差异所造成的相位的正向漂移;

③时间段 2(BS2)。定义发送点的位置,它代表 CAN 标准里的 PHASE_ SEG2。其值可以编程为 1 ~8 个时间单元,但也可以被自动缩短以补偿相位的负向漂移。

$$\text{CAN 波特率} = \text{系统时钟} / \text{分频数} / (t_q + t_{BS1} + t_{BS2})$$

其中,

$$t_{BS1} = t_q \times (TS1[3:0] + 1)$$
$$t_{BS2} = t_q \times (TS2[2:0] + 1)$$
$$t_q = (BRP[9:0] + 1) \times t_{PCLK}$$

这里 t_q 表示一个时间单元,t_{PCLK} = APB 时钟的时间周期,BRP[9:0]、TS1[3:0]和 TS2[2:0]在 CAN_BTR 寄存器中定义。

(5) bxCAN 工作模式。

bxCAN 有 3 个主要的工作模式,如图 13.5 所示,初始化、正常和睡眠模式。在硬件复位

后,bxCAN 工作在睡眠模式以节省电能,同时 CANTX 引脚的内部上拉电阻被激活。软件通过对 CAN_MCR 寄存器的 INRQ 或 SLEEP 位置 1,可以请求 bxCAN 进入初始化或睡眠模式。一旦进入了初始化或睡眠模式,bxCAN 就对 CAN_MSR 寄存器的 INAK 或 SLAK 位置 1 来进行确认,同时内部上拉电阻被禁用。当 INAK 和 SLAK 位都为 0 时,bxCAN 就处于正常模式。在进入正常模式前,bxCAN 必须跟 CAN 总线取得同步。为取得同步,bxCAN 要等待 CAN 总线达到空闲状态,即在 CANRX 引脚上监测到 11 个连续的隐性位。

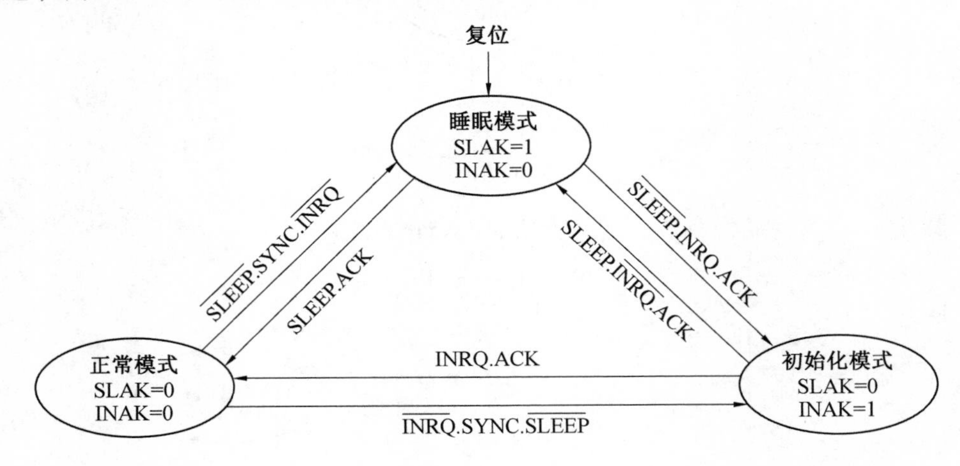

图 13.5　bxCAN 工作模式

13.3　CAN 总线寄存器

CAN 相关寄存器见表 13.2。

表 13.2　CAN 相关寄存器

寄存器	描述	寄存器	描述
CAN_MCR	CAN 主控制寄存器	CAN_RIR	接收 FIFO 邮箱标识符寄存器
CAN_MSR	CAN 主状态寄存器	CAN_RDTR	接收 FIFO 邮箱数据长度和时间戳寄存器
CAN_TSR	CAN 发送状态寄存器	CAN_RDLR	接收 FIFO 邮箱低字节数据寄存器
CAN_RF0R	CAN 接收 FIFO0 寄存器	CAN_RDHR	接收 FIFO 邮箱高字节数裾寄存器
CAN_RF1R	CAN 接收 FIFO1 寄存器	CAN_FMR	CAN 过滤器主控寄存器
CAN_IER	CAN 中断允许寄存器	CAN_FM0R	CAN 过滤器模式寄存器
CAN_ESR	CAN 错误状态寄存器	CAN_FSC0R	CAN 过滤器位宽寄存器
CAN_BTR	CAN 位时间特性寄存器	CAN_FFA0R	CAN 过滤器 FIFO 美联寄器
CAN_TIR	发送邮箱标识符寄存器	CAN_FAOR	CAN 过滤器激活寄存器
CAN_TDTR	发送邮箱数器长度和时间截寄存器	CAN_FR0	过滤器组 0 寄存器
CAN_TDLR	发送邮箱低字节数据寄存器	CAN_FRI	过滤器组 1 寄存器
CAN_TDHR	发送邮箱高字节数据寄存器	—	—

有关寄存器的详细描述,请参考《STM32F4xx 中文参考手册》。

13.4　CAN 总线库函数使用说明

与 CAN 总线相关的函数和宏都被定义在以下两个文件中。

①头文件:stm32f4xx_can.h。

②源文件:stm32f4xx_can.c。

1. CAN 总线初始化函数

uint8_t CAN_Init(CAN_TypeDef * CANx, CAN_InitTypeDef * CAN_InitStruct);

该函数 CAN_Init()用来初始化 CAN 的工作模式以及波特率。

参数 1:CAN_TypeDef * CANx,就是 CAN 标号。

参数 2:CAN_InitTypeDef * CAN_InitStruct,CAN 初始化结构体指针, CAN_InitTypeDef 是自定义结构体类型。

```
typedef struct
{
FunctionnalState CAN_TTCM;
FunctionnalState CAN_ABOM;
FunctionnalState CAN_AWUM;
FunctionnalState CAN_NART;
FunctionnalState CAN_RFLM;
FunctionnalState CAN_TXFP;
uint8_t   CAN_Mode;
uint8_t   CAN_SJW;
uint8_t   CAN_BS1;
uint8_t   CAN_BS2;
uint16_t   CAN_Prescaler;
} CAN_InitTypeDef;
```

成员 1:CAN_TTCM,用来使能或者失能时间触发通信模式,可以设置这个参数的值为 ENABLE 或者 DISABLE。

成员 2:CAN_ABOM,用来使能或者失能自动离线管理,可以设置这个参数的值为 ENABLE 或者 DISABLE。

成员 3:CAN_AWUM,用来使能或者失能自动唤醒模式,可以设置这个参数的值为 ENABLE 或者 DISABLE。

成员 4:CAN_NARM 用来使能或者失能非自动重传输模式,可以设置这个参数的值为 ENABLE 或者 DISABLE。

成员 5:CAN_RFLM 用来使能或者失能接收 FIFO 锁定模式,可以设置这个参数的值为 ENABLE 或者 DISABLE。

成员 6:CAN_TXFP 用来使能或者失能发送 FIFO 优先级,可以设置这个参数的值为 ENABLE 或者 DISABLE。

成员 7:CAN_Mode CAN_Mode ,设置了 CAN 的工作模式,具体如下。

CAN_Mode_Normal-CAN 硬件工作在正常模式；

CAN_Mode_Silent-CAN 硬件工作在静默模式；

CAN_Mode_LoopBack-CAN 硬件工作在环回模式；

CAN_Mode_Silent_LoopBack-CAN 硬件工作在静默环回模式。

成员 8：CAN_SJW，重新同步跳跃宽度，即在每位中可以延长或缩短多少个时间单位的上限。

成员 9：CAN_BS1 设定了时间段 1 的时间单位数目。

成员 10：CAN_BS2，设定了时间段 2 的时间单位数目。

成员 11：CAN_Prescaler，分频系数，它的范围为 1 ~1 024。

初始化实例如下。

```
CAN_InitTypeDef. CAN_InitStructure;
CAN_InitStructure. CAN_TTCM = DISABLE;
CAN_InitStructure. CAN_ABOM = DISABLE;
CAN_InitStructure. CAN_AWUM = DISABLE;
CAN_InitStructure. CAN_NART = DISABLE;
CAN_InitStructure. CAN_RFLM = ENABLE;
CAN_InitStructure. CAN_TXFP = DISABLE;
CAN_InitStructure. CAN_Mode = CAN_Mode_Normal;
CAN_InitStructure. CAN_BS1 = CAN_BS1_4tq;
CAN_InitStructure. CAN_BS2 = CAN_BS2_3tq;
CAN_InitStructure. CAN_Prescaler = 0;
CAN_Init(&CAN_InitStructure);
```

2. CAN 的滤波器初始化函数 CAN_FilterInit ( )

```
void CAN_FilterInit(CAN_FilterInitTypeDef * CAN_FilterInitStruct);
```

函数 CAN_FilterInit ( )用来初始化 CAN 的滤波器相关参数。这个函数只有一个参数就是 CAN_FilterInitTypeDef * CAN_FilterInitStruct，其定义如下。

```
typedef struct
{
uint8_t   CAN_FilterNumber;
uint8_t   CAN_FilterMode;
uint8_t   CAN_FilterScale;
uint16_t   CAN_FilterIdHigh;
uint16_t   CAN_FilterIdLow;
uint16_t   CAN_FilterMaskIdHigh;
uint16_t   CAN_FilterMaskIdLow;
uint16_t   CAN_FilterFIFOAssignment;
FunctionalState CAN_FilterActivation;
} CAN_FilterInitTypeDef;
```

成员 1：CAN_FilterNumber，指定了待初始化的过滤器，范围为 1 ~13。

成员 2:CAN_FilterMode,指定了过滤器将被初始化的模式。

成员 3:CAN_FilterScale,给出了过滤器位宽。

成员 4:CAN_FilterIdHigh,用来设定过滤器标识符(32 位位宽时为其高段位,16 位位宽时为第一个),范围为 0x0000 ~ 0xFFFF。

成员 5:CAN_FilterIdLow,用来设定过滤器标识符(32 位位宽时为其低段位,16 位位宽时为第二个),范围为 0x0000 ~ 0xFFFF。

成员 6:CAN_FilterMaskIdHigh,用来设定过滤器屏蔽标识符或者过滤器标识符(32 位位宽时为其高段位,16 位位宽时为第一个),范围为 0x0000 ~ 0xFFFF。

成员 7:CAN_FilterMaskIdLow,用来设定过滤器屏蔽标识符或者过滤器标识符(32 位位宽时为其低段位,16 位位宽时为第二个),范围为 0x0000 ~ 0xFFFF。

成员 8:CAN_FilterFIFO 设定了指向过滤器的 FIFO(0 或 1)。

成员 9:CAN_FilterActivation,使能或者失能过滤器。该参数可取的值为 ENABLE 或者 DISABLE。

```
CAN_FilterInitTypeDef CAN_FilterInitStructure;
CAN_FilterInitStructure. CAN_FilterNumber = 2;
CAN_FilterInitStructure. CAN_FilterMode = CAN_FilterMode_IdMask;
CAN_FilterInitStructure. CAN_FilterScale = CAN_FilterScale_One32bit;
CAN_FilterInitStructure. CAN_FilterIdHigh = 0x0F0F;
CAN_FilterInitStructure. CAN_FilterIdLow = 0xF0F0;
CAN_FilterInitStructure. CAN_FilterMaskIdHigh = 0xFF00;
CAN_FilterInitStructure. CAN_FilterMaskIdLow = 0x00FF;
CAN_FilterInitStructure. CAN_FilterFIFO = CAN_FilterFIFO0;
CAN_FilterInitStructure. CAN_FilterActivation = ENABLE;
CAN_FilterInit( &CAN_InitStructure) ;
```

3. 发送消息的函数

```
uint8_t CAN_Transmit( CAN_TypeDef * CANx, CanTxMsg * TxMessage) ;
```

该函数用于设定发送消息。

参数 1:CAN_TypeDef * CANx,就是 CAN 标号。

参数 2:CanTxMsg * TxMessage,发送信息结构体指针。

```
typedef struct
{
u32 StdId;
u32 ExtId;
uint8_t   IDE;
uint8_t   RTR;
uint8_t   DLC;
uint8_t   Data[8];
} CanTxMsg;
```

成员 1:StdId,用来设定标准标识符。它的取值范围为 0 ~ 0x7FF。

成员 2:ExtId,用来设定扩展标识符。它的取值范围为 0 ~0x3FFFF。

成员 3:IDE,用来设定消息标识符的类型。

成员 4:RTR,用来设定待传输消息的帧类型。它可以设置为数据帧或者远程帧。

成员 5:用来设定待传输消息的帧长度。它的取值范围为 0 ~0x8。

成员 6: Data[8] 包含了待传输数据,它的取值范围为 0 ~0xFF。

```
CanTxMsg TxMessage;
TxMessage. StdId = 0x1F;
TxMessage. ExtId = 0x00;
TxMessage. IDE = CAN_ID_STD;
TxMessage. RTR = CAN_RTR_DATA;
TxMessage. DLC = 2;
TxMessage. Data[0] = 0xAA;
TxMessage. Data[1] = 0x55;
CAN_Transmit( &TxMessage);
```

4. 接受消息的函数

void CAN_Receive (CAN_TypeDef * CANx, uint8_t FIFONumber, CanRxMsg * RxMessage);

参数 1:CAN_TypeDef * CANx,就是 CAN 标号。

参数 2:uint8_t FIFONumber,是用来存放接收到的信息。

参数 3:CanRxMsg * RxMessage,接收信息结构体指针。

```
typedef struct
{
u32 StdId;
u32 ExtId;
uint8_t   IDE;
uint8_t   RTR;
uint8_t   DLC;
uint8_t   Data[8];
uint8_t   FMI;
} CanRxMsg;
```

成员 1:StdId,用来设定标准标识符。它的取值范围为 0 ~0x7FF。

成员 2:ExtId, 用来设定扩展标识符。它的取值范围为 0 ~0x3FFFF。

成员 3:IDE, 用来设定消息标识符的类型。

成员 4:RTR,用来设定待传输消息的帧类型。它可以设置为数据帧或者远程帧。

成员 5:DLC,用来设定待传输消息的帧长度。它的取值范围为 0 ~0x8。

成员 6:Data[8]包含了待传输数据,它的取值范围为 0 ~0xFF。

成员 7:FMI,设定消息将要通过的过滤器索引,这些消息存储于邮箱中。该参数取值范围为 0 ~0xFF。

5. CAN 状态获取

对于 CAN 发送消息的状态,挂起消息数目等之类的传输状态信息,库函数提供了一些列的函数,包括 CAN_TransmitStatus( )函数、CAN_MessagePending( )函数、CAN_GetFlagStatus( )函数等,可以根据需要来调用。

13.5　CAN 总线通信应用实例

1. 硬件设计

通过一个按键选择 CAN 的工作模式(正常模式/环回模式),然后通过另一个控制数据发送,并通过查询的办法,将接收到的数据显示在 LCD 模块上。如果是环回模式,用一个开发板即可测试。如果是正常模式,就需要 2 个 STM32F4 开发板,并且将它们的 CAN 接口对接起来,然后一个开发板发送数据,另外一个开发板将接收到的数据显示在 LCD 模块上,如图 13.6 所示。

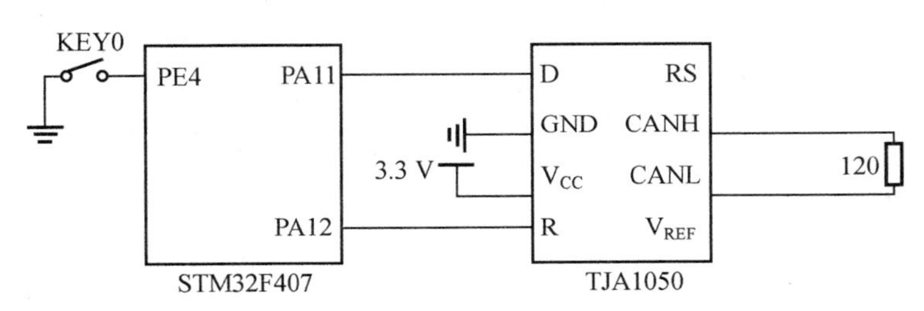

图 13.6　CAN 总线通信硬件电路设计图

2. 软件设计

(1)编程要点。

①使能 CAN 和 GPIO 的时钟。

②配置 CAN 外设的工作模式、位时序以及波特率。

③配置滤波器的工作方式。

④编写测试程序,收发报文并校验。

(2)代码分析。

①初始化 CAN 的 GPIO。

```
void   CAN_GPIO_Init(void)
{
GPIO_InitTypeDef GPIO_InitStructure; //使能相关时钟
RCC_AHB1PeriphClockCmd(RCC_AHB1Periph_GPIOA,ENABLE);//使能时钟
RCC_APB1PeriphClockCmd(RCC_APB1Periph_CAN1,ENABLE);//使能 CAN1 时钟

GPIO_InitStructure.GPIO_Pin = GPIO_Pin_11| GPIO_Pin_12;
GPIO_InitStructure.GPIO_Mode = GPIO_Mode_AF;//复用功能
GPIO_InitStructure.GPIO_OType = GPIO_OType_PP;//推挽输出
```

```
GPIO_InitStructure.GPIO_Speed = GPIO_Speed_100 MHz;//100 MHz
GPIO_InitStructure.GPIO_PuPd = GPIO_PuPd_UP;//上拉
GPIO_Init(GPIOA, &GPIO_InitStructure);//初始化 PA11,PA12
GPIO_PinAFConfig(GPIOA,GPIO_PinSource11,GPIO_AF_CAN1);//PA11 复用为 CAN1
GPIO_PinAFConfig(GPIOA,GPIO_PinSource12,GPIO_AF_CAN1); //PA12 复用为 CAN1
}
```

②配置 CAN 外设的工作模式、位时序以及波特率。

```
uint8_t  CAN1_Mode_Init(uint8_t  tsjw,uint8_t  tbs2,uint8_t  tbs1,uint16_t  brp,uint8_t mode)
{
CAN_InitTypeDef CAN_InitStructure;
RCC_AHB1PeriphClockCmd(RCC_AHB1Periph_GPIOA, ENABLE);//使能时钟
CAN_InitStructure.CAN_TTCM=DISABLE; //非时间触发通信模式
CAN_InitStructure.CAN_ABOM=DISABLE; //软件自动离线管理
CAN_InitStructure.CAN_AWUM=DISABLE;//睡眠模式通过软件唤醒
CAN_InitStructure.CAN_NART=ENABLE; //禁止报文自动传送
CAN_InitStructure.CAN_RFLM=DISABLE; //报文不锁定,新的覆盖旧的
CAN_InitStructure.CAN_TXFP=DISABLE; //优先级由报文标识符决定
CAN_InitStructure.CAN_Mode= mode; //模式设置
CAN_InitStructure.CAN_SJW=tsjw; //重新同步跳跃宽度
CAN_InitStructure.CAN_BS1=tbs1; //Tbs1 范围为 CAN_BS1_1tq ~CAN_BS1_16tq
CAN_InitStructure.CAN_BS2=tbs2;//Tbs2 范围为 CAN_BS2_1tq ~ CAN_BS2_8tq
CAN_InitStructure.CAN_Prescaler=brp; //分频系数(Fdiv)为 brp+1
CAN_Init(CAN1, &CAN_InitStructure); // 初始化 CAN1
}
```

③配置滤波器的工作方式。

```
void CAN_Filter_Config (void)
{
CAN_FilterInitTypeDef CAN_FilterInitStructure;
CAN_FilterInitStructure.CAN_FilterNumber=0; //过滤器 0
CAN_FilterInitStructure.CAN_FilterMode=CAN_FilterMode_IdMask;
CAN_FilterInitStructure.CAN_FilterScale=CAN_FilterScale_32bit; //32 位
CAN_FilterInitStructure.CAN_FilterIdHigh=0x0000;//32 位 ID
CAN_FilterInitStructure.CAN_FilterIdLow=0x0000;
CAN_FilterInitStructure.CAN_FilterMaskIdHigh=0x0000;//32 位 MASK
CAN_FilterInitStructure.CAN_FilterMaskIdLow=0x0000;
CAN_FilterInitStructure.CAN_FilterFIFOAssignment=CAN_Filter_FIFO0;
CAN_FilterInitStructure.CAN_FilterActivation=ENABLE; //激活过滤器 0
CAN_FilterInit(&CAN_FilterInitStructure);//滤波器初始化
```

```
CAN_ITConfig(CAN1,CAN_IT_FMP0,ENABLE);//使能 CAN 通信中断允许
}
```

④配置接收中断。

```
void   CAN_NVIC_Config(void)
{
NVIC_InitTypeDef NVIC_InitStructure;
NVIC_InitStructure.NVIC_IRQChannel = CAN1_RX0_IRQn;
NVIC_InitStructure.NVIC_IRQChannelPreemptionPriority = 1; //主优先级为 1
NVIC_InitStructure.NVIC_IRQChannelSubPriority = 0; //次优先级为 0
NVIC_InitStructure.NVIC_IRQChannelCmd = ENABLE;
NVIC_Init(&NVIC_InitStructure);
}
```

⑤设置发送报文。

要使用 CAN 发送报文时,需要先定义一个发送报文结构体并向它赋值。该函数用于 CAN 报文的发送,主要是设置标识符 ID 等信息,写入数据长度和数据,并请求发送,实现一次报文的发送。

```
uint8_t   CAN1_Send_Msg(uint8_t * msg,uint8_t   len)
{
uint8_t   mbox;
uint16_t   i=0;
CanTxMsg TxMessage;
TxMessage.StdId=0x12; // 标准标识符为 0
TxMessage.ExtId=0x12; // 设置扩展标示符(29 位)
TxMessage.IDE=0; // 使用扩展标识符
TxMessage.RTR=0; // 消息类型为数据帧,1 帧 8 位
TxMessage.DLC=len; // 发送两帧信息
for(i=0;i<len;i++)
TxMessage.Data[i]=msg[i]; // 第 1 帧信息
mbox= CAN_Transmit(CAN1, &TxMessage);
i=0;
while((CAN_TransmitStatus(CAN1, mbox)= =CAN_TxStatus_Failed)&&(i<0XFFF))
i++;
if(i>=0XFFF)return 1;
return 0;
}
```

⑥接收报文。

用来接收数据并且将接收到的数据存放到 buf 中。

```
uint8_t   CAN1_Receive_Msg(uint8_t   *buf)
{
```

```
u32 i;
CanRxMsg RxMessage;
if( CAN_MessagePending(CAN1,CAN_FIFO0)= =0)return 0;//没接收到数据,直接退出
CAN_Receive(CAN1, CAN_FIFO0, &RxMessage);//读取数据
for(i=0;i<RxMessage. DLC;i++)
buf[i]=RxMessage. Data[i];
return RxMessage. DLC; //返回接收到的数据长度
}
```

3. 主程序

```
int main(void)
{
    uint8_t  key, i=0,t=0. cnt=0,uint8_t  canbuf[8],res;
    uint8_t  mode=1;//CAN 工作模式;0,普通模式;1,环回模式
    delay_init(168); //初始化延时函数
    uart_init(115200); //初始化串口波特率为 115 200
    LCD_Init( ); //LCD 初始化
    KEY_Init( ); //按键初始化
    CAN_GPIO_Init( );
    CAN1_Mode_Init(CAN_SJW_1tq, CAN_BS2_6tq, CAN_BS1_7tq, 6, CAN_Mode_
LoopBack); //CAN 初始化环回模式,波特率 500 kbit/s
    CAN_Filter_Config ( );
    CAN_NVIC_Config( );
    LCD_ShowString(30,70,200,16,16,"CAN TEST");
    LCD_ShowString(30,90,200,16,16,"LoopBack Mode");
    LCD_ShowString(30,110,200,16,16,"KEY0:Send WK_UP:Mode");//显示提示信息
    LCD_ShowString(30,130,200,16,16,"Count:"); //显示当前计数值
    LCD_ShowString(30,150,200,16,16,"Send Data:"); //提示发送的数据
    LCD_ShowString(30,210,200,16,16,"Receive Data:"); //提示接收到的数据

    while(1)
    {
      key=KEY_Scan(0);
      if(key= =KEY0_PRES)//KEY0 按下,发送一次数据
      {
        for(i=0;i<8;i++)
        { canbuf[i]=cnt+i;//填充发送缓冲区
        if(i<4)LCD_ShowxNum(30+i*32,210,canbuf[i],3,16,0X80); //显示数据
        else LCD_ShowxNum(30+(i-4)*32,230,canbuf[i],3,16,0X80); //显示数据
          }
```

```
      res=CAN1_Send_Msg(canbuf,8);//发送 8 个字节
   if(res)LCD_ShowString(30+80,190,200,16,16,"Failed"); //提示发送失败
      else LCD_ShowString(30+80,190,200,16,16,"OK "); //提示发送成功
   }
   else if(key==WKUP_PRES)//WK_UP 按下,改变 CAN 的工作模式
   {
      mode=! mode;
      CAN1_Mode_Init(CAN_SJW_1tq,CAN_BS2_6tq,CAN_BS1_7tq,6,mode);
      //CAN 普通模式初始化,波特率为 500 kbit/s
      if(mode==0)//普通模式,需要 2 个开发板
         {
      LCD_ShowString(30,130,200,16,16,"Nnormal Mode ");
         }
   else //回环模式,一个开发板
      {
      LCD_ShowString(30,130,200,16,16,"LoopBack Mode");
      }
   }
   key=CAN1_Receive_Msg(canbuf);
   if(key)  //接收到数据
   {
      LCD_Fill(30,270,160,310,WHITE);//清除之前的显示
      for(i=0;i<key;i++)
      {
      if(i<4)LCD_ShowxNum(30+i*32,270,canbuf[i],3,16,0X80); //显示数据
   else LCD_ShowxNum(30+(i-4)*32,290,canbuf[i],3,16,0X80); //显示数据
    }
   }
   t++; delay_ms(10);
   if(t==20)
   {
   t=0;cnt++;
   LCD_ShowxNum(30+48,170,cnt,3,16,0X80); //显示数据
   }
  }
}
```

该函数用于设置波特率和 CAN 的模式,根据前面的波特率计算公式,知道这里的波特率被初始化为 500 kbit/s。mode 参数用于设置 CAN 的工作模式(普通模式/环回模式),通过按键,可以随时切换模式。cnt 是一个累加数,一旦键按下,就以这个数为基准连续发送 8 个数

据。当 CAN 总线接收到数据的时候,就将接收到的数据直接显示在 LCD 屏幕上。

思考与练习

1. STM32F4 的 bxCAN 的主要特点有哪些?
2. STM32F4 的 bxCAN 有几个工作模式?
3. STM32F4 的 bxCAN 的波特率是怎么计算的?试举例说明。

第 14 章

STM32F4 的其他功能

14.1 ARM-M4 内核简介

Cortex-M4 处理器是由 ARM 公司专门开发的最新嵌入式处理器,在 Cortex-M3 处理器的基础上强化了运算能力,新加了浮点、DSP、并行计算等,用以满足需要控制和信号处理混合功能的数字信号控制市场。Cortex-M4 处理器将 32 位控制与先进的数字信号处理技术集成在一起,以满足需要很高能效级别的市场。高效的信号处理功能与 Cortex-M 系列处理器的低功耗、低成本和易于使用的优点的组合,满足专门面向电动机控制、汽车、电源管理、嵌入式音频和工业自动化市场的新兴类别的灵活解决方案。

Cortex-M4 处理器的主要特点有以下几点。

(1)定位于新兴的、中高端的电子产品应用。

Cortex-M4 处理器融合了高效的信号处理能力以及诸多无可比拟的优势,包括低功耗、低成本和易于使用,面向电机控制、汽车电子、电源管理、嵌入式音频以及工业自动化等市场。

(2)高性能。

Cortex-M4 处理器具有一个单时钟周期乘法累加(MAC)指令、优化的单指令多数据(SIMD)指令、饱和运算指令和一个可选的单精度浮点运算单元(FPU)。这些数字信号处理功能基于 ARM Cortex-M4 系列处理器采用的创新技术,包括以下几点。

①高性能 32 位内核,可达 1.25 DMIPS/MHz。

②Thumb-2 指令集,提供最佳的代码密度。

③一个嵌套向量中断控制器,能完成出色的中断处理。

此外,Cortex-M4 处理器还提供了一个可选的内存保护单元(MPU),低成本的调试/追踪功能和集成的休眠状态,以增加灵活性。

(3)结合了 DSP 技术。

嵌入式市场对于 DSP 的要求已经从专用处理器转向了混合微控制器。这些产品能够提供出色的数字信号控制,同时又能为有效地进行其他操作提供灵活性。

ARM 的合作伙伴将从引入 Cortex-M4 处理器中获益,因为 Cortex-M4 不仅具备了最佳的数字信号控制操作所需的所有功能,还结合了深受市场认可的 Cortex-M 系列处理器的低功耗特点。

(4)新的工艺。

ARM 物理 IP 系列能为 Cortex-M4 处理器提供最广泛的代工厂和技术支持,以完成物理实现。这包括针对台积电 CE018FG(180nmULL)工艺提供的 Cortex-M 低功耗优化包,专门满足需要进行超低功耗实现的合作伙伴所需。

针对那些定位于高性能 MCU 器件的合作伙伴,ARM 同样提供在领先的代工厂工艺上的物理 IP 解决方案。为实现下一代 MCU 器件所提出的 150 MHz 目标频率,ARM 针对 65 nm GLOBAL FOUNDRIES 65LPe 工艺的物理 IP 能够仅以 65 000 门和低于 40 μW/MHz 的动态功耗完成 Cortex-M4 处理器的标准实现。如果添入 FPU,也仅须增加 25 000 门电路,从而能够以业界领先的尺寸完成该处理器的高性能实现。

(5)Cortex 微控制器软件接口标准(CMSIS)。

Cortex-M4 处理器得到 CMSIS 的完全支持。CMSIS 是独立于供应商 Cortex-M 处理器系列硬件抽象层,为外设和实时操作系统提供了一致的、简单的软件接口。

ARM 目前正在对 CMSIS 进行扩展,将加入支持 Cortex-M4 扩展指令集的 C 编译器;同时,ARM 也在开发一个优化库,方便 MCU 用户开发信号处理程序。该优化库将包含数字滤波算法和其他基本功能,如数学计算、三角计算和控制功能。数字滤波算法也将可以与滤波器设计工具、设计工具包(如 MATLAB 和 LabVIEW)配套使用。

此外,ARM 还开发了一系列 Cortex-M4 硬件和软件培训课程,以保证授权者能有效地将 Cortex-M4 处理器融入其设计,并以最低的市场风险和最短的上市时间实现最优的系统性能。

(6)多家 MCU 半导体公司获得授权。

多家领先的 MCU 半导体公司已获得 Cortex-M4 处理器授权,其中包括恩智浦、意法半导体和德州仪器等。

Cortex-M4 内核仅仅是一个 CPU 内核,而一个完整的微控制器还需要集成除内核外的很多其他组件。芯片生产商在得到 Cortex-M4 内核的使用授权后,可以把 Cortex-M4 内核用在自己的硅片设计中,添加存储器、片上外设、I/O 及其他功能块。不同厂家设计的微控制器会有不同的配置,存储器容量、类型、外设等都各具特色。如果想要了解某个具体型号的微控制器,还需查阅相关厂家提供的文档。很多领先的 MCU 半导体公司已经获得 Cortex-M4 内核授权,并已有很多成熟的微控制器产品其中包括意法半导体公司(STM32F4 系列微控制)、恩智浦(LPC4000 系列微控制)和德州仪器(TM4C 系列微控制)等。

14.2 STM32F4 引导程序简介

嵌入式软件系统一般由引导加载程序(Bootloader)和用户应用系统这两部分代码构成,引导加载程序 Bootloader 是在操作系统内核运行之前运行的一段小程序。通过这段小程序,初始化最基本的硬件设备将建立内存空间的映射图,从而将系统的软硬件环境带到一个合适的状态,以便为最终调用操作系统内核准备好正确的环境。

在 PC 机上,引导加载程序一般由两部分组成,一部分为位于主板上的固件程序,也就是常说的 BIOS;另一部分为位于硬盘 MBR 中的操作系统引导加载程序(如 GRUB、LILO 等)。

BIOS 负责完成硬件的检测和资源分配，以及加载硬盘 MBR 中的 Bootloader 到系统的 RAM 中，然后把控制权交给操作系统的引导加载程序。操作系统的引导加载程序再将内核映象从硬盘读到 RAM 中，然后跳转到内核的入口点，开始启动操作系统。

在嵌入式系统中，一般没有像 PC 上的固件程序 BIOS，整个引导过程仅由一段 Bootloader 完成。在一个基于 ARM 的嵌入式系统中，系统加电或复位时通常都从 00000000 处开始执行程序，该地址既是 ROM 或 Flash 的地址，也是放置 Bootloader 的位置。不同的 CPU 在系统加电或复位时开始执行的地址有可能会不同，具体位置需要查阅 CPU 相关的开发手册。

Bootloader 是依赖于硬件而实现的，特别是在嵌入式系统中，不同的 CPU 需求的 Bootloader 也是不同的。除了 CPU，Bootloader 还依赖于具体的嵌入式开发板的硬件配置，即对于两块不同的嵌入式开发板而言，即使它们基于相同的 CPU 构建，运行在其中一块开发板上的 Bootloader 也不一定能够运行在另一块开发板上。

Bootloader 一般放在 ROM、EPROM 和 Flash 中，在引导时需要将部分代码和数据复制到内存中，所以 Bootloader 一般分为 2 部分。第 1 部分为基本硬件初始化、异常中断处理，并将第 2 部分的代码和数据复制到内存；第 2 部分为 Bootloader 的人机接口和主要功能。

Bootloader 启动一般分为 2 个阶段。

(1) 第 1 阶段。

此阶段主要包含依赖于 CPU 体系结构的硬件初始化代码，通常用汇编语言来实现。这个阶段的任务如下所示。

①基本硬件设备的初始化(屏蔽所有中断，设置 CPU 的速度和时钟频率，关闭处理器内部指令/数据 Cache 等)。

②为第 2 阶段准备 RAM 空间。

③如果是从某个固态存储媒质中，则复制 Bootloader 的第 2 阶段代码到 RAM 中。

④设置堆栈。

⑤跳转到第 2 阶段的 C 程序入口点。

(2)第 2 阶段。

此阶段通常包括以下步骤(按执行的先后顺序)。

①初始化本阶段要使用的硬件设备。

②检测系统内存映射(Memory Map)。

③将 Kernel 映象和根文件系统映象从 Flash 读到 RAM 中。

④为内核设置启动参数。

⑤调用内核。

开放源代码的 Bootloader 的整体结构流程图如图 14.1 所示。

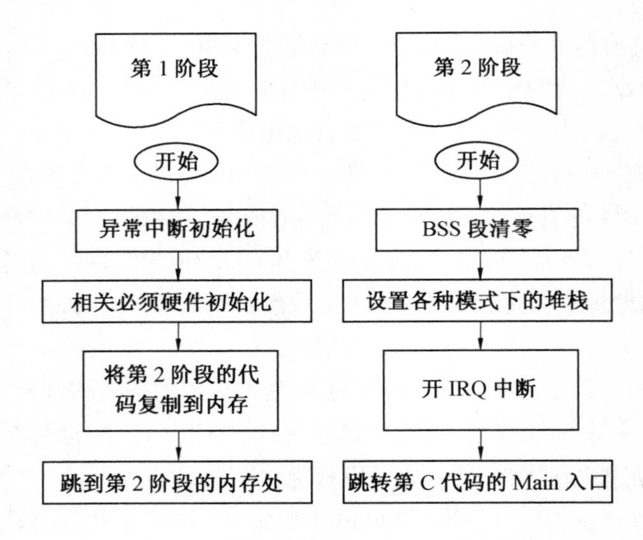

图 14.1　Bootlaoder 的整体结构流程图

BLOB C 代码的 Main 函数流程图如图 14.2 所示。

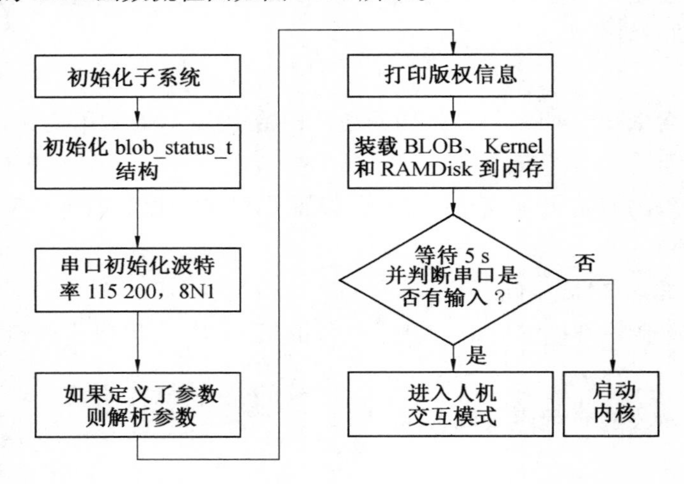

图 14.2　BLOB C 代码的 Main 函数流程图

14.3　STM32F4 低功耗与唤醒功能

1. 低功耗模式

很多单片机都有低功耗模式,STM32F4 也不例外。默认情况下,系统复位或上电复位后,微控制器进入运行模式。在运行模式下,CPU 通过 HCLK 提供时钟,并执行程序代码。系统提供了多个低功耗模式,可在 CPU 不需要运行时（例如,等待外部事件时）节省功耗。由用户根据应用选择具体的低功耗模式,以在低功耗、短启动时间和可用唤醒源之间寻求最佳平衡。STM32F4 提供了 3 种低功耗模式,以达到不同层次的降低功耗的目的,这 3 种模式如下。

（1）睡眠模式（CM4 内核停止工作,外设仍在运行）。

（2）停止模式（所有的时钟都停止）。

(3)待机模式。

此外,可通过下列方法之一降低运行模式的功耗。

(1)降低系统时钟速度。

(2)不使用 APBx 和 AHBx 外设时,将对应的外设时钟关闭。

在这 3 种低功耗模式中,最低功耗的是待机模式,在此模式下,最低只需要 2.2 μA 左右的电流。停机模式是次低功耗的,其典型的电流消耗在 350 μA 左右。最后是睡眠模式。用户可以根据自己的需求来决定使用哪种低功耗模式。

2. 睡眠模式

进入:执行 WFI(等待中断)或 WFE(等待事件)指令即可进入睡眠模式。

退出:嵌套向量中断控制器(NVIC)允许任何一个外设中断可以从休眠模式唤醒设备。

3. 停止模式

停止模式基于 Cortex-M4F 深度睡眠模式与外设时钟门控。调压器既可以配置为正常模式,也可以配置为低功耗模式。在停止模式下,1.2 V 域中的所有时钟都会停止,PLL、HSI 和 HSE 振荡器也被禁止。内部 SRAM 和寄存器内容将保留。将 PWR_CR 寄存器中的 FPDS 位置 1 后,Flash 还会在器件进入停止模式时进入掉电状态。Flash 处于掉电模式时,将器件从停止模式唤醒将需要额外的启动延时。

进入:停止模式进入低功耗稳压器或稳压器使用 PWR_ EnterSTOPMode(PWR_ Regulator_LowPower)功能。

退出:配置任何的 EXTI 线(内部或外部)中断/事件模式。

4. 待机模式

待机模式下可达到最低功耗。待机模式基于 Cortex-M4F 深度睡眠模式,其中调压器被禁止,因此 1.2 V 域断电。PLL、HSI 振荡器和 HSE 振荡器也将关闭。除备份域(RTC 寄存器、RTC 备份寄存器和备份 SRAM)和待机电路中的寄存器外,SRAM 和寄存器内容都将丢失。待机模式下可以实现最低的功耗。它是基于 Cortex-M4 的 DEEPSLEEP 模式,禁用电压调节器。

进入:使用 PWR_ EnterSTANDBYMode( )函数进入待机模式。

退出:当发生 WKUP 引脚的上升沿、RTC 报警事件、RTC 唤醒事件、篡改事件、时间戳记的事件、NRST 引脚的外部复位、IWDG 复位等情况,都将退出待机模式。

5. 从低功耗模式自动唤醒(AWU)

可以让 MCU 从低功耗模式唤醒的事件包括 RTC 报警事件、RTC 唤醒事件、篡改事件、时间戳记的事件或比较事件,不依赖于外部中断(自动唤醒模式)。

14.4　STM32F4 内部温度传感器

STM32F4 有一个内部的温度传感器,可以用来测量 CPU 及周围的温度。对于 STM32F40x 和 STM32F41x 器件,温度传感器内部连接到 ADC1_IN16 通道,而 ADC1 用于将传感器输出电压转换为数字值。对于 STM32F42x 和 STM32F43x 器件,温度传感器内部连接到与 VBAT 共用的输入通道 ADC1_IN18,当用于将传感器输出电压或 VBAT 转换为数字值。一次只能选择一个转换(温度传感器或 VBAT)。同时设置了温度传感器和 VBAT 转换时,将只进行 VBAT 转

换。STM32F4 的内部温度传感器支持的温度范围为-40～125 ℃。精度为±1.5 ℃左右。

要使用温度传感器,请执行以下操作。

(1)选择 ADC1_IN16 或 ADC1_IN18 输入通道。

(2)选择一个采样时间,该采样时间要大于数据手册中所指定的最低采样时间。

(3)在 ADC_CCR 寄存器中将 TSVREFE 位置 1,以便将温度传感器从掉电模式中唤醒。

(4)通过将 SWSTART 位置 1(或通过外部触发)开始 ADC 转换。

(5)读取 ADC 数据寄存器中生成的 VSENSE 数据。

(6)使用以下公式计算温度,即

$$T=[(V_{sense}-V_{25})/\text{Avg\_Slope}]+25$$

式中,V_{25}为 V_{sense}在 25 度时的数值(典型值为 0.76),Avg_Slope 为温度与 V_{sense}曲线的平均斜率(单位为 mV/℃或 μV/℃,典型值为 2.5 mV/℃)。

14.5 看门狗定时器

在以单片机为核心构成的微型计算机系统中,单片机常常会受到来自外界的各种干扰,造成程序跑飞,导致程序的正常运行状态被打断而陷入死循环,从而使得系统无法继续正常工作,整个系统处于停滞状态,产生不可预料的后果。出于对单片机运行状态进行实时监测的需要,产生了专门用于监测单片机程序运行状态的硬件结构,称为看门狗。STM32F40x 和 STM32F41x 有两个嵌入式看门狗外设,提供了一个安全水平高、使用了计时精度和灵活性相结合的嵌入式看门狗外设。两个看门狗外设(独立看门狗(IWDG)和窗口看门狗(WWDG))用于发现和解决由于软件错误的故障,并触发系统复位或中断(仅窗口看门狗),使计数器达到给定的超时值。

独立看门狗(IWDG)主频具有自己专用的低速时钟(LSI),从而即使在主时钟出现故障时,仍然可保持其活动状态。窗口看门狗(WWDG)主频从 APB1 时钟和时钟预分频得到,具有一个可配置的时间窗口,可以通过编程来监测异常后期或早期的应用程序的行为。IWDG 最适合应用于那些需要看门狗作为一个在主程序之外,能够完全独立工作并且对时间精度要求较低的场合。WWDG 最适合那些要求看门狗在精确计时窗口起作用的应用程序。

1. 独立看门狗

独立看门狗用通俗一点的话来解释就是一个 12 位的递减计数器,当计数器的值从某个值一直减到 0 的时候,系统就会产生一个复位信号,即 IWDG_RESET。如果在计数器没减到 0 之前,刷新了计数器的值的话,那么就不会产生复位信号,这个动作就是经常说的"喂狗"。看门狗功能由 V_{DD}电压供电,在停止模式和待机模式下仍能工作。

这里需要注意独立看门狗的时钟是一个内部 RC 时钟,所以并不是准确的 32 kHz,而是在 15～47 kHz 之间的一个可变化的时钟,只是在估算的时候,以 32 kHz 的频率来计算,看门狗对时间的要求不是很精确,所以,时钟有些偏差都是可以接受的。

在键寄存器(IWDG_KR)中写入 0xCCCC,开始启用独立看门狗,此时计数器开始从其复位值 0xFFF 递减计数。当计数器计数到末尾 0x000 时,会产生一个复位信号(IWDG_RESET)。无论何时,只要在键寄存器 IWDG_KR 中写入 0xAAAA, IWDG_RLR 中的值就会被重新加载到计数器,从而避免产生看门狗复位。

独立看门狗库函数的配置步骤。

(1)取消寄存器写保护(向 IWDG_KR 写入 0x5555)。

通过这一步,取消 IWDG_PR 和 IWDG_RLR 的写保护,后面可以操作这两个寄存器,设置 IWDG_PR 和 IWDG_RLR 的值。在库函数中的实现函数如下。

```
IWDG_WriteAccessCmd(IWDG_WriteAccess_Enable);
```

这个函数非常简单,顾名思义就是开启/取消写保护,也就是使能/失能写权限。

(2)设置看门狗的预分频系数和重装载值。

设置看门狗的预分频系数的函数如下。

```
void IWDG_SetPrescaler(uint8_t IWDG_Prescaler);//设置 IWDG 预分频值
```

设置看门狗的重装载值的函数如下。

```
void IWDG_SetReload(uint16_t Reload) ;//设置 IWDG 重装载值
```

设置好看门狗的分频系数 prer 和重装载值,就可以知道看门狗的喂狗时间(也就是看门狗溢出时间),该时间的计算方式为

$$T_{out}=((4\times2^{prer})\times rlr)/40$$

式中,T_{out}为看门狗溢出时间(单位为 ms);prer 为看门狗时钟预分频值(IWDG_PR 值),范围为 0~7;rlr 为看门狗的重装载值(IWDG_RLR 的值)。假设 prer 值为 4,rlr 值为 625,那么就可以得到 $T_{out}=64\times625/40=1\,000$(ms)。这样,看门狗的溢出时间就是 1 s,只要在 1 s 之内,有一次写入 0xAAAA 到 IWDG_KR,就不会导致看门狗复位(当然写入多次也是可以的)。这里需要提醒的是,看门狗的时钟不是准确的 40 kHz,所以在喂狗的时候不要太晚,否则有可能发生看门狗复位。

(3)重装载计数值喂狗(向 IWDG_KR 写入 0xAAAA)。

库函数里面重装载计数值的函数如下。

```
IWDG_ReloadCounter( );//按照 IWDG 重装载寄存器的值重装载 IWDG 计数器
```

通过这句,将使 STM32 重新加载 IWDG_RLR 的值到看门狗计数器里面,即实现独立看门狗的喂狗操作。

(4)启动看门狗(向 IWDG_KR 写入 0xCCCC)。

库函数里面启动独立看门狗的函数如下。

```
IWDG_Enable( );//使能 IWDG
```

通过这句启动 STM32F4 的看门狗。

通过上面 4 个步骤,就可以启动 STM32F4 的看门狗了。使能了看门狗,在程序里面就必须间隔一定时间喂狗,否则将导致程序复位。

2. STM32F4 窗口看门狗简介

(1)WWDG 介绍。

窗口看门狗用来监测软件故障的发生,通常是由外部干扰或产生不可预见的逻辑条件,这会导致应用程序放弃其正常顺序。看门狗电路产生一个设定的时间期,时间期后 MCU 复位,除非程序刷新递减计数器内容之前的 T6 位清零。MCU 复位也产生了 7 位的递减计数器值(控制寄存器),刷新前的递减计数器已达到窗口寄存器的值,这意味着必须在一个有限的窗口刷新的计数器。

(2)WWDG 的主要特点。

①可编程自由运行的递减计数器。

②有条件的复位。

③当递减计数器的值变为 40H,MCU 复位(如果看门狗被激活)。

④如果递减计数器是窗外重装载,MCU 复位(如果看门狗被激活)。

⑤早期唤醒中断(EWI):触发(如果启用和激活看门狗)当递减计数器等于 40H,可用于重装载计数器和防止 WWDG 复位。

(3)WWDG 功能描述。

如果看门狗被启动(WWDG _CR 寄存器中的 WDGA 位被置 1),并且当 7 位(T[6:0])递减计数器从 0x40 翻转到 0x3F(T6 位清零)时,则产生一个复位。如果软件在计数器值大于窗口寄存器中的数值时重装载计数器,将产生一个复位。

(4)窗口看门狗库函数的配置步骤。

这里介绍库函数中用中断的方式来喂狗的方法,步骤如下。

①使能 WWDG 时钟。WWDG 不同于 IWDG,IWDG 有自己独立的 32 kHz 时钟,不存在使能问题。而 WWDG 使用的是 PCLK1 的时钟,需要先使能时钟。方法如下。

RCC_APB1PeriphClockCmd(RCC_APB1Periph_WWDG, ENABLE);// WWDG 时钟使能

②设置窗口值和分频数。设置窗口值的函数如下。

void WWDG_SetWindowValue(uint8_t WindowValue);

设置分频数的函数如下。

void WWDG_SetPrescaler(uint32_t WWDG_Prescaler);

③开启 WWDG 中断并分组。开启 WWDG 中断的函数如下。

WWDG_EnableIT( );//开启窗口看门狗中断

接下来是进行中断优先级配置,使用 NVIC_Init()函数即可。

④设置计数器初始值并使能看门狗。

WWDG_Enable(uint8_t Counter);

该函数既设置了计数器初始值,同时使能了窗口看门狗。

这里还需要说明一下,库函数还提供了一个独立的设置计数器值的函数。

void WWDG_SetCounter(uint8_t Counter);

⑤编写中断服务函数。在最后,还是要编写窗口看门狗的中断服务函数,通过该函数来喂狗,喂狗要快,否则当窗口看门狗计数器值减到 0x3F 的时候,就会引起软复位了。在中断服务函数里面也要将状态寄存器的 EWIF 位清空。

完成了以上 4 个步骤之后,就可以使用 STM32F4 的窗口看门狗了。

思考与练习

1. 请查找资料,编写独立看门狗相应的程序。
2. 窗门看门狗与独立看门狗有何不同?
3. 请编写相应程序,读取 STM32F4 的内部温度传感器的温度值,并显示出来。

第 15 章

STM32F4 的设计应用

15.1 基于 STM32 的简易称重罐装系统

罐装系统常用于食品、医疗、化学等领域。目前,液体罐装领域的自动化程度不断提高,特别在可编程控制器广泛应用的液体罐装领域。本书提出了一种基于嵌入式系统,通过监测质量的变化,控制罐装系统实现对日化、油脂等各行业不同流体的定量罐装,具体功能如下。

(1)可更改时间的电子日历。

(2)键盘设定罐装量(可同时设置多个对象)并可储存当前参数,使用时调取相应对象参数即可。

(3)通过称重系统实时显示罐装进度,并通过罐装器精确控制。

(4)将产品信息(当前罐装量、产品名称、生产时间、地点、操作员等)通过 RC522 写入 RFID 电子标签并贴于罐装产品上。

(5)RFID 电子标签功能信息读出,实现产品信息验证。

1. 系统总体设计

本次设计的简易液体罐装系统包括产品信息基本设定(罐装质量、生产时间、生产地点、产品名称和操作员等),罐装质量的检测与设定和产品信息写入 RFID 电子标签三大部分。这是一款以 STM32 单片机为核心,通过键盘设定罐装质量,使用电阻应变式传感器对被测质量进行监测,控制水泵进行罐装,从而达到定量罐装的目的系统。扩展功能还增加了对质量的实时读取和去皮,避免了外界干扰对数据读取造成错误。质量检测以电阻应变式传感器为感应元件,利用 HX711 模块将采集电压放大 128 倍并转换为数字量送入 STM32 单片机,再由其输出到 TFT LCD 进行显示。信息的写入与读取部分,使用了 RC522 为读写器,当罐装完成之后,将 RFID 电子标签置于感应区,即可完成产品信息的写入。可以通过键盘设置为信息读取模式用于验证,将 RFID 电子标签置于感应区,实现信息读取并在 LCD 显示。系统结构框图如图 15.1所示。

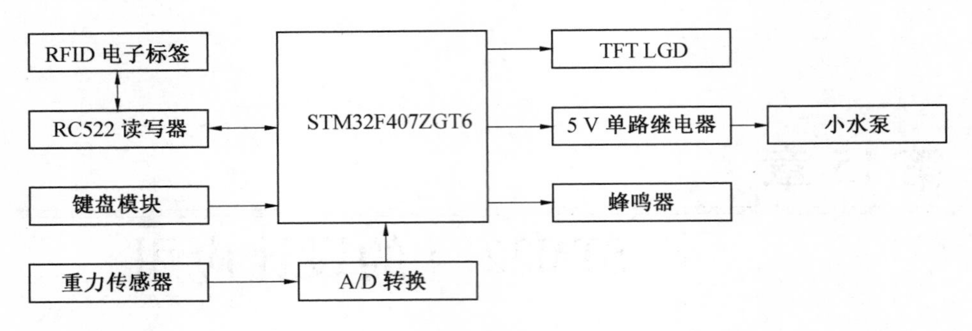

图 15.1　系统结构框图

2. 系统硬件电路设计

(1)称重传感器。

电阻应变式压力传感器是一种利用电阻应变效应,将力学量转换为电信号的结构型传感器。电阻应变片是电阻应变式传感器的核心元件,其工作原理是基于材料的电阻应变效应。

应变片式传感器有如下特点。

①具有广泛的应用和测量用途。

②高分辨率、高灵敏度和高精度。

③使用十分方便、便于实现、自动化测量。

④价格便宜、容易普及。

⑤结构简单易于组装、对复杂环境具有很强的适应性。

本次设计要求的测量范围小,选择测量范围为 5 kg 的电阻应变式传感器来完成本次设计。

(2)信号采集电路。

电阻器的电阻由于外力的作用而改变的现象称为电阻器的应变效应。它可以将机械应变信号转换为电阻信号变化,而且信号的变化呈线性关系,具有较强的抗干扰能力。但是因为它们的信号变化比较小,难以实现精确的测量,不方便处理。所以一般利用电桥平衡原理,把电阻的变化转换为对应电压的变化以方便测量。

直流电桥的信号抗干扰能力较强。但是应变电阻的阻值变化较小,为使其准确测量,需要高增益、高稳定放大器来进行放大处理。

图 15.2 所示为平衡电桥,当电桥的输出端接入无穷大的负载电阻时,流过负载两端的电流趋近于无穷小,可被当作断路状态处理。此时只有电压输出。

当不考虑电源内阻的情况下,易知

$$u_o = u_{DB} = u_{AB} - u_{AD} = E\left(\frac{R_1}{R_1+R_2} - \frac{R_4}{R_3+R_4}\right)$$

当满足条件 $R_1R_3 = R_2R_4$ 时,即

$$\frac{R_1}{R_2} = \frac{R_4}{R_3}$$

$u_o = 0$,即电桥平衡。

因为应变片测量电桥在测量之前已经满足了电桥平衡的条件,其输出端的电压为 0。所以测到的电压变化只与机械形变所引起的电阻变化有关,且有着线性的变化关系。

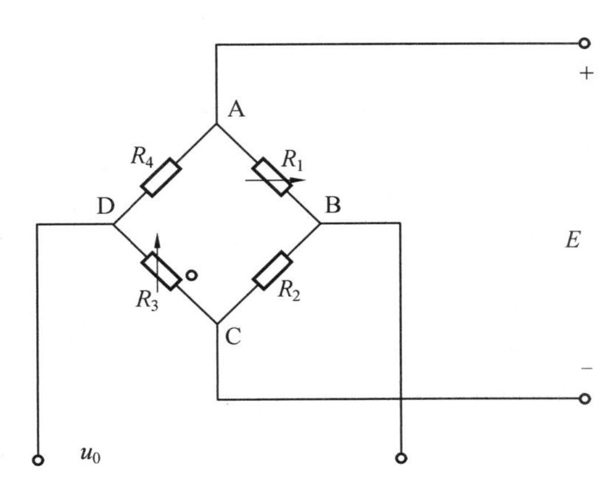

图 15.2　平衡电桥电路

在测量之前已经达到了电桥平衡状态，所以在测量时输出的电压只与在外力作用下引起的阻值变化有关。

若差动工作，设每个电阻的阻值为 R，即 $R_1=R-\Delta R$，$R_2=R+\Delta R$，$R_3=R-\Delta R$，$R_4=R+\Delta R$，所以得到的电桥输出为

$$u_o=\frac{[(R+\Delta R)^2-(R-\Delta R)^2]E}{[(R+\Delta R)+(R-\Delta R)][(R+\Delta R)+(R-\Delta R)]}=\frac{\Delta R}{R}\times E=kE$$

(3) A/D 转换芯片电路。

HX711 是一款适用于称重测量的 A/D 转换芯片。与其他的芯片相比，它具有工作电压范围广、耗电量小、抗干扰能力强、成本低、外围电路简单等优点，广泛地应用于称重测量电路。该芯片连接单片机简单方便，控制信号也由引脚直接控制，简化了使用的复杂性。它具有两通道 A 和 B，其中通道 A 的固定增益为 128 或者 64，具体需编程实现，通道 B 的固定增益为 32，用于系统参数的检测。

HX711 引脚定义见表 15.1。

表 15.1　HX711 引脚定义

管脚号	名称	性能	描述
1	VSUP	电源	稳压电路供电电源:2.6～5.5 V(不接 AVDD)
2	BASE	模拟输出	稳压电路控制输出(不用稳压电路无连接)
3	AVDD	电源	模拟电源:2.6～5.5 V
4	VFB	模拟输入	稳压电路控制输入(不用稳压电路无连接)
5	AGND	地	模拟地
6	VBG	模拟输出	通道 A 负输入端
7	INA−	模拟输入	通道 A 负输入端
8	INA+	模拟输入	通道 A 正输入端
9	INB−	模拟输入	通道 B 负输入端
10	INB+	模拟输入	通道 B 正输入端
11	PD_SCK	模拟输入	断电控制(高电平有效)
12	DOUT	数字输出	串口数据输出
13	XO	数字输入输出	晶振输入(不用无连接)

续表 15.1

管脚号	名称	性能	描述
14	XI	数字输入	外部时钟或晶振输入
15	RATE	数字输入	输出数据速率控制
16	DVDD	电源	数字电源:2.6～5.5 V

(4)继电器模块。

该设备使用电磁继电器来控制潜水泵,它是一种常用于自动控制电路的电子控制装置。当泵被驱动工作时,MCU 的相应端口获得高(低)电平信号,利用三极管的开关特性,让线圈获得导通电压,由电生磁,会将衔铁吸合。当达到目标质量时,MCU 将输出低(高)信号,线圈会断电,电磁吸力消失。衔铁在弹簧的反作用力下释放动静触头。这样不会导致 MCU,显示器等部件因欠压而不能正常工作,起到安全保护的作用。继电器驱动原理图如图 15.3 所示。

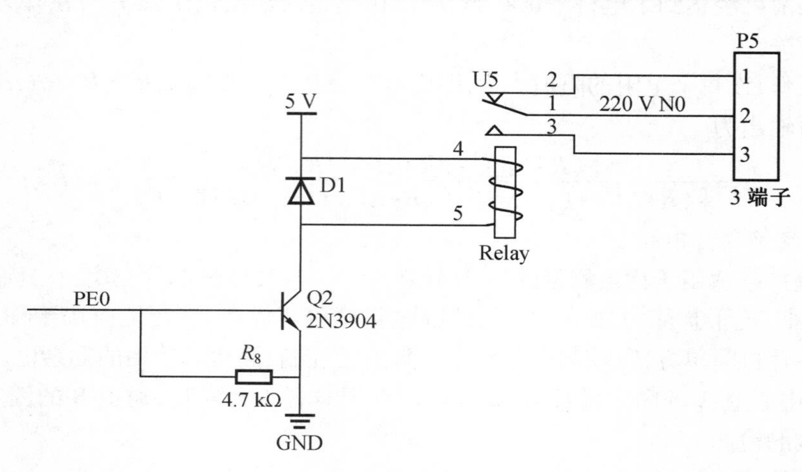

图 15.3　继电器驱动原理图

(5)系统软件设计。

简易液体罐装系统的软件程序的设计,采用 MDK 编辑器,利用 C 语言进行编写。

程序设计流程图如图 15.4 所示,单片机上电,初始化相关模块,配置 RC522 的读写模式,HX711 的数据传输。初始化成功之后将直接进入功能选择界面。

程序主要功能如下。

①质量的采集及数据处理功能。利用电阻式应变传感器进行电压数据采集,经过 HX711 将其转换为数字量输入给单片机,再由单片机将数据进行处理得到准确的质量信息。

②时间显示及设置功能。通过配置单片机内部的 RTC(实时时钟)得到可以键盘设置的时间信息。

③信息输入及显示功能。该设计需要通过矩阵键盘输入一些产品信息并通过 LCD 显示。

④罐装控制。本设计需要抽取定量的液体,所以需要软件实现对继电器的精准控制,实现其效果。

⑤RC522 读写功能。本设计需要将产品的信息写入电子标签,配置过程主要包括通信参数的设定、卡类型的选择、信息的写入与读取等。

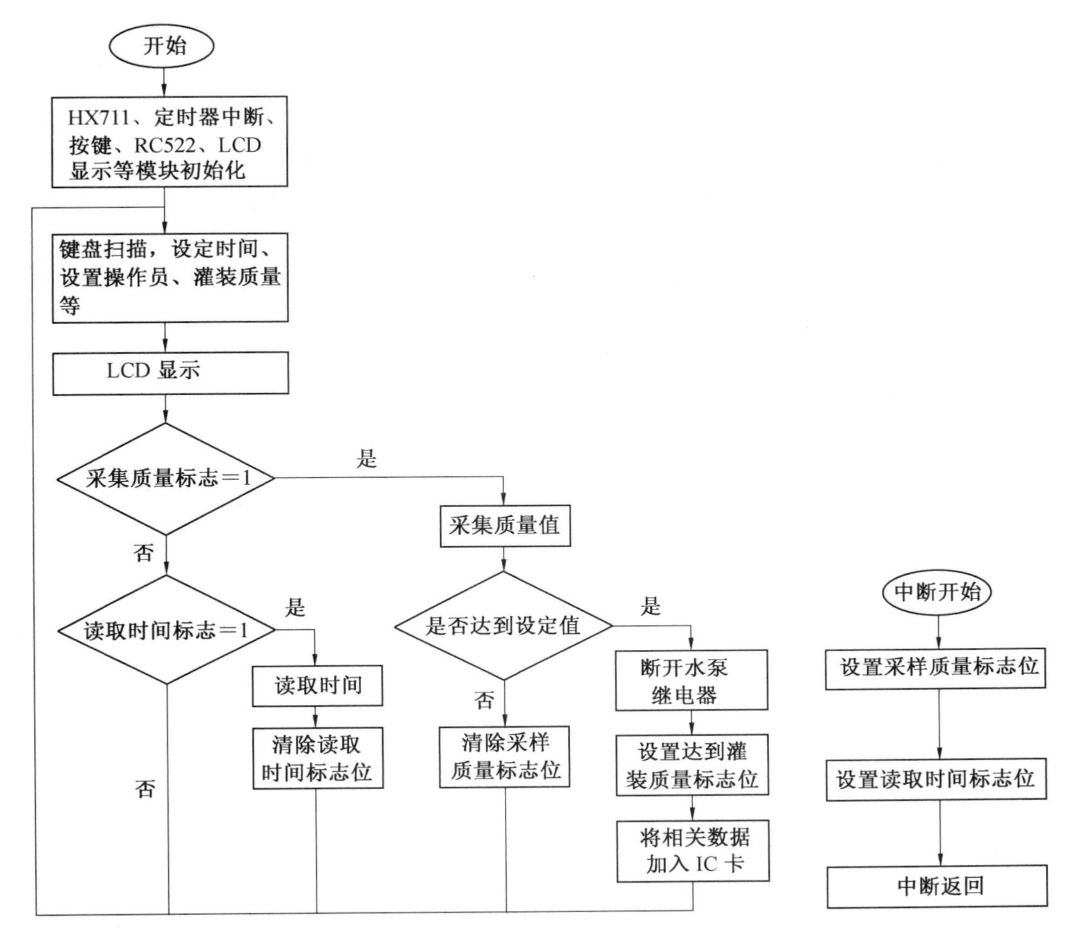

图 15.4　软件工作流程图和中断服务程序图

3. 称重信息采集及分析

本设计最大量程设定为 5 kg,满量程电压=激励电压×灵敏度(1.0 mV/V),因为该模块的工作电压为 5 V。易知满量程为 5 mV,即被测物体如果为 5 kg,那么输出的电压为 5 mV。考虑到输出电压较小不易采集,因此,使用 HX711 通道 A 的 128 倍增益来采样所产生的电压,即采集输出电压=采集电压×128,最后输出 24 位 A/D 转换的值,STM32 微控制器通过指定时序来读取 24 位数据。质量采集过程如图 15.5 所示。

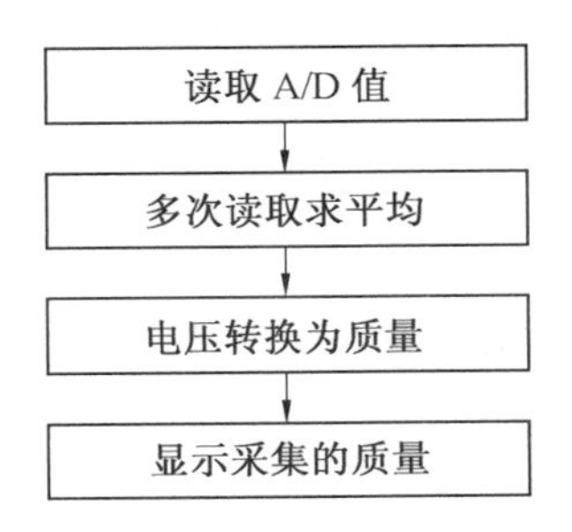

图 15.5　质量采集过程

4. 信息输入及显示

本设计因为要设定产品的一些具体信息,例如,设置日期时间、设置罐装产品名称、设置生产地址、设置操作员、设置的罐装质量等。考虑到需要输入参数而且显示信息较多,所以选用了矩阵键盘和 TFTLCD 显示模块,具体原理图如图 8.1 和图 8.5 所示。

矩阵键盘程序设计流程图如图 15.6 所示。键盘模块的工作过程如下所示。

(1)定义按键连接引脚。PF0 ~ PF3 为输出模式,PF4 ~ PF7 为输入模式。

(2)将按键连接管脚输出高电平,检测输入引脚。

(3)延时一段时间,去抖操作。

(4)如果此时按键仍然被按下,按键有效。

(5)等待按键抬起,死循环。

(6)返回键值。

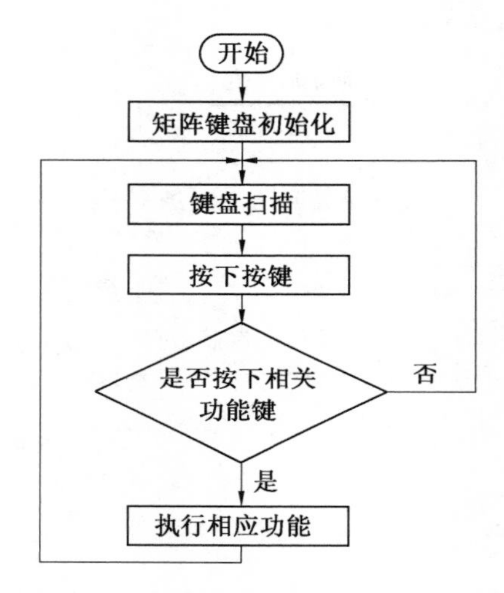

图 15.6　按键设置流程图

5. 罐装控制

定量罐装是本设计的重要组成部分,要达到罐装量的精准控制,就需要实时测定液体的质量。单片机的 PE0 脚接继电器,键盘设定罐装质量,再将 PE0 管脚高电平,继电器工作,启动罐装。当罐装量达到设定量时,PE 输出低电平,继电器停止工作。

考虑到单片机一直在检测实时的质量,但因为各种外界干扰,单片机所采集的质量并不都是准确的,而是存采这一定的偏差。为了提高其测量精度,采用了递归平均的方法。为了保证响应速度,采样周期设为 100 ms,把连续取 5 个质量采样值看成一个队列(先进先出),把队列中的数据进行算术平均,就可以获得新的结果。

6. RC522 读写程序设计

本设计利用 RC522 模块将当前罐装量、生产时间、生产地点、操作员等信息写入电子 IC(M1)卡,并保存下来。MF_RC522 支持的主机接口类型有串行 UART、I^2C、SPI,常见的 RFID_RC522 模块都是 SPI(串行外设接口),本次设计也选用了这种相对经济型的模块。

通过查阅参考数据手册可知,RC522 的 SPI 接口有其自身的时序要求,它的最高传输速率

为 10 Mbit/s,而且只能工作于从模式。所以配置 STM32F407ZGT6 的 SPI1 为主模式,时钟要小于其最高传输速率 10 Mbit/s。在 RC522 的配置过程,首先要做的利用该模块的 RST 引脚并结合相关寄存器的复位命令对 RC522 进行复位操作;然后通过 PcdAntennaOn( )打开天线;紧接着就是配置协议类型,利用 M500PcdConfigISOType('A')对选用的非接触式电子标签为 ISO14443A 型进行初始化操作。

接下来就是 M1 卡的识别过程,具体的通信流程如图 15.7 所示。简而言之就是:寻卡、防冲突、选卡、操作卡。

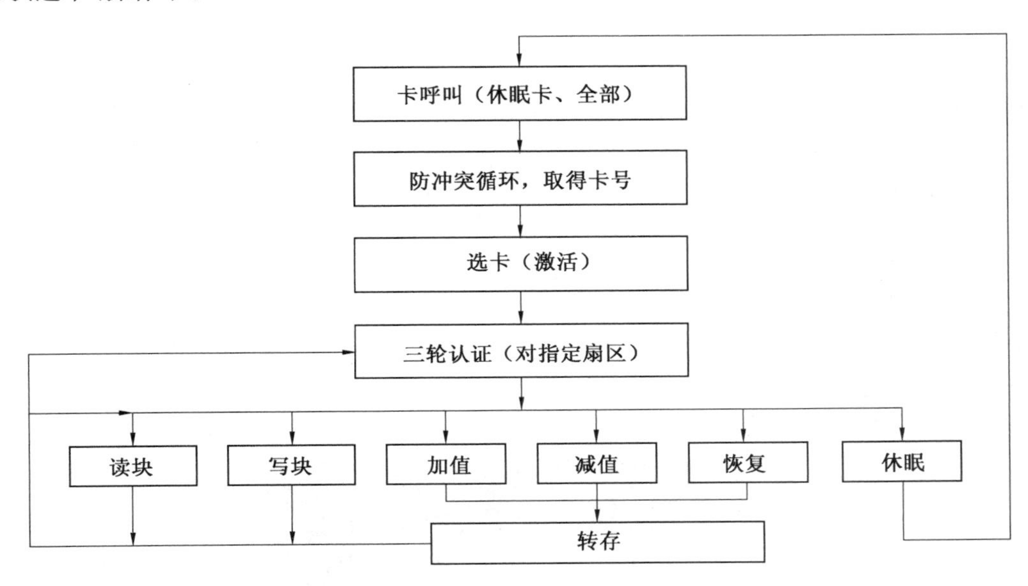

图 15.7　通信流程

(1)信号采集误差处理。

称重传感器产生的电压信号与被测物体重量呈正比例关系,而采集到电压信号通常会在某一数值范围内上下移动,因此为了提高数据的精准性,不能单单采集一组数据作为输出信号。递归平均滤波的方法来减小误差。

该滤波方法的原理如下。

设:最近采集到的电压数据为 data_{i+n},最早采集的电压数据为 data_i,利用最新采集的一个电压数据替换 $\delta(\delta>0)$ 个暂存数据中的最早那个数据,使缓存单元中的数据始终都是最近的数据。公式如下:

$$\mathrm{data}=\frac{\sum_{n-1}^{\delta}\mathrm{data}_{i+n}}{\delta} \tag{15.1}$$

算术平均后的数据 data,不仅反映了最近数据变化情况,又提高了测量精度,效果理想。

(2)系统称重算法。

本设计中使用的电阻传感器的范围为 5 kg,物体的质量计算如下。

①5 kg 满量程输出电压,即

$$U_o = U_s \times S \tag{15.2}$$

式中，U_o 为满量程电压；U_s 为激励电压；S 为灵敏度。

②计算传感器供电电压，即

$$V_{AVDD} = V_{BG}(R_1 + R_2)/R_2 \tag{15.3}$$

HX711 可以在产生 V_{AVDD} 和 AGND 电压，即 HX711 模块上的 E_+ 和 E_- 电压。V_{BG} 为该模块基准电压 1.25 V，R_1 = 20 K，R_2 = 8.2 K，因此得出 V_{AVDD} = 4.3 V。

③计算 A/D 输出最大值。在 4.3 V 的供电电压下，传感器最大输出电压是 4.3 V×1 mV/V=4.3 mV，放大后的最大电压是 4.3 mV×128=550.4 mV，经过 A/D 转换后输出最大为

$$550.40\ \text{mV} \times 2^{24}/4.3\ \text{V} \approx 2\ 147\ 483.648 \tag{15.4}$$

④标度变换。为了减小系统因计算对资源的占用，经 A/D 转换后的值缩小 50 倍，所以满量程 5 kg 采集的最大值 42 949，如设定所称实物的质量为 A kg(A<5 kg)，此时读取出来 A/D 的值记为 X，即

$$A = (X/42\ 949) \times 5\ \text{kg} \tag{15.5}$$

(3)功能实现。

其主要功能和界面显示如下。

①主要显示内容。设置日期时间、设置罐装产品名称、设置生产地址、设置操作员、设置当前的罐装量、当前实际质量和进入多卡模式，通过按下对应编号键值，可以进入相关的设计界面，如图 15.8 所示。此外，#键为去皮按键，B 键为启动罐装，C 键为手动停止罐装。

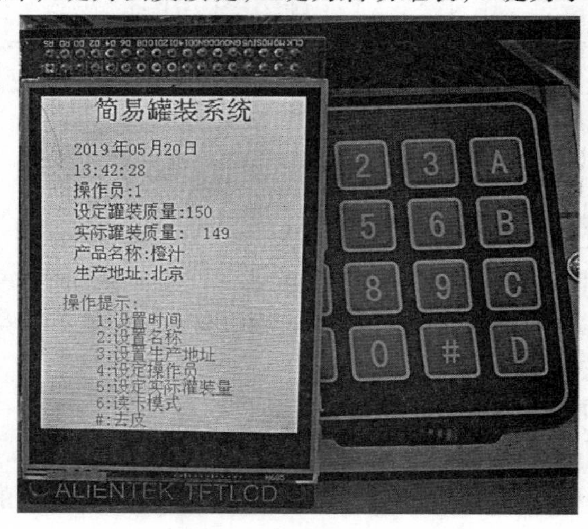

图 15.8　实物主界面

②进入相关界面。其中罐装产品名称(默认为可乐、橙汁和雪碧三种产品)，罐装地址(默认为北京、上海、郑州和南昌 4 个地方)，操作员默认为 1～9 号，这 3 个设定主要通过 A 和 B 键进行上下调节实现。而设定实际罐装量，如图 15.9 所示，通过输入对应数字键值实现(认设定为 3 位，单位为 g)，C 键为删除一位，D 键返回主界面。

③基本的设定结束后，便可按下 B 键启动罐装，当达到设定罐装质量后，系统会自动停止罐装，此时把电子标签置于称重台右侧，蜂鸣器会报警后表示信息写入成功，之后可以把电子标签粘贴于瓶子上，即可完成实验。

④可以按 6 键进入读卡模式，来验证存储信息是否正确，如图 15.10 所示。

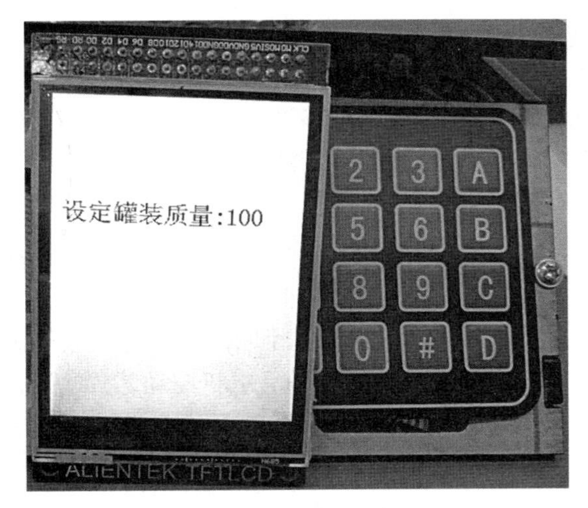

图 15.9　罐装质量设定界面

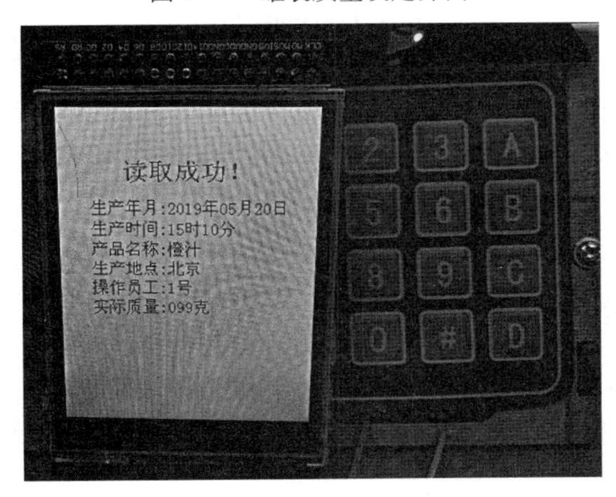

图 15.10　RFID 电子标签读出界面

15.2　基于 STM32 的小车控制系统

智能车辆是一个集环境感知、规划决策、多等级辅助驾驶等功能于一体的综合系统，它集中运用了计算机、现代传感、信息融合、通信、人工智能及自动控制等技术，是典型的高新技术综合体。目前对智能车辆的研究主要致力于提高汽车的安全性、舒适性，以及提供优良的人车交互界面。近年来，智能车辆已经成为世界车辆工程领域研究的热点和汽车工业增长的新动力，很多发达国家都将其纳入到各自重点发展的智能交通系统当中。

全国大学生智能汽车竞赛以“立足培养、重在参与、鼓励探索、追求卓越”为宗旨，是一项鼓励创新的科技竞赛活动。智能车设计内容涵盖了控制、模式识别、传感技术、汽车电子、电气、计算机、机械、能源等多个学科的知识，注重学生的知识融合和实践动手能力的培养，具有良好的推动作用。全国大学生电子设计竞赛中也经常出现智能小车类的题目，要求使用微控制器作为核心控制模块，通过增加道路传感器、电机驱动模块以及编写相应控制程序，制作完成能够自主识别道路并且完成指定任务的模型汽车。

本节主要针对软件系统设计时,使用了经典 PID 以及模糊 PID 等方法,外加寻迹控制,实现转向及速度控制,赛道识别上使用了动态阈值,保证了适应性。

本节以智能车的运动控制和赛道识别程序设计为主,简要介绍车模的硬件结构设计,详细地说明了程序策略,指出现存的一些问题与可能的解决方法。

1. 软件程序设计

STM32 控制循迹小车主要分为两部分:一部分为 PWM 控制电机转向和转速;另一部分为根据读取的光电传感器返回的高低电平来控制小车的方向。

PWM 控制电机转向和转速。单片机需要三个引脚进行控制电机驱动芯片,两个引脚输出高低电平,一个引脚输出 PWM 波(图 15.11),随后电机驱动芯片输出两个引脚控制电机。

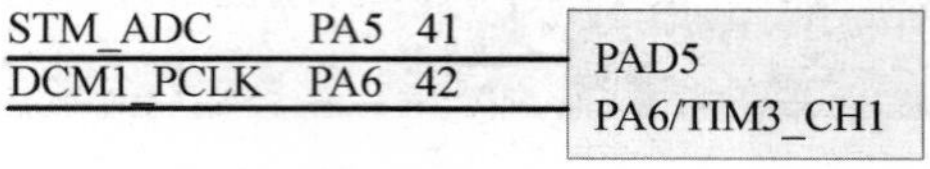

STM_ADC　PA5　41　PAD5
DCM1_PCLK　PA6　42　PA6/TIM3_CH1

图 15.11　PWM 引脚

(1)转速控制:以 TIM3 CH1(PA6 引脚)为例。

```
void TIM3_PWM_Init(u32 arr,u32 psc)//TIM3 初始化函数
{
  GPIO_InitTypeDef GPIO_InitStructure;
  TIM_TimeBaseInitTypeDef   TIM_TimeBaseStructure;
  TIM_OCInitTypeDef   TIM_OCInitStructure;

  RCC_APB1PeriphClockCmd(RCC_APB1Periph_TIM3,ENABLE);//使能 TIM3 时钟
  RCC_AHB1PeriphClockCmd(RCC_AHB1Periph_GPIOA, ENABLE);//使能 PORTA 时钟

  GPIO_PinAFConfig(GPIOA,GPIO_PinSource6,GPIO_AF_TIM3);
  //GPIOA6 复用为定时器 3
  GPIO_PinAFConfig(GPIOA,GPIO_PinSource7,GPIO_AF_TIM3);
  //GPIOA7 复用为定时器 3
  GPIO_InitStructure.GPIO_Pin = GPIO_Pin_6|GPIO_Pin_7;
  //PA6 和 PA7 分别控制左右电机
  GPIO_InitStructure.GPIO_Mode = GPIO_Mode_AF; //复用功能
  GPIO_InitStructure.GPIO_Speed = GPIO_Speed_100 MHz;//速度 100 MHz
  GPIO_InitStructure.GPIO_OType = GPIO_OType_PP; //推挽复用输出
  GPIO_InitStructure.GPIO_PuPd = GPIO_PuPd_UP;            //上拉
  GPIO_Init(GPIOA,&GPIO_InitStructure);            //初始化

  TIM_TimeBaseStructure.TIM_Prescaler=psc;   //定时器分频
  TIM_TimeBaseStructure.TIM_CounterMode=TIM_CounterMode_Up; //Ï 向上计数模式
  TIM_TimeBaseStructure.TIM_Period=arr;    //自动重装载值
```

```
    TIM_TimeBaseStructure. TIM_ClockDivision=TIM_CKD_DIV1;
    TIM_TimeBaseInit(TIM3,&TIM_TimeBaseStructure);//初始化定时器 3

      //初始化 TIM3 Channel1 PA6 PWM 模式
    TIM_OCInitStructure. TIM_OCMode = TIM_OCMode_PWM2;
    //选取定时器模式:TIM 脉冲宽度调制模式 2
    TIM_OCInitStructure. TIM_OutputState = TIM_OutputState_Enable; //比较输出使能
    TIM_OCInitStructure. TIM_OCPolarity = TIM_OCPolarity_Low;
    //输出极性:TIM 输出比极性较低
    TIM_OC1Init(TIM3, &TIM_OCInitStructure);
    TIM_OC1PreloadConfig(TIM3, TIM_OCPreload_Enable);
    //使能 TIM3 在 CCR1 上的预装载寄存器
    TIM_ARRPreloadConfig(TIM3,ENABLE);//ARPE 使能
    TIM_Cmd(TIM3, ENABLE);//使能 TIM14
}
```

程序中初始化 PA6 和 PA7 分别为控制左右电机的 PWM 输出口,改变 TIM3_PWM_Init 初始化函数中的 arr 和 psc 的数值,可以改变 PWM 的频率。例如,TIM3_PWM_Init(8 399,0),TIM3 的定时器时钟频率为 84 MHz,psc 设置为 8 399,则计数频率为 84 MHz/(8 399+1)=10 000 Hz,重装载值 arr 为 0,所以 PWM 频率为 10 000 Hz/(0+1)= 10 000 Hz。

在程序中可以通过改变 TIM_SetCompare1(TIM3,NUM)中 NUM 数值来改变 PWM 的占空比。从而改变引脚输出的 PWM 波,以改变转速。另外一种方法是通过程序直接改变 TIM3->CCR1 中的值直接修改,方法在下文中介绍。

转向控制:初始化引脚 PB12 和 PB13,PC2 和 PC3 后,通过改变两个引脚的高低电平(PB12 和 PB13 极性相反,PC2 和 PC3 极性相反)实现对电机转向的控制。

图 15.12 所示为电机驱动芯片 TB6612 的原理图,通过与 STM32 单片机相连,PA6 接 PWMA,控制左电机;PB12 接 AIN1,PB13 接 AIN2,控制左电机的正反转;AO1 和 AO2 接左电机的两个引脚。PA7 接 PWMB,PC2 接 BIN1,PC3 接 BIN2,控制右电机的正反转;BO1 和 BO2 接右电机的两个引脚。

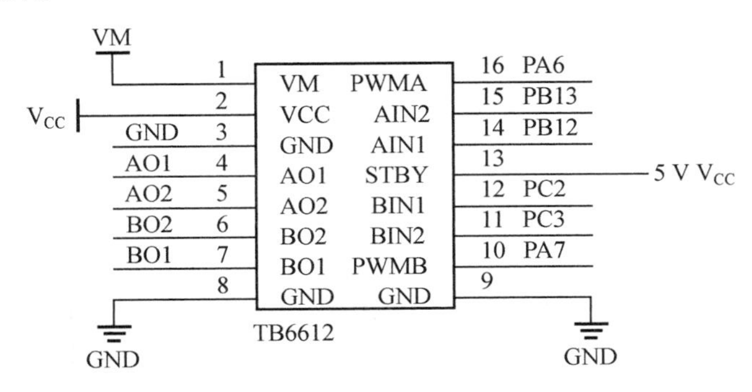

图 15.12　TB6612 原理图

TB6612 简要介绍如下:它可以驱动两个电机,STBY 口接单片机的 I/O 口清零电机全部停

止,当 STBY 置 1 时,可以通过 AIN1、AIN2、BIN1、BIN2 来控制电机正反转,具体的控制见表 15.2。

表 15.2 TB6612 电机驱动功能

驱动第一路	驱动第二路
PWMA 接单片机的 PWM 口	PWMB 接单片机的 PWM 口
AIN1：0 0 1 AIN2：0 1 0 停止 正转 反转	BIN1：0 0 1 BIN2：0 1 0 停止 正转 反转
AO1 和 AO2 接电机 1 的两个脚	BO1 和 BO2 接电机 2 的两个脚

(2)电机的初始化程序。

```
void MOTO_Init(void) //(PC2 PC3)(PC4 PC5)(PB12 PB13)
{
  GPIO_InitTypeDef GPIO_InitStruct;
  RCC_AHB1PeriphClockCmd(RCC_AHB1Periph_GPIOC,ENABLE);
  RCC_AHB1PeriphClockCmd(RCC_AHB1Periph_GPIOB,ENABLE);
  //使能 PB 和 PC 口时钟
  GPIO_InitStruct.GPIO_Mode = GPIO_Mode_OUT;
  GPIO_InitStruct.GPIO_Pin = GPIO_Pin_2|GPIO_Pin_3;//右电机正反转 I/O 口
  GPIO_InitStruct.GPIO_Speed = GPIO_Speed_50 MHz;
  GPIO_Init(GPIOC,&GPIO_InitStruct);

  GPIO_InitStruct.GPIO_Mode = GPIO_Mode_OUT;
  GPIO_InitStruct.GPIO_Pin = GPIO_Pin_12|GPIO_Pin_13; //左电机正反转 I/O 口
  GPIO_InitStruct.GPIO_Speed = GPIO_Speed_50 MHz;
  GPIO_Init(GPIOB,&GPIO_InitStruct);
}
```

循迹部分:循迹模块接单片机 I/O 口,即初始化为输入模式的 5 个 I/O 口,此循迹模块一排有 5 个传感器。当传感器遇到白色时,返回低电平;当传感器遇到黑色时,返回高电平。实物图见图 15.13。

宏定义如下。

```
#define right1 GPIO_ReadInputDataBit(GPIOE,GPIO_Pin_0)//读取 PE0 引脚电平
#define right GPIO_ReadInputDataBit(GPIOE,GPIO_Pin_1)//读取 PE1 引脚电平
#define middle GPIO_ReadInputDataBit(GPIOE,GPIO_Pin_2)//读取 PE2 引脚电平
#define left GPIO_ReadInputDataBit(GPIOE,GPIO_Pin_3)//读取 PE3 引脚电平
#define left1 GPIO_ReadInputDataBit(GPIOE,GPIO_Pin_5)//读取 PE5 引脚电平
```

宏定义的 5 个变量,分别读取 5 个位置的传感器输出给单片机引脚的高低电平。并赋值给 5 个变量。

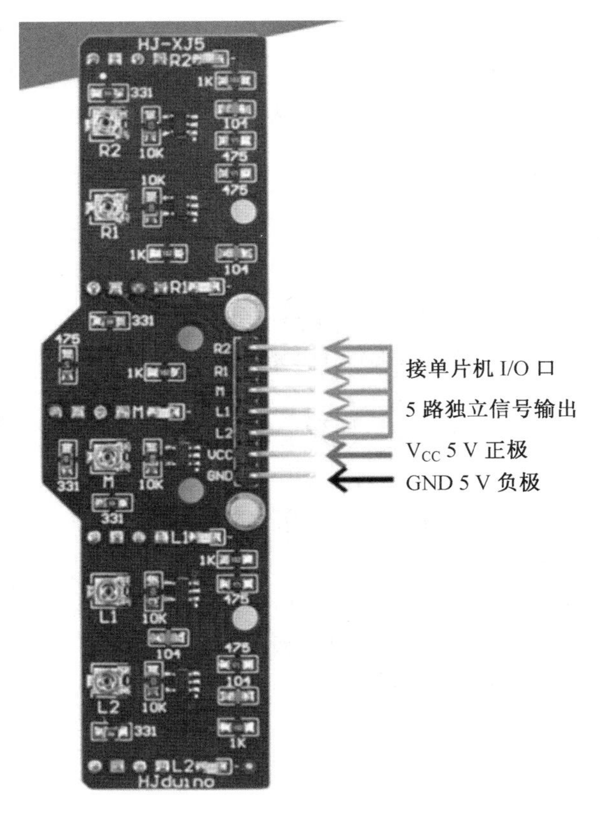

图 15.13　循迹模块

通过这 5 个变量的数值,判断小车相对于直线的位置,同时进行位置的调整。

(3)GPIO 初始化程序。

```
void GPIOE_Init(void)//初始化引脚为输入模式,读取光电传感器反馈的高低电平
{
  GPIO_InitTypeDef   GPIO_InitStructure;

  RCC_AHB1PeriphClockCmd(RCC_AHB1Periph_GPIOE, ENABLE);

  GPIO_InitStructure.GPIO_Pin = GPIO_Pin_0 | GPIO_Pin_1| GPIO_Pin_2| GPIO_Pin_3|
  GPIO_Pin_5;
  GPIO_InitStructure.GPIO_Mode = GPIO_Mode_IN;//设置引脚为输入模式
  GPIO_InitStructure.GPIO_OType = GPIO_OType_PP;
  GPIO_InitStructure.GPIO_Speed = GPIO_Speed_100 MHz;//100 MHz
  GPIO_InitStructure.GPIO_PuPd = GPIO_PuPd_UP;
  GPIO_Init(GPIOE, &GPIO_InitStructure);
   GPIO_ResetBits(GPIOE,GPIO_Pin_0| GPIO_Pin_1| GPIO_Pin_2| GPIO_Pin_3| GPIO_
Pin_5);
 }
```

(4)小车循迹动作程序。

以左电机控制为例,宏定义 AOUT1 AOUT2 为 PC2、PC3 输出电平。PWMA 为 TIM3 对 CCR1 的赋值,和 TIM_SetCompare1(TIM3,NUM)函数效果一样,通过 PWMA 的数值改变 PWM 波的占空比。

```
#define AOUT1    PCout(2)
#define AOUT2    PCout(3)
#define PWMA    TIM3->CCR1
```

void A_Set_PWM(int moto)函数根据变量 moto 的正负来改变 AOUT1、AOUT2 的电平从而控制电机转向。根据 moto 的数值来改变 PA6 引脚输出 PWM 波的占空比,从而控制电机转速。

```
void A_Set_PWM(int moto)//左电机控制
{
  int Amplitude=8100;//PWM 脉宽满幅 8 400,限制在 8 100
  if(moto<-Amplitude) moto=-Amplitude;
  if(moto>Amplitude)   moto=Amplitude;//PWM 限幅
  if(moto<0)    AOUT1=0,AOUT2=1;//电机反转
  else    AOUT=1,AOUT2=0;//电机正转
  PWMA=imyabs(moto);
}

void go(void)//前进直行函数,左右电机速度一致
{//两个函数赋值均为 4 000,数值大于零。转向相同均为正向,且速度为 4 000
  A_Set_PWM(4000);
  B_Set_PWM(4000);//和 A_Set_PWM()函数作用相同,是对右电机的控制
}

void stop(void)//停止函数
{//赋值为 0,电机停止转动
  A_Set_PWM(0);
  B_Set_PWM(0);
}

void xun(void)//循迹函数
{
//left、right、left1、right1 均为上述宏定义变量。表示读取光电传感器的电平(高电平为 1,低电平为 0)
if(left==0&&right==0&&left1==0&&right1==0)
{
  A_Set_PWM(7000);
```

```
    B_Set_PWM(7000);
}
if(left==1&&right==0&&left1==0&&right1==0)//左转
{//差速转弯
    A_Set_PWM(7000);
    B_Set_PWM(5800);
    }
if(left==0&&right==1&&left1==0&&right1==0)//右转
{//差速转弯
    A_Set_PWM(5800);
    B_Set_PWM(7000);
    }


}
int imyabs(int a)//绝对值函数
{
int temp;
if(a<0)    temp=-a;
else temp=a;
return temp;
}
```

附　　录

附录 A　STM32F4 片内寄存器一览

表 1　RCC 寄存器映射和复位值用于 STM32F405xx/07xx 和 STM32F415xx/17xx

偏移地址	寄存器名称	31	30	29	28	27	26	25	24	23	22	21	20	19	18	17	16	15	14	13	12	11	10	9	8	7	6	5	4	3	2	1	0
0x00	RCC_CR	Reserved				PLL I2SRDY	PLL I2SON	PLL RDY	PLL ON	Reserved				CSSON	HSEBYP	HSERDY	HSEON	HSICAL 7	HSICAL 6	HSICAL 5	HSICAL 4	HSICAL 3	HSICAL 2	HSICAL 1	HSICAL 0	HSITRIM 4	HSITRIM 3	HSITRIM 2	HSITRIM 1	HSITRIM 0	Reserved	HSIRDY	HSION
0x04	RCC_PLLCFGR	Reserved				PLLQ 3	PLLQ 2	PLLQ 1	PLLQ 0	Reserved	PLLSRC	Reserved				PLLP 1	PLLP 0	Reserved	PLLN 8	PLLN 7	PLLN 6	PLLN 5	PLLN 4	PLLN 3	PLLN 2	PLLN 1	PLLN 0	PLLM 5	PLLM 4	PLLM 3	PLLM 2	PLLM 1	PLLM 0
0x08	RCC_CFGR	MCO2 1	MCO2 0	MCO2PRE2	MCO2PRE1	MCO2PRE0	MCO1PRE2	MCO1PRE1	MCO1PRE0	I2SSRC	MCO1 1	MCO1 0	RTCPRE 4	RTCPRE 3	RTCPRE 2	RTCPRE 1	RTCPRE 0	PPRE2 2	PPRE2 1	PPRE2 0	PPRE1 2	PPRE1 1	PPRE1 0	Reserved		HPRE 3	HPRE 2	HPRE 1	HPRE 0	SWS 1	SWS 0	SW 1	SW 0
0x0C	RCC_CIR	Reserved								CSSC	Reserved	PLLI2SRDYC	PLLRDYC	HSERDYC	HSIRDYC	LSERDYC	LSIRDYC	Reserved		PLLI2SRDYIE	PLLRDYIE	HSERDYIE	HSIRDYIE	LSERDYIE	LSIRDYIE	CSSF	Reserved	PLLI2SRDYF	PLLRDYF	HSERDYF	HSIRDYF	LSERDYF	LSIRDYF
0x10	RCC_AHB1RSTR	Reserved		OTGHSRST	Reserved			ETHMACRST	Reserved		DMA2RST	DMA1RST	Reserved								CRCRST	Reserved			GPIOIRST	GPIOHRST	GPIOGRST	GPIOFRST	GPIOERST	GPIODRST	GPIOCRST	GPIOBRST	GPIOARST
0x14	RCC_AHB2RSTR	Reserved																								OTGFSRST	RNGRST	HSAHRST	CRYPRST	Reserved			DCMIRST
0x18	RCC_AHB3RSTR	Reserved																															FSMCRST
0x1C	Reserved	Reserved																															
0x20	RCC_APB1RSTR	Reserved		DACRST	PWRRST	Reserved	CAN2RST	CAN1RST	Reserved	I2C3RST	I2C2RST	I2C1RST	UART5RST	UART4RST	UART3RST	UART2RST	Reserved	SPI3RST	SPI2RST	Reserved		WWDGRST	Reserved		TIM14RST	TIM13RST	TIM12RST	TIM7RST	TIM6RST	TIM5RST	TIM4RST	TIM3RST	TIM2RST
0x24	RCC_APB2RSTR	Reserved													TIM11RST	TIM10RST	TIM9RST	Reserved	SYSCFGRST	Reserved	SPI1RST	SDIORST	Reserved		ADCRST	Reserved		USART6RST	USART1RST	Reserved		TIM8RST	TIM1RST
0x28	Reserved	Reserved																															
0x2C	Reserved	Reserved																															
0x30	RCC_AHB1ENR	Reserved	OTGHSULPIEN	OTGHSEN	ETHMACPTPEN	ETHMACRXEN	ETHMACTXEN	ETHMACEN	Reserved		DMA2EN	DMA1EN	CCMDATARAMEN	Reserved	BKPSRAMEN	Reserved					CRCEN	Reserved			GPIOIEN	GPIOHEN	GPIOGEN	GPIOFEN	GPIOEEN	GPIODEN	GPIOCEN	GPIOBEN	GPIOAEN
0x34	RCC_AHB2ENR	Reserved																								OTGFSEN	RNGEN	HASHEN	CRYPEN	Reserved			DCMIEN
0x38	RCC_AHB3ENR	Reserved																															FSMCEN
0x3C	Reserved	Reserved																															

续表 1

偏移地址	寄存器名称	31	30	29	28	27	26	25	24	23	22	21	20	19	18	17	16	15	14	13	12	11	10	9	8	7	6	5	4	3	2	1	0
0x40	RCC_APB1ENR	Reserved		DACEN	PWREN	Reserved	CAN2EN	CAN1EN	Reserved	I2C3EN	I2C2EN	I2C1EN	UART5EN	UART4EN	USART3EN	USART2EN	Reserved	SPI3EN	SPI2EN	Reserved		WWDGEN	Reserved		TIM14EN	TIM13EN	TIM12EN	TIM7EN	TIM6EN	TIM5EN	TIM4EN	TIM3EN	TIM2EN
0x44	RCC_APB2ENR	Reserved													TIM11EN	TIM10EN	TIM9EN	Reserved	SYSCFGEN	Reserved	SPI1EN	SDIOEN	ADC3EN	ADC2EN	ADC1EN	Reserved		USART6EN	USART1EN	Reserved		TIM8EN	TIM1EN
0x50	RCC_AHB1LPENR	Reserved	OTGHSULPILPEN	OTGHSLPEN	ETHMACPTPLPEN	ETHMACRXLPEN	ETHMACTXLPEN	ETHMACLPEN	Reserved		DMA2LPEN	DMA1LPEN	Reserved		BKPSRAMLPEN	SRAM2LPEN	SRAM1LPEN	FLITFLPEN	Reserved		CRCLPEN	Reserved			GPIOILPEN	GPIOHLPEN	GPIOGLPEN	GPIOFLPEN	GPIOELPEN	GPIODLPEN	GPIOCLPEN	GPIOBLPEN	GPIOALPEN
0x54	RCC_AHB2LPENR	Reserved																								OTGFSLPEN	RNGLPEN	HASHLPEN	CRYPLPEN	Reserved			DCMILPEN
0x58	RCC_AHB3LPENR	Reserved																															FSMCLPEN
0x60	RCC_APB1LPENR	Reserved		DACLPEN	PWRLPEN	Reserved	CAN2LPEN	CAN1LPEN	Reserved	I2C3LPEN	I2C2LPEN	I2C1LPEN	UART5LPEN	UART4LPEN	USART3LPEN	USART2LPEN	Reserved	SPI3LPEN	SPI2LPEN	Reserved		WWDGLPEN	Reserved		TIM14LPEN	TIM13LPEN	TIM12LPEN	TIM7LPEN	TIM6LPEN	TIM5LPEN	TIM4LPEN	TIM3LPEN	TIM2LPEN
0x64	RCC_APB2LPENR	Reserved													TIM11LPEN	TIM10LPEN	TIM9LPEN	Reserved	SYSCFGLPEN	Reserved	SPI1LPEN	SDIOLPEN	ADC3LPEN	ADC2LPEN	ADC1LPEN	Reserved		USART6LPEN	USART1LPEN	Reserved		TIM8LPEN	TIM1LPEN
0x70	RCC_BDCR	Reserved															BDRST	RTCEN	Reserved					RTCSEL 1	RTCSEL 0	Reserved					LSEBYP	LSERDY	LSEON
0x74	RCC_CSR	LPWRRSTF	WWDGRSTF	WDGRSTF	SFTRSTF	PORRSTF	PADRSTF	BORRSTF	RMVF	Reserved																						LSIRDY	LSION
0x80	RCC_SSCGR	SSCGEN	SPREADSEL	Reserved		INCSTEP															MODPER												
0x84	RCC_PLLI2SCFGR	Reserved	PLLI2SRx			Reserved													PLLI2SNx									Reserved					

表 2　Flash 寄存器映射与复位值

偏移地址	寄存器名称	31	30	29	28	27	26	25	24	23	22	21	20	19	18	17	16	15	14	13	12	11	10	9	8	7	6	5	4	3	2	1	0
0x00	FLASH_ACR	Reserved																			DCRST	ICRST	DCEN	ICEN	PRFTEN	Reserved					LATENCY		
	Reset value																				0	0	0	0	0						0	0	0
0x04	FLASH_KEYR	KEY[31:16]																KEY[15:0]															
	Reset value	0	0	0	0	0	0	0	0	0	0	0	0	0	0	0	0	0	0	0	0	0	0	0	0	0	0	0	0	0	0	0	0
0x08	FLASH_OPTKEYR	OPTKEYR[31:16]																OPTKEYR[15:0]															
	Reset value	0	0	0	0	0	0	0	0	0	0	0	0	0	0	0	0	0	0	0	0	0	0	0	0	0	0	0	0	0	0	0	0
0x0C	FLASH_SR	Reserved															BSY	Reserved								PGSERR	PGPERR	PGAERR	WRPERR	Reserved		OPERR	EOP
	Reset value																0									0	0	0	0			0	0
0x10	FLASH_CR	LOCK	Reserved						EOPIE	Reserved							STRT	Reserved						PSIZE[1:0]		Reserved	SNB[3:0]				MER	SER	PG
	Reset value	1							0								0							0	0		0	0	0	0		0	0
0x14	FLASH_OPTCR	Reserved				nWRP[11:0]												RDP[7:0]								nRST_STDBY	nRST_STOP	WDG_SW	Reserved	BOR_LEV		OPTSTRT	OPTLOCK
	Reset value					1	1	1	1	1	1	1	1	1	1	1	1	1	0	1	0	1	0	1	0	1	1	1		1	1	0	1

表 3　GPIO 寄存器映射和复位值

偏移地址	寄存器名称	31	30	29	28	27	26	25	24	23	22	21	20	19	18	17	16	15	14	13	12	11	10	9	8	7	6	5	4	3	2	1	0
0x00	GPIOA_MODER	MODER15[1:0]		MODER14[1:0]		MODER13[1:0]		MODER12[1:0]		MODER11[1:0]		MODER10[1:0]		MODER9[1:0]		MODER8[1:0]		MODER7[1:0]		MODER6[1:0]		MODER5[1:0]		MODER4[1:0]		MODER3[1:0]		MODER2[1:0]		MODER1[1:0]		MODER0[1:0]	
	Reset value	1	0	1	0	1	0	0	0	0	0	0	0	0	0	0	0	0	0	0	0	0	0	0	0	0	0	0	0	0	0	0	0
0x00	GPIOB_MODER	MODER15[1:0]		MODER14[1:0]		MODER13[1:0]		MODER12[1:0]		MODER11[1:0]		MODER10[1:0]		MODER9[1:0]		MODER8[1:0]		MODER7[1:0]		MODER6[1:0]		MODER5[1:0]		MODER4[1:0]		MODER3[1:0]		MODER2[1:0]		MODER1[1:0]		MODER0[1:0]	
	Reset value	0	0	0	0	0	0	0	0	0	0	0	0	0	0	0	0	0	0	0	0	0	0	1	0	1	0	0	0	0	0	0	0
0x00	GPIOx_MODER (where x = C..I/)	MODER15[1:0]		MODER14[1:0]		MODER13[1:0]		MODER12[1:0]		MODER11[1:0]		MODER10[1:0]		MODER9[1:0]		MODER8[1:0]		MODER7[1:0]		MODER6[1:0]		MODER5[1:0]		MODER4[1:0]		MODER3[1:0]		MODER2[1:0]		MODER1[1:0]		MODER0[1:0]	
	Reset value	0	0	0	0	0	0	0	0	0	0	0	0	0	0	0	0	0	0	0	0	0	0	0	0	0	0	0	0	0	0	0	0

续表 3

偏移地址	寄存器名称	31	30	29	28	27	26	25	24	23	22	21	20	19	18	17	16	15	14	13	12	11	10	9	8	7	6	5	4	3	2	1	0
0x04	GPIOx_OTYPER (where x = A..I/)	Reserved																OT15	OT14	OT13	OT12	OT11	OT10	OT9	OT8	OT7	OT6	OT5	OT4	OT3	OT2	OT1	OT0
	Reset value																	0	0	0	0	0	0	0	0	0	0	0	0	0	0	0	0
0x08	GPIOx_OSPEEDER (where x = A..I/ except B)	OSPEEDR15[1:0]		OSPEEDR14[1:0]		OSPEEDR13[1:0]		OSPEEDR12[1:0]		OSPEEDR11[1:0]		OSPEEDR10[1:0]		OSPEEDR9[1:0]		OSPEEDR8[1:0]		OSPEEDR7[1:0]		OSPEEDR6[1:0]		OSPEEDR5[1:0]		OSPEEDR4[1:0]		OSPEEDR3[1:0]		OSPEEDR2[1:0]		OSPEEDR1[1:0]		OSPEEDR0[1:0]	
	Reset value	0	0	0	0	0	0	0	0	0	0	0	0	0	0	0	0	0	0	0	0	0	0	0	0	0	0	0	0	0	0	0	0
0x08	GPIOB_OSPEEDER	OSPEEDR15[1:0]		OSPEEDR14[1:0]		OSPEEDR13[1:0]		OSPEEDR12[1:0]		OSPEEDR11[1:0]		OSPEEDR10[1:0]		OSPEEDR9[1:0]		OSPEEDR8[1:0]		OSPEEDR7[1:0]		OSPEEDR6[1:0]		OSPEEDR5[1:0]		OSPEEDR4[1:0]		OSPEEDR3[1:0]		OSPEEDR2[1:0]		OSPEEDR1[1:0]		OSPEEDR0[1:0]	
	Reset value	0	0	0	0	0	0	0	0	0	0	0	0	0	0	0	0	0	0	0	0	0	0	0	0	1	1	0	0	0	0	0	0
0x0C	GPIOA_PUPDR	PUPDR15[1:0]		PUPDR14[1:0]		PUPDR13[1:0]		PUPDR12[1:0]		PUPDR11[1:0]		PUPDR10[1:0]		PUPDR9[1:0]		PUPDR8[1:0]		PUPDR7[1:0]		PUPDR6[1:0]		PUPDR5[1:0]		PUPDR4[1:0]		PUPDR3[1:0]		PUPDR2[1:0]		PUPDR1[1:0]		PUPDR0[1:0]	
	Reset value	0	1	1	0	0	1	0	0	0	0	0	0	0	0	0	0	0	0	0	0	0	0	0	0	0	0	0	0	0	0	0	0
0x0C	GPIOB_PUPDR	PUPDR15[1:0]		PUPDR14[1:0]		PUPDR13[1:0]		PUPDR12[1:0]		PUPDR11[1:0]		PUPDR10[1:0]		PUPDR9[1:0]		PUPDR8[1:0]		PUPDR7[1:0]		PUPDR6[1:0]		PUPDR5[1:0]		PUPDR4[1:0]		PUPDR3[1:0]		PUPDR2[1:0]		PUPDR1[1:0]		PUPDR0[1:0]	
	Reset value	0	0	0	0	0	0	0	0	0	0	0	0	0	0	0	0	0	0	0	0	0	0	0	1	0	0	0	0	0	0	0	0
0x0C	GPIOx_PUPDR (where x = C..I/)	PUPDR15[1:0]		PUPDR14[1:0]		PUPDR13[1:0]		PUPDR12[1:0]		PUPDR11[1:0]		PUPDR10[1:0]		PUPDR9[1:0]		PUPDR8[1:0]		PUPDR7[1:0]		PUPDR6[1:0]		PUPDR5[1:0]		PUPDR4[1:0]		PUPDR3[1:0]		PUPDR2[1:0]		PUPDR1[1:0]		PUPDR0[1:0]	
	Reset value	0	0	0	0	0	0	0	0	0	0	0	0	0	0	0	0	0	0	0	0	0	0	0	0	0	0	0	0	0	0	0	0
0x10	GPIOx_IDR (where x = A..I/)	Reserved																IDR15	IDR14	IDR13	IDR12	IDR11	IDR10	IDR9	IDR8	IDR7	IDR6	IDR5	IDR4	IDR3	IDR2	IDR1	IDR0
	Reset value																	x	x	x	x	x	x	x	x	x	x	x	x	x	x	x	x
0x14	GPIOx_ODR (where x = A..I/)	Reserved																ODR15	ODR14	ODR13	ODR12	ODR11	ODR10	ODR9	ODR8	ODR7	ODR6	ODR5	ODR4	ODR3	ODR2	ODR1	ODR0
	Reset value																	0	0	0	0	0	0	0	0	0	0	0	0	0	0	0	0
0x18	GPIOx_BSRR (where x = A..I/)	BR15	BR14	BR13	BR12	BR11	BR10	BR9	BR8	BR7	BR6	BR5	BR4	BR3	BR2	BR1	BR0	BS15	BS14	BS13	BS12	BS11	BS10	BS9	BS8	BS7	BS6	BS5	BS4	BS3	BS2	BS1	BS0
	Reset value	0	0	0	0	0	0	0	0	0	0	0	0	0	0	0	0	0	0	0	0	0	0	0	0	0	0	0	0	0	0	0	0
0x1C	GPIOx_LCKR (where x = A..I/)	Reserved															LCKK	LCK15	LCK14	LCK13	LCK12	LCK11	LCK10	LCK9	LCK8	LCK7	LCK6	LCK5	LCK4	LCK3	LCK2	LCK1	LCK0
	Reset value																0	0	0	0	0	0	0	0	0	0	0	0	0	0	0	0	0
0x20	GPIOx_AFRL (where x = A..I/)	AFRL7[3:0]				AFRL6[3:0]				AFRL5[3:0]				AFRL4[3:0]				AFRL3[3:0]				AFRL2[3:0]				AFRL1[3:0]				AFRL0[3:0]			
	Reset value	0	0	0	0	0	0	0	0	0	0	0	0	0	0	0	0	0	0	0	0	0	0	0	0	0	0	0	0	0	0	0	0
0x24	GPIOx_AFRH (where x = A..I/)	AFRH15[3:0]				AFRH14[3:0]				AFRH13[3:0]				AFRH12[3:0]				AFRH11[3:0]				AFRH10[3:0]				AFRH9[3:0]				AFRH8[3:0]			
	Reset value	0	0	0	0	0	0	0	0	0	0	0	0	0	0	0	0	0	0	0	0	0	0	0	0	0	0	0	0	0	0	0	0

表 4　SYSCFG 寄存器映射和复位值

偏移地址	寄存器名称	31	30	29	28	27	26	25	24	23	22	21	20	19	18	17	16	15	14	13	12	11	10	9	8	7	6	5	4	3	2	1	0
0x00	SYSCFG_MEMRM	Reserved																														MEM_MOOD	
	Reset value																															x	x
0x04	SYSCFG_PMC	Reserved								MII_RMII_SEL	Reserved							Reserved															
	Reset value									0																							
0x08	SYSCFG_EXTICR1	Reserved																EXTI3[3:0]				EXTI2[3:0]				EXTI1[3:0]				EXTI0[3:0]			
	Reset value																	0	0	0	0	0	0	0	0	0	0	0	0	0	0	0	0
0x0C	SYSCFG_EXTICR2	Reserved																EXTI7[3:0]				EXTI6[3:0]				EXTI5[3:0]				EXTI4[3:0]			
	Reset value																	0	0	0	0	0	0	0	0	0	0	0	0	0	0	0	0
0x10	SYSCFG_EXTICR3	Reserved																EXTI11[3:0]				EXTI10[3:0]				EXTI9[3:0]				EXTI8[3:0]			
	Reset value																	0	0	0	0	0	0	0	0	0	0	0	0	0	0	0	0
0x14	SYSCFG_EXTICR4	Reserved																EXTI15[3:0]				EXTI14[3:0]				EXTI13[3:0]				EXTI12[3:0]			
	Reset value																	0	0	0	0	0	0	0	0	0	0	0	0	0	0	0	0
0x20	SYSCFG_CMPCR	Reserved																								READY	Reserved						CMP_PD
	Reset value																									0							0

表 5　DMA 寄存器映射和复位值

偏移地址	寄存器名称	31	30	29	28	27	26	25	24	23	22	21	20	19	18	17	16	15	14	13	12	11	10	9	8	7	6	5	4	3	2	1	0
0x0000	DMA_LISR	Reserved				TCIF3	HTIF3	TEIF3	DMEIF3	Reserved	FEIF3	TCIF2	HTIF2	TEIF2	DMEIF2	Reserved	FEIF2	Reserved				TCIF1	HTIF1	TEIF1	DMEIF1	Reserved	FEIF1	TCIF0	HTIF0	TEIF0	DMEIF0	Reserved	FEIF0
	Reset value					0	0	0	0		0	0	0	0	0		0					0	0	0	0		0	0	0	0	0		0
0x0004	DMA_HISR	Reserved				TCIF7	HTIF7	TEIF7	DMEIF7	Reserved	FEIF7	TCIF6	HTIF6	TEIF6	DMEIF6	Reserved	FEIF6	Reserved				TCIF5	HTIF5	TEIF5	DMEIF5	Reserved	FEIF5	TCIF4	HTIF4	TEIF4	DMEIF4	Reserved	FEIF4
	Reset value					0	0	0	0		0	0	0	0	0		0					0	0	0	0		0	0	0	0	0		0
0x0008	DMA_LIFCR	Reserved				CTCIF3	CHTIF3	TEIF3	CDMEIF3	Reserved	CFEIF3	CTCIF2	CHTIF2	CTEIF2	CDMEIF2	Reserved	CFEIF2	Reserved				CTCIF1	CHTIF1	CTEIF1	CDMEIF1	Reserved	CFEIF1	CTCIF0	CHTIF0	CTEIF0	CDMEIF0	Reserved	CFEIF0
	Reset value					0	0	0	0		0	0	0	0	0		0					0	0	0	0		0	0	0	0	0		0
0x000C	DMA_HIFCR	Reserved				CTCIF7	CHTIF7	CTEIF7	CDMEIF7	Reserved	CFEIF7	CTCIF6	CHTIF6	CTEIF6	CDMEIF6	Reserved	CFEIF6	Reserved				CTCIF5	CHTIF5	CTEIF5	CDMEIF5	Reserved	CFEIF5	CTCIF4	CHTIF4	CTEIF4	CDMEIF4	Reserved	CFEIF4
	Reset value					0	0	0	0		0	0	0	0	0		0					0	0	0	0		0	0	0	0	0		0

续表 5

偏移地址	寄存器名称	31	30	29	28	27	26	25	24	23	22	21	20	19	18	17	16	15	14	13	12	11	10	9	8	7	6	5	4	3	2	1	0
0x0010	DMA_S0CR	Reserved				CHSEL[2:0]			MBURST[1:0]		PBURST[1:0]		Reserved	CT	DBM	PL[1:0]		PINCOS	MSIZE[1:0]		PSIZE[1:0]		MINC	PINC	CIRC	DIR[1:0]		PFCTRL	TCIE	HTIE	TEIE	DMEIE	EN
	Reset value					0	0	0	0	0	0	0		0	0	0	0	0	0	0	0	0	0	0	0	0	0	0	0	0	0	0	0
0x0014	DMA_S0NDTR	Reserved																NDT[15:.]															
	Reset value																	0	0	0	0	0	0	0	0	0	0	0	0	0	0	0	0
0x0018	DMA_S0PAR	PA[31:0]																															
	Reset value	0	0	0	0	0	0	0	0	0	0	0	0	0	0	0	0	0	0	0	0	0	0	0	0	0	0	0	0	0	0	0	0
0x001C	DMA_S0M0AR	M0A[31:0]																															
	Reset value	0	0	0	0	0	0	0	0	0	0	0	0	0	0	0	0	0	0	0	0	0	0	0	0	0	0	0	0	0	0	0	0
0x0020	DMA_S0M1AR	M1A[31:0]																															
	Reset value	0	0	0	0	0	0	0	0	0	0	0	0	0	0	0	0	0	0	0	0	0	0	0	0	0	0	0	0	0	0	0	0
0x0024	DMA_S0FCR	Reserved																								FEIE	Reserved	FS[2:0]			DMDIS	FTH[1:0]	
	Reset value																									0		1	0	0	0	0	1
0x0028	DMA_S1CR	Reserved				CHSEL [2:0]			MBURST[1:]		PBURST[1:0]		ACK	CT	DBM	PL[1:0]		PINCOS	MSIZE[1:0]		PSIZE[1:0]		MINC	PINC	CIRC	DIR[1:0]		PFCTRL	TCIE	HTIE	TEIE	DMEIE	EN
	Reset value					0	0	0	0	0	0	0	0	0	0	0	0	0	0	0	0	0	0	0	0	0	0	0	0	0	0	0	0
0x002C	DMA_S1NDTR	Reserved																NDT[15:.]															
	Reset value																	0	0	0	0	0	0	0	0	0	0	0	0	0	0	0	0
0x0030	DMA_S1PAR	PA[31:0]																															
	Reset value	0	0	0	0	0	0	0	0	0	0	0	0	0	0	0	0	0	0	0	0	0	0	0	0	0	0	0	0	0	0	0	0
0x0034	DMA_S1M0AR	M0A[31:0]																															
	Reset value	0	0	0	0	0	0	0	0	0	0	0	0	0	0	0	0	0	0	0	0	0	0	0	0	0	0	0	0	0	0	0	0
0x0038	DMA_S1M1AR	M1A[31:0]																															
	Reset value	0	0	0	0	0	0	0	0	0	0	0	0	0	0	0	0	0	0	0	0	0	0	0	0	0	0	0	0	0	0	0	0
0x003C	DMA_S1FCR	Reserved																								FEIE	Reserved	FS[2:0]			DMDIS	FTH[1:0]	
	Reset value																									0		1	0	0	0	0	1
0x0040	DMA_S2CR	Reserved				CHSEL [2:0]			MBURST[1:0]		PBURST[1:0]		ACK	CT	DBM	PL[1:0]		PINCOS	MSIZE[1:0]		PSIZE[1:0]		MINC	PINC	CIRC	DIR [1:0]		PFCTRL	TCIE	HTIE	TEIE	DMEIE	EN
	Reset value					0	0	0	0	0	0	0	0	0	0	0	0	0	0	0	0	0	0	0	0	0	0	0	0	0	0	0	0
0x0044	DMA_S2NDTR	Reserved																NDT[15:.]															
	Reset value																	0	0	0	0	0	0	0	0	0	0	0	0	0	0	0	0
0x0048	DMA_S2PAR	PA[31:0]																															
	Reset value	0	0	0	0	0	0	0	0	0	0	0	0	0	0	0	0	0	0	0	0	0	0	0	0	0	0	0	0	0	0	0	0

表 6　外部中断/事件控制器寄存器映射和复位值

偏移地址	寄存器名称	31	30	29	28	27	26	25	24	23	22	21	20	19	18	17	16	15	14	13	12	11	10	9	8	7	6	5	4	3	2	1	0
0x00	EXTI_IMR	Reserved									MR[22:0]																						
	Reset value										0	0	0	0	0	0	0	0	0	0	0	0	0	0	0	0	0	0	0	0	0	0	0
0x04	EXTI_EMR	Reserved									MR[22:0]																						
	Reset value										0	0	0	0	0	0	0	0	0	0	0	0	0	0	0	0	0	0	0	0	0	0	0
0x08	EXTI_RTSR	Reserved									TR[22:0]																						
	Reset value										0	0	0	0	0	0	0	0	0	0	0	0	0	0	0	0	0	0	0	0	0	0	0
0x0C	EXTI_FTSR	Reserved									TR[22:0]																						
	Reset value										0	0	0	0	0	0	0	0	0	0	0	0	0	0	0	0	0	0	0	0	0	0	0
0x10	EXTI_SWIER	Reserved									SWIER[22:0]																						
	Reset value										0	0	0	0	0	0	0	0	0	0	0	0	0	0	0	0	0	0	0	0	0	0	0
0x14	EXTI_PR	Reserved									PR[22:0]																						
	Reset value										0	0	0	0	0	0	0	0	0	0	0	0	0	0	0	0	0	0	0	0	0	0	0

表 7　DAC 寄存器映射

偏移地址	寄存器名称	31	30	29	28	27	26	25	24	23	22	21	20	19	18	17	16	15	14	13	12	11	10	9	8	7	6	5	4	3	2	1	0
0x00	DAC_CR	Reserved		DMAUDRIE2	DMAEN2	MAMP2[3:0]				WAVE2[2:0]		TSEL2[2:0]			TEN2	BOFF2	EN2	Reserved		DMAUDRIE1	DMAEN1	MAMP1[3:0]				WAVE1[2:0]		TSEL1[2:0]			TEN1	BOFF1	EN1
0x04	DAC_SWTRIGR	Reserved																														SWTRIG2	SWTRIG1
0x08	DAC_DHR12R1	Reserved																				DACC1DHR[11:0]											
0x0C	DAC_DHR12L1	Reserved																DACC1DHR[11:0]												Reserved			
0x10	DAC_DHR8R1	Reserved																								DACC1DHR[7:0]							
0x14	DAC_DHR12R2	Reserved																				DACC2DHR[11:0]											
0x18	DAC_DHR12L2	Reserved																DACC2DHR[11:0]												Reserved			
0x1C	DAC_DHR8R2	Reserved																								DACC2DHR[7:0]							
0x20	DAC_DHR12RD	Reserved				DACC2DHR[11:0]												Reserved				DACC1DHR[11:0]											
0x24	DAC_DHR12LD	DACC2DHR[11:0]												Reserved				DACC1DHR[11:0]												Reserved			
0x28	DAC_DHR8RD	Reserved																DACC2DHR[7:0]								DACC1DHR[7:0]							
0x2C	DAC_DOR1	Reserved																				DACC1DOR[11:0]											

表 8　每个 ADC 的寄存器映射和复位值

偏移地址	寄存器名称	31	30	29	28	27	26	25	24	23	22	21	20	19	18	17	16	15	14	13	12	11	10	9	8	7	6	5	4	3	2	1	0
0x00	ADC_SR	Reserved																										OVR	STRT	JSTRT	JEOC	EOC	AWD
	Reset value																											0	0	0	0	0	0
0x04	ADC_CR1	Reserved					OVRIE	RES[1:0]		AWDEN	JAWDEN	Reserved						DISC NUM[2:0]			JDISCEN	DISCEN	JAUTO	AWD SGL	SCAN	JEOCIE	AWDIE	EOCIE	AWDCH[4:0]				
	Reset value						0	0	0	0	0							0	0	0	0	0	0	0	0	0	0	0	0	0	0	0	0
0x08	ADC_CR2	Reserved	SWSTART	EXTEN[1:0]		EXTSEL[3:0]				Reserved	JSWSTART	JEXTEN[1:0]		JEXTSEL[3:0]				Reserved				ALIGN	EOCS	DDS	DMA	Reserved						CONT	ADON
	Reset value		0	0	0	0	0	0	0		0	0	0	0	0	0	0					0	0		0							0	0
0x0C	ADC_SMPR1	Sample time bits SMPx_x																															
	Reset value	0	0	0	0	0	0	0	0	0	0	0	0	0	0	0	0	0	0	0	0	0	0	0	0	0	0	0	0	0	0	0	0
0x10	ADC_SMPR2	Sample time bits SMPx_x																															
	Reset value	0	0	0	0	0	0	0	0	0	0	0	0	0	0	0	0	0	0	0	0	0	0	0	0	0	0	0	0	0	0	0	0
0x14	ADC_JOFR1	Reserved																				JOFFSET1[11:0]											
	Reset value																					0	0	0	0	0	0	0	0	0	0	0	0
0x18	ADC_JOFR2	Reserved																				JOFFSET2[11:0]											
	Reset value																					0	0	0	0	0	0	0	0	0	0	0	0
0x1C	ADC_JOFR3	Reserved																				JOFFSET3[11:0]											
	Reset value																					0	0	0	0	0	0	0	0	0	0	0	0
0x20	ADC_JOFR4	Reserved																				JOFFSET4[11:0]											
	Reset value																					0	0	0	0	0	0	0	0	0	0	0	0
0x24	ADC_HTR	Reserved																				HT[11:0]											
	Reset value																					1	1	1	1	1	1	1	1	1	1	1	1
0x28	ADC_LTR	Reserved																				LT[11:0]											
	Reset value																					0	0	0	0	0	0	0	0	0	0	0	0
0x2C	ADC_SQR1	Reserved								L[3:0]				Regular channel sequence SQx_x bits																			
	Reset value									0	0	0	0	0	0	0	0	0	0	0	0	0	0	0	0	0	0	0	0	0	0	0	0
0x30	ADC_SQR2	Reserved		Regular channel sequence SQx_x bits																													
	Reset value			0	0	0	0	0	0	0	0	0	0	0	0	0	0	0	0	0	0	0	0	0	0	0	0	0	0	0	0	0	0
0x34	ADC_SQR3	Reserved		Regular channel sequence SQx_x bits																													
	Reset value			0	0	0	0	0	0	0	0	0	0	0	0	0	0	0	0	0	0	0	0	0	0	0	0	0	0	0	0	0	0
0x38	ADC_JSQR	Reserved										JL[1:0]		Injected channel sequence JSQx_x bits																			
	Reset value											0	0	0	0	0	0	0	0	0	0	0	0	0	0	0	0	0	0	0	0	0	0
0x3C	ADC_JDR1	Reserved																JDATA[15:0]															
	Reset value																	0	0	0	0	0	0	0	0	0	0	0	0	0	0	0	0
0x40	ADC_JDR2	Reserved																JDATA[15:0]															
	Reset value																	0	0	0	0	0	0	0	0	0	0	0	0	0	0	0	0
0x44	ADC_JDR3	Reserved																JDATA[15:0]															
	Reset value																	0	0	0	0	0	0	0	0	0	0	0	0	0	0	0	0
0x48	ADC_JDR4	Reserved																JDATA[15:0]															
	Reset value																	0	0	0	0	0	0	0	0	0	0	0	0	0	0	0	0
0x4C	ADC_DR	Reserved																Regular DATA[15:0]															
	Reset value																	0	0	0	0	0	0	0	0	0	0	0	0	0	0	0	0

表 9　TIM2 到 TIM5 寄存器映射和复位值

偏移地址	寄存器名称	31	30	29	28	27	26	25	24	23	22	21	20	19	18	17	16	15	14	13	12	11	10	9	8	7	6	5	4	3	2	1	0
0x00	TIMx_CR1	Reserved																						CKD[1:0]		ARPE	CMS[1:0]		DIR	OPM	URS	UDIS	CEN
	Reset value																							0	0	0	0	0	0	0	0	0	0
0x04	TIMx_CR2	Reserved																								TI1S	MMS[2:0]			CCDS	Reserved		
	Reset value																									0	0	0	0	0			
0x08	TIMx_SMCR	Reserved																ETP	ECE	ETPS[1:0]		ETF[3:0]				MSM	TS[2:0]			Reserved	SMS[2:0]		
	Reset value																	0	0	0	0	0	0	0	0	0	0	0	0		0	0	0
0x0C	TIMx_DIER	Reserved																	TDE	COMDE	CC4DE	CC3DE	CC2DE	CC1DE	UDE	Reserved	TIE	Reserved	CC4IE	CC3IE	CC2IE	CC1IE	UIE
	Reset value																		0	0	0	0	0	0	0		0		0	0	0	0	0
0x10	TIMx_SR	Reserved																			CC4OF	CC3OF	CC2OF	CC1OF	Reserved		TIF	Reserved	CC4IF	CC3IF	CC2IF	CC1IF	UIF
	Reset value																				0	0	0	0			0		0	0	0	0	0
0x14	TIMx_EGR	Reserved																									TG	Reserved	CC4G	CC3G	CC2G	CC1G	UG
	Reset value																										0		0	0	0	0	0
0x18	TIMx_CCMR1 Output Compare mode	Reserved																OC2CE	OC2M[2:0]			OC2PE	OC2FE	CC2S[1:0]		OC1CE	OC1M[2:0]			OC1PE	OC1FE	CC1S[1:0]	
	Reset value																	0	0	0	0	0	0	0	0	0	0	0	0	0	0	0	0
	TIMx_CCMR1 Input Capture mode	Reserved																IC2F[3:0]				IC2 PSC [1:0]		CC2S [1:0]		IC1F[3:0]				IC1 PSC [1:0]		CC1S [1:0]	
	Reset value																	0	0	0	0	0	0	0	0	0	0	0	0	0	0	0	0
0x1C	TIMx_CCMR2 Output Compare mode	Reserved																O24CE	OC4M [2:0]			OC4PE	OC4FE	CC4S [1:0]		OC3CE	OC3M [2:0]			OC3PE	OC3FE	CC3S [1:0]	
	Reset value																	0	0	0	0	0	0	0	0	0	0	0	0	0	0	0	0
	TIMx_CCMR2 Input Capture mode	Reserved																IC4F[3:0]				IC4 PSC [1:0]		CC4S [1:0]		IC3F[3:0]				IC3 PSC [1:0]		CC3S [1:0]	
	Reset value																	0	0	0	0	0	0	0	0	0	0	0	0	0	0	0	0
0x20	TIMx_CCER	Reserved																CC4NP	Reserved	CC4P	CC4E	CC3NP	Reserved	CC3P	CC3E	CC2NP	Reserved	CC2P	CC2E	CC1NP	Reserved	CC1P	CC1E
	Reset value																	0		0	0	0		0	0	0		0	0	0		0	0
0x24	TIMx_CNT	CNT[31:16] (TIM2 and TIM5 only, reserved on the other timers)																CNT[15:0]															
	Reset value	0	0	0	0	0	0	0	0	0	0	0	0	0	0	0	0	0	0	0	0	0	0	0	0	0	0	0	0	0	0	0	0
0x28	TIMx_PSC	Reserved																PSC[15:0]															
	Reset value																	0	0	0	0	0	0	0	0	0	0	0	0	0	0	0	0
0x2C	TIMx_ARR	ARR[31:16] (TIM2 and TIM5 only, reserved on the other timers)																ARR[15:0]															
	Reset value	0	0	0	0	0	0	0	0	0	0	0	0	0	0	0	0	0	0	0	0	0	0	0	0	0	0	0	0	0	0	0	0
0x34	TIMx_CCR1	CCR1[31:16] (TIM2 and TIM5 only, reserved on the other timers)																CCR1[15:0]															
	Reset value	0	0	0	0	0	0	0	0	0	0	0	0	0	0	0	0	0	0	0	0	0	0	0	0	0	0	0	0	0	0	0	0
0x38	TIMx_CCR2	CCR2[31:16] (TIM2 and TIM5 only, reserved on the other timers)																CCR2[15:0]															
	Reset value	0	0	0	0	0	0	0	0	0	0	0	0	0	0	0	0	0	0	0	0	0	0	0	0	0	0	0	0	0	0	0	0
0x3C	TIMx_CCR3	CCR3[31:16] (TIM2 and TIM5 only, reserved on the other timers)																CCR3[15:0]															
	Reset value	0	0	0	0	0	0	0	0	0	0	0	0	0	0	0	0	0	0	0	0	0	0	0	0	0	0	0	0	0	0	0	0

表 10　USART 寄存器映射和复位值

偏移地址	寄存器名称	31	30	29	28	27	26	25	24	23	22	21	20	19	18	17	16	15	14	13	12	11	10	9	8	7	6	5	4	3	2	1	0
0x00	USART_SR	Reserved																						CTS	LBD	TXE	TC	RXNE	IDLE	ORE	NF	FE	PE
	Reset value																							0	0	1	1	0	0	0	0	0	0
0x04	USART_DR	Reserved																							DR[8:0]								
	Reset value																								0	0	0	0	0	0	0	0	0
0x08	USART_BRR	Reserved																DIV_Mantissa[15:4]												DIV_Fraction[3:0]			
	Reset value																	0	0	0	0	0	0	0	0	0	0	0	0	0	0	0	0
0x0C	USART_CR1	Reserved																OVER8	Reserved	UE	M	WAKE	PCE	PS	PEIE	TXEIE	TCIE	RXNEIE	IDLEIE	TE	RE	RWU	SBK
	Reset value																	0		0	0	0	0	0	0	0	0	0	0	0	0	0	0
0x10	USART_CR2	Reserved																	LINEN	STOP[1:0]		CLKEN	CPOL	CPHA	LBCL	Reserved	LBDIE	LBDL	Reserved	ADD[3:0]			
	Reset value																		0	0	0	0	0	0	0		0	0		0	0	0	0
0x14	USART_CR3	Reserved																				ONEBIT	CTSIE	CTSE	RTSE	DMAT	DMAR	SCEN	NACK	HDSEL	IRLP	IREN	EIE
	Reset value																					0	0	0	0	0	0	0	0	0	0	0	0
0x18	USART_GTPR	Reserved																GT[7:0]								PSC[7:0]							
	Reset value																	0	0	0	0	0	0	0	0	0	0	0	0	0	0	0	0

表 11　IWDG 寄存器映射和复位值

偏移地址	寄存器名称	31	30	29	28	27	26	25	24	23	22	21	20	19	18	17	16	15	14	13	12	11	10	9	8	7	6	5	4	3	2	1	0
0x00	IWDG_KR	Reserved																KEY[15:0]															
	Reset value																	0	0	0	0	0	0	0	0	0	0	0	0	0	0	0	0
0x04	IWDG_PR	Reserved																													PR[2:0]		
	Reset value																														0	0	0
0x08	IWDG_RLR	Reserved																				RL[11:0]											
	Reset value																					1	1	1	1	1	1	1	1	1	1	1	1
0x0C	IWDG_SR	Reserved																														RVU	PVU
	Reset value																															0	0

表 12　bxCAN 寄存器映射和复位值

偏移地址	寄存器名称	31	30	29	28	27	26	25	24	23	22	21	20	19	18	17	16	15	14	13	12	11	10	9	8	7	6	5	4	3	2	1	0
0x000	CAN_MCR	Reserved															DBF	RESET	Reserved							TTCM	ABOM	AWUM	NART	RFLM	TXFP	SLEEP	INRQ
	Reset value																1	0								0	0	0	0	0	0	1	0
0x004	CAN_MSR	Reserved																				RX	SAMP	RXM	TXM	Reserved			SLAKI	WKUI	ERRI	SLAK	INAK
	Reset value																					1	1	0	0				0	0	0	1	0
0x008	CAN_TSR	LOW[2:0]			TME[2:0]			CODE[1:0]		ABRQ2	Reserved			TERR2	ALST2	TXOK2	RQCP2	ABRQ1	Reserved			TERR1	ALST1	TXOK1	RQCP1	ABRQ0	Reserved			TERR0	ALST0	TXOK0	RQCP0
	Reset value	0	0	0	1	1	1	0	0	0				0	0	0	0	0				0	0	0	0	0				0	0	0	0
0x00C	CAN_RF0R	Reserved																										RFOM0	FOVR0	FULL0	Reserved	FMP0[1:0]	
	Reset value																											0	0	0		0	0
0x010	CAN_RF1R	Reserved																										RFOM1	FOVR1	FULL1	Reserved	FMP1[1:0]	
	Reset value																											0	0	0		0	0
0x014	CAN_IER	Reserved														SLKIE	WKUIE	ERRIE	Reserved			LECIE	BOFIE	EPVIE	EWGIE	Reserved	FOVIE1	FFIE1	FMPIE1	FOVIE0	FFIE0	FMPIE0	TMEIE
	Reset value															0	0	0				0	0	0	0		0	0	0	0	0	0	0
0x018	CAN_ESR	REC[7:0]								TEC[7:0]								Reserved									LEC[2:0]			Reserved	BOFF	EPVF	EWGF
	Reset value	0	0	0	0	0	0	0	0	0	0	0	0	0	0	0	0										0	0	0		0	0	0
0x01C	CAN_BTR	SILM	LBKM	Reserved				SJW[1:0]		Reserved	TS2[2:0]			TS1[3:0]				Reserved						BRP[9:0]									
	Reset value	0	0					0	0		0	1	0	0	0	1	1							0	0	0	0	0	0	0	0	0	0
0x0200x17F	Reserved																																
0x180	CAN_TI0R	STID[10:0]/EXID[28:18]											EXID[17:0]																		IDE	RTR	TXRQ
	Reset value	x	x	x	x	x	x	x	x	x	x	x	x	x	x	x	x	x	x	x	x	x	x	x	x	x	x	x	x	x	x	x	0
0x184	CAN_TDT0R	TIME[15:0]																Reserved							TGT	Reserved				DLC[3:0]			
	Reset value	x	x	x	x	x	x	x	x	x	x	x	x	x	x	x	x								x					x	x	x	x
0x188	CAN_TDL0R	DATA3[7:0]								DATA2[7:0]								DATA1[7:0]								DATA0[7:0]							
	Reset value	x	x	x	x	x	x	x	x	x	x	x	x	x	x	x	x	x	x	x	x	x	x	x	x	x	x	x	x	x	x	x	x

表 13　I^2C 寄存器映射和复位值

偏移地址	寄存器名称	31	30	29	28	27	26	25	24	23	22	21	20	19	18	17	16	15	14	13	12	11	10	9	8	7	6	5	4	3	2	1	0
0x00	I2C_CR1	Reserved																SWRST	Reserved	ALERT	PEC	POS	ACK	STOP	START	NOSTRETCH	ENGC	ENPEC	ENARP	SMBTYPE	Reserved	SMBus	PE
	Reset value																	0		0	0	0	0	0	0	0	0	0	0	0		0	0
0x04	I2C_CR2	Reserved																			LAST	DMAEN	ITBUFEN	ITEVTEN	ITERREN	Reserved		FREQ[5:0]					
	Reset value																				0	0	0	0	0			0	0	0	0	0	0
0x08	I2C_OAR1	Reserved																ADDMODE	Reserved					ADD[9:8]		ADD[7:1]							ADD0
	Reset value																	0						0	0	0	0	0	0	0	0	0	0
0x0C	I2C_OAR2	Reserved																								ADD2[7:1]							ENDUAL
	Reset value																									0	0	0	0	0	0	0	0
0x10	I2C_DR	Reserved																								DR[7:0]							
	Reset value																									0	0	0	0	0	0	0	0
0x14	I2C_SR1	Reserved																SMBALERT	TIMEOUT	Reserved	PECERR	OVR	AF	ARLO	BERR	TxE	RxNE	Reserved	STOPF	ADD10	BTF	ADDR	SB
	Reset value																	0	0		0	0	0	0	0	0	0		0	0	0	0	0
0x18	I2C_SR2	Reserved																PEC[7:0]								DUALF	SMBHOST	SMBDEFAULT	GENCALL	Reserved	TRA	BUSY	MSL
	Reset value																	0	0	0	0	0	0	0	0	0	0	0	0		0	0	0
0x1C	I2C_CCR	Reserved																F/S	DUTY	Reserved		CCR[11:0]											
	Reset value																	0	0			0	0	0	0	0	0	0	0	0	0	0	0
0x20	I2C_TRISE	Reserved																										TRISE[5:0]					
	Reset value																											0	0	0	0	1	0
0x24	I2C_FLTR	Reserved																											ANOFF	DNF[3:0]			
	Reset value																												0	0	0	0	0

表 14　SPI 寄存器映射和复位值

偏移地址	寄存器名称	31	30	29	28	27	26	25	24	23	22	21	20	19	18	17	16	15	14	13	12	11	10	9	8	7	6	5	4	3	2	1	0
0x00	SPI_CR1	Reserved																BIDIMODE	BIDIOE	CRCEN	CRCNEXT	DFF	RXONLY	SSM	SSI	LSBFIRST	SPE	BR [2:0]			MSTR	CPOL	CPHA
	Reset value																	0	0	0	0	0	0	0	0	0	0	0	0	0	0	0	0
0x04	SPI_CR2	Reserved																								TXEIE	RXNEIE	ERRIE	FRF	Reserved	SSOE	TXDMAEN	RXDMAEN
	Reset value																									0	0	0	0		0	0	0
0x08	SPI_SR	Reserved																							FRE	BSY	OVR	MODF	CRCERR	UDR	CHSIDE	TXE	RXNE
	Reset value																								0	0	0	0	0	0	0	1	0
0x0C	SPI_DR	Reserved																DR[15:0]															
	Reset value																	0	0	0	0	0	0	0	0	0	0	0	0	0	0	0	0
0x10	SPI_CRCPR	Reserved																CRCPOLY[15:0]															
	Reset value																	0	0	0	0	0	0	0	0	0	0	0	0	0	1	1	1
0x14	SPI_RXCRCR	Reserved																RxCRC[15:0]															
	Reset value																	0	0	0	0	0	0	0	0	0	0	0	0	0	0	0	0
0x18	SPI_TXCRCR	Reserved																TxCRC[15:0]															
	Reset value																	0	0	0	0	0	0	0	0	0	0	0	0	0	0	0	0
0x1C	SPI_I2SCFGR	Reserved																				I2SMOD	I2SE	I2SCFG		PCMSYNC	Reserved	I2SSTD		CKPOL	DATLEN		CHLEN
	Reset value																					0	0	0	0	0		0	0	0	0	0	0
0x20	SPI_I2SPR	Reserved																						MCKOE	ODD	I2SDIV							
	Reset value																							0	0	0	0	0	0	0	0	1	0

表 15　WWDG 寄存器映射和复位值

偏移地址	寄存器名称	31	30	29	28	27	26	25	24	23	22	21	20	19	18	17	16	15	14	13	12	11	10	9	8	7	6	5	4	3	2	1	0
0x00	WWDG_CR	Reserved																								WDGA	T[6:0]						
	Reset value																									0	1	1	1	1	1	1	1
0x04	WWDG_CFR	Reserved																						EWI	WDGTB1	WDGTB0	W[6:0]						
	Reset value																							0	0	0	1	1	1	1	1	1	1
0x08	WWDG_SR	Reserved																															EWIF
	Reset value																																0

附录 B　STM32F4 开发常用词汇词组及缩写词汇总

1. 术语

ARM:Advanced RISC Machine 高级精简指令集计算机

RISC:Reduced Instruction Set Computing 精简指令系统的微处理器,CISC:Complex Instruction Set Computer 复杂指令系统计算机，RISC 和 CISC 是目前设计制造微处理器的两种架构

AAPCS:ARM Architecture Process Call Standard ARM 体系结构过程调用标准

RTOS:Real Time Operating System 实时操作系统

DMA:Direct Memory Access 存储器直接访问

EXTI: External Interrupts 外部中断

FSMC: Flexible Static Memory Controller 可变静态存储控制器

FPB:Flash Patch and Breakpoint FLASH 转换及断电单元

LSU: Load Store Unit 存取单元

PFU: Prefetch Unit 预取单元

ISR:Interrupt Service Routines 中断服务程序

NMI: Nonmaskable Interrupt 不可屏蔽中断

NVIC: Nested Vectored Interrupt Controller 嵌套向量中断控制器

MPU: Memory Protection Unit 内存保护单元

MIPS:Million Instructions Per Second 每秒能执行的百万条指令的条数

RCC:Reset and Clock Control 复位和时钟控制

RTC: Real-Time Clock 实时时钟

IWDG: Independent Watchdog 独立看门狗

WWDG:Window watchdog 窗口看门狗

TIM:Timer 定时器

GAL:Generic Array Logic 通用阵列逻辑

PAL:Programmable Array Logic 可编程阵列逻辑

ASIC:Application Specific Integrated Circuit 专用集成电路

FPGA:Field-Programmable Gate Array 现场可编程门阵列

CPLD:Complex Programmable Logic Device 可编程逻辑器件

2. 端口

AFIO:Alternate Function IO 复用 I/O 端口

GPIO:General Purpose Input/Output 通用 I/O 端口

IOP(A-G):IO Port A - IO Port G (例如,IOPA:IO port A)

CAN:Controller Area Network 控制器局域网

FLITF:The Flash Memory Interface 闪存存储器接口

I^2C: Inter-Integrated Circuit 集成电路总线

I^2S: Integrate Interface of Sound 集成音频接口

JTAG:Joint Test Action Group 联合测试行动组

SPI:Serial Peripheral Interface 串行外设接口

SDIO:安全数字输入输出

UART:Universal Asynchronous Receiver/Transmitter 通用异步收发传输器,它将要传输的资料在串行通信与并行通信之间加以转换

USART:Universal Synchronous Asynchronous Receiver and Transmitter 通用同步异步收发器

DMA:Direct Memory Access 直接内存存取

USB: Universal Serial Bus 通用串行总线

PWM:Pulse Width Modulation 脉冲宽度调制

DMA:Direct Memory Access 直接内存存取

3. 寄存器相关

CPSP: Current Program Status Register 当前程序状态寄存器

SPSP: Saved Program Status Register 程序状态备份寄存器

CSR:Clock Control/Status Register 时钟控制状态寄存器

LR: Link Register 连接寄存器

SP: Stack Pointer 堆栈指针

MSP: Main Stack Pointer 主堆栈指针

PSP:Process Stack Pointer 进程堆栈指针

PC: Program Counter 程序计数器

4. 调试相关

ICE:In Circuit Emulator 在线仿真

ICE Breaker 嵌入式在线仿真单元

DBG:Debug 调试

IDE:Integrated Development Environment 集成开发环境

DWT: Data Watchpoint And Trace 数据观测与跟踪单元

ITM: Instrumentation Trace Macrocell 测量跟踪单元

ETM: Embedded Trace Macrocell 嵌入式追踪宏单元

TPIU:Trace Port Interface Unit 跟踪端口接口单元

TAP: Test Access Port 测试访问端口

DAP: Debug Access Port 调试访问端口

TP: Trace Port 跟踪端口

DP:Debug Port 调试端口

SWJ-DP: Serial Wire JTAG Debug Port 串行-JTAG 调试接口

SW-DP: Serial Wire Debug Port 串行调试接口

JTAG-DP:JTAG Debug Port JTAG 调试接口

5. 系统类

IRQ: Interrupt Request 中断请求

FIQ: Fast Interrupt Request 快速中断请求

SW:Software 软件

SWI: Software Interrupt 软中断

RO:Read Only 只读(部分)

RW:Read Write 读写(部分)

ZI:Zero Initial 零初始化(部分)

BSS:Block Started By Symbol 以符号开始的块(未初始化数据段)

6. 总线

Bus Matrix 总线矩阵

Bus Splitter 总线分割

AHB:Advanced High-performance Bus 高级高性能总线

AHB-AP:Advanced High-Preformance Bus-Access Port 高级高性能总线接入端口

APB:Advanced Peripheral Bus 高级外围总线

APB1: Low Speed APB 低速高级外围总线

APB2: High Speed APB 高速高级外围总线

PPB: Private Peripheral Bus 专用外设总线

7. 词汇/词组

Big Endian 大端存储模式

Little Endian 小端存储模式

Context Switch 任务切换(上下文切换)(CPU 寄存器内容的切换)

Task Switch 任务切换

Literal Pool 数据缓冲池

Arbitration 仲裁

Access 访问

Assembler 汇编器

Disassembly 反汇编

Binutils 连接器

Bit-Banding 位段(技术)

Bit-Band Alias 位段别名

Bit-Band Region 位段区域

Banked 分组

Buffer 缓存

Ceramic 陶瓷

Fetch 取指

Decode 译码

Execute 执行

Harvard 哈佛(架构)

Handler 处理者

Heap 堆

Stack 栈

Latency 延时

Load (Ldr)加载(存储器内容加载到寄存器 Rn)

Store (STR)存储(寄存器 Rn 内容存储到存储器)

Loader 装载器

Optimization 优化

Process 进程/过程

Thread 线程

Prescaler 预分频器

Prefetch 预读/预取指

Perform 执行

Pre-emption 抢占

Tail-chaining 尾链

Late-arriving 迟到

Resonator 共振器

8. 指令相关

Instructions 指令

Pseudo-instruction 伪指令

Directive 伪操作

Comments 注释

FA：Full Ascending 满栈递增(方式)

EA：Empty Ascending 空栈递增(方式)

FD：Full Desending 满栈递减(方式)

ED：Empty Desending 空栈递减(方式)

9. 系统时钟

PLL:Phase Locked Loop 锁相环倍频输出,STM32 最大不得超过 72 MHz

SYSCLK:SystemColock 系统时钟,STM32 大部分器件的时钟来源,主要由 AHB 预分频器分配到各个部件

HCLK:High Clock 高速总线 AHB 的时钟

FCLK:Free Running Clock“自由运行时钟”,供给 CPU 内核的时钟信号,因此在 HCLK 时钟停止 FCLK 也继续运行

PCLK1:Peripheral Clock 1 外设时钟,由 APB1 预分频器输出得到,最大频率为 36 MHz,提供给挂载在 APB1 总线上的外设

PCLK2:Peripheral Clock 1 外设时钟,由 APB2 预分频器输出得到,最大频率为 72 MHz

SDIOCLK:Secure Digital Input and Output 安全数字输入输出卡时钟,输出到 SDIO 外设

FSMCCLK:Flexible Static Memory Controller 可变静态存储控制器时钟

Systick:定时器时钟(Systick=Sysclk/8=9 MHz)

HSE:Hign Speed External 外部高速时钟

HSI：High Speed Internal 内部高速时钟

LSE：Low Speed External 外部低速时钟

LSI：Low Speed Internal 内部低速时钟

10. 其他

MSPS:Million Samples Per Second（每秒采样百万次）

KSPS:kilo Samples Per Second(每秒采样千次)

1 MSPS=1 000 KSPS

ALU:Arithmetic Logical Unit 算术逻辑单元

CLZ：Count Leading Zero 前导零计数(指令)

SIMD：Single Instruction Stream Multiple Data Stream 单指令流,多数据流

VFP：Vector Floating Point 矢量浮点运算

FLITF:The Flash Memory Interface 闪存存储器接口

附录 C　STM32 主要学习交流网站

1. https://www. stmcu. org. cn/　意法半导体 STM32/STM8 技术社区
2. https://www. stmcu. com. cn/　意法半导体控制器
3. https://www. st. com/　意法半导体
4. https://www. openedv. com/　开源电子网【论坛】
5. https://www. 21ic. com/　21ic 电子网
6. https://www. alientek. com/　正点原子公司
7. https://www. keil. com/　keil 官网

参考文献

[1] YIU J. ARM Cortex-M3 权威指南[M]. 北京:北京航空航天大学出版社, 2009.
[2] YIU J,吴常玉,曹梦娟. ARM Cortex-M3 与 Cortex-M3 权威指南[M]. 北京:清华大学出版社,2015.
[3] 刘火,杨森. STM32 库开发实战指南[M]. 北京:机械工业出版社,2018.
[4] 徐灵飞,黄宇,贾国强. 嵌入式系统设计(基于 STM32F4)[M]. 北京:电子工业出版社,2020.
[5] 刘火良,杨森. STM32 库开发实战指南—基于 STM32F4[M]. 北京:机械工业出版社,2018.
[6] 刘岚,尹勇,李京蔚. 基于 ARM 的嵌入式系统开发[M]. 北京:电子工业出版社,2008.
[7] 杨振江,朱敏波,丰博,等. 基于 STM32 ARM 处理器的编程技术[M]. 西安:西安电子科技大学出版社,2016.
[8] 武奇生,白璘,惠萌,等. 基于 ARM 的单片机应用及实践[M]. 北京:机械工业出版社,2014.
[9] 彭刚,秦志强,姚昱. 嵌入式微控制器应用实践[M]. 北京:电子工业出版社,2017.
[10] STM32F4 开发指南-库函数版本[EB/OL]. [2014-05]http://www. alientek. com.
[11] STM32F4xx 中文参考手册[EB/OL]. [2013-02]http://www. alientek. com.
[12] 王曙燕,王春梅. C 语言程序设计教程[M]. 北京:人民邮电出版社,2014.
[13] 张洋,刘军,严汉宇,等. 精通 STM32F4(库函数版)[M]. 2 版. 北京:北京航空航天大学出版社,2019.
[14] 廖义奎. ARM Cortex-M4 嵌入式实战开发精解——基于 STM32[M]. 北京:北京航空航天大学出版社, 2013.
[15] 石秀民,魏洪兴. 嵌入式系统原理与应用——基于 XScale 与 Linux[M]. 北京:北京航空航天大学出版社, 2007.
[16] 郑亮,王戬,袁健男,等. 嵌入式系统开发与实践——基于 STM32F10x 系列[M]. 2 版. 北京:北京航空航天大学出版社,2019.